中等职业教育化学工艺专业规划教材编审委员会

中等职业教育化学工艺专业规划教材

全国化工中等职业教育教学指导委员会审定

化工生产工艺

陈本如　主编

刘同卷　主审

化学工业出版社

·北京·

内 容 提 要

本书的主要内容为化工生产基本工艺及化工产品生产工艺。本书的编写、展开不追求系统化、理论化，而是以化工生产过程为主线，以具体的化工产品生产工艺为载体，将需要学习的化学工艺基本知识、化工生产操作基本技能融入其中。每章新知识的学习从书中设计的"活动学习"开始，让学生先在"活动学习"中体验和感知，再在"讨论学习"中总结出理论知识。书中的"阅读学习"旨在扩大学生的知识面；"拓展学习"为分层教学而设计。

本书适合作为中等职业学校化学工艺专业及相关专业的教材，也可作为化工生产企业技术工人培训的教材或参考书。

图书在版编目（CIP）数据

化工生产工艺/陈本如主编 . —北京：化学工业出版社，
2009.9（2024.9重印）
中等职业教育化学工艺专业规划教材
全国化工中等职业教育教学指导委员会审定
ISBN 978-7-122-06551-3

Ⅰ. 化⋯　Ⅱ. 陈⋯　Ⅲ. 化工过程-生产工艺-专业学校-
教材　Ⅳ. TQ02

中国版本图书馆 CIP 数据核字（2009）第 148652 号

责任编辑：旷英姿　窦　臻　　　　　　　文字编辑：颜克俭
责任校对：洪雅姝　　　　　　　　　　　装帧设计：周　遥

出版发行：化学工业出版社（北京市东城区青年湖南街 13 号　邮政编码 100011）
印　　装：北京七彩京通数码快印有限公司
787mm×1092mm　1/16　印张 18　字数 462 千字　　2024 年 9 月北京第 1 版第 10 次印刷

购书咨询：010-64518888　　　　　　　售后服务：010-64518899
网　　址：http://www.cip.com.cn
凡购买本书，如有缺损质量问题，本社销售中心负责调换。

定　　价：47.00 元　　　　　　　　　　　　　　　版权所有　违者必究

序

"十五"期间我国化学工业快速发展，化工产品和产量大幅度增长，随着生产技术的不断进步，劳动效率不断提高，产品结构不断调整，劳动密集型生产已向资本密集型和技术密集型转变。化工行业对操作工的需求发生了较大的变化。随着近年来高等教育的规模发展，中等职业教育生源情况也发生了较大的变化。因此，2006 年中国化工教育协会组织开发了化学工艺专业新的教学标准。新标准借鉴了国内外职业教育课程开发成功经验，充分依靠全国化工中职教学指导委员会和行业协会所属企业确定教学标准的内容，注重国情、行情与地情和中职学生的认知规律。在全国各职业教育院校的努力下，经反复研究论证，于 2007 年 8 月正式出版化学工艺专业教学标准——《全国中等职业教育化学工艺专业教学标准》。

在此基础上，为进一步推进全国化工中等职业教育化学工艺专业的教学改革，于 2007 年 8 月正式启动教材建设工作。根据化学工艺专业的教学标准以核心加模块的形式，将煤化工、石油炼制、精细化工、基本有机化工、无机化工、化学肥料等作为选用模块的特点，确定选择其中的十九门核心和关键课程进行教材编写招标，有关职业教育院校对此表示了热情关注。

本次教材编写按照化学工艺专业教学标准，内容体现行业发展特征，结构体现任务引领特点，组织体现做学一体特色。从学生的兴趣和行业的需求出发安排知识和技能点，体现出先感性认识后理性归纳、先简单后复杂，循序渐进、螺旋上升的特点，任务（项目）选题案例化、实战化和模块化，校企结合，充分利用实习、实训基地，通过唤起学生已有的经验，并发展新的经验，善于让教学最大限度地接近实际职业的经验情境或行动情境，追求最佳的教学效果。

新一轮化学工艺专业的教材编写工作得到许多行业专家、高等职业院校的领导和教育专家的指导，特别是一些教材的主审和审定专家均来自职业技术学院，在此对专业改革给予热情帮助的所有人士表示衷心的感谢！我们所做的仅仅是一些探索和创新，但还存在诸多不妥之处，有待商榷，我们期待各界专家提出宝贵意见！

邬宪伟
2008 年 5 月

前　言

本书根据中国化工教育协会编制的《全国中等职业教育化学工艺专业教学标准》（化学工业出版社2007年8月出版）而编写。

本教材的设计与编写，以培养现代化工高素质的中等技术人才为目标，努力贯彻化工中职教育教学改革的精神，坚持把培养学生的综合素质放在首位，注重科学态度和职业道德的培养，重视化学工艺基本理论、基本技能的学习和实践，强调理论联系实际。为此，教材从内容到编排做了一些改革探索和尝试，目的是希望化工生产工艺的教学内容和训练方式更贴近生产实际、教学的模式更适合中职学生的认知规律，使学生通过本教材的学习，更能适应现代化工生产对中等职业技术人才的要求。

根据《全国中等职业教育化学工艺专业教学标准》中《全国中等职业教育化学工艺专业指导性教学方案》要求，本教材应用于两门专业课程（环节）：一是化学工艺概论；二是化工生产工艺，故教材在编排上安排了两大部分内容：第1章～第7章讲述的是化工生产基本工艺（即化学工艺概论），包括化工生产工艺的基本知识和基本操作技能；第8章～第14章讲述的是典型的化工产品生产工艺（即化工生产工艺）。

在教学过程中，两部分的内容可根据实际情况取舍或交叉应用。

教材的展开完全摒弃过去的理论化、体系化，采用"剥玉米"的方式，一层一层剥开，一层一层往里剥，即根据学生的认知规律，先感知后认识；先简单后复杂；先具体后抽象；先实践后理论，也就是先学习怎么做，再学习讨论为什么这么做，最后由学生自己感悟，即采用"实践-理论-实践"的展开方式。教师帮助总结怎样做才能做得更好，即再用理论指导操作，使学生的化学工艺的理论知识和操作技能上一个台阶。

教材的每一章包括"明确学习"、"活动学习"、"讨论学习"、"阅读学习"、"拓展学习（用'＊'号标出）"和"反馈学习"六个部分。

明确学习——本章节的学习目的、要求及主要内容。

活动学习——在进行理论学习之前，先进行有关的活动学习，使学生从动手、感知入手，为学习有关的理论知识首先增加感性认识。活动学习部分，教材给出了部分参考内容，在使用过程中可根据实际情况取舍，或设计一些有针对性的活动学习。

活动学习是本教材学习化工生产工艺非常重要的教学环节，它给出了一些参考内容，涉及以下基本的辅助教学设施：有关的影视资料、图片；化工仿真软件；有关的化工实训装置；化工实验室；化工文献资料（资料室或图书馆）。

以上辅助教学设施为活动学习的基本条件，可帮助提高教学的有效性，各校可根据实际情况取舍和调整。

讨论学习——在活动学习的基础上，学生有了一定的感性认识，甚至是带着活动学习中的问题，教师进行有针对性的理论讲解，组织讨论。

在"活动学习"之后，"讨论学习"之前，教材设计了"我想问"环节，旨在让学生记下活动学习中的问题，带着问题进行理论学习讨论，以提高学生学习的积极性、主动性、参与性，增强教学互动、师生互动。

阅读学习——扩大知识面，培养一定的自学能力。

拓展学习——多为本章节更深、更广的理论知识，为满足学生进一步拓展学习而设计，以适应不同层次的教学，具体实施过程中可根据实际情况取舍。

反馈学习——给出了一些思考题及相关的演讲参考题。通过思考题、PPT 报告，了解教学的情况。尤其是在学生演讲过程中，师生可参与一起讨论，并针对学生演讲过程中反映出的不足或错误，再进行有针对性的讲解和讨论。

教材突出了学生在教学中的主体地位和教学互动的方式，教师的作用更多的是引导、辅导和指导以及答疑解惑。因此，有条件的最好采取小班化教学。

本教材由上海信息技术学校陈本如主编。其中第 1、第 2、第 5、第 6、第 8、第 11、第 12、第 14 章由陈本如执笔编写；第 3、第 7、第 9、第 13 章由上海信息技术学校唐燕宁执笔编写；第 4、第 10 章由上海石油化工学校邵喆执笔编写，全书由陈本如统稿，北京市化工学校刘同卷主审。

上海信息技术学校李文原、周健、沈德群等给本书提出了许多宝贵建议，给予了大力支持，编者在此表示真挚的感谢。

由于编者水平有限，不妥之处敬请读者批评指正，勿吝赐教。

编　者
2009 年 6 月

目　　录

第1章 化学工业及化工生产

 明确学习

　　化学工业在国民经济中占有十分重要的地位。通过本章的学习，要求学生了解、认识化学工业的发展，从而增强对化工职业的荣誉感和重要性的认识；了解、认识化工生产的基本过程，从而进一步激发学习化工生产工艺的兴趣。

本章学习的主要内容

　　1. 了解化学工业及其发展方向。
　　2. 认识化学工业在国民经济中的重要性。
　　3. 通过看、听、做，感知、认识化工生产。
　　4. 初步建立化工生产的一些基本概念。
　　5. 初步认识化工生产的特点。
　　6. 认识安全对化工生产的重要性。
　　7. 认识化工操作在化工生产中的重要性。
　　8. 认识化工生产流程方框图。
　　9. 初步了解、认识化工生产的基本过程。

活动学习

　　通过看、听、做，感知、认识化学工业及化工生产；认识化工生产基本过程；认识严格按操作步骤操作的重要性。
　　参考内容
　　1. 观看有关化学工业、化工生产的图片、影视资料。
　　2. 参观化工生产企业。
　　3. 动手制备　（1）香波、面霜的制备；（2）其他化工小产品制备。
　　4. 化工操作　（1）化工仿真操作：间歇反应釜（化工仿真软件，北京化工大学"多功能间歇釜"）；（2）间歇反应釜操作（教学实训装置）。
　　5. 用方框图表述以上化工产品制备/生产操作的过程。

讨论学习

 我想问

? 实践·观察·思考

　　以上活动学习中，你看到了什么？你做了什么？你学到了什么？遇到或提过哪些问题？

有没有想过下面的问题?

    1. 什么是化学工业?

    2. 什么是化工生产?

    3. 化工产品是怎么生产出来的?

    4. 化工与学过的化学有什么关系?

    5. 有没有感到化工很神奇? 做一名化工从业者很骄傲而又感到责任重大?

    通过以上的活动学习, 你可能对化学工业及化工生产有了一些感性认识, 同时, 可能有更多的问题想弄明白, 下面的内容可能对你有帮助。

1.1　化学工业

    什么是化学工业? 在以上的活动学习中, 通过图片或影视资料或下厂参观等方式, 我们看到了一些化工企业, 感知了化工产品的生产过程。化学工业即是由这些大大小小的化工企业所构成。

    化学工业是指生产化工产品的工业。人们平常所说的化工就是指化学工业, 化工是它的简称。不过 "化工" 有时也指 "化工生产"、"化学工艺" 或 "化学工程"。

    化学工业以自然资源或人工合成物质为原料, 采用化学方法和物理方法, 生产生活用化学品或生产资料, 这种生活用化学品和生产资料统称为化工产品。与其他工业不同的是, 经过化学工业的生产加工后, 大多数情况下, 得到的是从结构到性能与原料完全不同的新物质, 这样的新物质是事先按要求设计好的。所以, 化学工业承担着按人类的要求创造新物质、改变世界、推动人类社会发展的历史使命。

    化学工业其实与每个人都息息相关, 无论你是否从事化工这一职业, 因为人们每天生活的衣食住行都与化工有关, 人们每天都直接或间接地使用着各种不同的化工产品, 比如服装、食品、住房的建筑材料、交通工具、洗漱用品、家用电器、化妆品等。

1.1.1　化学工业与国民经济

    化学工业从其诞生起就在人类社会的发展中充当着非常重要的角色, 并且为人类社会的发展做出了重要的贡献。从人们的日常生活用品, 到国民经济的相关行业和部门, 乃至科技的进步与发展, 都离不开化学工业。化学工业已发展成为国民经济重要的基础产业、支柱产业。

    化工产品使人们的生活丰富多彩。今天, 人们的衣、食、住、行、用无一不与化工产品相关。化纤和染料使衣着更丰富、更漂亮; 各种食品添加剂、保鲜剂满足了现代生活的快节奏; 新型的建筑和装潢材料, 使住房更安全、更节能, 居家更舒适; 交通工具不仅需要化学工业提供动力燃料, 而且许多构建及装饰也用上了化工新材料; 现代生活的家用电器, 因为有了性能优异的化工新材料, 性能不断提升, 外观更加精美; 琳琅满目的化妆品让人更漂亮、更精神、更自信, 也更增添了生活的情趣。

    化学工业改变了农业完全 "靠天吃饭" 的历史, 加快了农业现代化的进程。化肥、农用薄膜、植物生长调节剂的使用使农业大幅增产; 农药的使用大大降低了害虫及杂草的危害和影响; 农业科技的发展也需要各种化学品。此外, 合成纤维和合成橡胶的发展, 大大节省了棉田和橡胶用地。化学工业为科学种田、农业现代化提供了物质基础和技术支持。

    化学合成医药对维护人类的健康功不可没。新药的研制、开发和应用, 使人类攻克了一个又一个疾病难关, 人类的平均寿命因此而大大延长。今天, 化学合成医药种类繁多, 为人类健康提供了有力的保证。

能源是国民经济的命脉，化工与能源关系密切。石油、煤、天然气既是化学工业的基础原料，同时也是基础能源资源。化学工业将这些基础原料转换成化工产品，同时也承担着将这些基础能源资源加工成其他部门和行业所必需的动力能源。

今天，减少对自然能源资源的依赖，寻找、开发新的能源是化学工业对国民经济的最大的支持，也是新世纪赋予化学工业的历史使命。

国民经济的发展，靠的是各部门、各行业，而各部门、各行业的发展靠的是科学技术，所以科学技术是国民经济发展的原动力。今天，科学技术蓬勃发展，日新月异，科技成果层出不穷，这其中很多都需要具有特定化学性能的化学物质支持，这给化学工业的发展带来了极大的机遇。从冶金、电子、机械等传统工业，到国防、信息、航天等尖端技术部门，无论是技术改造、技术攻关还是技术创新，都离不开化学工业的密切配合与支持。科技带动了化工发展，化工促进了科技进步。

化学工业与各行各业紧密相关，化学工业与国民经济紧密相关，化学工业与人类的发展紧密相关。在人类社会高度发展的今天和未来，化学工业的作用和地位将会更加显著、更加重要。

1.1.2　化学工业发展概况

人类社会的发展催生、发展了化学工业，化学工业也推动、加速了人类社会的发展。

改变物质的形态和性质，使其为人类的生活和生产所用，早已被人类认识和应用，并形成了各种工艺技术。公元前 6000 年，中国的原始人已知烧结黏土制陶器，并逐渐发展了瓷器，至今欧洲人仍称瓷器为 china；中国的生漆至少有 6000 年历史；公元前 1000 前左右，中国人已掌握了以木炭还原铜矿石炼铜的技术；明朝宋应星在 1637 年刊行的《天工开物》中就详细记述了中国古代手工业技术，其中即有陶瓷器、铜、钢铁、食盐、焰硝（硝石）、石灰、红黄矾等的生产过程。

随着人类社会的发展，作坊式的手工制造已不能满足人类生活和生产的需要。尤其是 18 世纪末到 19 世纪中期，欧洲纺织、造纸、玻璃、肥皂、火药的发展，加速了酸、碱、盐化学工业的发展。1746 年世界第一个典型的化工厂——铅室法硫酸厂在英国建立。1791 年法国医生路布兰以食盐、硫酸、石灰石、粉煤灰为原料生产出了纯碱，史称路布兰制碱法，并以此技术建立了第一个纯碱生产厂。铅室法制硫酸与路布兰法制碱是化学工业的重要标志之一。因此，有时称硫酸、纯碱是化学工业之母。

人类总是不断地追求技术进步。1861 年比利时人索尔维发明了氨碱法制纯碱取代了路布兰法，20 世纪初，接触法制硫酸取代了铅室法。

在制碱技术中，我国制碱专家侯德榜先生也做出了巨大的贡献。他发明的联合制碱法（侯氏制碱法），不仅使盐的利用率进一步提高，同时也减少了污染。联合制碱法与路布兰法、索尔维法，并称三大制碱法。

19 世纪中叶，随着钢铁工业的发展，人们注意到了炼焦副产焦炉气和煤焦油的化工价值，从煤焦油中分离出了苯、苯酚和萘等化学物质。由此化肥、染料、农药、医药等化学工业在德国兴起。煤化学工业的兴起，同时也促进了以煤为原料的有机化工的发展。

化学工业的另一个重要里程碑是 1913 年德国化学家 F. 哈伯和化学工程师 C. 博施发明的合成氨技术，其意义不仅在于合成了氨，发展了化肥工业，更在于它打开了人们的化学工艺思路：许多物质可以通过高压催化反应工艺实现。这一技术大大促进了无机化工和有机化工的迅速发展。

进入 20 世纪，在人类将石油和天然气作为燃料开采利用的同时，更发现了其化工价值。1920 年，美国新泽西标准石油公司开发了丙烯（炼厂气）水合制异丙醇的生产工艺，从此，化学工业发展进入石油化工年代。20 世纪 40 年代，石油烃的高温裂解和加氢重整工艺技术的成功开发，不仅为有机合成提供了丰富低廉的化工原料（如乙烯等低碳烯烃），而且促进了化工新产品的开发以及新工艺、新技术的发展。

石油化工的发展完全改变了高分子化工依靠加工、改性天然树脂和以煤焦油、电石乙炔为原料生产高分子材料的状况。大量的低碳不饱和烃为高分子聚合提供了丰富的单体原料，同时也加速了高分子工业向纵深发展。1931 年氯丁橡胶实现工业化，1937 年合成了己二酰己二胺（尼龙 66）。合成塑料、合成橡胶、合成纤维三大合成材料的发展，使人类降低了对天然材料的依赖，进入了合成材料时代，同时也推动了工农业生产和科学技术的发展。

随着科学技术的进步和生活水平的提高，人类对化学品的要求也越来越高，为满足这种要求，产品批量小、品种多、功能优良、附加值高的精细化工也很快发展起来。

近年来，复合材料、信息材料、纳米材料、高温超导材料、生物技术、环境技术、能源技术等领域发展迅速，化工在其中发挥着重要作用。随着社会进步、科学技术的发展，化工行业将会得到更大的发展。

1.1.3　化学工业发展趋势

20 世纪是化学工业高速发展的年代。进入 21 世纪，高新技术与高新产业更是层出不穷，这给化学工业带来了新的机遇。同时，资源、环保、能源等问题，又给化学工业提出了新的挑战。展望未来，化学工业有如下发展趋势。

（1）综合利用资源，着力开发新资源、新能源　20 世纪化学工业利用的原料资源主要是石油。但随着石油资源的减少和价格的不断上涨，人们将重视对煤和天然气的化工利用。随着科学技术的不断进步，煤和天然气的化工利用已出现较强劲的发展态势。

石油、天然气和煤是不可再生资源和能源。人类需要开发新的资源和能源，例如生物质、天然物、海洋生物、海底资源、再生资源等资源以及燃料电池、太阳能、氢能、地热能、水能和核能等能源。开发新能源是化学工业的历史使命。

（2）开发更先进的化工生产工艺技术　通过化学工业自身或与其他领域高新技术相结合，开发出更先进的化学工艺新技术，加快化工产品的更新换代。例如，开发无毒、高效的催化剂，就是提升化学工艺技术的非常重要的手段之一。

（3）清洁生产，绿色化工　在化工消耗着自然资源，以其神奇的创造力不断生产出新物资供人类享用的同时，人类曾经忽视了被过度开发利用的自然界和人类自己创造的物资对人类的反作用。传统的化工生产对环境造成污染，有害化学品对人类的健康和生态造成危害。这种"消耗"、"污染"、"危害"已经影响到了人类自身的可持续发展。保护环境，人和自然的和谐是可持续发展的保证。这就要求化工生产中，原料、产品对人类健康和生态无危害；生产加工过程零排放；生产资料、生活用品可回收再利用，也就是化工生产要"清洁生产"，化学工业是"绿色化工"。

（4）信息技术在产品研发、工艺设计、化工生产和化工教学培训中得到更广泛的应用　新产品的研发可以结合电脑仿真信息技术寻找最佳的工艺条件；应用信息技术使化工生产工艺设计技术经济最优化；应用信息技术使化工生产过程更科学、更高效、更安全，提升化工生产与管理的智能化程度；应用电脑仿真信息技术进行化工教学培训，使学生（学员）可以"上岗"操作，学习的过程更加接近实际，在操作中学习，从而获得更多的操作技能和经验，提高学习的效率。

（5）化工产品精细化　高新技术领域需要的往往是专用化工产品；人们生活水平的提高也希望化工产品的功能更优异（这样的产品往往具有更高的附加值）。这种需求使得化工生产趋向专门化和深度加工，产品趋向精细化。

化学工业的这种发展趋势，将推动以下化工领域更加快速地发展。

① 生物化工领域。生物化工是生物技术与化学工程相互融合与交叉产生的新领域。生物化工具有使用可再生资源为原料、生产条件温和、选择性高、能耗低、污染低等优点。随着基因重组、细胞融合、酶的固定化等技术的发展，生物化工不仅可以提供大量廉价的化工原料和产品，而且还将改变某些化工产品的传统生产工艺，甚至一些以前不为人知的性能优异的化合物也将通过生物催化合成出来。

② 催化剂与催化技术领域。催化是化学工业的基础。化学工业的重大变革和技术进步大都与新的催化剂和催化技术有关。新型、无毒、高效的催化剂是提升化工生产工艺技术的关键因素。催化反应过程强化技术同样重要。有时只改变催化剂的应用技术也会起到巨大的作用。如近年来，以固体酸代替液体酸、固体碱代替液体碱作为催化剂已成为一种发展趋势。

③ 材料化工领域。化工新材料为人类文明、社会进步、科技发展起到了巨大的推动作用。一种新材料的出现和使用，可能导致一些产业革命性的变化。今天，高新技术产业的不断发展更是需要性能优异的各种新材料，如复合材料、纳米材料等。因此，材料化工始终是化学工业的重要领域。

④ 能源化工领域。能源化工的任务是使能源从有限的矿物资源向无限的可再生能源和新能源过渡。正在开发的新能源有核能、太阳能、生物能、风能、地热能和海洋能等。如氢能、燃料电池、太阳能电池和海洋盐差发电等正在得到开发和利用。

⑤ 化工信息技术领域。化工信息技术是计算机技术、信息技术与化工技术相结合而产生的一门新的学科。近年来，DCS 已成功应用于化工生产。DCS 技术改变了化工生产的操作方式，实现了生产操作数字化，不仅减轻了操作者的劳动强度，降低了操作风险，更是大大提升了产品的质量，降低了生产成本，提高了生产效率。同时，化工信息技术在产品研发、工艺及管理优化、安全分析及控制（如 HAZOP 安全分析）、化工仿真教学培训等方面也已显示出独特的优势和巨大的发展前景。

1.1.4 化学工业分类

化学工业的产品数以万计，其性质、用途千差万别，生产方法更是各异。有时同一个产品可以用不同的原料生产，同一种原料可以生产出不同的产品。所以，化学工业有多种分类方法，以方便学习、交流和研究。

(1) 按性质分类 可分为：无机化工，有机化工。这种分类便于对化学工业及化工产品作一般的认识和了解。

(2) 按学科分类 可分为：基本无机化工，基本有机化工，高分子化工，精细化工，生物化工。这种分类便于按学科体系进行学习和研究。

(3) 按化工资源分类 可分为：石油化工，煤化工，天然气化工，盐化工，生物化工等。这种分类突出了化工原料的来源，体现出行业的原料特性。在研讨化工原料资源时，通常用到这种分类方法。

(4) 按产品用途分类 可分为：医药工业，染料工业，农药工业，化肥工业，涂料工业，橡胶工业，塑料工业等。这种分类能体现出行业的类型、企业产品的用途，企业的性质等市场属性，便于市场交流。

世界各国对化学工业有许多分类方法。中国对化学工业分类按化工产品划分，分为 19 类；按行业划分，分为 20 个行业，见表 1-1 所列。

表 1-1　中国化学工业范围的分类

序　号	按　产　品　划　分	按　行　业　划　分
1	化学矿	化学肥料
2	无机化工原料	化学农药
3	有机化工原料	煤化工
4	化学肥料	石油化工
5	农药	化学矿
6	高分子聚合物	酸、碱
7	涂料和颜料	无机盐
8	燃料	有机化工原料
9	信息用化学品①	合成树脂和塑料
10	试剂	合成橡胶
11	食品和饲料添加剂	合成纤维单体
12	合成产品	感光材料和合成记录材料
13	日用化学品	燃料和中间体
14	胶黏剂	涂料和颜料
15	橡胶和橡塑制品	化工新型材料
16	催化剂和各种助剂	橡胶制品
17	火工产品	化学医药
18	其他化学产品(包括炼焦和林产化学品)	化学试剂
19	化工机械	催化剂溶剂和助剂
20	—	化工机械

　　① 信息用化学品是指能接受电磁波信息的化学制品,如感光材料,紫外线、红外线、X 射线等射线材料和接收这类波的磁性材料、记录磁带、磁盘等。

1.2　化工生产认识

❓ 实践·观察·思考

　　化工产品是如何生产出来的? 作为一名化工从业者应该具备怎样的化工知识和掌握怎样的化工技能?

1.2.1　化工生产及特点

　　通过以上的活动学习,我们对化工生产有了初步的感知认识。化工生产是在化工企业进行的。在化工企业,人们可以看到高高的塔,大大的罐,这些就是化工设备(图 1-1)。这些不同的设备用不同粗细的管道、各种阀门及输送泵连接起来,构成了化工生产装置。在设备和管道里是不同相态的化学物质。它们在设备里或进行剧烈的反应,或被进行各种处理;它们通过管道快速地从一个设备流向另一个设备。这些都是预先设计好的,也都处于受控状态。在现代化工企业,甚至很难看到现场的操作工人,这些装置的操作与控制是在操作控制室里完成的。在远离生产装置的中央控制室里,只能看到几个人坐在电脑前,操作着键盘,他们就是现代化工操作技术工人。他们在操作、控制着化工生产装置,进行着化工生产。他

图 1-1　化工设备图

们的目的是要生产出特定的、合格的化工产品。为保证生产安全有效地进行，我们还可以看到化工企业设置有许多岗位和安全部门等相关的管理部门，可以看到许多特定的规章制度。在化工企业，为了生产出特定的化工产品，人们所从事的以上这些活动就是在进行化工生产。化工生产需要相关人员、相关部门的协调合作才能正常运行，个人的职责对整个生产具有重要甚至是决定性的影响。

化学工业是一个特殊的行业，化工生产不同于一般的生产。和其他行业生产相比，化工生产有以下特点。

（1）化工生产的产品大多是全新物质　与其他的生产不同，化工生产不是原件的"组装"，大多数情况下原料经过复杂的化学反应和处理后，变成了另外的新物质，这种新物质从结构、相态到性能与原料完全不同。比如，原料是气态的，产品可能是液态或固态；原料可能是有毒的，产品却无毒。例如，人们平常熟悉的聚乙烯塑料 PE，其原料乙烯在常温常压下是气体，且有毒性，但乙烯经过聚合反应生成聚乙烯后，变为固体，是无毒的。所以，大多数情况下，化工生产的产品是按人的意愿和要求设计的而且是自然界不存在的新物质。

（2）生产过程复杂

① 生产工序多。一个化工产品的生产有时需要十几道甚至是几十道生产工序，由几个生产车间组成，涉及许多化工单元反应和化工单元操作过程。

② 生产设备多，流程复杂。生产工序多，所用的设备、管道、阀门就多，构成的流程也就复杂。

③ 操作难度大。化工生产过程环环相扣，一个环节出问题会影响到整个生产过程。

（3）技术要求高　化工生产按工艺要求将原料转化成产品，每个产品都有其关键的技术，且影响生产的因素非常多。和其他生产不同，化工生产不能"组装错了拆了重新组装"。任何一个小的差错，都可能会导致严重的后果，造成经济损失，甚至安全事故。

（4）过程、质量控制的间接性　化工生产过程中，设备多为封闭式，操作人员一般无法直接观察到设备、管道内的物料情况，物质内部分子结构的变化情况更是无法直接知晓，不能"看着工件来调整操作"。化工生产是通过仪器仪表检测工艺参数，间接反映设备管道里的物料情况，从而调整、控制生产操作。这给分析、判断和操作加大了难度。

（5）安全生产特别重要　化工生产的原料和产品，许多具有易燃、易爆、有毒、有害特性，有些生产过程还涉及高温、高压，所以，化工生产的安全性显得尤为重要。为此，从国家到生产企业，都制定了严格的安全法规。这些安全法规是安全生产的保证，企业和操作人员都必须严格执行。

（6）对操作工的素质、知识技能要求高　由于以上化工生产特点，同时现代化工生产已是高度的自动化、连续化，且正向智能化方向发展。所以，化工生产对操作者的职业素养、专业知识、综合技能等综合素质要求不断提高。现代化工企业的从业人员必须经过严格的专业学习和职业培训，且要达到相应的专业职业资格。

（7）化工生产的多方案性　随着科学技术的发展，化学反应的基本规律不断被人类认识和掌握。比如，同一种产品可以使用不同的原料；同种原料可以生产出不同的产品；同种原料、同一产品还可以通过不同的工艺路线来生产。这就为化工生产的环保、节能、降低成本以及因地制宜选择原料和生产方法提供了选择余地，使生产达到最优化。

1.2.2　化工生产安全第一

由于化工生产以上特点，为保证生产安全进行，从国家到企业都非常重视安全，强调安全在化工生产中具有第一重要性。强调安全生产的目的是为了保护劳动者在生产中的安全和健康，促进经济建设的健康发展。为此，国家颁布制定了一系列相应的安全生产法律法规，以规范劳动者安全操作，规范企业安全生产。

1.2.2.1　安全生产的意义

（1）安全生产是企业生存与发展的前提　如果一个企业安全生产没保障，存在安全隐患，甚至是安全事故频发，这样的企业，员工的健康甚至是生命安全得不到保障，必然导致人心涣散、企业不稳定、产品质量难以保证，企业的形象和商誉就会受到严重的影响，企业的生存无疑受到威胁。企业要发展，靠的是人才，留住人才最起码的条件是安全的工作环境。因此，在市场竞争的条件下，安全生产是企业生存和发展的前提。

（2）安全生产是美好生活的保证　企业和职工都希望企业经济效益好，经济效益是企业发展的经济基础，也是职工生活的经济来源，但这一切的基础是安全生产。安全生产不仅关系到企业的发展，还关系到职工及其家庭生活。每个职工都希望自己平安健康，每个家庭都希望自己的亲人高高兴兴上班，平平安安回家。一个职工出事，整个家庭都受到影响。职工安全健康，家庭和谐幸福，这是每个职工的追求，也应该是企业的追求。安全生产为职工及其家庭的美好生活提供了保障，奠定了基础。

（3）安全生产体现了以人为本的指导思想　安全生产的核心是在生产过程中人的安全与健康得到保障。产品的生产从工艺设计、设备设计到生产操作与环境，都应该保证人处于绝对的安全环境之中。过去赞扬在事故中保护财产安全，现在强调人的生命安全与健康是第一位的。安全生产体现了以人为本的指导思想，是社会进步与文明的标志。

（4）安全生产是构建和谐社会的需要　安全生产是国家稳定发展的需要，是安定团结的需要，是企业对国家和人民应尽的责任。安全是社会安定的前提。企业生产多一份安全，社会就多一份安定，社会和谐就多一份保障。

（5）安全生产对企业产生直接或间接的经济效益　做好劳动保护工作、保障企业安全生产，对于企业来说，还具有现实的经济意义。发生了生产事故不但造成直接经济损失，在工效、劳动者心理、企业商誉、资源耗费等方面还会造成难以估量的间接的经济损失。根据安全经济学原理，通常有这样的指标：1 元直接的经济损失通常伴随有 4 元间接的经济损失；1 元安全上的合理投入，能够有 6 元的经济产出；预防与事后整改所需的投入是 1 比 5 的关系。安全生产对企业的经济效益体现在：保护人的生命安全与健康的间接的经济效益；减少事故损失造成的直接经济效益；保护企业正常运行的间接经济效益；促进生产发展的直接经济效益。

1.2.2.2　安全生产法规是安全生产的保证

（1）安全生产法规的目的和作用　安全生产法规为保护劳动者的安全健康提供法律保障。我国的安全生产法规是以搞好安全生产、工业卫生、保障职工在生产中的安全、健康为前提的。它不仅从管理上规定了人们的安全行为规范，也从生产技术、设备上规定实现安全生产和保障职工安全健康所需的物质条件。

安全生产法规加强了安全生产的法制化管理，对搞好安全生产，提高生产效率具有重要的促进作用。通过安全生产立法，使劳动者的安全卫生有保障。职工能够在符合安全卫生要求的条件下从事劳动生产，必然会激发他们的劳动积极性和创造性，从而促使劳动生产率大大提高。

安全生产法规反映了保护生产正常进行、保护劳动者在劳动中安全健康所必须遵循的客观规律，对企业搞好安全生产工作提出了明确要求。同时，由于是一种法律规范，具有法律约束力，要求人人都要遵守，因此，为整个安全生产工作的开展提供了法律保障。

（2）安全生产法规的严肃性和强制性　安全生产法规是国家法规体系的一部分，因此它具有法律的一般特征。

权力性——安全生产法规是由国家制定或认可的，具有由国家权力形成的特征。

强制性——法是由国家的强制力保证实施的。法的后盾是国家，国家是法的实施机关。法对国家内的所有人均具有约束力，必须实行，任何单位和个人均不得例外。

规范性——规范性是指人们在一定情况下可以做什么或不应该做什么，也就是为人们的行为规定了模式、标准和方向，是一种社会规范。

除了国家的安全生产法规外，根据实际情况，地方和企业也会制定一些安全生产的具体条例或规章制度，这些条例或规章制度虽然不是国家法律，但它是在国家法律框架内制定的，所以也具有法律的一般特征。

安全生产法规和各种规章制度，对企业和职工具有同等的法律效应，必须严格执行，不折不扣。企业不能为图经济效益而忽视、打折扣甚至是有意不执行；职工不能为图省事、侥幸甚至是有意违犯。执行安全生产法规和各种规章制度具有严肃性和强制性，违犯者都要承担相应的法律责任。

（3）遵守安全法规是每个职工应尽的职责　尽管国家的安全法规比较完善，绝大多数的企业都制定有严格的安全规章制度，但安全事故时有发生。究其原因，主要还是违法、违规所致。因此，贯彻落实和严格执行即成为关键。

作为企业，不是有了安全部门或将安全制度贴在墙上就万事大吉。企业必须加强对职工的安全教育，严格执行"三级"安全教育制度（厂级、车间级和班组级）。作为职工，必须提高自觉性，增强责任感，增强法制观念，牢固树立"安全第一"、"生产服从安全"以及"安全生产，人人有责"的安全基本思想。在化工生产过程中，严格遵守、严格执行安全法规和各种规章制度，这是每个职工应尽的职责，既是对自己和他人生命安全、健康负责，也是对企业正常生产和企业财产安全负责。为此，职工必须自觉接受安全教育，学习有关安全知识，清楚各项安全法规和企业各项安全规章制度，掌握有关的安全技能。每个部门、每个职工的安全工作做好了，职工的生命安全与健康、企业的安全生产才有真正的保障。

1.2.3　化工操作在化工生产中的重要性

化工操作是指在一定的工序、岗位对化工生产装置和生产过程进行操纵控制的工作。对于化工这种靠设备作业的流程型生产，良好的操作具有特殊的重要性。因为流程、设备必须时时处于严密控制之下，完成按工艺规程运行，才能制造出人们需要的产品。大量事实表明，先进的工艺、设备只有通过良好的操作才能转化为生产力。操作水平的高低对于实现优质、高产、低耗起着关键的作用。

化工生产有许多环节，涉及许多部门，其中化工生产车间是化工产品生产最直接的部门，一线操作工人是化工产品生产最直接的操作者。生产第一线的操作直接关系到生产的安全性、产品的质量、企业的经济效益等。因此，生产操作在整个化工生产过程中是非常重要的环节，一线操作者在整个化工生产过程中起着非常重要的作用。为此，企业对各种化工操作都有严格的规定，除了规定持证上岗外，对具体操作都制定有各种操作规程，以指导、规范化工生产操作。

1.2.3.1　化工操作必须严格遵守操作规程

化工生产操作规程是化工生产的依据，操作者应该予以充分的认识和高度的重视。

（1）按规程操作的严肃性　操作规程是企业为保证产品质量和安全生产制定的生产操作制度，具有刚性和强制性，操作者必须严格遵守。操作者不能为图方便而违反操作规程，更无权更改操作规程。对违反操作规程而导致的各种事故，操作者要负相应的责任。

（2）按规程操作是安全生产的保证　操作规程不仅是对生产操作的技术做了规定，同时也考虑到了操作过程中的各种安全因素，按规程操作通常不会发生安全事故。从历史的经验来看，多数事故的发生往往都是由于操作者违反操作规程操作造成的。因此，按规程操作是为安全生产把好了第一道关口，也是最重要的一道关口。

（3）按规程操作是质量效益的保证　操作规程是根据生产工艺制定的。它规定了生产操作的程序、方法、步骤、技术参数、工艺指标和注意事项等，是生产操作的重要依据，是产品质量的基本保证。同样，质量事故多数情况下是由于操作失误或违反操作规程造成的。因此，严格按操作规程操作是产品质量和企业经济效益的基本保证。

1.2.3.2　现代化工企业对化工生产操作者的基本要求

企业的产品最终是通过操作者的操作生产出来的，而化工产品的生产又有其特殊性。因此，对于化工企业而言，生产操作者的基本素质即显得尤为重要。很多工业发达国家对化工操作人员的素质都极为重视。我国对化工人员的素质要求已作出明确规定。《化工工人技术等级标准》等文件指出：化工主体操作人员从事以观察判断、调节控制为主要内容的操作，要求操作人员具有坚实的基础知识和较强的分析判断能力。

现代化工企业对化工生产的操作者通常有以下基本要求。

（1）具有良好的职业道德　工作有责任心，遵纪守法，严格遵守企业的各项规章制度。

（2）具有十分强的安全意识　掌握一定的安全知识和安全技能，切实遵守安全法规和各项安全规章制度，严格按操作规程操作。

（3）具有一定的化学、化工专业知识和专业技能　必须是受过一定程度的化工专业教育或专业培训，达到相关岗位基本要求，持证上岗。

（4）具有团队精神和良好的合作能力　通常情况下，化工生产不是一个人操作，而是几个或十几个人，甚至是几个车间，这就涉及团队合作。团队合作需要团队里的每一个成员都应具备团队精神、一定的沟通能力和协调能力。化工生产中，本工序、本车间的产物往往是下道工序或下个车间的原料，因此团队合作显得非常重要。

（5）具有继续学习的基础和继续学习的能力　化学工业日新月异，产品、技术、知识和技能的更新不断加快，化工企业对一线的操作者的要求越来越高。作为未来的化工生产操作者，要求在学校学习或培训期间打好扎实的基础，培养继续学习的能力，为未来的发展奠定好基础。

1.2.4　化工生产基本过程

【例1-1】　2-巯基苯并噻唑的生产过程。

在活动学习中，通过仿真操作，我们学习了2-巯基苯并噻唑的化工生产间歇釜操作，其生产过程用方框图（图1-2）表示如下：

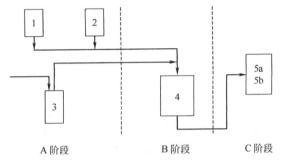

图1-2　生产过程方框图

1—邻硝基氯苯计量槽；2—二硫化碳计量槽；3—多硫化钠沉淀槽；
4—间歇反应釜；5a—主产物（2-巯基苯并噻唑）；5b—副产物

【例1-2】　香波的制备（物理混合）。

在实验操作过程中，香波的制备方框图如图1-3所示。

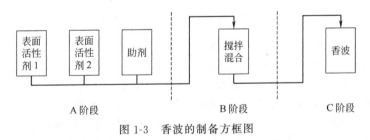

图1-3　香波的制备方框图

【例1-3】　面霜的制备（乳化反应）。

在实验操作过程中，面霜的制备方框图如图1-4所示。

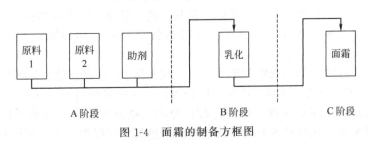

图1-4　面霜的制备方框图

【例 1-4】 中低压法生产甲醇。

中低压法生产甲醇的方框图如图 1-5 所示。

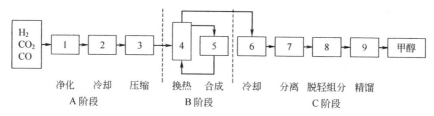

图 1-5　中低压法生产甲醇的方框图

从活动学习及以上的化工产品生产方框图中可以看出以下几点。

(1) 化工生产有简单的过程和复杂的过程　例 1-1、例 1-2、例 1-3 的生产工序比较少，过程比较简单；例 1-4 的生产工序较多，过程比较复杂。

(2) 化工生产有间歇过程和连续过程　例 1-1、例 1-2、例 1-3 的生产过程是一批一批进行的，即一批原料投料生产为产品后，再投下一批原料进行生产，是间歇过程；例 1-4 的生产过程是原料不间断地进入生产系统，产品不间断地生产出来，是连续过程。

(3) 化工生产有些只有简单的物理工序　例 1-2 香波的制备只是按照配方进行物理混合，整个过程没有化学反应，类似的还有如某些涂料的生产等。

(4) 多数化工生产都是由两个基本工序组成　即物理工序和化学工序　例 1-1、例 1-3、例 1-4 中，A 阶段进行的是原料的准备过程，是物理工序；B 阶段进行的是化学反应，是化学工序；C 阶段是产物的后处理过程，通常也是物理工序，经过后处理，使产物成为合格的产品。

(5) 化工生产的 3 个基本过程　从以上的例子中可以看出，化工生产无论是只有简单的物理混合工序，还是既有物理工序又有化学工序的复杂过程，其生产总是包括以下 3 个基本过程（图 1-6）。

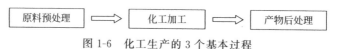

图 1-6　化工生产的 3 个基本过程

① 原料预处理过程。无论是进行物理混合还是化学反应，进行化工加工过程之前，对原料都有特定的要求。原料预处理就是要使原料达到这一特定的要求。比如粉碎，使固体达到一定的颗粒大小；预热，使物料达到反应所需要的温度；分离提纯，使物料达到所需要的纯度等。上面例子中以虚线划分的 A 阶段对应的即是原料预处理过程。

② 化工加工过程。化工加工过程有时只是按配方进行简单的物理混合，但多数情况是复杂的化学反应。尤其是具有化学反应的化工加工过程是化工生产的核心部分，它直接关系到产品的质量。上面例子中以虚线划分的 B 阶段对应的即是化工加工过程。

③ 产物后处理过程。原料经过化工加工后，通常都要经过后处理加工过程。其目的一是分离提纯产品，或调整产品的技术指标，使其达到产品规定的质量指标要求；二是回收没有反应的原料，使其重新利用。上面例子中以虚线划分的 C 阶段对应的即是产物后处理过程。

(6) 化工生产过程的单元操作和单元反应　观察例 1-4 中低压法制甲醇的生产过程方框图。在 A 阶段，通过净化、冷却、压缩等组合操作，完成对原料 H_2、CO_2、CO 的预处理，使其达到反应的要求；在 C 阶段，通过冷却、分离、精馏等操作，完成产物后处理，使其达到产品的质量要求。这些基本的操作就是我们学过的单元操作。这些操作有一个共同的特点就是操作过程中没有化学反应发生，属于物理工序。化工生产的原料预处理和产物的后处理通常就是由这些单元操作来完成。

单元操作是化工生产过程物理工序的"积木"，可根据生产需要进行组合，完成某一特定的生产任务。

在 B 阶段进行的是化学反应 $2H_2 + CO \longrightarrow CH_3OH$。化学反应是化工生产的核心。化学反应的种类繁多，按性质可分为若干单元反应，如氧化、加成、酯化、烷基化等。化工生产的化学反应即是由这些单元反应来完成的。

无论是简单的还是复杂的化工生产过程，都是由这些单元操作和单元反应的基本过程，按一定的生产工艺科学有机地组合来完成的。

(7) 化工生产过程的物质转换和能量转换　观察例 1-1，2-巯基苯并噻唑的生产过程。原料投进反应器通过蒸汽加热，反应器内的物料温度"变"高了；到达一定的温度后反应开始进行。随着反应的进行，温度会越来越高，这时必须通入冷却水移走反应热，以控制反应温度，否则会超过规定的反应温度。观察反应器的物料组成变化，原料浓度越来越低，产物或副产物的浓度越来越高，原料转化成了产物。

仔细观察上面的例子发现：化工生产是物料状态不断"变化"、物质不断"转换"的过程。其实，从"变化"和"转换"的角度来考察化工生产过程，发现所有的化工生产过程进行的只是两种基本转换：能量转换和物质转换。

单元反应使物质的结构、形态发生了变化，生成了新物质，这种变化就是物质转换。反应过程中，物料的加热或冷却、反应过程的放热或吸热，这些总是伴随着温度的变化。所以，反应过程除了有物质转换，同时也伴随着能量转换。

单元操作中的物料输送，如将物料从一个设备输送到另一个设备；物料状态的改变，如精馏过程物料的汽化和冷凝等，这些都需要消耗能量。所以，单元操作其实是物质的能量转换过程。

从能量转换和物质转换的角度来认识化工生产过程开阔了认识的视野，认识到了化工生产过程的本质。这种认识方法有利于生产技术开发，提高能量综合利用率，降低能耗；有利于提高原材料的综合利用率，提高产品的质量和产量。

阅读学习　　　　　**牢记并严格遵守的化工安全规章制度**

"安全第一，预防为主"是化工安全生产的原则和前提。关于化工安全生产我国颁布实施了一系列法律、法规和规章制度。例如，《工业企业设计卫生标准》、《工厂安全卫生规程》、《压力容器安全监察规程》、《化工生产安全技术规程》、《化肥生产安全技术规程》、《化工企业安全管理制度》、《职业病诊断管理办法》等，作为化工生产从业人员必须熟悉和遵守各项安全生产规章制度。其中"十四不准"、"六严格"、"六大禁令"和"八个必须"等条令，更是必须牢记并严格遵守。

- **生产区内的"十四不准"**
1. 加强明火管理，防火、防爆区内不准吸烟。
2. 生产区内，不准未成年人进入。
3. 上班时间不准睡觉、干私活、离岗或干与生产无关的事。
4. 在班前、班上不准喝酒。
5. 不准使用汽油等易燃性液体擦洗设备、用具和衣物。
6. 不按规定穿戴劳动防护用品者，不准进入生产岗位。
7. 安全装置不齐全的设备不准使用。
8. 不是自己分管的设备、工具不准动用。

9. 检修设备时的安全措施不落实，不准开始检修。

10. 停机检修后的设备，未经彻底检查，不准启动。

11. 未办高处作业证，不带安全带，脚手架、跳板不牢，不准登高作业。

12. 石棉瓦上不固定好跳板，不准作业。

13. 未安装触电保护器的移动式电动工具，不准使用。

14. 未取得安全作业证的职工，不准独立作业；特殊工种职工，未经取证不准作业。

- **操作工的"六严格"**

1. 严格执行交接班制度。

2. 严格进行巡回检查。

3. 严格控制工艺指标。

4. 严格执行操作法。

5. 严格遵守劳动纪律。

6. 严格执行安全规定。

- **防止违章动火的"六大禁令"**

1. 动火证未经批准，禁止动火。

2. 不与生产系统可靠隔离，禁止动火

3. 不清洗、置换不合格，禁止动火。

4. 不消除周围易燃物，禁止动火。

5. 不按时做动火分析，禁止动火。

6. 没有消防措施，禁止动火。

- **进入容器设备的"八个必须"**

1. 必须申请办证，并得到批准。

2. 必须进行安全隔离。

3. 必须切断动力电源，并使用安全灯具。

4. 必须进行置换、通风。

5. 必须按时间要求进行安全分析。

6. 必须佩戴规定的防护用具。

7. 必须有人在器外监护，并坚守岗位。

8. 必须有抢救后备措施。

拓展学习

*1.3 环境保护与绿色化工

1.3.1 环境与化工

人类现代的生产和生活需要大量的化学品。可以说，人类已离不开化学品，离不开化学工业。目前，世界化学品的种类达 7 万多种，产值超过 1 万亿美元。这样大量的化学品需要消耗大量的化工原料。化学工业的起始原料主要还是石油、煤和天然气等，这些起始原料都是不可再生的自然资源。自然资源的过度开采和利用，造成了资源的严重短缺。以石油为例，与 20 世纪 80 年代相比，石油的价格已上涨了好几倍。从石油价格的不断上涨，人类已深深地感到了资源匮乏的压力。

随着化学品产量的剧增和化学品种类的增多，其对人类健康的危害性和对环境、生态的破坏作用逐渐暴露出来。化工生产过程常常使用有毒有害化学品，并排放大量的"三废"，化工产品使用后被大量丢弃。据统计，目前全世界每年产生 3 亿～4 亿吨有害废弃物，这些都严重地污染着环境。20 世纪 60 年代曾经发生过一系列震惊世界的环境公害，其中 80％ 与化学产品有关。有数据表明，环境污染的 70％ 源于工业界，化学化工的污染占到其中的 80％。今天，CO_2 的超量排放使全球气候变暖；南极冰川在融化；自然灾害频发；大量漂浮的颗粒物使空气变得浑浊；SO_2 的浓度急剧增高形成了对农作物有害的酸雨（图 1-7）；水资源遭到污染等。这些都在警示人类，必须科学合理地开采和利用自然资源，必须保护好人类赖以生存的生态环境。

图 1-7　酸雨的形成

　　环境的污染和破坏最终会传递给人类。比如，化肥的大量使用造成土壤的贫瘠化；有害农药使土壤中的有害化学品通过生物链传递给人类；饲料使用的化学品添加剂会残留在动物体内。这些都威胁着人类的身体健康，影响经济发展。

1.3.2　环境保护与可持续发展

　　和其他事物一样，人类对环境保护的认识也是一个渐进的过程。开始，人们对有害化学物质的毒性和致癌性认识不足，认为只要稀释"达标"就可以排放，就可以无害，所以，这一时期普遍采用"稀释废弃物来防止环境污染"。随着对有害物质的危害的进一步了解和认识，人们开始对"三废"进行治理，并开发了许多"后处理的方法"。这种"先污染，后处理"的"末端治理"模式虽然取得了一定的效果，但并没有从根本上解决经济高速增长对资源和环境造成的巨大压力。"末端治理"的环境策略其弊端日益显现。治理代价高，企业缺乏治理污染的动力和积极性；治理难度大，同时也存在污染转移的可能，无助于减少生产过程中资源的浪费。

　　人类终于认识到，自然资源是有限的。人们不能只顾当今的自我，还要考虑到我们的子孙后代；人类终于感受到，环境的污染和破坏严重地威胁着人类自身的健康，影响着社会经济的发展；人类也终于领悟到，人类不能只向环境索取而不注重对环境的保护。20 世纪 90 年代联合国提出"可持续发展"的战略思想，得到了各国的认可和支持。要做到"可持续发展"，就必须保护好环境；要保护好环境，就必须从源头上控制污染。为此，人类向自己提出了更高的要求："绿色化工"。

1.3.3　绿色化工

　　生态循环、生态平衡，这是自然界动植物和微生物生存的自然规律，人们用象征生命意义的"绿色"来表示其生生不息。传统的化工对环境造成污染，化学工业的可持续发展受到了挑战，人们希望建立起"生产——消费——还原"这样一种化工的生态链，以低消耗、无污染、资源再生、废弃物综合利用、分离、降解等方式，实现化工的"生态"循环，实现化学和化工的"绿色化"。

1.3.3.1 绿色化学

绿色化学，又称为环境无害化学、环境友好化学、清洁化学。绿色化学的化学反应和过程以"原子经济性"为基本原则，即在获取新物质的化学反应中充分利用参与反应原料的每个原子，尽可能实现零排放（图1-8）。

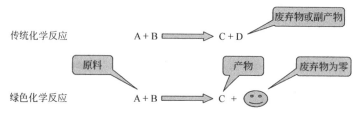

图1-8 传统化学反应与绿色化学反应

绿色化学不仅充分利用资源，而且不产生污染；采用无毒无害的原料、无毒无害催化剂、无毒无害溶剂和助剂，生产有利于生态环境保护、社区安全、人类健康的环境友好产品。绿色化学是一门从源头上减少或消除污染的新型的化学学科。

美国的 P. T. Anastas 和 J. C. Waner 提出绿色化学12条原则，其核心内容可用图1-9表示。

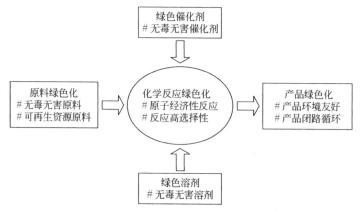

图1-9 绿色化学12条原则的核心内容

绿色化学是对传统化学思维方式的创新和发展，符合科学发展观；绿色化学从源头上消除污染，为保护环境提供了新科学和新技术，符合可持续发展的宗旨；绿色化学提供了合理利用资源和能源、降低生产成本的原理和方法，符合节能降耗的基本思想。

1.3.3.2 清洁生产

将绿色化学的基本原理和基本原则应用于化学工艺和化学工程，即是所谓的"绿色化工"。绿色化工要求在产品设计、原料、工艺路线、设备、生产加工、管理等各个环节都要符合绿色化学的基本原则，绿色化工追求的是经济效益与环境不相矛盾，是和谐的，甚至是相互促进的。绿色化工是化学工业发展的追求和目标。按照现有的科技水平，落实绿色化工最好的举措即是"清洁生产"。世界各国对清洁生产非常重视。我国于2003年1月1日正式颁布和实施《中华人民共和国清洁生产促进法》，并将清洁生产定义为"清洁生产是指不断采取改进设计、使用清洁的能源和原料、采用先进的工艺技术和设备、改善管理、综合利用等措施，从源头消减污染，提高资源利用率，减少或者避免生产、服务和产品使用过程中污染的产生和排放，以减轻或者消除对人类健康和环境的危害。"

清洁生产要求以下几点。

（1）使用的能源是清洁的　包括常规能源的清洁利用；可再生能源的利用；新能源的开发利用以及节能技术。

（2）生产过程是清洁的　整个生产过程中不涉及或尽量少涉及有毒有害化学品；采用先进的工艺、催化剂和设备，提高原料的利用率，减少乃至消除"三废"的排放。

（3）生产的产品是清洁的　产品在使用过程中以及使用后对人类健康和环境无不利影响；易回收再生利用；易降解。

清洁生产是革命性的环境保护新举措，它改变了人们过去先污染后治理的思维方式和治理模式，彻底消除了"末端治理"的种种弊端。清洁生产使生产由粗放型向集约型转化，使经济效益和社会效益最大化、最优化。清洁生产使人类减缓乃至排除资源和环境污染的困扰，走上可持续发展之路，使化学工业成为真正的绿色工业。图 1-10 所示为甲基丙烯酸甲酯的生产传统工艺与绿色工艺比较。

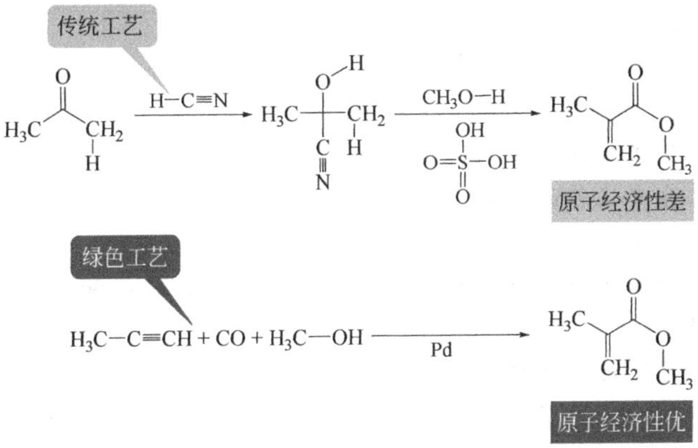

图 1-10　甲基丙烯酸甲酯的生产传统工艺与绿色工艺比较

本 章 小 结

1. 化学工业基本概念

化学工业是以自然资源或人工合成物质为原料，采用化学方法和物理方法，生产生活用化学品或生产资料化学品即化工产品的工业。

2. 化学工业在国民经济中具有十分重要的地位

随着时代的发展，现代工业的各行各业都离不开化学工业。

3. 未来化工发展较快的领域

生物化工领域；催化剂与催化技术领域；材料化工领域；能源化工领域；化工信息技术领域。

4. 化学工业分类

化学工业的分类有不同的方法，这些分类方法可以适用于不同需要和场合。我国按化工产品划分，将化学工业分为 19 类；按行业划分，分为 20 个行业。

5. 化工生产特点

（1）化工生产的产品大多是全新物质

（2）生产过程复杂

（3）技术要求高

（4）过程、质量控制的间接性

（5）安全生产特别重要

（6）对操作工的素质、知识技能要求高

（7）化工生产的多方案性

6. 安全在化工生产中具有第一重要性

7. 化工生产基本过程

原料预处理 $\Longrightarrow$ 化工加工 $\Longrightarrow$ 产物后处理

8. 绿色化工

一种"生产——消费——还原"的生态链化工，对环境和人类不构成危害，是化学工业发展的方向和追求的目标。

反馈学习

报告·演讲（书面或PPT）

参考小课题：

（1）化工与我们的生活

（2）神奇的化工

（3）世界/中国化工简史

（4）我所认识的化工生产

（5）我学习化工生产工艺的计划

（6）我立志当一名优秀的化工从业者

（7）一个优秀的化工生产操作者应该具备的基本知识、技能和综合素质

（8）化工与环境

（9）化工离"绿色"还有多远

（10）我心中的"绿色化工"

第2章　化工生产工艺基础

 明确学习

化工产品品种繁多，每一个产品都有其独特的生产工艺。化工生产工艺的基本知识和基本规律是化工产品生产工艺的基础。本章即是要通过典型化工产品生产工艺，讨论学习这些基本知识和基本规律。

本章学习的主要内容

1. 化工生产工艺流程（流程图）。
2. 化工生产工艺装置。
3. 化工生产操作。
4. 化工生产的工艺参数及控制。
5. 化工过程的物料及热量平衡。

活动学习

通过以下的活动学习，了解、体会化工产品生产工艺过程、工艺流程、工艺参数及操作控制，为学习化工生产工艺基础先增加感性认识。

参考内容

1. 仿真操作　（1）丙烯酸甲酯生产工艺（化工仿真软件）；（2）乙醛氧化生产乙酸工艺（化工仿真软件）；（3）均苯四甲酸二酐生产工艺（化工仿真软件）。
2. 资料检索（检索某化工产品的生产方法、工艺流程）。

讨论学习

我想问

实践·观察·思考

在以上活动学习中，通过仿真操作或资料检索，我们对化工产品的生产过程又有了一些了解和认识。可能第一感觉是"复杂"：流程长，设备多，操作难，远比学习化学时写化学方程式复杂，也没有在实验室制备方便。丙烯酸甲酯的化学反应方程式很简单，即：

$$CH_2 \!=\! CHCOOH + CH_3OH \underset{}{\overset{H^+}{\rightleftharpoons}} CH_2 \!=\! CHCOOCH_3 + H_2O$$

它的实验室制备也不复杂，但通过仿真操作我们看到，它的工业化生产就不那么简单。这就是化工生产操作，这就是化工生产。我们做的虽然是仿真操作，但其生产过程，DCS

操作方法、工艺参数等和真实的生产过程基本一致。如何将原料从一个设备输送到另一个设备？如何进行计量、投料？如何将这么多物料加热到需要的温度？设备里的物料看不见，怎样知道物料的状态？生产如何控制？怎样保证生产安全？等。在实际的化工生产过程中，这些"细节"问题都需要解决。解决这些细节问题就是生产技术，就是生产工艺。所以，化工生产工艺是指化工生产过程中的所有的技术细节，它是根据物理和化学原理与规律，采用化学和物理措施将原料转化为产品的方法和过程。

化工产品数以万计，每一个产品都有其生产方法，甚至一个产品可以有好几种生产方法，有一种生产方法就有其相应的生产工艺。化工产品的生产工艺虽然繁多而复杂，但从前面的"化工生产"的讨论学习中我们认识到，所有的化工产品的生产总是包括 3 个基本过程，即：原料预处理→化工加工→产品后处理；所有的化工生产过程都是由若干物理单元操作和化学单元反应组合来完成的；所有的化工生产过程都包括两种基本转换：能量转换和物质转换，这就是化工生产的基本规律。化工生产工艺正是根据这些基本规律展开的。应用这些基本规律，我们可以学习、认识、总结化工生产基本工艺，从而指导具体化工产品生产工艺的学习。

2.1 化工生产工艺流程

化工生产是按照生产工艺进行的流程性生产，有先后次序和生产工序的要求。从原料开始，物料流经一系列由管道连接的设备，经过物料和能量转换的加工处理，最后得到预期的产品，实施这些转换所需的一系列功能单元和设备有机组合的次序和方式，就是工艺流程，也称为工艺过程。化工生产工艺流程反映了由若干个单元过程按一定的逻辑顺序组合起来，完成从原料变为目的产品的全过程。

2.1.1 工艺流程基本构成

以下是丙烯酸甲酯生产的基本工艺过程，仔细阅读并思考，丙烯酸甲酯包括哪些基本生产工序。

丙烯酸甲酯是以丙烯酸及甲醇为原料，在催化剂作用下，经酯化反应而生成，化学反应式为：

$$CH_2=CHCOOH+CH_3OH \rightleftharpoons CH_2=CHCOOCH_3+H_2O$$

工艺过程如图 2-1 所示。

丙烯酸甲酯的生产包括以下几个基本过程。

（1）甲醇、丙烯酸净化　丙烯酸甲酯的生产原料是丙烯酸和甲醇。生产原料的准备过程包括原料储存和原料处理。丙烯酸容易聚合，具有腐蚀性，甲醇沸点低，所以对这两种原料的储存有特殊要求。酯化反应对原料的含水量及杂质有一定的要求，即必须达到酯化级，达不到酯化级的甲醇及丙烯酸必须进行相应的处理，然后才能投入反应，如图 2-2 所示。（图中"杂质"颜色变浅表示杂质含量减少，经过处理达到了酯化反应要求）。

（2）酯化反应　在丙烯酸和甲醇进入反应器之前，必须先将其加热到反应所需要的温度 75℃，随后进入反应器，在催化剂的作用下，反应生成丙烯酸甲酯。由于酯化反应是一个可逆反应，所以，离开反应器的产物中除了丙烯酸甲酯外，还有没有反应的丙烯酸和甲醇、反应生成的水和副产物，需要进一步地处理以回收原料和提纯产品，如图 2-3 所示。

（3）丙烯酸的分离回收　将反应得到的产物（混合物）送至丙烯酸蒸馏塔和薄膜蒸发器，并将回收的丙烯酸送回反应器继续与甲醇进行反应，同时通过薄膜蒸发器排除反应过程

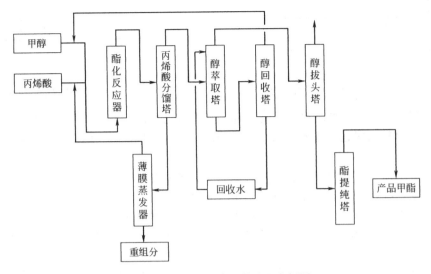

图 2-1　丙烯酸甲酯工艺流程方框图

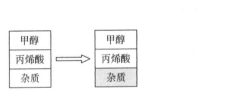

图 2-2　净化过程组成变化

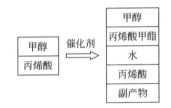

图 2-3　酯化反应过程组成变化

中生成的高沸点物质，如图 2-4 所示。

（4）甲醇的分离回收　将回收了丙烯酸的物料送至萃取塔，用水将甲醇萃取出来，再通过精馏将甲醇从甲醇水溶液中分离出来，甲醇送回反应器与丙烯酸进一步反应，如图 2-5 所示。

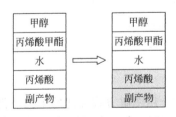

图 2-4　丙烯酸回收过程组成变化

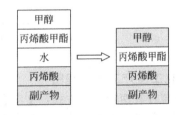

图 2-5　甲醇分离过程组成变化

（5）丙烯酸甲酯分离　萃取过程不能将甲醇完全除去，得到的只是粗制丙烯酸甲酯，还需要通过精馏将甲醇进一步除去，如图 2-6 所示。

（6）丙烯酸甲酯的提纯精制　经过丙烯酸甲酯的分离过程后，已经得到了纯度比较高的丙烯酸甲酯。但过程（5）的丙烯酸甲酯是从塔釜得到的，可能还含有微量的丙烯酸、高沸物、金属离子及机械杂质，通过最后的精制过程以得到合乎质量要求的丙烯酸甲酯产品，如图 2-7 所示。

通过观察丙烯酸甲酯的生产过程，可以发现，一般化工产品的生产包括以下 5 个基本工序。

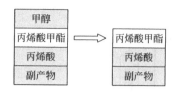

图 2-6 丙烯酸甲酯分离过程组成变化

图 2-7 丙烯酸甲酯精制过程组成变化

(1) 原料工序——生产原料的准备过程 将原料进行预处理，使其达到化学反应所需要的质量要求。原料工序包括原料的储存、净化、干燥及配料等。如丙烯酸甲酯生产工艺过程 (1)。

(2) 反应工序——化学反应过程 反应工序是化工生产的核心部分。反应工序包括反应的加热与冷却，催化剂的处理与使用等。如丙烯酸甲酯生产工艺过程 (2)。

(3) 分离工序——分离过程 将产品从反应产物体系中分离出来。对有些产品，经过分离工序即能达到最终产品的要求，但多数产品还需要进行进一步的处理。如丙烯酸甲酯生产工艺过程 (5)。

(4) 精制工序——精制过程，也称后处理过程 将分离工序制得的目的产品进行精制加工，使其满足成品质量的规格要求，如纯度、色泽、形状、杂质等。如丙烯酸甲酯生产工艺过程 (6)。

(5) 回收工序——回收过程 将没有反应的原料进行分离回收，循环利用，并回收反应过程中生成的副产物。如丙烯酸甲酯生产工艺过程 (3) 和 (4)。

将这 5 个基本工序按工艺顺序连接起来即构成化工生产工艺的基本流程，如图 2-8 所示。

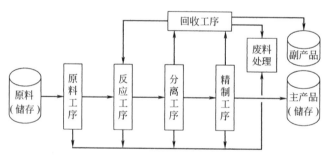

图 2-8 化工生产工艺流程基本构成

2.1.2 化工生产工艺流程图

工艺流程有两种表达方式：文字表述和流程图描述。用图解方式描述的工艺流程称为工艺流程图。化工生产工艺流程图即是以图解和适当文字说明的方式来描述化工生产的全过程。工艺流程图通常用方框图来表示一个单元过程，用设备外形示意图来表示一个设备，用线段代表管道，用箭头表示物料或介质的流向，用带箭头线段连接两端的框图或设备示意图则表示生产过程的顺序或工艺流程。与文字表述相比，工艺流程图对流程的表述更形象、更直观、更简洁，更能反映出过程之间的工艺逻辑关系。工艺流程图是一种非常好的化工交流工程语言。按交流表述需要，工艺流程图有以下几种形式。

(1) 工艺流程方框图 工艺流程方框图用方框图表示单元过程或设备，方框图之间的箭头表示物料或介质的流向。方框图通常描述的是产品生产的主要过程，反应过程之间的工艺顺序。对产品的初步学习或交流通常使用工艺流程方框图。

(2) 工艺流程示意图 工艺流程示意图是用简单的设备外形图或常用的图例来描述一个

化工产品的生产工艺流程。该图反映的是生产过程的主要工艺、主要设备和主要管线。图中设备图与实际设备形状相似；设备的位置按工艺顺序排列，并按工艺要求有一定的层次分布；设备图上标注有位号，并在图的下方注明相应位号的设备名称；图中标明物料或介质的来源和去向，如图 2-9 为丙烯酸甲酯生产工艺流程示意。

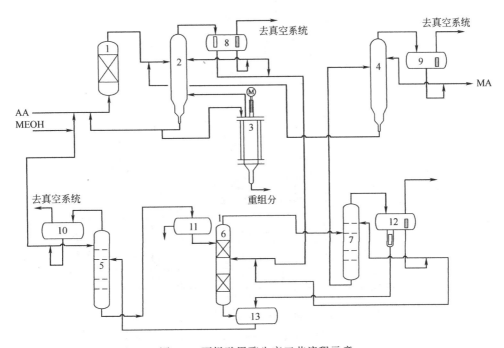

图 2-9　丙烯酸甲酯生产工艺流程示意

1—酯化反应器；2—丙烯酸蒸馏塔；3—薄膜蒸发器；4—酯提纯塔；5—醇回收塔；6—醇萃取塔；
7—醇拔头塔；8，9，10，12—回流罐；11—水储槽；13—甲醇水溶液储罐

（3）带控制点的工艺流程图　在施工图设计阶段绘制的化工生产工艺流程图叫带控制点的工艺流程图；也叫管道仪表流程图（PID 图）。它能用于工程施工、生产的组织管理与实施、工艺过程的技术改造等。由于含有的工艺技术非常详尽，带控制点的工艺流程图是企业非常重要的技术性文件，通常对外保密。

作为化工操作人员要读懂各种工艺流程图，尤其是带控制点的工艺流程图。通常工艺流程说明及带控制点的工艺流程图可以提供以下主要信息：

①　产品生产详尽的工艺过程及生产工序；

②　生产所需的所有的工艺设备、设备的大致形状、设备的相对层次及设备之间的工艺关系；

③　动力输送设备及类型；

④　主、副物料管线及物料流向；

⑤　冷却介质、加热介质、真空、压缩空气等副管线及走向；

⑥　阀门、管件及其类型；

⑦　计量-控制仪表、检测-显示仪表、检测-控制点及控制方案；

⑧　生产操作方法及工艺控制指标；

⑨　地面及厂房各层标高；

⑩　安全设施及安全措施。

图 2-10 为丙烯液相本体聚合带控制点的工艺流程（部分）。

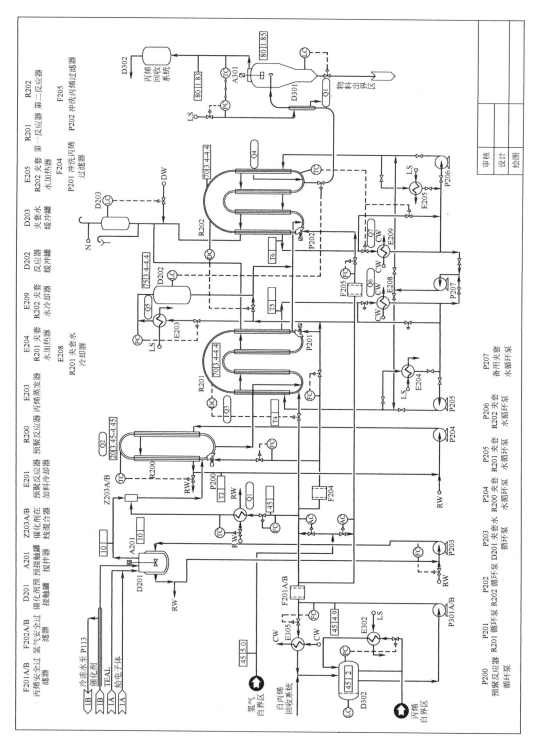

图 2-10 丙烯液相本体聚合带控制点的工艺流程（部分）

表 2-1 所列为工艺流程图的管道物料代号。表 2-2 所列为工艺流程图常用设备的代号及图例。表 2-3 所列为工艺流程图的管道及附件图例。

表 2-1　工艺流程图的管道物料代号

物料名称	代号	物料名称	代号	物料名称	代号
工业用水	S	冷冻盐水	YS	输送用氮气	D_2
回水	S'	冷冻盐水回水	YS'	真空	ZK
循环上水	XS	脱盐水	TS	放空	F
循环回水	XS'	凝结水	N	煤气、燃料气	M
生活用水	SS	排出污水	PS	有机载热体	RM
消防用水	FS	酸性下水	CS	油	Y
热水	RS	碱性下水	JS	燃料油	RY
热水回水	RS'	蒸汽	Z	润滑油	LY
低温水	DS	空气	K	密封油	HY
低温回水	DS'	氮气或惰性气体	D_1	化学软水	HS

表 2-2　工艺流程图常用设备的代号及图例

序号	设备类别	代号	图　例
1	塔	T	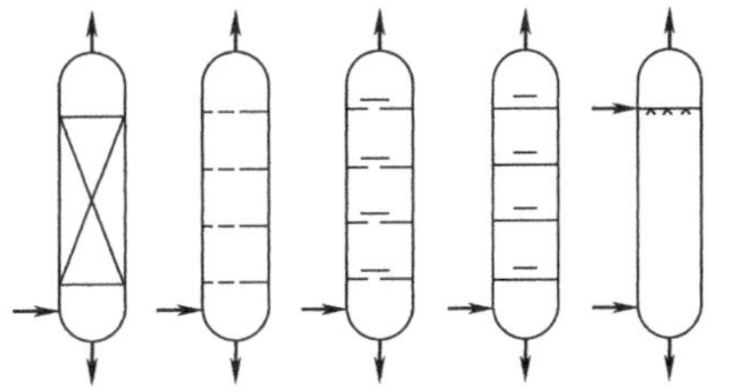 填料塔　筛板塔　浮阀塔　泡罩塔　喷淋塔
2	反应器	R	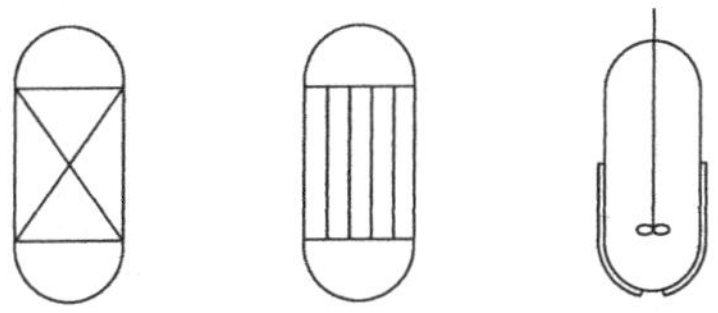 固定床反应器　管式反应器　反应釜
3	容器(槽、灌)	V	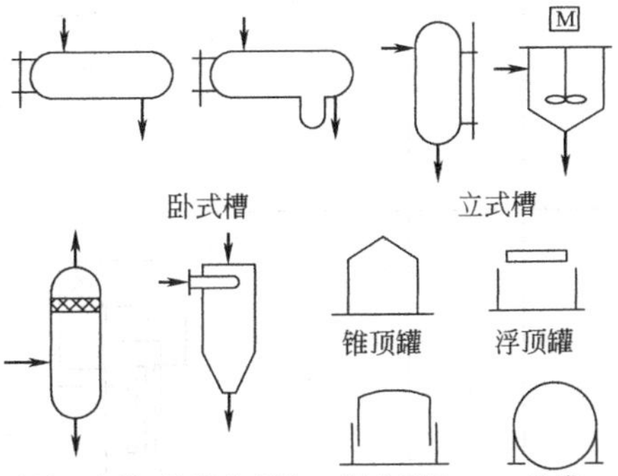 卧式槽　　立式槽 锥顶罐　浮顶罐 除沫分离器　旋风分离器　湿式气柜　球罐

序号	设备类别	代号	图 例
4	换热器 冷却器 蒸发器	E	固定管板式　　　　U形管式 浮头式　　釜式　　平板式 换热器　　　　冷却器 空冷器　　　　蒸发器
5	泵	P	离心泵　液下泵　旋转泵 齿轮泵　水环式真空泵 纳氏泵 螺杆泵　活塞泵　柱塞泵　喷射泵 比例泵
6	鼓风机 压缩机	C	鼓风机　离心压缩机（卧式）（立式） 旋转式压缩机 四级往复式压缩机　单级往复式压缩机
7	工业炉	F	此二图例仅供参考， 炉子形式改变时， 应按具体炉型画出 箱式炉　　圆筒炉

序号	设备类别	代号	图　　例
8	烟囱 火炬	S	烟囱　　　火炬
9	起重运输机械	L	桥式　　单轨　　斗式提升机 刮板输送机　　皮带输送机 悬臂式　　旋转式　　手推车
10	其他机械	M	板框式压滤机　回转过滤机　离心机

表 2-3　工艺流程图的管道及附件图例

序号	名　称	符　号	序号	名　称	符　号
1	软管 翅管 可拆卸短管 同心异径管 偏心异径管 多孔管		4	转子流量计	
2	管道过滤器		5	插板 锐孔板	
3	毕托管 文氏管 混合管		6	盲法兰 管子平板封头	

续表

序号	名　称	符　号	序号	名　称	符　号
7	活接头 软管活接头 转动活接头 吹扫接头 挠性接头		21	旋塞（直通、三 通、四通）	
8	放空管		22	安全阀（弹簧式 与重锤式）	
9	分析取样接口 漏斗		23	Y形阀	
10	消声器 阻火器 爆破膜		24	隔膜阀	
11	视盅		25	止回阀 高压止回阀 旋起式止回阀	
12	伸缩器		26	柱塞阀	
13	疏水器		27	活塞阀	
14	来自或去界外	图号×××	28	浮球阀	
15	闸阀		29	杠杆转动节流 阀	
16	截止阀		30	底阀	
17	针孔阀		31	取样阀与实验 室用龙头阀	
18	球阀		32	喷射器	
19	蝶阀		33	防雨帽	
20	减压阀				

2.2　化工生产装置

活动学习中，人们在工厂或影视资料中看到的各种塔和罐就是化工生产的设备。设备上安装有各种仪器仪表，用来检测物料和控制生产，有些还配备安全设施。这些设备通过不同的管道、阀门和阀件连接起来，组成的就是化工生产装置。化工生产的各个单元过程就是在装置中的设备里完成的。原料通过装置，并按工艺要求受到严格的操作和控制，最终转变为所需要的产品。

化工生产工艺装置（图 2-11）是实现化工生产的"工具"。先进的工具是优质高产的重要条件。化工产品的质量和产量、生产的安全性乃至企业的经济效益都直接与生产装置相关。工艺是软件，装置是硬件，如果没有科学合理的生产装置，再先进的工艺也不能体现出来。

图 2-11　化工生产工艺装置图例

2.2.1　生产工艺装置的基本构成

化工生产装置从外观上有些相似。装置中大多包含有塔、反应器、换热器、各种罐等基本设备，由许多不同直径的管道连接着这些设备。这是因为化工生产工艺虽然千变万化，但基本工艺过程是相近的，完成基本工艺的设备大多数是单元操作和单元反应的基本设备。这些基本设备按照基本工艺连接起来就构成了化工生产工艺的基本装置，如图 2-12 所示。

2.2.2　生产工艺装置中的主要设备及作用

按化工生产基本过程，化工生产装置实际由三大系统组成，即：原料预处理系统、反应系统和产品后处理系统，如图 2-13 所示。

各系统的主要设备及作用如下。

（1）原料预处理系统　化学反应的原料有严格的要求，如：原料的颗粒、纯度、杂质的含量等。原料不纯，不仅会影响产品的质量、反应的速率，严重的还会使催化剂中毒，反应无法进行，甚至导致安全事故。原料处理就是将原料通过有关的单元操作设备处理，使其达

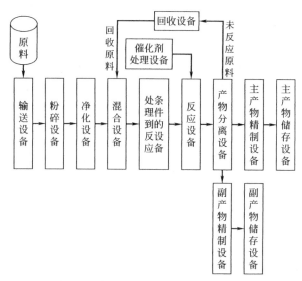

图 2-12　化工生产工艺装置的基本构成

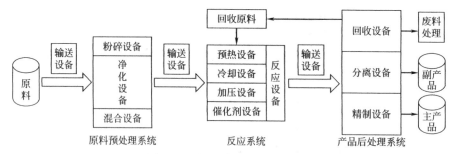

图 2-13　化工生产装置三大系统

到反应条件所要求的质量标准。原料处理系统的主要设备有以下几种。

① 粉碎设备。应用于固体原料。

粉碎机——按工艺要求，将固体原料处理到反应条件所需要的粒径大小。

② 原料净化设备。精制原料，除去原料中的杂质，提高原料的纯度。主要的设备有：

除尘器——除去气体中的颗粒物；

沉降槽——除去液体中的固体物；

洗涤塔——除去气体中的尘埃或液体中的酸碱等有害成分。

蒸发器——将原料分离出来或除去原料中的有害成分。

③ 混合设备。使原料在进入反应器前按比例充分混合。

混合器——使原料（新鲜原料和回收原料）按工艺要求的一定比例进行充分混合。

（2）反应系统　反应系统是整个化工生产的中心系统。反应系统的目的即是将原料尽可能多地转化为产品，并尽量做到能量的综合利用，以降低能耗。反应系统的中心设备是反应器。由于反应的类型不同，有的在反应前需要加热，有的在反应后需要冷却等，因此，反应系统除了反应器外，还包括反应前后的一些处理设备。反应系统的主要设备有以下几种。

预热器——将反应的原料或回收的原料加热到反应所需要的温度。

冷却器——将反应的原料或回收的原料冷却到反应所需要的温度，将反应后的物料冷却到一定的温度，送至下一工序处理。

压缩机——将反应的原料和回收的原料加压到反应所需要的压力。

催化剂设备——制备反应所需的催化剂或将催化剂进行活化。

反应器——将原料转化成产品。按反应类型和要求不同，反应器有许多种类型，如釜式反应器、固定床反应器、流化床反应器等。

（3）产品后处理系统　影响反应的因素非常多，如：化学反应的性质、原料转化的程度、催化剂、操作控制等。因此，通过反应系统的反应后，通常得到的大都不是纯的目的产物，而是一个包括目的产物、副产物和没有反应的原料的混合物。后处理系统即是对这一混合物进行分离、回收和精制等处理，以获取符合质量要求的目的产品和副产品，同时回收没有完全反应的原料。产品后处理系统还包括产品的包装储存设备。产品后处理系统的主要设备如下所述。

① 产物分离设备。

离心分离器——根据物质的密度不同进行离心分离，主要用于液-固体系。

过滤器——通过过滤网或过滤膜，实现气-固分离或液-固分离。

结晶槽——通过控制温度，使固体物从过饱和溶液中结晶出来。结晶槽既可用于产物的分离，也用于产品的精制。

蒸发器——对产物进行初步分离或提浓。

吸收塔——根据混合气体中各组分在溶剂中的溶解度不同，用溶剂吸收气体混合物中的一个或几个成分，从而分离气体混合物。

萃取塔——根据液体混合物中各组分在两液相中的分配不同，用萃取剂萃取液体混合物中的一个或几个组分，从而分离液体混合物。

精馏塔——根据各组分的相对挥发度不同，在塔内通过多次的传质和传热，在塔顶得到轻组分，在塔釜得到重组分，实现轻重组分的分离。精馏塔既可用于产物的分离，也用于产品的精制。精馏塔通常用于液体混合物的分离与精制。

② 产品精制设备

精馏塔——根据组分的相对挥发度的不同，实现产品的提纯精制。通过精馏操作，通常可以得到较高纯度的产品，因此，最终产品的提纯精制通常使用精馏塔。对于产品纯度要求高的，还应尽量使最终产品从塔顶得到。

此外，对于气体产物的精制可以使用分子筛、膜分离器；对于固体产物的精制可以使用结晶器等。

③ 回收设备。根据实际情况，以上产物分离设备和产品精制设备均可用作回收设备。

④ 产品储存设备。化工产品有气体、固体和液体。储存设备需根据产品的形态、性质和使用要求选用不同类型的设备。储存设备要将安全性放在首位，如产品的腐蚀性、燃烧性、爆炸性以及设备的耐压性等。

（4）物料输送设备　输送设备的作用是按工艺要求，将物料从一个设备输送到另一个设备。主要的设备有以下几种。

固体物料输送——带式输送机、提升式料斗和螺旋输送机等。

液体物料输送——离心泵、轴流泵、旋涡泵、往复泵、电磁泵等。

气体物料输送——鼓风机、压缩机等。

2.2.3　化工生产安全设施

化工生产安全技术是化工生产工艺的一部分，化工生产安全必须首先从工艺技术上得到保障。因此，化工生产装置必须要有化工生产安全设施。为保证化工生产装置的安全运行，工业上常有以下一些安全设施。

（1）安全排放事故槽

？实践·观察·思考

活动学习中，在做 2-巯基苯并噻唑的仿真操作时，如果将冷却水关小或关闭，会产生什么现象和后果？

情景：小张正在操作一个化学反应。反应刚开始不久，小张观察到反应器物料温度不断上升，小张判断是反应器的冷却水出了故障。结果发现用来控制反应温度的冷却水流量在不断减小。此时小张表现得非常镇定，按工艺操作规程，他及时而熟练地打开了反应器底部的安全卸料阀，将物料放到了事先设置的"安全排放事故槽"。

从以上的情景可以看出，"安全排放事故槽"加上小张高度的工作责任心和冷静而熟练的操作，有效地避免了安全事故的发生。

如果反应是一放热反应，通常需要通过冷却剂（如冷却水）将反应热及时带出反应系统。若此时停电或停水，或其他原因造成反应热在反应系统聚集，必然导致反应温度上升，物料就有可能冲出反应器（冲料），造成生产事故。

安全排放事故槽就是为避免更大事故发生而设置的一种安全装置，安全排放装置如图 2-14 所示。

（2）安全阀和防爆片　安全阀是一种自动控制容器内压力的安全装置。安全阀安装在受压容器上。当容器内的压力大于规定的工作压力时，安全阀自动打开，将容器内的气体排放出去，以降低容器内的压力；当容器内压力降低到规定工作压力时，安全阀自动关闭。安全阀有杠杆式、弹簧式和脉冲式。其中弹簧式安全阀最常用，如图 2-15 所示。

防爆片又称爆破片，是一种破裂性的安全泄压装置。当容器内的压力超过规定的安全工作压力，达到爆破压力时，防爆片迅即破裂，物料泄出，容器压力随即降低，以避免爆炸事故的发生。

（3）阻火器和安全水封　为阻止火种进入物料系统，防止火灾爆炸事故的发生，在化工企业通常可以看到在可燃性物料的管道上或储罐顶部安装有一个较小的设备，这种设备就是阻火器，是一种安全设施，如图 2-16 所示。

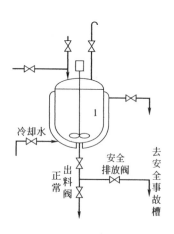

图 2-14　安全排放装置

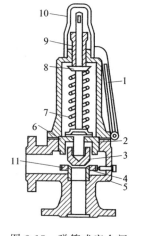

图 2-15　弹簧式安全阀
1—手柄；2—阀盖；3—阀瓣；4—阀座；
5—阀体；6—阀杆；7—弹簧；8—弹
簧压盖；9—调节螺母；10—阀帽；
11—调节环

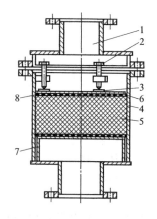

图 2-16　阻火器的结构
1—接口管；2—压紧螺钉；3—垫
板；4—筒体；5—填料；6—隔板；
7—支撑环；8—金属网

阻火器的主要类型有填料式、缝隙式、筛网式和金属陶瓷式。通常使用的是填料式。常见的填料有砾石、刚玉、玻璃或陶瓷小球或环等。

安全水封是一种阻止火焰传播的安全设施。有了安全水封，可燃性气体进入容器或反应器之前，必须鼓泡穿过水封的水层，也就是水封将进气与容器或反应器隔离开来。一旦水封的一端着火，水封就可阻止火焰向另一端蔓延。安全水封有敞口式和密闭式，如图 2-17、图 2-18 所示。

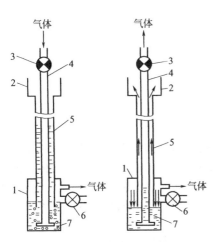

图 2-17　敞口式安全水封

1—筒体；2—漏斗；3—气体进口阀；
4—进气管；5—水封管；6—水位
控制阀；7—气体分配盘

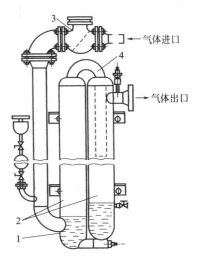

图 2-18　密闭式安全水封

1—液体；2—筒体；
3—止逆阀；4—连通管

图 2-19 是乙炔发生器的正水封和逆水封工作原理。乙炔发生器的安全运行必须保持正压状态。正常情况下，乙炔发生器是正压，产生的乙炔气通过正水封送出去。当反应不正常，造成乙炔发生器的压力低于工艺规定的压力时，气柜的乙炔会通过逆水封"倒灌"进入乙炔发生器，以维持乙炔发生器始终处于正压状态。

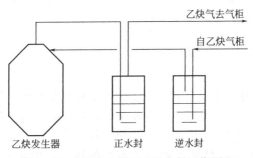

图 2-19　乙炔发生器正、逆水封工作原理

（4）物料溢流装置　高位槽的上端通常都有一根管道与低位储槽相连，这根管道称为溢流管，如图 2-20 所示。当向高位槽输送物料，物料到达溢流口时，多余的物料会通过溢流口返回储槽，避免物料从放空阀中冲出造成事故。

（5）水斗　由于水斗通大气，出水经过水斗排出，便于操作者观察是否断水，同时也可避免由于虹吸效应将设备的水抽空。因此，水斗通常是作为冷却水出口的一种安全装置。图 2-21 是往复泵冷却水出口水斗安全装置。

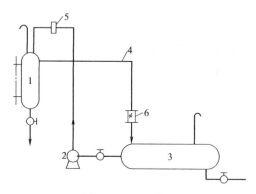

图 2-20　溢流装置

1—高位槽；2—泵；3—储槽；4—溢流管；

5—上料管；6—排空管

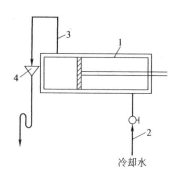

图 2-21　水斗设施

1—往复泵；2—进水管；

3—出水管；4—水斗

（6）报警-连锁装置

活动学习中，在做化工仿真操作时，有时发现电脑显示器的左上方会有一个红颜色的图标不断闪烁，甚至无法继续操作。这就是报警-连锁装置在起作用。红颜色的图标不断闪烁是在报警，提示着你的操作控制超出了工艺规定的工艺指标，过低或过高；你不能继续操作是因为工艺指标已超过了连锁装置设定的安全边界，连锁装置自动强制断开有关系统，强迫停止生产操作。

报警-连锁装置是一种自动安全设施。当设备或装置工作超过工艺规定的工艺指标时，报警-连锁装置会发出报警信号，提示操作者赶快采取措施；当设备或装置工作超过设计规定的安全指标时，报警-连锁装置会使设备或装置自动停止运行，以保护操作者和装置的安全。

例如，在做 2-巯基苯并噻唑的仿真操作过程中，若温度过低时，会发出低温报警信号，提示你采取措施，尽快提高反应温度；若在低温下停留时间太长，搅拌器会自动停止，反应无法操作；若温度过高时，同样会发出高温报警，若不及时采取措施，连锁装置会使搅拌器自动断电，停止搅拌器搅拌，强制反应终止进行，同时蒸汽自动关闭，冷却水自动开到最大。这是因为，温度过低，大量生成的是副产物；温度过高，一是副产物增加，同时可能产生"飞温"（温度急剧上升），造成安全事故。

2.3　化工生产操作

化工生产工艺技术、化工生产装置及化工生产操作是化工生产的 3 大要素。化工生产工艺流程、化工生产装置确定后，化工生产的质量、产量及安全与操作息息相关，故化工生产操作在整个化工生产过程中处于十分重要的地位。符合质量指标要求的化工产品在操作者的操控中源源不断地生产出来，是操作者操作水平的体现，更是操作者对企业、对社会的贡献。

化工生产操作的任务是根据化工生产规程，对照工艺参数，对化工生产的设备或装置进行操作和控制，生产出合格的化工产品，完成规定的生产任务。按操作方式化工生产操作有连续过程、间歇过程和半连续过程。对于连续过程，操作主要包括正常生产工况维持、开车、停车以及生产过程中的事故处理等。对于间歇过程，除以上内容外，还包括配料、投料、工艺参数调控、终点控制、清洗等操作。操作控制的主要工艺参数有温度（T）、压力（p）、流量（F）及液位（L）等，操作的目的即是要使这些工艺参数符合操作规程规定的技术指标。

2.3.1 操作方式

2.3.1.1 间歇操作

活动学习中，人们是这样仿真操作 2-巯基苯并噻唑生产过程的：将原料邻硝基氯苯和二硫化碳分别打到高位计量槽，计量后放入反应釜；将多硫化钠打到沉淀槽，计量和沉淀后，再打入反应釜；通过蒸汽和冷却水将反应温度控制在 110～120℃ 之间，待产物中邻硝基氯苯的含量小于 0.1mol/L 时，反应即达到终点，停止反应，将产品放出，清洗反应釜后，一个批次的操作完成。之后以同样的方式进行下一个循环，即进行下一个批次的操作。这种操作方式就是间歇操作。间歇操作是一种一次或分次投料、一次性出料，分批次进行的操作方式。

（1）间歇操作物料的计量与投料

① 液体物料。间歇操作液体物料的计量通常使用计量槽或计量罐，计量槽或计量罐上装有计量的液位计（玻璃液位计、磁性液位计等）或溢流管。物料按工艺要求先经过计量槽或计量罐计量后再投入使用。

② 固体物料。固体物料的计量通常是直接称量。

③ 气体物料。气体物料的计量通常使用流量计，或按流入的总体积计量。

间歇操作的投料方式通常有一次性加料和分次加料。加料方式由工艺要求决定，操作时需严格按照工艺规定的加料方式进行。

（2）间歇操作特点

① 原料一次或分次加入设备，过程中既没有原料的再加入，也没有物料的排出，达到工艺规定的指标后，一次性放出全部物料。

② 一个批次的完成是通过终点指标来控制的。间歇反应的终点控制指标通常是产物中原料的浓度、产品的浓度、pH 值等，有时也用反应的时间来控制或作参考。

③ 操作过程中，工艺参数随着过程的进行是在不断发生变化的，如反应釜内物料的组成、温度、压力等。所以要随时操作控制，以维持最佳的反应条件。

④ 间歇操作过程包含了分批次计量、过程工艺参数的不断调节、操作者的技能、终点的检测控制等较多的人为因素，这些因素对产品的质量都有可能带来影响，产品的质量存在着批次间差异的可能。

间歇操作虽然不太适宜大规模的化工生产，但间歇操作投资少，开、停工比较容易，品种更换灵活，因此，间歇操作比较适用于精细化工等多品种、小批量的产品以及一些目前还很难实现连续化生产的品种，如医药、染料、农药、香料、悬浮聚合等。

2.3.1.2 连续操作

丙烯酸甲酯的反应过程是这样操作的：根据工艺规定的流量指标，通过调节阀调节原料甲醇和丙烯酸的流量，使甲醇和丙烯酸按一定的流量和比例进入反应系统。原料通过反应器，在反应器内停留一定的时间即达到工艺设计的要求，随后离开反应系统，进入后面的分离和精制工序。手动调节控制各工艺参数，待达到或接近规定的指标后，切换到自动控制状态。

从以上操作可以看出，丙烯酸甲酯生产的整个过程是连续不间断的，生产可以 24h 不停止地进行。这种操作方式就是连续操作。连续操作是一种连续进料和连续出料，生产过程不间断的操作方式。

（1）连续操作物料的计量与投料　连续操作的物料大多为液体或气体，计量通常使用转子流量计、涡轮流量计、计量泵及放射性同位素料位仪等。

连续操作过程物料的投料通常使用仪表通过调节阀来调节控制物料流量。现代化工企业已普遍采用 DCS、FCS 等先进的操作控制手段。

（2）连续操作特点

① 工艺参数稳定性好。开车调试稳定后，工艺参数不会随时间而变化。

② 产品质量稳定。由于是连续操作过程，消除了间歇操作产品质量批次的差别。过程运行稳定后，人的操作因素对产品质量的影响大大减小。

③ 连续操作更易于实现自动化控制。

连续操作的效率高、规模大，大型的化工生产通常采用这种操作方式。

2.3.1.3　半连续操作

图 2-22 是化妆品生产的半连续式乳化工艺。油相和水相原料经计量，分别在溶解锅加热到所需要的温度，放入预乳化锅进行乳化。乳化结束后，由定量泵送至连续搅拌混炼冷却筒进行混炼、冷却和加香。

以上的生产操作中，前面的预热和预乳化是间歇过程，后面的混炼、冷却和加香是连续过程。这种在一个生产过程中既

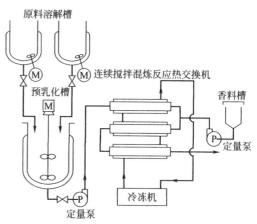

图 2-22　半连续式乳化工艺

有间歇操作，又有连续操作的生产方式称为半连续操作。

以上的操作方式中原料加入是间歇的，出料是连续的。此外，半连续操作方式还有两种方式。一种是连续不断地加料，操作一定的时间后，一次性出料；另一种则是一种原料加料是连续的，另一种物料加料是间歇的，出料则根据实际情况或间歇或连续。

半连续操作方式在化妆品等精细化工产品的生产中比较多见。

2.3.2　化工生产工艺参数及控制

？实践·观察·思考

仿真操作丙烯酸甲酯工艺生产，观察各设备的工艺参数、调节回路，并注意哪些设备是加压操作？哪些设备是减压（抽真空条件下）操作？为什么？

2.3.2.1　化工生产工艺参数

化工生产过程通常是在密闭的设备和管道中进行的，操作者无法直接观察到物料，只能借助仪器仪表等手段检测有关的工艺参数，间接了解物料的状态和变化情况，从而做出相应的操作调节和控制。化工生产虽然工艺复杂，流程长、设备多，但反映物料在设备中状态和变化的工艺参数通常是 4 个，即温度 T（temperature）、压力 p（pressure）、流量 F（flux）和液位 L（liquid level）。无论是化学反应器的操作，还是分离精制设备的操作，通常都是通过操作控制这 4 个参数来控制整个生产过程，因此，这 4 个工艺参数也称为 4 大操作参数。

（1）温度（T）　温度是化工生产过程中反映物料状态和变化情况的重要工艺参数。如在化学反应中，温度指标反映着反应进行的程度、反应质量的好坏、生产的安全性等。因此，一个化学反应有许多温度监控指标，如反应器内物料的温度、冷却介质的温度、加热介质的温度等。操作者通过操作物料流量、冷却介质流量和加热介质流量等来控制反应温度，从而控制化学反应的质量和化工生产的安全。精馏塔操作过程中，塔顶、塔釜的温度直接对应着塔顶、塔釜产品的纯度或组成，因此精馏塔操作也是通过操作控制塔顶和塔釜的温度来控制塔顶产品和塔釜产品的质量。在其他的单元操作中，温度指标也常常直接或间接作为质量指标来控制。

（2）压力（p）　许多化工生产过程需要在加压或减压条件下进行。

① 加压操作。加压操作在反应和分离过程中都有应用。反应过程比较典型的应用如聚合反应和气体体积缩小的化学反应。例如悬浮法聚合生产 PVC，聚合初期压力达到 $0.687 \sim 0.981$MPa；$H_2 + N_2$ 合成 NH_3 的反应压力达到 $13 \sim 30$MPa 等。反应过程是否采用加压操作主要由化学反应的性质及工艺要求决定。分离过程比较典型的应用有气体混合物的分离，如加压精馏。加压提高物质沸点，使气体液化，有利于精馏操作。此外，气体吸附分离、膜分离等通常也采用加压操作。

② 减压操作。减压操作在分离过程中应用较多，如减压蒸馏、减压精馏等。分离过程的减压操作主要是为了降低物质的沸点，增大组分之间的相对挥发度，有利于组分的分离。同时，减压操作还有利于阻止有易聚组分的聚合。如丙烯酸甲酯的精馏提纯操作，塔顶操作压力控制为 21.3kPa，精馏操作的温度大大降低，这样不仅有利于丙烯酸甲酯的分离提纯，也有利于防止其在精馏过程中发生聚合。

压力既是生产过程的重要参数，又是安全生产控制的关键。在一定的温度下，设备的安全受压力制约，无论是加压或减压操作，超过安全压力范围都会造成危险事故。因此，操作过程中，压力参数必需严格控制。

（3）流量（F）　流量通常是指液体或气体单位时间流过管道或设备的量。液体流量常用的单位有 kg/h、t/h、kmol/h；气体流量常用的单位有 L/h、m^3/h 等。流量是设备或装置生产负荷的参数，是判断生产状况和衡量生产设备或装置运行效率的重要指标。流量的不稳定会导致生产的不稳定，直接影响到产品的质量和产量。流量不仅要保持稳定，而且要达到工艺规定的流量指标，只有这样设备或装置才能达到工艺设计的生产能力，才能满足生产的要求。

（4）液位（L）　液位反映的是设备内物料的多少和物料在设备内水平位置的高低，通常由玻璃液位计、磁性液位计指示或通过传感器在控制室的仪表或电脑上显示。不同的产品工艺和设备，对液位有不同的规定和要求。通常情况下，设备中液体的上方应留有一定的空间，当流量波动时，能有缓冲的余地。从安全角度考虑，通常液位要求控制在 $20\% \sim 80\%$。如精馏塔塔釜液位一般控制在 50%，回流罐液位一般控制在 50%，原料及产品液位一般控制在 $70\% \sim 80\%$ 等。设备的液位对产品质量虽然不产生直接的影响，但液位的不稳定、过高或过低对产品质量也会产生间接影响，严重的甚至会引发安全事故。因此，化工生产对液位有严格要求和控制，液位也是重要的工艺参数和操作参数。

2.3.2.2　工艺参数的控制

工艺参数的控制方式有手动控制与自动控制两种。手动控制是操作者将实际观察到的工艺参数与操作规程规定的工艺指标进行比较，根据两者偏差的大小然后进行操作和调节，使其逐步达到规定的工艺指标。自动控制则是将这一过程通过检测仪表、变送器、调节器和调节阀等自动完成，即检测仪表首先检测被控的工艺参数，通过变送器将其转换为一定的电信号，然后输入调节器，在调节器中先与给定值进行比较，得到偏差，然后将偏差代入 PID 公式进行运算，再将运算结果通过电信号传至调节阀，改变参数，最后使其达到规定的工艺指标。

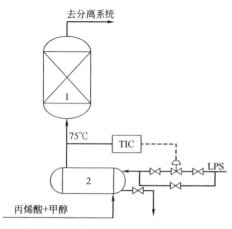

图 2-23　酯化反应进料温度控制回路
1—酯化反应器；2—预热器

例如，丙烯酸甲酯的酯化反应进料温度控制，如图 2-23 所示。工艺要求丙烯酸和甲醇的混合物通过预热器预热后，进反应器的温度为 75℃。该温度自动调节控制的过程为：温度检测器检测出进反应器前物料的温度，在调节器中与设定的温度 75℃ 进行比较，得到偏差，并进行 PID 运算，从而改变蒸汽调节阀的开度，进行调节。当实际值比设定的 75℃ 小时，调节阀开大，进入预热器的蒸汽量加大，以提高物料的温度；当实际值比设定的 75℃ 大时，调节阀关小，进入预热器的蒸汽量减小，以降低物料的温度；当调节阀处于某一开度，实际检测的值与设定的值相同即 75℃ 时，调节阀不动作，仍维持这一开度，进料温度即稳定在 75℃。

温度的控制通常是通过测温传感仪与温度指示调节仪一起实现自动控制，如图 2-24 所示。测温传感器（如热电偶等）将测得的温度转变成电动势信号，再经温度变送器变送放大后输出标准化的 4～20mA 电流，变送器输出的信号进入调节器，与设定温度信号进行比较，产生偏差，然后温度调节器根据偏差的大小，再进行 PID 运算后，发出调节信号送到调节阀，对被控系统的温度进行调节。

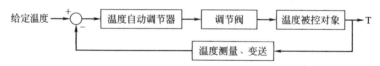

图 2-24　温度自动控制方框图

其他工艺参数如压力 p、流量 F 及液位 L 的自动控制回路原理与温度相同，工艺参数自动控制方框图如图 2-25 所示。

图 2-25　工艺参数自动控制方框图

2.3.2.3　工艺参数操作及调节

在做化工仿真操作时，有些同学感到很难控制，尤其是复杂一点的工艺，流程长，设备多，需要控制的工艺参数多，操作起来手忙脚乱，顾此失彼，操作过程当然不会很稳定，操作质量也不会很高。如何提高操作质量，除了必需的化学工艺专业知识外，还必须通过训练，掌握一定的操作技巧。

化工生产工艺参数的操作及调节不是孤立的，温度、压力、流量、液位 4 个参数相互影响。改变一个参数，其他参数都可能随之改变，甚至影响整个生产。比如，压力上升，可能引起温度也会上升；若设备压力超过流体的进口压力，流体甚至无法输入设备等。因此，在操作及调节过程中，注意力一定要高度集中。化工生产操作除了必备的化工专业知识外，熟练的操作技能和丰富的操作经验非常重要。操作经验和操作技能只能在操作训练中获得和提高。化工仿真为我们提供了非常好的训练途径。在进行化工仿真操作训练时，以下几点需要特别注意。

（1）严格按操作规程操作，操作步骤不能随意更改　比如，精馏操作步骤规定，待精馏塔塔釜液位到达 20% 以后，开启再沸器加热蒸汽。如果塔釜液位还不到 20%，提前打开了加热蒸汽，塔釜就有可能被"蒸干"的危险。

（2）熟悉原料及产品的性质、工艺原理和工艺流程，用工艺原理指导操作　操作规程是按照工艺原理制定的，但操作者不能不加理解地机械操作。操作者必须理解每一个操作步骤的意义和目的，这样在参数出现波动时，就可能用正确的方式进行调节。

（3）清楚每个设备、每根管道、每个阀门的作用及里面的物料成分和状态　化工操作本来就是一种不接触被操作物（物料）的间接式操作。现代化工企业使用 DCS 远程操作控制后，更是又"间接"一层。操作者在中控室看到的是电脑上的设备图和管线。操作者只有清楚这些图形和管线代表的意义及里面的物料成分和状态，才知道操作的目的，才能进行正确的操作。

（4）熟悉每个阀门、调节器的作用及操作方法　通常阀门、调节器的操作是输入值越大，阀门的开度越大，但有些相反；有些调节器是联动控制型的，一个调节阀开大的同时，另一个调节阀则是关小的。

（5）每次操作的幅度不能太大，尤其快要到达工艺指标时　操作者在中控室操作 DCS 控制一个远程的化工设备，设备收到信号到动作有一个响应滞后的时间。如果操作幅度太大、太频繁，尤其是快要到达工艺指标时，会造成系统不稳定，难以达到控制指标。

（6）根据控制的目标参数，阀门的开大或关小要打提前量　在刚开始实际参数与目标参数相差较大时，阀门可以适当开得大些。当实际参数值接近目标参数值时，应该提前将阀门关小。如果待看到达到目标参数以后再关闭阀门，通常由于滞后效应会使实际参数值超过工艺规定的数值。

（7）手动控制稳定后再切换到自动　手动操作能根据实际的情况，及时加大或减少调节量，能使参数较快地接近工艺规定的参数值。如果过早地切换为自动控制，由于实际显示的参数值与工艺规定的相差太大，调节波动幅度会加大，调节时间会延长。

（8）输入的数据必须确保正确无误　输入错误的数据，会加大参数波动，导致系统不稳定，甚至会引发生产事故。数据输入前，必须查看清楚，确保输入的数据正确无误。

（9）改变一个参数后，必须清楚会影响到哪些设备和参数，并且要全面关注这些参数　尤其是操作控制较长工艺的生产过程，工艺指标多，影响复杂，改变一个工艺指标常常会影响到其他参数，甚至其他的设备。因此，在操作一个设备时，同时要关注其他设备。

（10）保持操作系统的物料和热量平衡　各参数都达到工艺规定的要求，操作体系稳定，这时体系处于物料和热量平衡的状态，进入系统物料的总量一定等于离开系统物料的总量，系统内设备的液位保持恒定，温度不变。如果液位出现波动，进出系统的物料肯定不平衡；反之，如果进出系统的物料不平衡，一定在液位上反映出来。同样，温度波动，反映出热量不平衡；热量的不平衡当然会导致温度波动。

> 阅读学习　　　　　　　　**"摸流程"——学习化工生产工艺的重要方法**

"摸流程"就是走进生产车间，走近生产装置，通过实际的考查、勘查和询问，将图纸中工艺流程的设备、管道、控制系统及工艺指标等与实际的生产装置对照起来学习一个化工产品的生产工艺，用基本工艺理论和知识解析实际的生产装置。显然，这是一种更直观、更形象、更具体的学习方式。它不仅能帮助人们建立起实际的生产装置流程的概念，更能使人们加深对生产工艺过程的理解。"摸流程"是学习化工生产工艺的重要方法之一。在企业，"摸流程"通常是新员工上岗培训的一个非常重要的内容和环节。

"摸流程"学习有以下一些基本内容及要求。

1. 阅读有关的技术文件，了解产品生产的基本信息，如原料、产品的名称及性质、生产规模、生产方法、生产工艺、生产工序、操作方式、带控制点的工艺流程图、工艺控制指标、反应器类型、主要设备的装配图及设备一览表等。

2. 现场勘查设备、装置、安全设施、控制系统等，了解实际的生产工艺流程装置及生产过程，加深对工艺流程的理解。

现场实地勘查通常从原料开始，沿着物料主管线，逐工序、逐设备依次进行勘查，直至产品。勘查的主要内容包括：①生产的基本工序及流程；②生产设备、阀门、管道、输送机械等的连接及装置的布局；③设备的类型、作用、结构、原理、数量；④设备、管道中的物料组成、物料状态及物料流向；⑤物料在设备中发生的物理变化或化学变化，采用的单元操作方式，如储存、计量、蒸发、结晶、过滤、干燥、沉降、精馏、吸收等；⑥化学反应的类型、催化剂、反应器类型、结构及原理；⑦各化工单元的控制指标及控制手段；⑧换热方式及传热介质；⑨产品规格、形态及包装；⑩安全设施及使用等。

此外还需观察了解各工艺设备的外形及进、出口位置；各工艺管线和阀门的类型、位置和作用。例如，平衡连通管线及阀门；循环物料管线及阀门；事故槽、事故管线及阀门；吹扫和排污管线及阀门；紧急放空管线及阀门；控制调节、计量、旁路管线及阀门；转动设备的开关启动形式及位置；分析检验取样口的位置；蒸汽、水等公用工程管线与阀门等。

3. 通过观察、询问，见习了解化工生产操作及控制。主要的内容有：①物料配比；②流量、温度、压力、液位等工艺指标及调控方法；③加料方式、次序、数量及速度；④卸料方式与要求；⑤催化剂类型、使用周期及再生回收方法；⑥常见故障的现象、处理方法及注意事项；⑦操作记录的项目与要求；⑧交接班的形式与内容；⑨开、停车的要求与注意事项；⑩安全注意事项等。

4. 虚心请教。"摸流程"要多问、多看、多"摸"，搞清管线的来龙去脉，用工艺理论知识考查分析实际的生产装置。企业的操作工、班组长及技术人员有丰富的生产实际经验，要虚心向他们学习，请教。

5. 严格遵守有关的规章制度。"摸流程"是学习的过程，没有生产任务和操作要求，因此，要严格遵守厂、车间、工段的各项规章制度，不得启动设备，不得开关阀门，更不得代替操作工操作。攀爬、登高一定要经过允许，并要有安全措施，防止人身和生产事故的发生。要遵守企业的技术保密制度，不得泄露产品的技术信息或将技术资料带出。

6. 测绘实际工艺流程草图，写出报告。

拓展学习

* 2.4 化工生产过程的物料平衡及能量平衡

? 实践·观察·思考

仿真训练操作一个精馏塔，注意工艺规定的各参数指标，仔细观察你操作的数据的变化。

图 2-26 截取的分别是张同学、王同学和李同学在做乙醛氧化生产醋酸工艺仿真操作训

练时低沸精馏塔的画面，并且截图后发现，王同学塔釜的液位还在上涨，李同学塔釜的液位还在下降，而张同学的各项工艺参数指标都没有变化。工艺要求精馏塔满负荷工作的进料量是 14565kg/h。请仔细观察、比较这三幅图，说说你看到了什么？并试着对你看到的进行解释。你在操作训练时是否也遇到过类似现象？

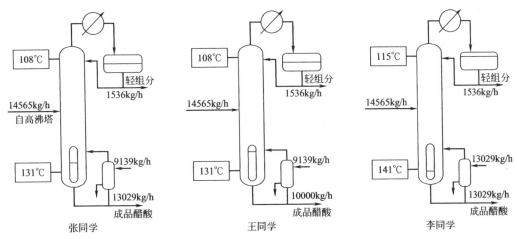

图 2-26　乙醛氧化生产醋酸的分离精制——低沸塔

先看看张同学。张同学精馏塔塔釜液位和回流罐液位都是 50%，塔顶和塔釜的温度达到了工艺规定的标准值，进料达到满负荷 14565kg/h，且这些工艺参数一直没有变化，整个操作和运行很稳定。实际上，张同学的精馏塔已经处于稳定工作的状态。

王同学精馏塔回流罐的液位是 50%，变化不大，但塔釜液位已达 85%，且还在上升，其他数据基本与张同学相同，只是塔釜出料比张同学少。

李同学精馏塔的进料及塔顶、塔釜的出料与张同学虽然相同，但回流罐的液位已达 80%，且还在上涨，塔釜液位只有 20%，且还在下降。进一步观察发现，李同学精馏塔塔釜温度和塔顶温度都比张同学高，超过工艺规定的指标，且还在上升。

为什么……？

2.4.1　物料平衡与能量平衡

为什么张同学的各项工艺参数都达到了规定的指标以后一直保持不变？从物料角度进一步考查、分析发现，张同学精馏塔塔顶产品量与塔釜产品量之和与进料量基本相等，塔釜液位与回流罐液位保持不变，说明塔釜内物料量和回流罐物料量没有因物料的进出发生变化，流进精馏塔系统的物料量等于流出精馏塔系统物料量的总和，系统的积累没有变化，即整个精馏塔系统的物料处于平衡的状态。从能量角度考查、分析，9139kg/h 的蒸汽使进料中的 1536kg 轻组分汽化从塔顶排出进入回流罐，且塔釜和回流罐的液位不变，塔顶塔釜的温度也没变化，说明 9139kg/h 的蒸汽正好满足精馏要求，即整个精馏塔系统的能量系统处于平衡的状态，也就是说张同学操作的精馏塔系统十分稳定是因为整个精馏塔系统达到了物料平衡和能量平衡的状态。

用物料平衡考查王同学的精馏操作发现，王同学精馏塔塔顶塔釜产品之和为 11536kg，比进料少了 3029kg，而且是塔釜产品采出少了 3029kg，进多出少，多出的物料仍然留在系统内。显然王同学精馏塔塔釜液位过高且进一步上升是由于塔釜产品采出量太少引起的，即王同学操作的精馏塔物料的进出处于一种不平衡的状态。

用物料平衡考查李同学。李同学操作的精馏塔物料虽然处于平衡的状态，但观察发现，李同学再沸器蒸汽用量比张同学和李同学要大。显然过多的蒸汽用量使釜液中的某些重组分也被汽化从塔顶排出进入了回流罐，这样，塔釜的液位自然会下降，回流罐的液位自然会上升，同时塔顶和塔釜的温度因过多的蒸汽而上升，产品质量也受到影响。也就是说李同学的精馏操作不稳定是因为蒸汽量供给太大，能量相对于工艺的要求处于一种不平衡的状态。

从以上分析可知，物料平衡与能量平衡对工艺参数有直接的影响，从而影响生产系统的稳定性。

化工生产中，物料发生着各种化学变化和物理变化，这些变化同时伴随着物质的转化和能量的转换，而且这种转化与转换相互影响，使操作控制变得复杂。但无论是化学变化还是物理变化，它们都遵循质量守恒和能量守恒的基本规律，应用于化工过程就是物料平衡和能量平衡。作为现代化工生产操作者，不仅要知其然，更重要的是知其所以然。掌握物料平衡及能量平衡的基本原理，并应用这些基本原理对操作对象进行基本的物料平衡计算和能量平衡计算，从而指导自己操作与调控，提高操作技能和操作质量，这是高素质的现代化工操作者应该具备的知识和技能。掌握规律，你的操作才会自主；应用原理，你的应变才会自如。

2.4.2 物料衡算

物料衡算在生产操作、生产管理及工艺改革中具有重要作用。通过物料衡算，可以帮助排查生产不正常的原因，找出不平衡点，指导有效操作和控制，维持生产稳定；在生产管理中，经济核算、生产计划制定和生产任务安排等需要对原料消耗、产量、生产能力等进行核算；通过对装置进行物料衡算核查，能揭示各物料量及有关数据是否正确、有无泄露，装置内各设备运行是否协调，为生产操作的改进、生产工艺的革新提供依据，为降低消耗、减少排放、提高产品质量、挖掘装置的生产能力和提高生产效率做出贡献。

无论是进行新产品的工艺设计还是老产品的工艺革新，事先都要进行许多化工计算。除物料衡算外，还有如能量衡算、设备计算等，但物料衡算是各类计算的基础，故通常首先进行的是物料衡算。

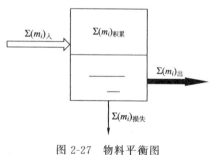

图 2-27　物料平衡图

（1）物料衡算式　物料衡算的理论依据是质量守恒定律。即在一个孤立物系中，不管物质发生何种变化，它的质量总是保持不变。质量守恒定律同样适用于化工过程中化学变化和物理变化。对于一个封闭的系统，即没有物料的流进和流出，无论系统内发生怎样的变化，系统内的质量是恒定的。如一个正在进行间歇反应的釜内物料，虽然原料在不断消耗，产物在不断增加，但釜内物料总的质量始终保持不变。对于一个敞开系统，即既有物质流进系统，也有物质流出系统，如一个连续精馏操作的系统，则在同一时间内，输入系统物料的质量应该等于输出系统物料的质量，加上系统积累物料的质量和损失物料的质量，如图2-27所示，物料衡算式为：

$$\sum (m_i)_入 = \sum (m_i)_出 + \sum (m_i)_{积累} + \sum (m_i)_{损失} \tag{2-1}$$

式中　$\sum (m_i)_入$——流进系统（设备）物料的质量总和，kg/h；

$\sum (m_i)_出$——正常流出系统（设备）物料的质量总和，kg/h；

$\sum (m_i)_{积累}$——系统（设备）积累物料的质量总和，kg/h；

$\sum (m_i)_{损失}$——系统（设备）损失物料的质量总和，kg/h。

对于一个稳态系统，如果系统没有损失，系统的积累没有变化，则流入系统物料的质量与流出系统物料的质量相等，即：

$$\sum (m_i)_{入} = (m_i)_{出} \tag{2-2}$$

根据物料平衡原理及物料衡算式，已知一个系统的进料量及组成，通过对其进行物料衡算，即可以得知该系统各股出料的量及组成。如果实际的出料量小于进料量，则系统的积累或损失一定增加，据此可以排查系统生产是否正常；同样，如果明确了系统希望的出料量及组成，通过物料衡算可以求出系统应该输入的物料量及组成。制定生产计划或安排生产任务即用到这种衡算方法。

（2）无化学反应生产过程的物料衡算　无化学反应生产过程是指一些只有物理变化而没有化学反应的单元操作过程，进出系统的组分没有变化。这类系统主要是进出物料的股数发生变化，或因相变化而导致各股物料的量及组成发生变化，如配料、吸收、精馏等。

【**例 2-1**】　仍以上面的醋酸精馏低沸塔为例。来自高沸塔顶部的粗醋酸进入低沸塔进行精馏，进料量为 14591kg/h，进料组成见表 2-4 所列。经过低沸塔精馏后，塔釜产品中甲酸含量为 0.0019%（质量分数），塔顶馏出物中甲酸含量为 1.9355%（质量分数）。通过物料衡算，计算塔顶和塔釜产品的量及组成，并列出物料平衡表。

表 2-4　低沸塔进料组成

组　分	CH_3CHO	CH_3COOCH_3	H_2O	HCOOH	CH_3COOH
$w/\%$	0.1874	0.6565	1.4061	0.2079	97.5421

解

按计算要求，用虚线框出计算系统，如图 2-28 所示。

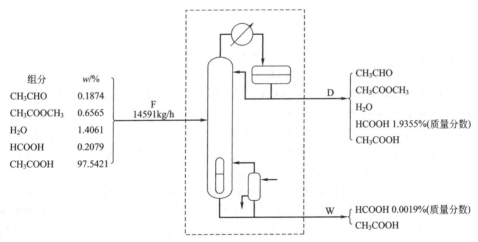

图 2-28　醋酸的分离精制——低沸塔物料衡算框图

从图中可知，进虚线方框系统的物料只有进料 F，出方框系统的物料有塔顶出料 D 和塔釜出料 W，列出物料平衡方程式：

总的物料平衡式：　　　　　　　　$F = D + W$

甲酸的物料平衡式：　　　$0.2079\%F = 1.9355\%D + 0.0019\%W$

解方程得：　　　　$D = 1554.482 \text{kg/h}; W = 13036.518 \text{kg/h}$

其他物料量及组成 [kg/h、$w/\%$（质量分数）、$x/\%$（摩尔分数）] 计算后，列出物料平衡表，见表 2-5 所列。

以上计算选取的系统是精馏塔系统。实际上，根据需要，系统可以是几个设备，甚至是整个生产装置。当然，系统越复杂，计算越复杂，但原理和计算方法是一致的。将复杂一些的系统和计算要求考虑在内，无化学反应的物料衡算可以采用以下基本步骤。

表 2-5 醋酸分离精制——低沸塔物料平衡

| 组 分 | 进料(F) | | | | 出 料 | | | | | | | |
| | | | | | 塔顶(D) | | | | 塔釜(W) | | | |
	kg/h	$w/\%$	kmol/h	$x/\%$	kg/h	$w/\%$	kmol/h	$x/\%$	kg/h	$w/\%$	kmol/h	$x/\%$
CH_3CHO	27.343	0.1874	0.6214	0.2474	27.343	1.7590	0.6214	1.8329	0.000	0.0000	0.0000	0.0000
CH_3COOCH_3	95.790	0.6565	1.2945	0.5154	95.790	6.1622	1.2945	3.8182	0.000	0.0000	0.0000	0.0000
H_2O	205.164	1.4061	11.3980	4.5378	205.164	13.1982	11.3980	33.6194	0.000	0.0000	0.0000	0.0000
HCOOH	30.335	0.2079	0.6595	0.2626	30.087	1.9355	0.6541	1.9293	0.248	0.0019	0.0054	0.0025
CH_3COOH	14232.368	97.5421	237.2061	94.4369	1196.098	76.9451	19.9350	58.8001	13036.270	99.9981	217.2711	99.9975
Σ	14591.000	100.0000	251.1795	100.0001	1554.482	100.0000	33.9030	99.9999	13036.518	100.0000	217.2765	100.0000

① 确定物料衡算的系统，画出物料流程图。对于复杂一些的系统，还可以用虚线框出物料衡算系统，以明确系统衡算的边界。

② 标出衡算系统物料的股数、方向，明确已知物料量和未知物料量。进出系统的物料是指以衡算系统的方框虚线为边界，边界以内或以外都不能作为进出衡算系统的物料，尤其是边界线以内的物料循环容易错误地理解为进出衡算系统的物料量。进出系统物料的股数容易遗漏或混淆，应反复检查，以免得出错误的计算数据。

③ 收集和整理计算数据。一般物料衡算（非设计型）所需的数据包括：物性数据和工艺参数。物性数据如质量、密度、浓度等，这些数据可以从手册、数据汇编等有关的资料中查找；工艺参数如温度、压力、流量、原料配比等，这些数据可以从实际生产中获得。有些数据还可以通过实验获得。

④ 选择合适的计算基准。计算基准通常有两种：物料基准和时间基准。物料基准可以取原料的处理量或产品的产量。对于液体或固体物料，通常以质量（kg）为基准计算比较方便（对于有化学反应的系统则以 kmol 比较方便）；对于气体物料，则需要首先将实际状态的物料气体换算成标准状况下的物料气体。时间基准可以取每年、每天或每小时，如 kg/h。对于间歇过程，可以取每批或每釜。选择了合适的计算基准，会大大简化计算过程。需要注意的是，以计算基准计算出来的结果还不是最后实际过程的数据，最后实际过程的数据还需要按照已知实际物料的数据与基准数据之比换算而得。

⑤ 列出物料平衡方程式并计算求解。根据欲求解的未知变量的个数，列出相应等量的独立方程式，进行联解。当复杂系统的独立方程式少于未知变量的个数时，还可以用试差法求解。

⑥ 校核、整理计算结果。校核、整理不是等所有的计算结束以后进行，而应该边计算边校核、边整理，以免造成大量的返工。对于每一次的计算都要列出物料平衡表。物料平衡表的内容要反映出每一股进出物料的量及组成，见表 2-5、表 2-6 所列。

表 2-6 物料平衡表

| 组分 | 进 料 | | | | 出 料 | | | |
	/(kg/h)	$w/\%$（质量分数）	/(kmol/h)	$x/\%$（摩尔分数）	/(kg/h)	$w/\%$（质量分数）	/(kmol/h)	$x/\%$（摩尔分数）
A_i								
Σ								

（3）有化学反应生产过程的物料衡算　有化学反应的过程是指系统内发生了化学反应，有新物质生成。由于化学反应的过程中消耗的原料生成了新物质，出系统的组分中增加了新的组分，组分数或增加或减少，出系统各股物料的量及组成都发生了改变，因此，必须根据

化学反应方程式以及反应的情况进行物料衡算。虽然有化学反应的系统中有新物质生成，但这样的系统仍然遵循质量守恒定律，因此，有化学反应过程的物料衡算与无化学反应过程的物料衡算其原理及方法基本相同。具体物料衡算的步骤中，在确定衡算系统后，要写出化学反应的方程式。在收集数据的步骤中则要增加有关化学反应的数据。有化学反应系统的物料衡算详见"第 4 章化工生产中的化学反应"有关内容。

2.4.3　能量衡算

能量消耗在化工生产中是一项重要的技术经济指标。工艺设计、装置设计、能量的利用等是否科学合理，操作是否正确、是否注意节能等都会在能量消耗指标中反映出来。化工生产既有能量消耗的过程，也有能量释放的过程（如放热反应）。因此，要做到生产过程能量的使用最合理、最科学，必须首先对生产过程的能量进行衡算。通过总体能量衡算，掌握整个生产过程有多少能量释放，需要消耗多少能量；通过对各个环节进行能量衡算，为工艺及设备的改进提供依据，以提高能量的综合利用率，做到"能"尽其用，"此产彼消"，"自消自产"，尽量减少外部能量的消耗；通过对操作的设备进行能量衡算，加强操作者对能量消耗的量化概念，增强操作者的节能意识，指导正确操作，提高操作水平。

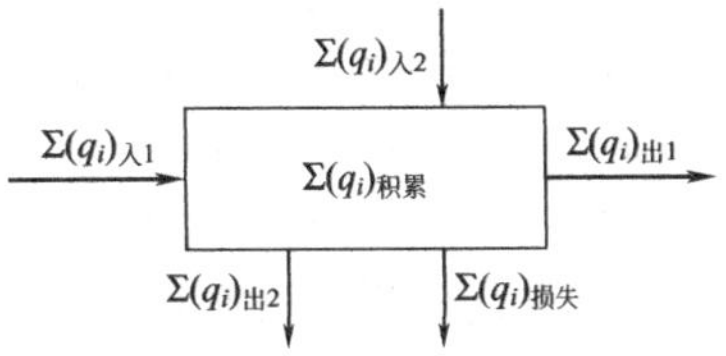

一般化工生产过程消耗或释放的能量主要是热量，因此化工生产过程的能量衡算主要是热量衡算。

图 2-29　热量平衡图
1—物料；2—传热介质

（1）热量衡算式　热量衡算的依据是能量守恒定律，即输入系统的热量等于输出系统的热量，加上系统积的热量和损失的热量，如图2-29所示。热量衡算式为：

$$\sum(q_i)_{\text{入}} = \sum(q_i)_{\text{出}} + \sum(q_i)_{\text{积累}} + \sum(q_i)_{\text{损失}} \tag{2-3}$$

式中　$\sum(q_i)_{\text{入}}$——输入系统（设备）热量的总和，kJ/h；

$\quad\quad\sum(q_i)_{\text{出}}$——输出系统（设备）热量的总和，kJ/h；

$\quad\quad\sum(q_i)_{\text{积累}}$——系统（设备）累积热量的总和，kJ/h。

$\quad\quad\sum(q_i)_{\text{损失}}$——系统（设备）损失热量的总和，kJ/h；

对于一个稳态系统，系统的热量积累没有变化；为计算方便，若不考虑热损失，则输入系统的热量等于输出系统的热量，即：

$$\sum(q_i)_{\text{入}} = \sum(q_i)_{\text{出}} \tag{2-4}$$

根据图 2-29，假设 $\sum(q_i)_{\text{出1}} - \sum(q_i)_{\text{入1}}$ 是物料"1"需要加热吸收的热量，或需要冷却放出的热量，用 Q 表示：

$$Q = \sum(q_i)_{\text{出1}} - \sum(q_i)_{\text{入1}} \tag{2-5}$$

假设 $\sum(q_i)_{\text{出2}} - \sum(q_i)_{\text{入2}}$ 是传热介质"2"加热物料"1"放出的热量，或物料"1"冷却传热介质"2"吸收的热量，用 ΔH 表示：

$$\Delta H = \sum(q_i)_{\text{出2}} - \sum(q_i)_{\text{入2}} \tag{2-6}$$

根据式(2-4)，则：

$$\sum(q_i)_{\text{出1}} - \sum(q_i)_{\text{入1}} = \sum(q_i)_{\text{出2}} - \sum(q_i)_{\text{入2}} \tag{2-7}$$

或　　　　　　　　　　　　$$\Delta H = Q \tag{2-8}$$

式中　ΔH——热焓，传热介质（加热剂）加热物料放出的热量或传热介质（冷却剂）冷却物料吸收的热量，kJ/h；

$\quad\quad Q$——热负荷，物料被加热吸收或被冷却放出的热量，kJ/h。

根据热量平衡的原理及热量衡算式，已知一个系统的物料需要加热到多少温度或冷却到多少温度，通过热量衡算，即可求出该系统的热负荷，进而确定加热剂和冷却剂的用量。

（2）无化学反应过程的热量衡算

① 热负荷计算。物料在被加热或冷却过程中没有化学反应热的参与，其热负荷 Q 按物料在被加热过程中温度上升或汽化吸收的热量、物料被冷却过程中温度降低或冷凝放出的热量计算，详见本系列教材之《化工生产单元操作》有关章节。

② 传热介质（加热介质或冷却介质）消耗量的计算。所需的传热介质（加热介质或冷却介质）的消耗量按以下公式计算：

$$W = \frac{Q}{c_p}(t_2 - t_1) \tag{2-9}$$

$$W = \frac{Q}{\Delta H_{相变}} \tag{2-10}$$

式中　Q——热负荷，kJ/h；

　　　c_p——平均比热容，kJ/(kg·℃)；

　　t_1，t_2——传热介质的进、出口温度，℃；

　$\Delta H_{相变}$——传热介质相变热，kJ/kg。

　　　W——传热介质（加热介质或冷却介质）的消耗量，kg/h。

（3）有化学反应过程的热量衡算　化学反应过程通常伴随有较大热效应。为控制反应温度，对于放热反应，必须使用冷却介质将反应放出的热量及时移出反应系统；对于吸热反应，必须使用加热介质将热量及时供给反应系统。有化学反应过程的热量衡算关键是计算反应过程的热负荷，即反应过程吸收的热量或放出的热量，热负荷知道后即可计算加热介质或冷却介质的用量。（有化学反应过程的热量衡算详细内容请参见"第4章化工生产中的化学反应"有关内容）。

本 章 小 结

1. 化工生产工艺流程

（1）工艺流程基本构成：包括五大工序——原料工序、反应工序、分离工序、精制工序和回收工序。

（2）化工生产工艺流程：将原料转化为产品经历的全过程以及采取的化学和物理的全部措施。

工艺流程有两种表达方式：文字描述和流程图表述。

流程图有3种表达形式：工艺流程方框图；工艺流程示意图；带控制点的工艺流程图。

2. 化工生产装置

（1）生产工艺装置的基本构成：如图2-13所示。

（2）化工生产装置3大系统：原料预处理系统、反应系统、产品后处理系统。

（3）化工生产安全设施：保障化工安全生产的技术措施。不同的安全设施有不同的特点和作用。安全设施不是唯一的安全措施。操作者的安全意识、安全知识和安全技能是安全生产的重要保证。

3. 化工生产操作

（1）操作方式：间歇、连续、半连续。连续生产的操作方式有其明显的优势，但不是所有的化工产品都适合连续生产的操作方式。

（2）化工生产4大工艺参数：温度（T）、压力（p）流量（F）、液位（L），是衡量生产状态是否达到工艺规定的工艺指标、是反映生产系统是否稳定的重要参数，是操作者操作控制的标准，因此也称为4大工艺操作参数。

4. 物料平衡及能量平衡

化工生产装置正常运行状态下，物料及能量应处于平衡状态。通过物料平衡及能量平衡计算，不仅可以找出装置运行不稳定的原因，还能为生产节能降耗提供依据。

反馈学习

1. 思考·练习

(1) 化工生产工艺流程有哪几种表述方式？

(2) 化工生产工艺流程基本构成中通常有哪几道基本工序？

(3) 化工生产装置中有哪 3 大系统？

(4) 反应系统通常包含哪些设备？

(5) 化工生产中常见的安全设施有哪些？

(6) 化工生产操作的 4 大工艺参数是什么？

(7) 在工艺参数的调控过程中，什么情况下可以投自控？

(8) 物料平衡和热量平衡对指导操作有何意义？

(9) 某芳烃硝化需要混酸（硫酸加硝酸）200kg，组成为：硫酸 42%、硝酸 40%（其余为水）。希望用新鲜的 91% 硫酸和 88% 硝酸以及硝化产生的废酸（含有 43% 的硫酸、36% 的硝酸，其余为水）进行配制，试计算新鲜的硫酸、硝酸和废酸各多少千克？

(10) 再次操作以上活动学习的丙烯酸甲酯生产工艺、乙醛氧化生产乙酸工艺或均苯四甲酸二酐生产工艺仿真，用工艺流程方框图表示出生产工艺过程；注意观察工艺参数的变化，并对某个设备进行物料衡算。

2. 报告·演讲（书面或 PPT）

参考小课题：

(1) 精馏塔操作过程中液位不稳定原因的分析

(2) 丙烯酸甲酯生产工艺中丙烯酸回收塔（T110）的物料衡算

(3) 四大工艺参数对化工生产的影响

(4) 操作因素对化工生产的影响

(5) 原料的质量对化工生产的影响

(6) 化工设备对化工生产的影响

(7) 安全设施在化工生产中的重要性

(8) 丙烯酸甲酯生产工艺

(9) 乙醛氧化生产乙酸工艺

(10) 通过本章节学习的收获

第3章　化工生产原料

 明确学习

　　化工原料对于化工生产具有特别重要的意义，是化工生产的第一道关口。通过本章的学习，了解化工原料的质量标准，掌握化工生产对原料的基本要求及原料正确使用的基本知识，同时对化工基础原料的来源、加工和利用有一定的认识。

本章学习的主要内容

　　1. 化工生产对原料的基本要求。
　　2. 化工原料的安全使用。
　　3. 化工原料的预处理。
　　4. 化工基础原料的加工和利用。

活动学习

　　通过检索资料、仿真操作和参观有关化工企业，加深对化工生产原料的认识，了解化工原料的质量标准及规格，了解化工生产对原料的基本要求及原料预处理的方法。

参考内容

　　1. 资料检索：利用专业书籍和网络资讯，检索有关化工原料的质量指标和规格。
　　2. 仿真操作：间歇反应釜操作（化工仿真软件）
　　3. 参观：参观有关化工企业，重点为有关原料利用方面的知识。

讨论学习

? 我想问

? 实践·观察·思考

　　通过活动学习，你对化工生产原料有了一些基本的感性认识。其实，原料和产品是相对而言的。同一个化学品对于这个企业是产品，对于另一个企业（它的客户）就是原料。资料检索中可以发现，一个化工产品（原料）有多个质量指标，并有几种规格；仿真操作或参观化工企业可以了解到，投入生产的原料都有一定的要求。有关化工生产原料有许多知识需要学习，比如：对于化工生产，原料为什么特别重要？化工生产对原料有哪些基本要求？什么样的原料才是好原料？有什么评价指标？有些原料在投入使用前必须要进行处理，为什么要处理？怎样处理？化工生产有哪些基本原料？这些基本原料是如何生产出来的？

3.1　化工原料的使用

化工原料是生产化工产品的起始物料和物质基础。在化工产品生产中，原料费用有时占到产品生产成本的 60%～70%，而且原料的质量直接关系到产品的质量、生产的安全和产品的安全。因此，原料在化工产品生产中具有非常重要的地位，历来受到生产企业的高度重视。投入化工生产中的化工原料必须符合工艺规定的质量指标要求。

3.1.1　化工生产对原料的基本要求

对于产品的质量保证体系来说，每一种化工原料都有明确的质量标准。原料的品位（纯度、杂质等）和稳定性对于化工生产显得非常重要。例如，苯是非常重要的基本有机化工原料，按来源不同，可分为焦化苯和石油苯，它们的质量指标分别见表 3-1 和表 3-2 所列。

表 3-1　焦化苯质量标准

指标名称	特　级	一　级	二　级	三　级
外观	室温(18～25℃)下透明液体不深于每 1000mL 水中含有 0.003g 重铬酸钾溶液的颜色			
密度(20℃)/(g/mL)	0.876～0.880	0.876～0.880	0.875～0.880	0.874～0.880
馏程(大气压力 101.325kPa)温度范围　≤	0.7	0.8	0.9	1.0
酸洗比色(按标准比色液)不深于	0.15	0.20	0.30	0.40
溴价/(g/100mL 苯)　≤	0.06	0.15	0.30	0.40
结晶点　≥	5.2	5.0	4.9	—
二硫化碳含量(g/100mL 苯)　≤	0.005	0.006	—	—
噻吩含量/(g/100mL 苯)　≤	0.04	0.06	—	—
中性试验	中　性			
水分	室温(18～25℃)下目测无可见不溶解的水			
铜片腐蚀试验不深于	1 号(轻度变色)			

表 3-2　石油苯质量标准

项　目	质　量　指　标		
	优级品	一级品	合格品
外观	透明液体、无不溶水及机械杂质		
颜色(Hazen 单位—铂-钴色号)不深于	20		
密度(20℃)/(kg/m³)	878～881	876～881	
馏程范围/℃	—	79.6～80.5	
酸洗比色	酸层颜色不深于 1000mL 稀酸中含 0.1g 重铬酸钾的标准溶液	酸层颜色不深于 1000mL 稀酸中含 0.2g 重铬酸钾的标准溶液	
总硫含量/ppm　≤	2	3	
中性试验	中　性		
结晶点(干基)不低于/℃	5.40	5.35	5.00
蒸发残余物不大于/mg/100mL	5		

注：1ppm＝10^{-6}。

从表 3-1 及表 3-2 可以看出，焦化苯和石油苯原料中的杂质成分及含量都不同，但两者都可作为空气催化氧化生产顺丁烯二酸酐产品的生产原料。但有些指标必须被严格控制，如原料中二硫化碳、噻吩及水分含量等超标，将使催化剂中毒；外观、颜色超标，将使成品质量下降甚至不合格。因此，尽管原料的来源不同、价格不同、质量指标也有许多不同之处，但只要符合某一反应对原料的质量标准要求，都是合格原料。

空气也是一种化工原料，但不同的化学反应对空气有不同的质量要求。例如氨氧化制氢氰酸时，为防止铂催化剂中毒，空气需进行除硫、CO 和灰尘等处理；邻二甲苯氧化制苯酐的生产，为防止灰分影响产品的质量和色泽，空气需除尘；用于发酵反应工程的空气则要求杀菌等。又如同样是苯加氢反应，液相苯催化加氢反应一般不要求氢的含量，甚至于富氢气体即可，而气相苯加氢反应则要求氢气中必须含有氮气，且氮的含量为 20%～50%。

因此，每个化工产品的生产工艺和质量标准，决定了对原料的基本要求，即：原料应尽量减少杂质带入，以减少副反应产生。当然，原料也未必是越纯越好，还需综合考虑杂质对反应的影响以及原料的价格、来源等技术经济参数。

原料和产品是相对的概念，某企业的化工产品往往为另一企业的化工原料，甚至同一企业中，某一装置生产的产品是另一装置的生产原料。例如：煤焦化企业生产大量的合成气产品，而另一企业以合成气为原料生产合成氨，再利用合成氨生产尿素产品；煤加工得到的苯产品，被另一企业作为原料生产顺丁烯二酸酐产品，顺丁烯二酸酐还可进一步作为原料生产 DL-苹果酸。

总之，化学反应不同，对原料要求不同；使用的辅助原料不同，化学反应的条件不同；选用的反应器不同，原料要求不同；反应条件不同对原料要求不同。

3.1.2 化工原料安全使用

活动学习中，仿真操作过以多硫化钠、邻硝基氯苯和二硫化碳为原料生产 2-流基苯并噻唑钠盐产品的工艺过程。多硫化钠在沉淀槽加料完成后，要求静置一段时间以除去其中的杂质；因硫黄和二硫化碳均为有毒和易燃易爆物品，特别是二硫化碳（相对密度 1.262、熔点-111℃、沸点 46℃）在 90℃以上（如碰到蒸汽管）会燃烧，CS_2 在计量罐中采用水介质以保障安全储存；邻硝基氯苯因其熔点为 31.5℃，常温下呈固体状态，而要求保存于具有夹套蒸汽加热的储罐中；……。所有这些工艺要求都是为了确保原料的安全使用。

不同的化工原料有着不同的物理性质和化学性质。使用者不仅必须清楚这些性质，更要懂得它们安全使用条件。

化工生产中由于化工原料的使用不当而造成质量事故甚至是安全事故时有发生。因此要安全生产，首先必须要安全使用化工原料。

(1) 气体化工原料的安全使用　在化学危险物质分类中，因压缩气体和液化气体的易燃易爆性、扩散性、压缩性和膨胀性、带电性、腐蚀性、毒害性、窒息性和氧化性而将其作为第二类的危险物质。

密度较空气轻的气体化工原料可在空气中无限扩散，而比空气重的则漂浮于地表、沟渠等处。因此，气体化工原料在输送和使用过程中的输送机械、反应器、管道等，不但要防泄漏、防毒，而且须防止摩擦或硬性撞击引起火花而导致燃烧和爆炸，必要时，转动设备须有接地装置。如气体毒性较大，可采取负压操作。负压进料选用的压缩机、转子流量计、管道阀门及各种连接件要防泄漏，管道接头既要防止泄漏还要防止气体腐蚀、溶胀填料和密封材料，要选用耐溶胀、耐腐蚀的垫片、填料材料。

有毒有害、易燃易爆气体的工作场所要加强监控，设立空间监控装置，要有严格的安全操作规程，上岗之前要有严格的安全操作培训和岗前考核。对气源、管道设备和仪表要注意检查。停车检修时，一定要严格遵守安全操作规程，管道设备维修时，一定要做到充分置换。

（2）液体化工原料的安全使用　液体原料主要用闪点高低来衡量火灾危险性，闪点越低越危险。液体原料的易燃性、毒性和腐蚀性是在物料输送和加料过程中应当着意防护的问题，在使用中应防止泄漏、溅溢。有些物料对皮肤黏膜等有强烈腐蚀性，要严格防止用手接触，并注意身体的保护。在泵送、气压输送过程中，操作人员要穿着防护衣和佩戴防护眼镜，注意观察旋转设备的运转情况，防止爆裂、崩裂、密封元件撕裂及高温汽化、冲裂和冲泄等情形，在流程中，要有意外事故的处理措施和相关流程装置。在设备维修处理过程中，应特别注意设备中剩余介质对人体的伤害，不得随意进入储存过有毒有害物料的设备内部进行检测、维修。

（3）固体化工原料的安全使用　固体化工原料的危险性主要用引燃温度（自燃点）的大小来衡量，引燃温度越低越危险。虽然固体燃烧需要经过燃烧蒸发或分解的过程，火灾的危险性低于气体或液体化工原料，但粉尘金属、煤炭、粮食、饲料、农副产品、林产品等许多固体原料仍具有潜在的危害。例如，若通风条件差，煤与空气中氧接触而加速氧化，煤体温度上升，当达 300～350℃，煤将自燃；黄磷遇空气即自燃，生成有毒的五氧化二磷（P_2O_5）；有些物品本身并不可燃，但遇水或受潮时能发生剧烈的化学反应，并放出大量的热和可燃气体，可使附近的可燃物着火。例如：当有 1/3 质量的水与生石灰（CaO）反应时，能使温度升高至 150～300℃，甚至可高达 800～900℃，该温度已超过了很多可燃物的自燃点，一旦有可燃物与其相遇，即可引起火灾。

因此，固体化工原料的储存可采用保持良好的通风条件、充氮气保护、据其特性用液体密闭、严防与水接触等许多不同的措施。同时，在生产过程中，尽量不产生粉尘污染；不泄漏；加料器部位不堵塞，以免冲气、冲料；加强车间的通风除尘措施；加料口、出料口应设计有吸风罩；物料堆场、干燥器上方应有吸尘罩，把可能产生的粉尘吸到车间外用布袋除尘或水洗除尘；工作环境维持一定的温度和湿度；穿好防尘防护服，不穿带钉的鞋，操作人员有防尘口罩，以防出现事故时，劳动者受到伤害。

3.1.3　原料预处理

为保障化工生产的正常运行，投入化工生产的原料必须达到生产工艺规定的技术指标。企业选购化工原料通常是根据化工生产的工艺要求，因此多数情况下原料都可以直接投入生产使用。但对于达不到技术指标的化工原料则必须经过一定的预处理。

3.1.3.1　气体原料预处理

气体原料进入反应器进行反应时，一般依据反应本身的特点、产品的质量要求、反应器的类型以及生产工艺，决定气体原料的基本规格，对不合格的气体原料，必须进行预处理。如在利用苯与空气催化氧化生产顺丁烯二酸酐产品的生产中，为防止催化剂中毒及保证产品质量，空气在进入反应器前需经过除尘、干燥等预处理。

去除气体中的杂质以净化气体并没有固定的方案，以简单易行、投资和运行成本低、维修方便、达到原料气的质量要求为准。因精制气体的价格昂贵，一般不主张由原料供应商提供十分精制的原料气。

原料气精制净化的方法通常为化工单元的基本操作，如过滤、洗涤、冷凝、吸附、吸收等。有些有特殊要求的还可使用物理化学方法或化学方法，如膜分离、离子交换、化学吸附等。

3.1.3.2 液体原料预处理

（1）过滤或澄清　去除液体中的机械杂质或固体悬浮物，简便的方法是澄清或过滤。澄清一般简单设计为一个长形容器，液体通过时，机械杂质下降，液体从上部溢流，达到澄清的目的。如果悬浮物的杂质较小，不易沉降，可以加入絮凝剂。

（2）结晶和重结晶　为达到纯化的目的，除了过滤外，可采用结晶和重结晶方式对溶解的杂质加以纯化。工业上，结晶的方式有溶液结晶、熔融结晶、升华结晶和沉析结晶4类。

（3）吸附和吸收　与气体的吸附与吸收一样，只要液体原料不破坏或不腐蚀吸附剂，同样可用于液体原料的净化和纯化。

3.1.3.3 固体原料预处理

固体原料预处理的主要目的是为了将大尺寸固体原料粉碎为小粒度或粉料，使物料的接触面积增大，加快反应速率，尤其对气固相催化反应（如流化床中使用的固相催化剂），要求其比表面尽量增大。

粉碎有干法粉碎和湿法粉碎两类。湿法粉碎得到的物料是浆状或糊状，一般为了便于加料和输送。干法粉碎则是常用的一种方法，有时可将干法粉碎与气流干燥等作业联合进行，更有利于物料输送。

3.1.4 原料输送

（1）气体输送　气体一般由压力通过管道输送，输送量由反应和产量的要求而定。输送机械的排气压力小于0.1415MPa的称为通风机；出口风压在0.1415～0.2MPa之间的称为鼓风机；出口压力大于0.2MPa的称为压缩机。

（2）液体输送　液体输送有真空抽吸和压送两种。真空抽吸需要一套真空装置，正压输送的液体则使用泵。按结构和工作原理，大体分为离心泵、轴流泵、旋涡泵、往复泵、电磁泵等，化工生产中离心泵使用占80%以上。

（3）固体输送　固体原料输送一般采用机械输送和气力输送两种主要方式。此外，有些场合还要使用人工搬运、电瓶车、叉车、翻斗车等。

机械输送主要使用带式输送机、提升式料斗和螺旋输送机。带式输送机常用橡胶皮带、不锈钢、碳钢或其他材料，由电动机驱动齿轮、带动皮带轮或滚筒，使传送带沿着一个方向运动，达到输送块、粒状物的目的。斗式提升机用于垂直或倾斜输送粉状或小粒子物料。螺旋输送机的结构简易，一般均可以密封，适用于各个物料环节之间的中间运卸，也可以作为加料装置和出料装置。

阅读学习　　　　　　　　　　**一、化工资源概况**

我国是世界上矿种比较齐全的少数国家之一，已探明储量的矿产有155种，矿产地20多万处，总储量居世界第三位。其中，煤炭已探明储量达万亿吨，居世界第三位，主要分布在山西、辽宁、黑龙江、内蒙古等北方地区；含油气盆地已发现246个，投入开发130多个；海上石油勘探已探明了渤海、黄海、东海、南海珠江口、南海北部湾、莺歌海等大型油气盆地；铁矿已探明储量五百多亿吨，集中于东北、华北和西南；铜矿以长江中下游最为重要；磷主要分布在西南和中南地区；钨、锡、锑等优势资源则主要分布在湘、赣、桂、滇等省（区）。钨、锡、锑、锌、钼、铅、汞等有色金属的储量居世界前列；稀土金属的储量超过世界上其他国家的稀土总储量，占世界已探明储量的80%。

能源利用上，在常规能源较少的华南、华东地区已建立广东大亚湾核电站和浙江秦山核电站，标志着中国能源生产进入了新的发展阶段。

对一个国家而言，能源安全是经济安全和国家安全的重要组成部分，是国民经济发展的动力。实现能源安全的最可靠保证，就是拥有自己的能源产地。世界海洋石油资源量约占全球石油资源总量的 34%，随着陆上资源的急剧减少及人类开发海洋资源能力的不断增强，各国在承受巨大油价压力的同时，纷纷将目光投向未来国际石油资源的重要领域——海洋石油。

经过近年的努力，中国石油企业的海洋开采技术和设备都得到了大幅度的提高，中国海洋石油开采已真正进入大规模开发阶段。在我国的深水水域中，南海具有较好的油气远景。越南、菲律宾、马来西亚、新加坡等周边国家都在南海开采石油，钻井 1000 多口，发现含油气构造 200 多个和油气田 180 个，年采石油量超过 5000 万吨。中国石油企业加入到海上开采的大军中，所收获的将不仅仅是经济利益，更多的是能源战略价值。

天然气是一种清洁能源，也是重要的战略资源，其需求将与日俱增。对于处于快速发展进程中的我国而言，从资源禀赋的角度看，具有雄厚的资源基础，堪称天然气大国；但从开采条件看，我国天然气资源条件较为复杂，尚不能称为天然气"强国"。加快发展天然气工业，实现能源消费结构优化，对促进社会经济又好又快发展具有重要意义。

在常规天然气勘探开发得以快速发展的同时，非常规天然气也引起人们前所未有的关注。2007 年，我国地调人员在南海北部成功钻获天然气水合物（又称可燃冰）实物样品，经初步预测，该领域天然气水合物远景资源量可达上百亿吨油当量，不但为我国未来提供了有力的替代能源资源保障，而且还可能影响到未来世界能源利用格局。

我国煤炭资源丰富，约占我国化石能源的 95%、储量的 90%。煤类从褐煤到无烟煤均有分布，其中低变质烟煤占 33%，其次为中变质烟煤、贫煤、无烟煤和褐煤，具有其他能源无可比拟的优势。但是，我国煤炭资源勘探程度低、产业集中度低、经济可采储量和人均占有量少，安全隐患大，资源配置不合理、浪费严重，不合理开发导致北方干旱地区水资源破坏，而生产和利用过程中产生的大量固体废弃物、废水和有害气体对环境污染十分严重，使生态环境进一步恶化，严重制约着煤炭资源的开发。由于在今后很长一段时间里，煤仍将作为我国主体能源的重要物质基础，必须科学地、客观地认识我国煤炭资源优势和资源现状，加强煤炭资源管理，合理开发和利用煤炭资源，大力发展洁净煤技术，实施大集团、集约化开发战略，走可持续发展的煤炭工业之路。

二、能源开发和利用

据测算，使用传统能源，未来 100 年全球平均气温将上升 3～6℃，海平面上升 15～35m，导致接近一半的生物物种灭绝，并造成巨大的社会经济损失。环境已成为推动提高能源利用效率的重要力量及能源开发消费的重要因素。

21 世纪最有发展前途的是传统能源之外的各种新能源。它的各种形式都是直接或者间接地来自于太阳或地球内部所产生的能量，包括太阳能、风能、生物质能、地热能、水能和海洋能以及由可再生能源衍生出的生物燃料和氢所产生的能量，它们的共同特点是资源丰富、可以再生、没有污染或很少污染。研究和开发清洁而又用之不竭的新能源，是 21 世纪发展的首要任务，将为人类可持续发展做出贡献。

（1）太阳能 除了原子能外，地球上其他形式的能量都直接或间接地来自太阳能，它是太阳内部连续不断的核聚变反应过程产生的能量，尽管太阳辐射到地球大气层的能量仅为其总辐射能量（约为 $3.75 \times 10^{26}W$）的 22 亿分之一，但其每秒钟照射到地球上的能量相当于 500 万吨煤燃烧放出的热量，是地球上最根本的能源。其主要利用形式有太阳能的光热转换、光电转换以及光化学转换。

（2）风能 地球上的风是由太阳辐射热引起的一种自然现象。太阳照射到地球表面后，因地球表面各处受热不同，产生温差，从而引起大气的对流运动而形成风。到达地球的太阳能中虽然只有大约2‰转化为风能，但其总量仍十分可观，比地球上可开发利用的水能总量还大10倍。

19世纪末丹麦人研制成功风力发电机以来，人们逐渐认识到石油等能源终将会枯竭，十分重视风能的发展。今天，风力发电已成为人们利用风能最常见的形式。

(3) 生物质能　生物质能来源于生物质。生物能是太阳能以化学能形式储存在生物中的一种能量形式，一种以生物质为载体的能量，它直接或间接地来源于植物的光合作用。在各种可再生能源中，生物质是独特的，它既能储存太阳能，更是一种唯一可再生的碳源，也可转化成常规的固态、液态和气态燃料。

地球上的生物质能资源较为丰富，而且是一种无害的能源。地球每年经光合作用产生的物质有1730亿吨，其中蕴含的能量相当于全世界能源消耗总量的10～20倍，但目前全世界的利用率不到3‰。

(4) 地热能　地热能是来自地球深处的可再生热能，它的利用可分为地热发电和直接利用两大类。人类很早以前就开始利用地热能，例如利用温泉沐浴、医疗，利用地下热水取暖、建造农作物温室、水产养殖及烘干谷物等，但真正认识地热资源并进行较大规模的开发利用却始于20世纪中叶。我国地热资源丰富，分布广泛，已有5500处地热点，地热田45个。

(5) 海洋能　海洋面积达$3.61×10^8 km^2$，占地球表面的71%。以海平面计，全部陆地的平均海拔约为840m，而海洋的平均深度却为380m，整个海水的容积多达$1.37×10^9 km^3$。一望无际的汪洋大海蕴藏着各种可再生能源，包括潮汐能、波浪能、海流能、海水温差能、海水盐度差能等巨大的能量。这些能源都具有可再生性和不污染环境等优点，是一项亟待开发利用的具有战略意义的新能源。

(6) 氢能　氢能可作为飞机、汽车及火箭的燃料，是未来最理想的能源。这种质量很轻的气体是宇宙中最丰富的元素，它出奇地洁净，燃烧时排放出的基本上是新鲜的水蒸气。但目前绝大多数是从石油、煤炭和天然气中制取，而由水电解制氢虽技术上成熟，但消耗电能太多。

(7) 小水电　许多世纪以前，人类就开始利用水的下落所产生的能量。最初，人们以机械的形式利用这种能量，在19世纪末期，人们开始将水能转换为电能。早期的水电站规模非常小，只为电站附近的居民服务。随着输电网的发展及输送能力的不断提高，水力发电逐渐向大型化方向发展，并从这种大规模的发展中获益。

(8) 天然气水合物　天然气水合物是在一定条件（合适的温度、压力、气体饱和度、水的盐度、pH值等）下由水和天然气组成的类冰的、非化学计量的、笼形结晶化合物，遇火即可燃烧。可用$M·nH_2O$来表示，M代表水合物中的气体分子，n为水合指数（也就是水分子数）。组成天然气的成分如CH_4、C_2H_6、C_3H_8、C_4H_{10}等同系物以及CO_2、N_2、H_2S等可形成单种或多种天然气水合物。

```
         ┌ 一次能源 ┌ 常规能源 ┌ 再生能源：水力、草木燃料
         │          │          └ 非再生能源：煤炭、石油、天然气
         │          └ 新能源   ┌ 再生能源：太阳能、风能、地热能
能源 ────┤                     └ 非再生能源：核能燃料
         └ 二次能源：汽油、煤油、酒精、煤气、电能、沼气、激光
```

拓展学习

*3.2　化工基础原料

1895年，美国第一座利用焦炭和石灰电炉制取电石的工厂建成，1910年又发明了利用

电石加水生产乙炔的工艺。乙炔可作为燃料，火焰温度可高达 4000℃，用于焊接和切割。但科学家很快又利用乙炔合成了许多有机物，如：乙烯、苯酚、乙醛、乙酸、氯乙烯等基本原料，形成了风靡一时的乙炔化工。

在煤化学工业快速发展时期，美国开发了石油经 700～800℃ 高温裂解生产大量乙烯、丙烯、苯等基本有机化工原料的新工艺，开辟了比单独以乙炔出发制取基本有机化工产品多得多的新技术路线。

至今，80% 以上的化工产品由石油、天然气为原料生产，而塑料、合成橡胶、合成纤维这三大合成材料 100% 依赖于石油生产。

3.2.1 源于石油的化工原料

全世界海平面以下 100m 水层中的浮游生物遗体一年便可产生 600 亿吨的有机碳，这些有机碳就是生成海底石油和天然气的"原料"。被埋藏的生物遗体与空气隔绝，处在缺氧的环境中，再加上厚厚岩层的压力、温度的升高和细菌的作用，便开始慢慢分解，经过漫长的地质时期和上面地层的压力，分散的油滴被挤到四周多空隙的岩层中。

同样，陆地的石油和天然气也来源于生物的遗体。生物细胞所含有的脂肪和油脂由碳、氢、氧三种元素组成，生物遗体被淤泥覆盖后，氧元素分离，碳和氢则组成了碳氢化合物。

由于开采成熟、运输成本低和碳氢比的优势，从 20 世纪 50 年代末开始，化工基本原料的生产中，煤逐渐被石油和天然气所取代。

从寻找石油到利用石油要经过 4 个环节：寻找→开采→输送→加工，分别称为：石油勘探→油田开发→油气集输→石油炼制。开采出来的未经加工处理的石油称为原油。

石油是呈黄色、褐色或黑褐色的有气味及夹杂少量硫、氧、氮化合物的黏稠液体，它泛指形成于岩石中的含油物质，是基本有机化学工业的主要原料资源。

石油密度为 0.8～1.0g/cm³，凝固点大约在 -50～35℃ 间，沸点在 30～600℃ 间，并随碳数增加而升高，如含 5 个碳的戊烷沸点 36℃，含 12 个碳的十二烷沸点 216℃。

石油中的化合物可大致分为烃类、非烃类以及胶质和沥青三类。其中绝大部分是烃类化合物，烷烃占 50%～70%（质量分数），其次是环烷烃和芳香烃。根据烃类的主要成分，石油分为直链烷烃为主的石蜡基石油、环烷烃为主的沥青基石油以及介于两者之间的中间基石油。胶质和沥青是由结构复杂、大分子量的环烷烃、稠环芳香烃、含杂原子的环状化合物等构成的混合物，存在于沸点高于 500℃ 的蒸馏加工渣油中。

石油加工分为一次加工和二次加工。一次加工主要是石油的脱盐、脱水等预处理和常压、减压蒸馏等物理过程；二次加工主要为化学及物理过程，如催化裂化、催化重整、加氢裂化及分离精制等。

从石油获取化工基本原料的主要方法有以下几种。

（1）常、减压蒸馏 蒸馏是利用原油中各组分的沸点不同，按沸点范围（沸程）将其分割成不同馏分的操作。常压、减压精馏工艺是先在常压条件下进行蒸馏操作，而后根据物质的沸点随外界压力降低而下降的规律，在减压条件下进行蒸馏操作。

常压蒸馏是在常压和 300～400℃ 条件下，从常压塔的不同高度分别采出汽油、煤油、柴油等，而塔底采出常压重油，沸点高于 350℃ 的称为常压渣油，其中含有重柴油、润滑油、沥青等。

将常压渣油加热至 380～400℃，送至减压蒸馏塔进行减压蒸馏，从而获得减压柴油、减压馏分油、减压渣油等。

为减少设备腐蚀、降低能量消耗，原油蒸馏前要经过脱盐、脱水处理，使原油含盐量不大于 0.05kg/m³、含水量不超过 0.2%。

（2）催化裂化 催化裂化是石油二次加工的重要方法之一，是为了提高汽油的质量和产量。它以常压、减压蒸馏的馏分油（如直馏柴油、重柴油、减压柴油或润滑油馏分，甚至渣油）为原料，在催化剂作用下使碳原子数较多的大分子烃类裂化生成碳原子数较少的烃类分子。催化裂化反应很复杂，如直链烷烃碳链的断裂、脱氢、异构化、环烷化、芳构化等，反应生成分子量较小的烷烃、烯烃、环烷烃、芳烃、氢气以及较大分子量的缩合物和焦炭。

裂化反应一般以 X 型或 Y 型结晶硅酸铝盐为催化剂，在流化床反应器和 $450\sim530℃$、$0.1\sim0.3MPa$ 工艺条件下进行。催化裂化除获得高质量的汽油外，还可获得柴油、锅炉燃油、液化气等。

（3）催化重整 催化重整是在固定床或移动床反应器中，以低辛烷值的石脑油为原料，在铂、铂-铼、铂-铱等催化剂作用及氢气的存在和 $425\sim525℃$、$0.7\sim3.5MPa$ 工艺条件下，转化为高辛烷值、较高芳烃含量的汽油或生产芳香烃的加工过程。重整反应主要是烷烃脱氢环化、环烷烃脱氢和异构化及脱氢芳构化、直链烷烃异构化和加氢裂化等，氢气的作用是抑制烃类的深度裂解。

（4）催化加氢裂化 催化加氢裂化是生产航空汽油、汽油或重整原料油（石脑油）等产品的二次加工过程，其原料为重柴油、减压柴油、减压渣油等重质油，特别适合于含氮、硫和金属较高而不宜催化裂化或重整的重质油。重质油在催化剂作用和氢气存在下进行加氢裂化反应，大分子量的烷烃转化成小分子量烷烃，直链烷烃异构化，多环环烷烃开环裂化，多环芳香烃加氢和开环裂化。

催化加氢裂化是气-液-固相催化反应过程，以 Ni、Mo、W、Co 等非贵重金属的氧化物和 Pt、Pd 等贵金属的氧化物为催化剂，在滴流床或膨胀流化床反应设备中进行。根据操作压力的不同，催化加氢裂化分为高压法和中压法两种，高压法的压力为 10MPa 以上，温度为 $370\sim450℃$；中压法的压力为 $5\sim10MPa$，温度为 $370\sim380℃$。

（5）热裂解 热裂解是烃类在 $750\sim900℃$ 高温下发生裂解反应，生产乙烯、丙烯、丁烯、丁二烯等及苯、甲苯、二甲苯和乙苯等重要的化工基本原料。热裂解的原料可以是乙烷、丙烷、石脑油、煤油、柴油和常减压瓦斯油等。

裂解产物是含有烯烃、炔烃和芳烃等成分的混合物，工业上普遍采用深冷分离方法将这些有机化工原料互相分离以充分利用。该方法是将裂解物冷却到较低温度（-100℃左右），再加一定压力使裂解气中大部分组分变成液态，然后再根据该液态混合物中各组分的沸点不同，用蒸馏方法使各组分分离。经此法分离所得到的各裂解组分的纯度可达 99.9% 以上，已能满足各有关化工产品合成的需要。不同石油产品的裂解产物及比例见表 3-3 所列。

表 3-3 不同石油产品的裂解产物及比例（质量分数/%）

裂解产物	原 油	轻汽油	粗柴油	乙 烷	丙 烷
乙烯	22.0	31.4	21.0	77.0	43.0
甲烷、氢	13.6	20.4	12.6	14.8	30.0
丙烯、丙烷	14.8	12.2	12.5	2.9	16.0
丁烯、丁二烯、丁烷	6.2	5.7	10.2	2.6	3.0
芳烃等其他产品	43.4	30.1	43.7	2.7	8.0

注：乙烷、丙烷主要存在于炼厂气、油田气和天然气中。

石油的化工利用途径如图 3-1 所示。

3.2.2 源于天然气的化工原料

天然气和石油是一对"孪生兄弟"，是埋藏在地层内的低分子量的烃类气体混合物。

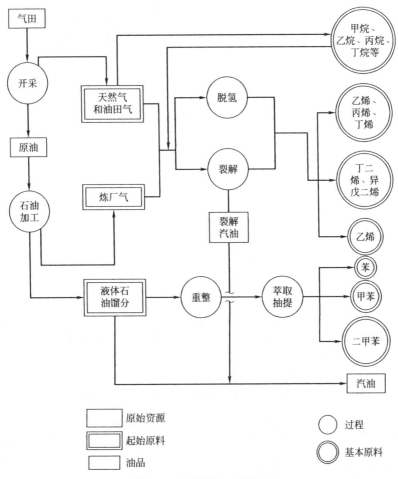

图 3-1 石油的化工利用途径

我国的天然气资源集中分布在塔里木、四川、鄂尔多斯、东海陆架、柴达木、松辽、莺歌海、琼东南和渤海湾九大盆地，其可采资源量 18.4 万亿立方米，占全国的 83.64%。

天然气含有各种烷烃（甲烷、乙烷、丙烷、丁烷）及少量的 H_2S、N_2、NH_3、CO_2、CO 等化学物质，因含有 H_2S 杂质而有臭味，其爆炸（空气中）极限 5%～16%（体积分数%），密度 0.6～0.8g/cm³，化学性质稳定，高温时才能发生分解。

依天然气中甲烷和其他烷烃含量不同，天然气分为干气和湿气。干天然气多由开采气田得到，较难液化，甲烷含量约为 80%～90%；湿天然气常在开采石油的同时得到，有时也称为油田气或石油伴生气，除甲烷（60%～70%）外，还含有较多的乙烷、丙烷、丁烷和戊烷等成分，而丙烷、丁烷受压后容易变成液态。

天然气除直接用作燃料外，也是基本有机化工的重要起始原料。将 C_2 以上的饱和烃进一步加工，可得到乙烯、丙烯、丁烯、丁二烯、乙炔等不饱和烃，苯、甲苯、二甲苯等芳香烃，以及合成气和某些烷烃，生产合成氨、甲醇等。

天然气的化工利用途径如图 3-2 所示。

3.2.3 源于煤的化工原料

煤素有"工业粮食"之称，是由碳（C）、氢（H）、氧（O）、氮（N）和硫（S）等化合物组成的复杂的高分子固体混合物，是植物的化石。在地质历史上，沼泽、森林覆盖了土

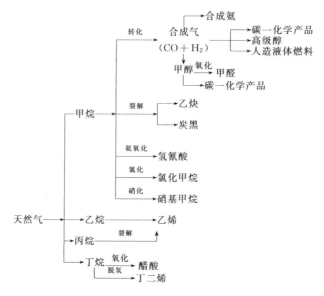

图 3-2 天然气的化工利用途径

地上菌类、灌木、乔木等植物，当水面升高时，被淹而亡的植物因沉积物覆盖不透氧气，在地下形成有机地层。经过漫长的地质作用，在温度升高、压力变大的还原环境中，有机层最后转变为煤层。

按煤化程度煤分为泥煤、褐煤、烟煤和无烟煤 4 大类，开采时，采用矿井（埋藏较深）和露天开采（埋藏较浅）两种方式。不同种类煤的性状和发热量见表 3-4 所列。

表 3-4 不同种类煤的性状和发热量

种　类	性　状	发热量/(kJ/kg)
泥煤（或称泥炭）	多呈褐色，含水量较高	4190～12560
褐煤	褐色，无光泽，有的成土状，质地疏松；有的较硬，质地致密	12770～19300
烟煤	灰黑至黑色，有光泽或无光泽，燃烧时火焰长而多烟，多数能结焦	25120～36010
无烟煤	黑色，质地坚硬，有金属光泽，燃烧时火焰短而少烟	31400～36430

煤化工（煤化学工业）是以煤为原料，经过化学加工生产化工产品的工业。用煤制取有机化工原料的途径主要有以下一些（如图 3-3 所示）。

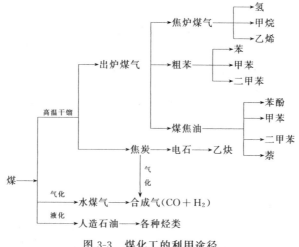

图 3-3 煤化工的利用途径

（1）炼焦 将煤放在隔绝空气的、密闭的炼焦炉内加热，其中挥发性产物呈气态逸出（主要是氢和甲烷），而残留的不挥发物即为焦炭。

焦化过程所得气体产物（出炉煤气）由炼焦炉上部的集气管引出，其组成主要是氢、甲烷、乙烯及少量其他烯烃、乙烷等高级烷烃、一氧化碳、二氧化碳、氮、氧、氨、硫化氢、芳烃、焦油、水蒸气等，经冷却、吸收、分离等处理后，可得到生产基本有机原料最有用途的煤焦油、粗苯（苯、甲苯、二甲苯）和焦炉气等。

根据加工过程的温度不同，分为高温炼焦（1000~1200℃）、中温焦化（700~800℃）和半焦化（500~600℃）。

（2）煤的气化 煤的气化是在高温条件下，由水蒸气和空气作为汽化剂流经炽热的固定燃烧床，生成含有 CO、CO_2、H_2、CH_4、N_2 等成分的发生炉煤气的热化学过程。

与炼焦法比较，炼焦只能把煤中一部分有机物质提取出来，而气化则可利用煤中所有的有机物。

燃烧床的温度取决于汽化剂的饱和温度、燃料的粒度和类型及发生炉的炉型，对于给定的燃料和炉型，它决定着发生炉煤气的成分。

在煤气化过程中，蒸汽与碳反应是吸热反应，而氧气和碳反应是放热反应：

$$C + H_2O \longrightarrow CO + H_2 - Q（Q\text{ 为热量，下同}）$$
$$C + 2H_2O \longrightarrow CO_2 + 2H_2 - Q$$
$$2C + O_2 \longrightarrow 2CO + Q$$

在高温、氧气充足的情况下，可产生大量的可燃气体：

$$2CO + O_2 \longrightarrow 2CO_2 + Q$$
$$C + O_2 \longrightarrow CO_2 + Q$$

一些水蒸气与 CO 反应时，由于每体积 CO 转化为 CO_2 时同时生成了相同体积的 H_2，因此，不会有热损失：

$$CO + H_2O \longrightarrow CO_2 + H_2$$

在还原层，其温度低于 1200℃时，还会出现以下快速反应：

$$CO_2 + C \longrightarrow 2CO$$
$$H_2O + C \longrightarrow CO + H_2$$

（3）煤的液化 在催化剂作用下，煤与氢在高温、高压下反应，生产人造石油，经进一步加工可得到基本有机化工原料。

（4）制电石 将无烟煤或焦炭和生石灰一起在电炉中加热至1700~1900℃，可制得碳化钙，因其形如石头，且由电炉熔炼制得而又被称为电石。电石与水反应可产生乙炔，是制备氯乙烯、乙醛、丁二烯、醋酸乙烯、丙酮、合成橡胶等多种化工产品的主要原料。

$$CaO + 3C \xrightarrow{1700\sim2200℃} CaC_2 + CO$$

电石组成为（质量分数）：77.84% CaC_2、16.92% CaO、0.06% MgO、2.0% FeO、2.65% SiO。

3.2.4 源于生物质的化工原料

生物质即生物有机物质，是指农产品、林产品以及农林产品加工过程的废弃物，其资源相对分散，且受季节限制等因素的影响。随着环保意识的加强和化学工业的发展，生物质的化工利用呈现了更大的发展。

可作为有机化工原料的农林牧渔产品及其副产品大致有以下几类。

（1）含淀粉的物质 大米、麦类、玉米、薯类等粮食不宜大量用作化工原料，但可广泛利用山梨、山渣及废糖蜜等野生植物的根和果实,经水解后可获得麦芽糖、葡萄糖。如淀粉中加入某种酵母使其发酵,可得乙醇或丙酮、丁醇等。

① 水解(糖化)。将植物中所含的多糖 $(C_6H_{10}O_5)_n$ 用水使之转化为简单的单糖 $C_6H_{12}O_6$。

$$(C_6H_{10}O_5)_n(淀粉)+nH_2O(水)\longrightarrow n(C_6H_{12}O_6)(单糖)$$
$$C_{12}H_{22}O_{11}(糖蜜)+H_2O(水)\longrightarrow 2C_6H_{12}O_6$$

② 单糖发酵,即转变为酒精。

$$C_6H_{12}O_6 \xrightarrow{\text{酵母菌}} 2C_2H_5OH+2CO_2$$

(2)含纤维素的物质 纤维素是制造人造纤维、纤维素塑料制品的重要原料。将麦秆、稻草、竹、木柴、芦苇等放入含酸的水中加热,可发生水解反应制得葡萄糖。如同煤的干馏,木材在隔绝空气的密闭设备中加热,可使木材中的组分热分解为木炭和木焦油,以得到燃料、制活性炭的木炭以及燃料气(CO、CO_2、CH_4)等,而从木焦油中可提取酚、醚、木材防腐油等,也可分离出醋酸、甲醇和丙酮等有机产品。

(3)含戊聚糖的物质 戊聚糖主要存在于棉籽壳、玉米芯、花生壳、甘蔗渣等农副产品中,一般以稀硫酸为催化剂,将含有多缩戊糖与戊糖类的物质在加热、加压下制造糠醛。糠醛是有机合成的重要原料,可以用来生产顺丁烯二酸酐、丁二烯、合成纤维、医药,是工业上得到糠醛的唯一办法,在农副产品的化工利用中占有重要地位。

(4)含油脂的物质 油脂是油和脂肪的总称。在常温下,从油菜籽、蓖麻籽、桐籽等植物果实中榨出的油都为液态,而从牛、猪、羊等动物中获得的是脂肪,常温下多为固态。油的主要成分是不饱和脂肪酸与甘油生成的甘油酯,而脂肪的主要成分是饱和脂肪酸与甘油生成的甘油酯。非食用油脂在工业上可作涂料、油墨等溶剂,是制造肥皂和多种脂肪酸的原料。

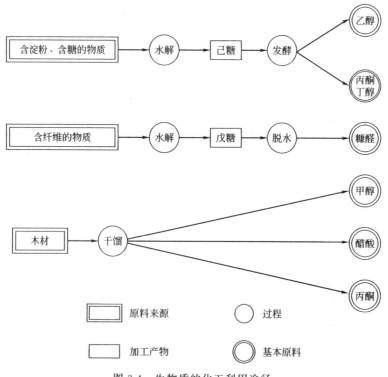

图 3-4 生物质的化工利用途径

（5）动植物分泌液或副产物　由橡胶树分泌的胶乳是天然橡胶的来源；由松树分泌的胶液可制成松脂；动物毛发水解可制取氨基酸；从牛、羊、猪、鱼等动物的胆、肝、胃、脑、卵中可提取生物制剂用作药品；从孕妇和男性小便中可提取激素等药物等。

生物质的化工利用途径如图 3-4 所示。

3.2.5　源于矿物质的化工原料

自然界的矿物种类约有 3000 余种，其中大部分以固体形式存在，目前被人们利用的仅 200 余种。

作为无机产品起始原料的化工矿物质在化学工业中处于十分重要的地位。化学工业中最基本的"三酸两碱"由食盐、黄铁矿、煤、石灰石等化工矿物质加工制成；氮肥、磷肥、钾肥是由煤、磷矿石、钾盐、硝石等加工制成。由此可见，化工矿物质与发展化工产品有着密切的联系。

主要的化工矿物及其特性见表 3-5 所列。

表 3-5　主要的化工矿物及其特性

矿物名称	主要成分	主 要 特 性
岩盐	$NaCl$	纯品为无色,工业矿因含其他杂质而呈灰色、粉红色或褐色等。味咸,立方晶体,有时也呈致密块状或疏松集合体。密度[①]2.1～2.2,硬度[②]2.5。是制造烧碱、纯碱、氯气等的主要原料
钾石盐	KCl 和 $NaCl$	白色颗粒,具有玻璃光泽,性脆。工业矿因含其他杂质呈砖红色等。密度1.97～1.99,硬度1.5～2.0。易潮解,易溶于水。味苦咸且涩。是生产氯化钾的主要原料
光卤石	$KCl \cdot MgCl_2 \cdot 6H_2O$	纯品无色,含杂质时呈粉红色。常呈致密块体和粒状集合体。具脂肪光泽,味苦,性脆。密度1.6,硬度2～3。在空气中吸收水分易潮解。用于提炼金属镁、氯化钾、氯化镁以及制造肥料和盐酸等
钾盐镁矾	$KCl \cdot MgSO_4 \cdot 3H_2O$	在钾盐矿中自然产出。有白色、灰白色或带粉红色。味苦咸。密度2.05～2.19,硬度2.5～3.0,易溶于水。该品可直接用做肥料,也可用于制钾盐
钾长石	$K_2O \cdot Al_2O_3 \cdot 6SiO_2$	通常简称长石,呈晶体。肉红色或浅玫瑰色,有时白色或灰色,常以致密块状形式出现。具有玻璃光泽,性脆。密度2.54～2.57,硬度6。水化后变成高岭土等黏土矿物。是制造玻璃和陶瓷的原料,也用作磨料等
明矾石	$K_2SO_4 \cdot Al_2(SO_4)_3 \cdot 4Al(OH)_3$	白色、灰色、浅黄或粉红色。成粒状、土状或致密块状集合体。断口不平整,具玻璃光泽或珍珠光泽,透明或半透明。密度2.58～2.75,硬度3.5～4.0。难溶于水。用于提取明矾、硫酸铝、硫酸钾和氧化铝等
天然碱	$Na_2CO_3 \cdot NaHCO_3 \cdot 2H_2O$	常为无色、白色或因杂质而呈黄色,晶体,有玻璃光泽。密度2.11～2.14,硬度2.5～3.0。易溶于水。可用作洗涤剂,也可用作制造纯碱、小苏打和烧碱的原料
黄铁矿	FeS_2	俗称硫铁矿,是含硫量较高的铁矿石(纯矿含 Fe 46.6%,S 53.4%),为草黄色或金黄色晶体,有较强金属光泽。密度4.95～5.17,硬度6.0～6.5。风化后变为褐铁矿。主要用于制造硫酸和提炼硫黄
天然硫磺	S	系硫矿物中较为重要的一种品种,为淡黄色固体,性脆。密度1.9～2.1,硬度1.5～2.5。不溶于水,稍溶于乙醇和乙醚,溶于二硫化碳、四氯化碳和苯。较易熔化。可用于制造硫酸、硫化物、黑色火药、提炼高纯度硫黄等
硼砂	$Na_2B_4O_7 \cdot 10H_2O$	为白色、浅灰色或浅黄色的短柱状体,有玻璃光泽,无臭,味咸。密度1.73,硬度2.0～2.5。稍溶于冷水,较易溶于热水,微溶于乙醚。用于制造特种光学玻璃、搪瓷、瓷釉、硼酸及其盐类、人造宝石等

矿物名称	主要成分	主要特性
磷灰石	$Ca_5(PO_4)_3F$ 或 $Ca_5(PO_4)_3Cl$	主要有氟磷灰石 $Ca_5(PO_4)_3F$ 和氯磷灰石 $Ca_5(PO_4)_3Cl$。两者物理性质相似。有亮绿色、蓝绿色或褐绿色，也有褐色和紫色的变种。成柱状、板状或块状体。密度 3.15~3.27，硬度 4.0~5.0，用于制造磷肥、磷酸和磷酸盐等
萤石	CaF_2	又称氟石，常呈灰、黄、绿、紫等色，多为立方晶体，也有致密块状结合体。透明，具有玻璃光泽，性脆。密度 3.01~3.25，硬度 4。烧热时在暗处发蓝、红火绿色荧光。主要用途：冶金工业上作助溶剂，化学工业上用作制备氟、氢氟酸及其他氟化学品的原料
石灰石	$CaCO_3$	因所含杂质不同而呈灰色、灰黑色或浅黄、浅红色等固体。密度 2.2~2.9。不溶于水，能与酸反应。加热易分解成生石灰 CaO 和 CO_2 气。建筑工业上用作石料或烧制石灰，冶金工业上用作冶炼钢铁等的溶剂，硅酸盐工业上制水泥，化学工业上制纯碱和沉淀碳酸钙
芒硝	$Na_2SO_4 \cdot 10H_2O$	为白色或无色晶体，有玻璃光泽，味苦咸，性脆。密度 1.4~1.5，硬度 1.5~2.0，在干燥空气中会逐渐失去结晶水而成白色粉末。用于制造玄明粉、硫化碱、纯碱等
蛇纹石	$3MgO \cdot 2SiO_2 \cdot 2H_2O$ 或 $Mg_6[Si_4O_{10}](OH)_8$	为暗绿、浅黄或淡橄榄绿色，一般包括两种不同晶形的矿物：叶片状和纤维状，前者可剥离成片状，后者可剥离成细长的纤维（即石棉）。密度 2.5~2.65，硬度 2.5~4.0，有时可高达 5.5。由于它具有耐热、抗拉和抗挠等特性，工业上常用作耐火保温材料。颜色鲜艳的可用作装饰品
重晶石	$BaSO_4$	工业矿因混入杂质常呈灰色、灰白色，有时带天蓝色。成粗粒致密的块状或完整的板状晶体。性脆。密度 4.3~4.6，硬度 2.5~3.5。用于制造钡的化学品、重晶石粉和锌钡白等
白云石	$MgCa(CO_3)_2$	常呈各种颜色，大多为白、黄或灰白色。成致密块状晶体，有玻璃光泽，密度 2.8~2.95，硬度 3.5~4.0。可用作建筑材料、耐火材料、冶金溶剂及橡胶、涂料的填充物等
生石膏	$CaSO_4 \cdot 2H_2O$	常呈白色(雪花石膏)、粉红、淡黄或灰色。透明或半透明，成板状或纤维状，也成细粒块状，有玻璃光泽，性脆。解理极完全。密度 2.31~2.32，硬度 2。用于制造水泥、硫酸、烧石膏、涂料、纸张的填充料和农业肥料等。如加热至 150℃ 可得熟石膏，熟石膏具有类似水泥的坚固耐久性能，可用作石膏塑像、胶结料等

① 单位体积的物质质量，单位：g/cm^3。

② 表示矿物抵抗某些外来机械作用，特别是刻画作用的能力。表中数据以金刚石硬度（最硬）为 10 计算的模式硬度。

本 章 小 结

1. 化工原料安全使用

化工原料以物质的三态存在，有其不同的自然属性和特性。在使用中，应从输送形式、材料选用、工艺方式及个人防护等方面采取有效的措施。

2. 原料预处理

（1）原料气体的净化可采用物理处理法、物理化学处理法及化学方法和生物化学方法以达到脱硫、CO_2、CO、HCl、酸雾等要求。

（2）液体原料可采用过滤或澄清、结晶和重结晶、吸附和吸收等方法处理。

（3）固体原料常用机械方法粉碎为小颗粒或粉料，增大表面积。

3. 化工基础原料

在自然界天然存在的化学工业基础原料包括有机原料（石油、天然气、煤）、生物质及无机原料（空气、水、盐、矿物质、金属矿）。由这些基础原料经加工而得到的三烯（乙烯、丙烯、丁二烯）、三苯（苯、甲苯、二甲苯）、一炔（乙炔）、一萘延伸的产品可达几百万种。

（1）石油经常压、减压蒸馏以及催化裂化、催化重整、加氢裂化、分离精制等工艺，得到甲烷、乙烷、丙烷、乙烯、丙烯、丁烯、丁二烯、芳烃等基本化工原料。

（2）天然气除直接做燃料外，可将 C_2 以上的饱和烃进一步加工成乙烯、丙烯、丁烯、丁二烯、苯、甲苯、二甲苯以及合成气等重要的基本化工原料。

（3）煤经炼焦、气化等工艺，可得到生产基本有机原料最有用途的煤焦油、粗苯（苯、甲苯、二甲苯）焦炉气及发生炉煤气产品等。

（4）化学工业中最基本的三酸二碱，由食盐、黄铁矿、煤、石灰石等化工矿物质加工制成。

反馈学习

1. 思考·练习

（1）什么是化工生产原料？

（2）为什么须特别重视原料选用？

（3）原料选择应遵循什么原则？

（4）气体化工原料安全使用要求是什么？

（5）固体化工原料安全使用要求是什么？

（6）气体原料预处理方式有哪些？

（7）固体原料预处理方式有哪些？

（8）水力、草木燃料、太阳能、风能、地热能等能源中，哪些属于一次能源？

（9）石油的一般物理性质有哪些？

（10）石油加工的主要方法有哪些？

（11）简述常压、减压蒸馏工艺。

（12）催化裂化和热裂化相比较有何特点？

（13）石油加工的主要油品有哪些？

（14）天然气的组成与分类。

（15）天然气化工加工方法有哪些？

（16）从天然气的化学加工中可得到哪些基本化工原料？

（17）煤的成分有哪些？

（18）煤加工的主要方法有哪些？

（19）煤焦化可得到的产物有哪些？

（20）利用基本反应方程式说明煤气化的原理。

（21）什么是生物质？可作为有机化工原料的农林牧渔产品及其副产品有几类？

（22）基本有机化工原料中，"三烯、三苯、一炔和一萘"具体是指什么原料？

2. 报告·演讲（书面或 PPT）

参考小课题：

（1）液体化工原料的安全使用

（2）介绍两种液体原料在化工生产中的预处理方式

（3）试举例介绍在原料不同状态时的输送方式

（4）原油中含水、含盐给石油加工带来的影响

（5）以图示介绍石油加工可获得的基本化工原料

（6）以图示介绍煤加工可获得的基本化工原料

（7）通过资料的检索，介绍煤气化或炼焦的工艺

（8）天然气中干气和湿气的差异和用途

（9）我国生物质利用的现状和发展方向（资料检索）

（10）本章教学的收获和体会

第4章 化工生产中的化学反应

 明确学习

在有化学反应的化工生产中，化学反应是整个化工生产的核心。化学反应不仅直接关系到产品的质量、企业的经济效益，更关系到的生产的安全。化工生产不同于其他的生产，化学反应有其自身的特点和规律，掌握这些特点和规律，化工生产的安全高效运行就有了技术保障。本章主要讨论化工生产中化学反应的特点及基本规律。

本章学习的主要内容

1. 化学反应类型。
2. 化学反应过程的特点。
3. 影响反应过程的基本因素。
4. 化学反应的质量评价。
5. 化学反应基本理论。
6. 化学反应的物料衡算和热量衡算。
7. 催化剂。

活动学习

通过化学反应过程的仿真操作或实验室制备等活动学习，了解化学反应过程，熟悉化学反应基本操作，感知化学反应的特点。仔细观察、思考操作过程中的各种现象和结果。

参考内容

1. 仿真操作 （1）间歇反应釜；（2）固定床反应器；（3）流化床反应器；（4）丙烯酸甲酯酯化工段；（5）乙醛氧化生产乙酸氧化工段；（6）均苯四甲酸二酐氧化工段。
2. 实验制备 磺化、硝化、酯化等化学反应实验。

讨论学习

我想问

实践·观察·思考

1. 以上的活动学习中，你观察到了哪些现象？能否对其进行解释？
2. 工业仿真DCS的化学反应操作与实验室制备的化学反应操作有什么区别？
3. 回忆在化学课程中学习过的知识，说说化学平衡和反应速率与以上操作的现象或结果有何关系？

4．你注意到了哪些因素影响化学反应？这些因素如何影响化学反应？

5．你学习的化学反应操作中是否使用了催化剂？使用或不使用催化剂反应的结果有何不同？为什么要使用或不使用催化剂？

4.1　化学反应的类型

从宏观的角度而言，有新物质生成的变化称为化学变化；与之对应的是没有新物质生成的变化，比如说物质积聚形态的变化等，称为物理变化。

请思考：在化工原理课程中所涉及的各类单元操作都是哪类变化？

化学反应种类繁多，变化无穷，研究和应用的角度不同，分类方法也不尽相同，以下是几种常见的分类方法。

（1）按相态分类　一般而言将参加反应的物质根据其相态分为均相反应和非均相反应。

均相反应包括气相反应和单一液相反应。比如说烃类的裂解反应，属于均相反应（气相），而环氧乙烷水合制乙二醇属于单一的液相反应（液液之间没有相界面）。

非均相反应则是指不同相态之间的反应。如气液相反应、液液相反应、气固相反应等。如苯硝化制硝基苯，虽然参与反应的物质均为液相，但实际上它们并不是均一液相，故而属于非均相的液液化学反应。

（2）按反应可逆与否分类　可逆反应在化学工业中比较常见。即参与化学反应的物质不可能完全转化成为产物，最终在反应体系中是反应物和产物的混合平衡体系。常见的可逆反应有合成氨以及绝大多数的有机化学反应等。

（3）按反应热效应分类　化学反应过程伴随着能量的变化。将放出热量的反应称为放热反应，而将吸收热量的化学反应称为吸热反应。例如，苯的硝化是强放热的反应。

（4）按反应机理分类　从这个角度，可以将化学反应分为简单反应和复杂反应。

由反应物直接生成产物的反应称为简单反应；而需要多步骤才能生成产物的反应为复杂反应。在化学工业中，以复杂反应最为常见。

（5）按反应动力学特征分类　根据反应物浓度对于化学反应速率的影响程度，将反应分为零级反应、一级反应、二级反应。

（6）按官能团反应分类　按官能团反应有：磺化、硝化、氯化、烷基化、氨基化、酯化、氧化、还原等。

上述反应分类方法是一些常见的分类，实际上还有一些其他的分类方法，比如根据反应的物质性质将反应分为无机反应、有机反应、生化反应；根据使用催化剂与否又分为催化反应和非催化反应；根据发生化学反应的原因分为热化学反应、光化学反应、核化学反应等。

4.2　化学反应过程的特点

4.2.1　反应的复杂性

化学反应的实质是反应物各组分在反应器内相互作用，且由此引起能量和物质的变化。伴随反应过程的进行，引起的物质及能量的变化往往是复杂的。虽然物质之间的作用无法用肉眼直接观察到，但人们可以通过对反应过程及体系初、终状态的技术参数进行考察，从而认识这个反应的基本规律。

4.2.1.1　主、副反应同时发生

反应体系中的化学反应往往不是单一的某一个反应在进行，而是伴随着其他反应也同时

进行的过程。

比如乙烯水合法制乙醇（图 4-1），希望反应体系中发生的化学反应为：

$$CH_2=CH_2+H_2O \longrightarrow C_2H_5OH \qquad \Delta H=-40kJ/mol$$

图 4-1　乙烯水合法制乙醇

但实际反应过程中（图 4-2），往往伴随着其他反应同时发生，如：

$$CH_2=CH_2+C_2H_5OH \longrightarrow C_2H_5OC_2H_5$$

即：
$$C_2H_5OH \longrightarrow CH_3CHO+H_2$$

图 4-2　实际反应过程

这些反应称为副反应。副反应的发生，消耗了原料，而且增加了后续分离工序的难度。因此，从工艺路线的选择到生产操作，应该尽量避免或减少副反应发生。

4.2.1.2　反应的可逆性

可逆反应也是化学反应中常见的一大类。在相同的反应条件下，产物和反应物能够同时相互转化，直到其达到化学平衡之后产物和反应物的浓度才相对不变。如合成氨即是常见的可逆反应。反应物为氢气和氮气，反应起始时体系中只有这两种物质，随着反应的进行，氮气和氢气被转化成氨气。氨气同时也被分解成氢气和氮气。只是生成氨气的速率比氨气分解的速率快，所以体系中氨气的含量是增加的。合成氨过程组成的变化如图 4-3 所示。

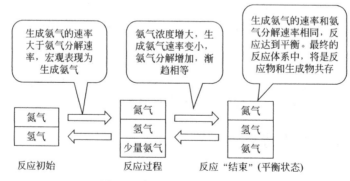

图 4-3　合成氨过程组成的变化

用化学反应方程式表述为：

$$N_2+3H_2 \rightleftharpoons 2NH_3$$

在可逆反应中，将生成目标产物的反应称为正反应；而将同时进行的反方向的反应称为逆反应。氨气是目标产物，所以以合成氨气的反应是正反应；同时氨气分解成为氢气和氮气的反应称为逆反应。对于这种可逆反应，化工生产在工艺上要采取措施，抑制逆反应，提高转化率，从而获得更多的目的产物。

4.2.1.3　物理因素对于化学反应的影响突出

化学反应器中不仅进行着化学过程，而且还伴随着大量的物理过程。这些物理过程与化学过程相互影响，相互渗透，最终影响到反应的结果，使得整个反应过程复杂化。物理过程通常包括传质过程和传热过程。

（1）传质过程　对于非匀相反应，大多数情况下化学反应是在某一个相中发生的。反应物往往部分或者全部由反应相以外的相提供，所以，虽然非均相的化学反应从反应规律上说与均相反应完全相同，但是其反应物的浓度却很大程度上受到扩散传质作用的影响。而且质量传递过程的发生存在着浓度的差异，这种新的浓度差异同样会对反应结果造成影响。

（2）传热过程　化学反应过程中必定有发生热量传递的过程。反应器内部物质浓度、流动方式等因素的不同情况，会导致热量传递的不同，从而形成温度的分布，化学反应结果不可避免也会受到影响。

4.2.2　反应的热效应

化学反应总是伴随着能量的变化，即吸热和放热。

如在实验中，苯的硝化反应是强烈的放热反应。为了操作的安全，人们必须用冷却水不断地与烧瓶表面进行换热冷却。因为热量的积聚会导致反应体系的温度升高，从而导致大量副反应的发生。另外温度过高也会使得反应体系不稳定，容易造成事故。

无论是生产安全，还是生产质量，对于化学反应体系，温度控制非常重要。对于反应的热效应，通常用反应热来描述其热量的大小。例如甲醇的氧化反应：

$$CH_3OH + 0.5O_2 \longrightarrow HCHO + H_2O \qquad \Delta H = -163.06 kJ/mol$$

经过测量计算，每一摩尔甲醇被氧化为甲醛，放出 163.06kJ 的热量。

4.2.3　反应的活化能

很多反应都是放热反应，但有趣的是，大多数反应物在发生反应之前必须要进行预热。

实际上，反应物并不是一旦相遇就会发生作用的，在反应前进行加热处理是为了使得反应物的分子具备有足够的能量进行反应。换句话说，在未加热之前，反应物的分子都是"未活化"的分子，加热之后，分子获得了可以发生反应的能量之后，才能顺利进行化学反应。反应过程中能量变化趋势如图 4-4 所示。

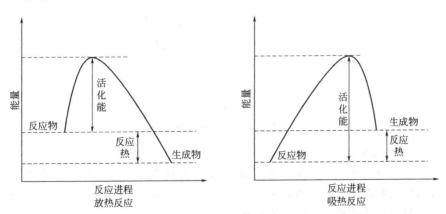

图 4-4　反应过程中能量变化趋势

人们将这个反应前必须要克服的"能量堡垒"称为"活化能"或者"能垒"。

活化能是非常重要的概念。活化能的大小直接关系到化学反应的难易程度。活化能高，说明分子被活化需要更多的能量，反应较难进行；反之活化能低，反应容易进行。需要指出的是，活化能和反应热是两个能量概念，此两者之间并无直接的关联。

活化分子增加，增加了活化分子的碰撞概率，宏观上表现为化学反应加快，通常用反应速率来描述其快慢的程度。化学反应有快慢之分，比如有些有机化学反应很慢，需要几天的时间才能完成，而有的反应很快，比如爆炸，似乎是瞬间就可以完成。工业上研究化学反应速率的意义重大，速率的增加，会缩短生产周期，增加设备的处理量。但也绝非越快越好。比如在聚合反应过程中，往往通过人为的办法（如添加惰性介质或者增大冷却效果等办法）来限制反应速率，以防止反应速率过快而发生爆聚等非正常现象。

4.2.4 反应的安全性

（1）有些化工原料具有一定的毒性、腐蚀性和挥发性 操作人员对于相关物料的性质必须十分清楚。有些操作按规定还需要佩戴相应的个人防护用品。

（2）有些反应过程涉及高温和高压 设备在高温高压下存在一定的风险。操作人员要熟悉工艺原理、工艺条件、工艺过程；设备的作用、性能及操作，同时必须严格按照规程操作。反应器的温度、压力等在操作过程中是重要的监控指标。产生不正常工况时，应该迅速有效地采取相关的措施，制止非正常状态的扩大。

4.3 影响反应过程的基本因素

实例分析：乙烯水合制乙醇反应。

1. 乙烯水合制乙醇的化学反应

主反应为：

$$C_2H_4 + H_2O \rightleftharpoons C_2H_5OH \qquad \Delta H = -40kJ/mol$$

副反应为：

$$C_2H_4 + C_2H_5OH \longrightarrow C_2H_5OC_2H_5$$
$$C_2H_5OH \longrightarrow CH_3CHO + H_2$$

此外，还有乙烯低聚生成 C_8 以下异构烷的反应，乙烯脱氢缩合生成焦的反应等，实验研究表明，转化的乙烯消耗于生成各种产物的分配比例大致如图 4-5 所示。

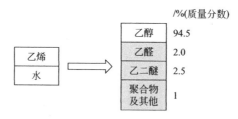

图 4-5 转化的乙烯消耗于生成各种产物的分配比例

2. 乙烯水合制乙醇的工艺条件分析

总结此化学反应的特点，乙烯气相直接水合制乙醇是可逆的、物质的量减少的放热反应，降低反应温度和提高反应压力，对反应是有利的。工业生产中往往根据化学反应在热力学和动力学上的特点选择最优化的工艺条件。

（1）反应温度 前已述及，气相水合反应是一个放热和体积缩小（物质的量减少）的反应，低温对化学平衡有利，但该温度受催化剂需要的反应温度的限制。对磷酸/硅藻土催化剂而言，反应温度为 250～300℃。此时反应受热力学控制，转化率低。反应温度过高，不仅转化率更低，还会促进副反应，使低聚物和焦化物等副产物增多。

（2）反应压力　提高反应压力对热力学平衡和加快反应速率都有利。乙烯转化率和乙醇空时收率（g/L 催化剂·h）均随压力增大而增加。但系统总压不宜太高，否则催化剂的催化效果会变差。

（3）水/烯比（物质的量之比）　水/烯比对乙烯转化率和副产物生成量都有影响。随着水烯比的提高，乙烯转化为乙醚和乙醛的量是减少的。但水/烯比不宜过高，否则会稀释酸膜中磷酸浓度、降低催化剂活性。更严重时，会出现水的凝聚相。水/烯比过高，消耗的蒸汽量增多，冷却水用量增大，为蒸浓乙醇溶液消耗的热量增加，这些都会使工厂能耗增加，生产成本提高。现在，工业上当总压为 7.0MPa、反应温度为 280～290℃时，水/烯比一般采用 0.6～0.7。

（4）循环气中乙烯浓度　实验研究表明，循环气中乙烯浓度与乙醇空时收率之间呈线性关系。循环气中乙烯浓度愈高，乙醇空时收率愈大。但乙烯进料中有 1%～2% 的惰性气体（主要是甲烷和乙烷），它们不参与反应，为保持反应器的生产能力，需将反应循环气少量放空。循环气中乙烯浓度愈高，放空损失也愈大，使生产成本增加。因此，循环气中乙烯浓度宜保持在 85%～90%。

（5）乙烯空速　在一定范围内，提高乙烯空速对反应有利，但不宜太高，太高会因在酸膜表面停留时间过短，来不及进入酸膜参与反应就离开催化剂，导致反应速率下降。工业上空速选择在 2000h^{-1} 为宜。

空速，又称为空间速度，通常指通过单位体积催化剂的反应混合气体的体积；或者是通过单位体积催化剂的反应混合气体在标准状况下的体积流量，通常用 Sv 表示，单位 m^3/（m^3·h），简写成 h^{-1}。

（6）催化剂　乙烯水合制乙醇几乎全部采用磷酸-硅藻土催化剂。它是将以酸处理过的硅藻土，用 55%～65% 磷酸溶液浸渍，再经干燥和高温焙烧制得。催化剂外表上是干燥的，但在载体孔隙的表面（俗称内表面）却覆盖着一层磷酸液膜，催化水合反应就在这层液膜中进行。

由以上乙烯水合制乙醇的实例可以看出，化学反应的结果要受到诸多因素影响，如图 4-6 所示。

4.3.1　温度对化学反应的影响

如前所述，温度是影响反应系统最为敏感的因素之一。对于温度的确定不外乎从化学平衡、化学反应速率、催化剂使用和设备等几个方面予以考虑。

温度对于上述指标的定性影响总结于表 4-1。

4.3.2　压力对化学反应的影响

由于气体本身的可压缩性，所以压力的改变对于气相反应有着较大的影响。对于液体和固体而言，一般近

图 4-6　化学反应的结果
要受到诸多因素影响

似地认为是不可压缩的，故而外界压力的变化对液体和固体不会有很大的改变。压力对化学反应的影响总结于表 4-2。

4.3.3　催化剂对化学反应的影响

催化剂改变了反应的活化能，也就是说催化剂改变了反应发生的途径，但不改变化学平衡常数和反应热，催化剂最为显著的作用就是改变了反应速率，大多数情况下都使得反应速

表 4-1　温度对化学反应的影响

化学平衡	对于放热反应而言,降低温度是比较合适的,相反,提高温度有利于提高吸热反应的平衡产率
反应速率	温度的提高使得活化分子数目提高,从而加速了化学反应。对于存在着主副反应的复杂系统,温度提高,主副反应的反应速率同时提高,提高温度更有利于活化能大的反应,还需考虑温度对催化剂和能耗的影响,所以不能盲目提高反应温度
催化剂	温度是影响到催化剂活性最为直接的因素。一般的规律是在催化剂的使用温度范围内,温度升高,催化剂的活性也升高,但同时催化剂的中毒可能性也有所增加
设备	高温的工况会使得金属材料发生蠕变和松弛现象,长期工作在高温下的金属设备会使其力学性能严重下降

表 4-2　压力对化学反应的影响

化学平衡	对于化学平衡的影响不能一概而论,这与气相反应前后分子数目的变化有关。压力增加,反应向分子数目减小方向进行
化学反应速率	对于有气相参与的化学反应而言,增加反应压力,会相应提高气相的分压,使得气相的浓度增加,除了那些浓度不影响化学反应速率的反应,增加压力会影响到反应速率
生产能力	一般而言,压力的增加会使得气体的体积减小,对于固定的生产设备而言,意味着增加了设备的生产能力。这对于强化生产是有利的。但是压力的增加往往需要压缩机来实现,能量的消耗也会增加
设备及安全	随着反应系统温度、压力的升高,对于设备的材质和耐温、耐压强度的要求也高,设备的造价、投资相应提高。对于有爆炸危险的气体原料,增加外压会使得气体的爆炸极限范围扩大。所以温度、压力增加,生产过程的危险性也有所增加
其他	对于有催化剂存在的体系,过高的压力会损坏催化剂

率增加。有关催化剂的内容,请参阅 4.7 节。

4.3.4　原料配比对化学反应的影响

原料配比是指在涉及到两种或者两种以上物料时,原料物质的量之比或质量之比。按照化学计量比的投料是最为理想的。根据具体的反应还应该做具体的分析。

表 4-3 中列举了原料配比与化学平衡、反应速率之间的定性关系。

表 4-3　原料配比与化学平衡、反应速率之间的定性关系

类　型	影　响　因　素
化学平衡	提高某一反应物的浓度,则可以提高另一种反应物料的转化率
动力学因素	对于大多数的反应,浓度与化学反应速率呈现正比的关系,这种情况则要考虑过量操作。也有特殊情况的存在,如有的反应其反应速率与反应物浓度并无关系
其他	过量的原料势必会对后续的分离操作造成一定的难度;对于易于爆炸的物料,尤其要注意混合时要使其配比浓度在爆炸极限之外;对于过量物料的循环使用要做经济上的综合评价等

4.3.5　停留时间对化学反应的影响

停留时间也称之为接触时间,一般指原料在反应区或者催化剂层停留的时间。停留时间与上述的空速有着很紧密的关系。空速大,则停留时间短。

一般而言对于存在有连串副反应的反应体系来说,停留时间对于速度的影响尤为显著。在烃类热裂解过程中对于原料气在反应器中停留的时间控制十分严格,以防止二次反应的发生和形成结焦生碳的反应。停留时间长,虽然原料的转化率提高了,但是却导致了大量的副产物生成。

另外停留时间增加也使得催化剂中毒的可能性增加,缩短了寿命。而且停留时间长必然会降低设备的生产能力。

4. 4　化学反应的质量评价

由甲苯生成苯的化学反应如下：

$$C_6H_5CH_3 + H_2 \longrightarrow C_6H_6 + CH_4$$

在反应体系中有一部分苯还会发生串联反应，生成不需要的副产物联苯：

$$2C_6H_6 \longrightarrow C_{12}H_{10} + H_2$$

经过测定进出反应器物料的组成，得到下列数据，见表 4-4 所列。

表 4-4　测定进出反应器物料的组成

组　分	进口流率/(kmol/h)	出口流率/(kmol/h)
H_2	1858	1583
CH_4	804	1083
C_6H_6	13	282
$C_6H_5CH_3$	372	93
$C_{12}H_{10}$	0	4

如何对于这个化学反应体系进行科学的评价？投入的原料，有多少能够发生化学反应？被反应掉的原料又有多少生成了主产品？

工业上，通常用转化率、选择性、收率来评价反应的质量。

假设某一化学反应的原料是 A 和 B，投料量分别记为 a 和 b。经过反应后生成目标产物 P，副产物 R，生成的量分别记为 p 和 r。反应器出口处的物料中，未反应的原料记为 a' 和 b'。经过分离器分离后，回收的原料记为 a_1 和 b_1，未回收的原料记为 a'' 和 b''，即：

主反应	$A+B \longrightarrow P$
副反应	$A+B \longrightarrow R$

反应过程物料转化关系如图 4-7 所示。

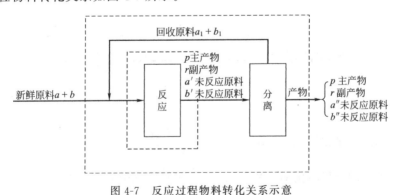

图 4-7　反应过程物料转化关系示意

4.4.1　转化率

转化率为某原料 A 参与化学反应转化掉的量与其总的总投料量之比。常以符号"X_A"表示，即：

$$X_A = \frac{\text{反应转化掉的反应物 A 的量}}{\text{投入反应系统的反应物 A 的总量}} \times 100\% \tag{4-1}$$

顾名思义，转化率就是被转化的原料量。但需注意，被转化包括主反应被转化的和副反应被转化的。一般而言，转化率越高，表明物料转化程度越高。转化率为 100% 时，表明原料被完全转化，通常转化率小于 100%。

转化率的计算与其反应物、起始状态有关。转化率的计算，必须注明反应物、起始状态与操作方式。同一个化学反应，由于着眼的反应物不同，其转化率数值也不同。对于间歇操作，以反应开始投入反应器某反应物的量为起始量；对于连续操作，以反应器进口处的某反应物的量为起始量。根据连续操作物料有无循环，转化率分为单程转化率和全程转化率。

（1）单程转化率　是以反应器为研究对象，如图 4-7 的小虚线框的范围，物料一次性通过反应器的转化率即为：

$$X_{A,单} = \frac{反应物 A 在反应器内转化掉的量}{反应器进口反应物 A 的量} \times 100\% \tag{4-2}$$

按图 4-7 的物料关系有：　　$X_{A,单} = \frac{a + a_1 - a'}{a + a_1} \times 100\%$

式中，反应物 A 在进口处的量等于新鲜原料中的量 a 与循环物料中 A 的量 a_1 之和。

（2）全程转化率　又称为总转化率，是指新鲜物料进入反应系统到离开反应系统所达到的转化率，如图 4-7 的大虚线框的范围，即：

$$X_{A,全} = \frac{反应物 A 在反应系统内转化掉的量}{投入的新鲜物料中反应物 A 的量} \times 100\% \tag{4-3}$$

物料关系有：　　　　　　　　$X_{A,全} = \frac{a - a''}{a} \times 100\%$

【例 4-1】　燃烧室内进行燃烧反应 $2C + O_2 \longrightarrow 2CO$。已知燃烧室内的碳量为 100kmol，通入氧气后仍然有 20kmol 的碳未燃烧，试计算碳的转化率。

解

根据题意，参加反应的碳的物质的量为　　100kmol － 20kmol ＝ 80kmol

则：碳的转化率为 80kmol/100kmol ＝ 0.8，即 80％。

【例 4-2】　已知新鲜乙炔的流量为 600kg/h，反应后出反应器乙炔的流量 4450kg/h，循环乙炔的流量为 4400kg/h，弛放乙炔的流量为 50kg/h，计算乙炔的单程转率和全程转化率（图 4-8）。

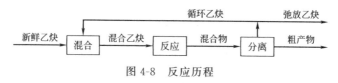

图 4-8　反应历程

解

乙炔的单程转化率　　$X_{乙炔,单} = \frac{600 + 4400 - 4450}{600 + 4400} \times 100\% = 11\%$

乙炔的全程转化率　　$X_{乙炔,全} = \frac{600 - 50}{600} \times 100\% = 91.67\%$

乙炔的单程转化率为 11％，未转化乙炔占 89％；未反应乙炔经分离与新鲜乙炔混合，回收后循环至反应器，转化率可达到 91.67％，提高了乙炔的利用率。

（3）平衡转化率　是可逆反应达到平衡时的转化率。平衡转化率与平衡条件（温度、压力、反应物浓度等）密切相关，它表示某反应物在一定条件下，可能达到的最高转化率，实际生产中并不追求平衡转化率。

4.4.2　选择性

在没有副反应发生的情况下，转化率能体现出化学反应的彻底性。当有副反应存在的情况下，转化率往往难以表示化学反应是否按照期望的主反应方向进行。针对这样的情况，工程上采用了选择性来描述。

选择性是指生成目的产物的原料占被转化原料的百分比，用 S 表示，即：

$$S = \frac{转化为目的产物的某反应物的量}{某反应物的转化总量} \times 100\% \qquad (4-4)$$

也可以目的产物的实际产量与其理论产量的比值表示，即：

$$S = \frac{目的产物的实际产量}{目的产物的理论产量} \times 100\% \qquad (4-5)$$

4.4.3　收率

收率是指转化成为目的产物的原料量与投入的原料总量的比值，通常用 Y 表示，即：

$$Y = \frac{转化为目的产物的某反应物的量}{某反应物的投入量} \times 100\% \qquad (4-6)$$

显然，收率、转化率和选择性的关系为：

$$收率 = 转化率 \times 选择性 \qquad (4-7)$$

【例 4-3】　用转化率、选择性和收率评价本节开始所举甲苯生成苯的例子。

解　（1）甲苯的转化率　即（反应器中发生反应的甲苯）/（进入反应器的甲苯）。

$$甲苯的转化率 = \frac{372-93}{372} \times 100\% = 75\%$$

（2）甲苯生成苯的选择性　即（生成苯的甲苯）/（反应器中发生反应的甲苯）

生成苯的量为（282−13），这里不包括发生副反应的苯，由于化学计量系数为 1，所以消耗甲苯的量与苯的量是相同的。

$$甲苯生成苯的选择性 = \frac{282-13}{372-93} \times 100\% = 96.4\%$$

（3）甲苯生成苯的收率　即（生成苯的甲苯）/（进入反应器的甲苯）

$$甲苯生成苯的收率 = \frac{282-13}{372} \times 100\% = 72.3\%$$

将转化率和选择性相乘，即 $75\% \times 96.4\% = 72.3\%$，恰好与收率相等。

请按照以氢气为基准，计算其对应的转化率、选择性和收率。

练习：工业生产以 C_6H_6 在五氧化二钒的催化作用下制备 $C_4H_2O_3$（顺丁烯二酸酐）。标准状况下每小时进空气量为 2000L，进 C_6H_6 的量为 79mL/h，反应器出口 C_6H_6 的含量为 3×10^{-4}（体积分数），$C_4H_2O_3$ 的含量为 0.0109（体积分数），其余皆为空气，求进料混合气中苯的浓度，用摩尔分数表示 C_6H_6 的转化率，$C_4H_2O_3$ 的收率和选择性。

> 阅读学习　　　　　　　　　　**化学反应速率理论**

简单碰撞理论。

某些化学反应发生的条件是反应物分子必须要发生碰撞，但是并不是每次的碰撞都能引发化学变化。只有碰撞动能大于或等于某一临界能的活化碰撞才能发生反应，能够引起反应的分子间（或离子间）的相互碰撞，叫做有效碰撞。例如，在 500℃，101kPa 的条件下，浓度为 10^{-3}mol/L 的碘化氢气体中，分子间相互碰撞次数高达 3.5×10^{28} 次/(L·s)，但在单位时间内有效碰撞次数却少得多，因此碘化氢分子要分解成氢分子和碘分子，不会瞬时完成。能够发生有效碰撞的分子叫活化分子，然而活化分子的碰撞不一定都是有效碰撞。反应物分子间发生有效碰撞，必须同时满足两个条件：一是反应物分子必须有足够动能，达到活化分子具有的最低能量；二是反应物分子必须按一定方向互相碰撞，即"碰撞得法"，才能引起旧键断裂，形成新键。前者是能量因素，后者是空间因素。

过渡状态理论如下所述。

1930 年艾林在量子力学和统计力学发展的基础上提出的过渡状态理论认为：从反应物到产物的反应过程，必须经过一个高能量的过渡态，该过渡态分子是不稳定的，既可分解为原反应物，又可转化为生成物。由于过渡状态能量高，不稳定，不能分离出来，又称为活化络合物，反应物和活化络合物之间很快达到平衡，化学反应速率由活化络合物分解速率决定，只要知道分子的振动频率、质量、核间距等基本物性，就能计算反应的速率系数，因此，过渡状态理论也可称为活化络合物理论。

拓展学习

*4.5 化学反应工艺因素基本分析

4.5.1 化学反应平衡理论

前面章节中很多实例都涉及到可逆反应过程，比如合成氨，此类化学反应是有限度的，原料不可能 100% 地转化。当正反应与逆反应的速率相等时，反应达到平衡状态。

化学反应达到平衡后，宏观上看，反应是停止了。但是从微观上看正、逆反应仍然在进行，只不过是速率相等。化学平衡是一个动态的平衡，如图 4-9 所示。

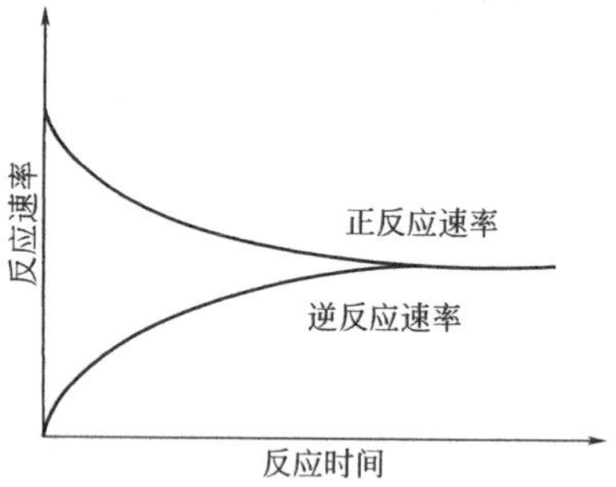

4.5.1.1 平衡常数

大量的实验表明，在温度一定的情况下，当反应达到平衡状态的时候，各组分的浓度是相对不变的。其产物和反应物的平衡浓度将会组合成为一个常数。

图 4-9 可逆反应的反应速率

假设有反应

$$eE + fF \rightleftharpoons gG + rR$$

在某温度下达到了平衡状态，则有：

$$K_c = \frac{[G]^g [R]^r}{[E]^e [F]^f} \qquad (4-8)$$

式中　K_c——反应平衡常数；

　　[ ]——表示物质的浓度。

这是以浓度表示的平衡常数的表达式。K_c 称为浓度平衡常数。显然平衡常数的单位是根据化学计量系数的不同而不同的。平衡常数是反应系统的特性，是可逆化学反应的限度的一种表示。其值大小与各物质的起始浓度无关，仅仅是温度的函数，即：

$$K = f(T)$$

对于气体参加的化学反应通常状况下用各反应物的分压组合，称为分压平衡常数。

【例 4-4】 写出反应　$N_2 + 3H_2 \rightleftharpoons 2NH_3$ 的平衡常数 K_c，K_p 的表达式。

解
$$K_c = \frac{[NH_3]^2}{[N_2]^2 [H_2]^3}$$

$$K_p = \frac{p_{NH_3}^2}{p_{N_2} p_{H_2}^2}$$

4.5.1.2 化学平衡的移动

化学平衡移动的意义在于，通过改变外界的条件如温度、压力、浓度，使得原有的化学平衡被破坏，尽可能地向正反应的方向进行。这在工业上的意义是巨大的。

（1）浓度和压力对于改变化学平衡的影响　从浓度平衡常数的定义看，当温度不变时，增加反应物的浓度势必会使得产物浓度增加，平衡向正反应方向移动；同样，减少产物的浓度，也会使得反应向正反应方向进行。这一点在工业反应操作中是经常看到的。人们时常用增加某一种物料的浓度或者将产物迅速从反应体系中移出的办法改变平衡移动，从而使得反应向正反应方向进行。

在前面的例题中，注意到压力平衡常数中各分压的指数都是反应方程式中的计量系数。显然对于分子数增加和分子数减少的反应，压力对于平衡移动作用是不同的。

假设有如下一个化学反应：

$$a\,A(g)+b\,B(g)\Longleftrightarrow c\,C(g)+d\,D(g)$$

第一种情况：若 $a+b>c+d$

即反应为分子数减小的反应，宏观表现为体积减小。则压力的增加有利于正反应，压力的减小有利于逆反应。

第二种情况：若 $a+b<c+d$

即反应为分子数增加的反应，表现为体积增加。增加压力有利于逆反应，而减小压力有利于正反应。

第三种情况：若 $a+b=c+d$

即反应前后分子数不变，对于此类化学反应，增加或者减少压力，对于化学平衡是没有影响的。

思考：

请用压力对于化学平衡改变的规律，定性分析合成氨反应中压力的选择。

（2）温度对于改变化学平衡的影响　改变浓度和压力是在化学平衡常数不变的情况下发生的化学平衡移动，改变了各组分的浓度和压力，而温度变化对于化学平衡的影响，使得平衡常数也发生变化。

物理化学家们经过研究，发现了温度和平衡常数之间有着对应的关系，这个关系式称为克拉珀龙方程，其微分表示如下：

$$\frac{\mathrm{d}\ln K_p}{\mathrm{d}T}=\frac{\Delta H}{RT^2}$$

式中　K_p——压力平衡常数；

　　ΔH——热效应；

　　T——温度；

　　R——理想气体常数

将其积分可得：

$$\ln K_p=-\frac{\Delta H}{RT}+C$$

式中　C——积分常数（其他同上）。

平衡常数是反应系统的特性，是可逆化学反应的限度的一种表示，其值大小与各物质的起始浓度无关，仅仅是温度的函数。

$$K=f(T)$$

上述的关联式说明了平衡常数与温度之间的关系。对于吸热反应 $\Delta H>0$，升高温度，平衡常数增大；对于放热反应 $\Delta H<0$，升高温度，平衡常数减小。

升高温度，平衡向吸热反应方向进行，降低温度，平衡向放热反应方向进行。

从以上的结论中可以总结概括规律：如果改变平衡系统的条件之一（浓度、压力或者温度），平衡就向能减弱这个改变的方向移动，这个规律叫做吕·查德里（Le Chatelier）原理。

4.5.2 化学反应速率理论

不同的化学反应进行的快慢是不同的。有的反应比如爆炸、酸碱中和进行得非常迅速，有的反应则进行得非常慢。衡量化学反应快慢的物理量称为化学反应速率。

4.5.2.1 化学反应速率

经验表明，对于一个化学反应：

$$eE + fF + \cdots \longrightarrow gG + rR + \cdots$$

其反应速率与物质浓度和其他影响因素之间的关系可以表达为幂函数的形式：

$$\nu = kc_E^{\alpha} c_F^{\beta} \cdots \tag{4-9}$$

式中　　k ——反应速率常数；

　　　　c —— 物料浓度；

　　α、β ——反应分级数；

　　E、F ——一般指反应物。

这就是化学反应速率方程的基本形式。对于气相反应或者气固相催化反应，可以用气体的分压来代替速率方程式中的浓度。

4.5.2.2 改变反应速率的因素

（1）浓度　由速率方程式可以知道，决定于反应速率快慢最为直接的因素是浓度。实际上速率方程式定量地表达了浓度对于化学反应的影响。对于大多数反应，反应级数是正值，因此增加反应物的浓度，化学反应的速率是增加的。对于气相反应而言，增加操作压力，相当于增加了各气相组分的浓度，从而加速了反应。

虽然大多数情况下增加反应物的浓度可以提高反应速率，但盲目增加反应物浓度的办法是不可取的，有些特殊的情况如某一组分对反应速率的分级数是 0，即这个组分对于加速化学反应速率没有贡献；增加这个组分的浓度对于加速反应毫无效果；还有的情况某组分对于化学反应速率的分级数是负数，增加此组分非但不会增加反应速率，反而还会减慢反应速率。

当温度和催化剂确定之后，浓度是影响化学反应速率的唯一因素。

（2）温度　人们早已发现，温度能显著改变化学反应速率。关于这一点，在前面的章节中已有所论述。

在反应速率方程中，除了浓度的因素，还有一个不显眼的速率常数 k。实际上温度对于反应速率的影响主要体现在对于速率常数 k 的影响上。1898 年瑞典化学家阿伦尼乌斯提出一个较为精确的描述反应速率和温度关系的经验公式：

$$k = A e^{(-E_a/RT)} \tag{4-10}$$

式中　E_a ——活化能，单位 J/mol；

　　　T ——温度；

　　　R ——理想气体常数。

从公式本身可以看出温度 T 和活化能 E_a 是在 e 的指数项中，它们对于速率常数 k 的影响很大。显然，当化学反应的活化能越低，反应温度越高，则对应的 k 值越大，反应速率越快。而且温度和活化能的微小变化将会引起 k 的显著变化。

从经验的角度而言，在室温附近，温度每上升 10℃，一般的化学反应速率增加至原来的 2～4 倍。

$$v_t+10℃/v_t=2～4 \tag{4-11}$$

这个经验式又称为范特霍夫规则。

对于存在着主副反应的复杂系统，温度提高，主、副反应的反应速率同时提高，但提高温度会更有利于活化能大的反应。

（3）催化剂　通常能够加快反应速率，而本身质量和化学性质在反应前后又保持不变的物质称为催化剂，催化剂能够提高化学反应速率，在于它降低了反应的活化能。这一类实例有很多，大家熟知的二氧化锰催化氯酸钾制备氧气，二氧化锰即为催化剂。

催化剂具有选择性，即某一催化剂只对某个特定的反应具有催化作用。比如五氧化二钒对于二氧化硫的氧化反应是有效的催化剂，而对于合成氨反应却是无效的。对于具有平行主副反应的体系，可以利用催化剂的选择性加速所需的主反应、抑制副反应的发生（图 4-10）。

（4）其他因素　上述影响化学反应速率的因素主要是针对于均相的反应体系。对于多相反应体系除了上述的因素以外，还有其他因素。如气固相反应，化学反应发生在相界面上，所以相界面越大，反应速率越大。比如煤屑的燃烧比大块的煤燃烧更为迅速。所以反应速率，不仅与化学反应本身有关，而且还与物质的扩散传递速度有关。由于扩散，反应物不断地向相界面传递，产物不断地离开相界面，所以，有时可以通过改善扩散来提高总的反应速率。

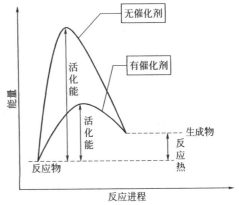

图 4-10　催化剂的存在改变反应历程

4.6 化学反应的物料衡算和热量衡算

4.6.1 化学反应的物料衡算

4.6.1.1 反应过程的物料衡算

含有化学反应的物料衡算与前面介绍过的不含有化学反应的物料衡算，就本质而言是一样的，都是质量守恒定律在工业中的体现。反应器中由于化学反应的存在，故而进出物料的组成成分发生变化，但是质量是守恒的。

【例 4-5】 邻二甲苯氧化制取苯酐，反应式为：

$$C_8H_{10}+3O_2 \longrightarrow C_8H_4O_3+3H_2O$$

设邻二甲苯的转化率为 60%，氧用量为理论量的 150%，如果邻二甲苯的投料量为 100kg/h，分析进出物料（图 4-11）。

解　物料衡算过程中，因为涉及到化学变化，故而将质量流量转化为摩尔流量较为方便。选取邻二甲苯进料量为 100kg/h 作为计算的基准，并假设空气中含氧量为 21%（体积分数），氮气为 79%。

进料：邻二甲苯　　100/106=0.943（kmol）

氧气　　　　0.943×0.6×3×150%=2.55（kmol）

出料：苯酐　　　　0.943×0.6×148=83.74（kg）

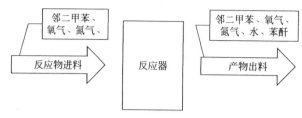

图 4-11 反应历程

水	$0.943 \times 0.6 \times 3 \times 18 = 30.6$ (kg)
剩余邻二甲苯	$100 \times 0.4 = 40$ (kg)
剩余氧气	$(2.55 - 0.943 \times 0.6 \times 3) \times 32 = 27.28$ (kg)
氮气	$2.55 \times 79 \times 28 / 21 = 268.6$ (kg)

计算结果见表 4-5 所列。

表 4-5　计算结果

物　料	进　料		出　料	
	物质的量/kmol	质量/kg	物质的量/kmol	质量/kg
邻二甲苯	0.943	100	0.377	40
氧	2.55	81.6	0.851	27.28
氮	9.59	268.6	9.59	268.6
苯酐			0.566	83.74
水			1.7	30.6
合计	13.083	450.2	13.084	450.22

从上述的例题最后得到的表格来看，进出反应器前后物质的组成发生了改变，但其质量不变。请注意，在这道例题中属于反应前后物质的量不改变的反应，还有反应前后物质的量改变的反应，但是无论物质的量变化如何，其质量不变，选用物质的量作为衡算的基准，在处理化学变化时往往比较方便。

可以看出，处理有化学反应的物料衡算体系，就是利用化学反应方程式的计量关系，计算反应前后的物质组成和数量。一般而言，物料衡算可以包括如下几个步骤。

① 确定物料衡算的计算范围，一般选取反应器本身。并且注明相关物料的名称和数据。

② 写出主、副反应方程式。

③ 明确计算任务，即求算产品的产量或者是原料的消耗量。

④ 确定计算的基准，一般可以选择 100mol 或者 100kg 等原料或产物作为计算基准，时间因素一般可以选择 1h。

⑤ 查阅需要的数据。

⑥ 根据基本的关系式，如进出物料数据以及化学反应方程式进行计算。

⑦ 将求算结果罗列在物料衡算表中（表 4-6）。

表 4-6　物料衡算表

物料名称	相对分子质量	进　料				出　料			
		物质的量/kmol	x/%（摩尔分数）	质量/kg	w/%（质量分数）	物质的量/kmol	x/%（摩尔分数）	质量/kg	w/%（质量分数）
合计									

⑧ 计算任务中产品的产量或者是原料的消耗量除计算基准，得到倍数，再乘求算出的结果，得到实际的处理量。

4.6.1.2　物料衡算数据的获得

对于现有的工艺过程，最直接获得物料衡算数据的资料称为物料流程图。随着国内化工设计逐渐与国际接轨，将物料流程图内容逐渐扩大到 PF 图（process flow diagram）。PF 图以图形、符号、表格和涉及数据相结合的形式反映工艺、设备、自控等专业设计的图纸。在PF 图中，能够在设备的进出口及主要管线上读到进出设备及管道内部物料的组成及相对流量的大小。

4.6.2　化学反应的热量衡算

物质内部蕴藏能量，化学家将蕴藏在物质内部、只在发生化学反应时释放出来的能量称为化学能。煤、石油、天然气乃至食物中的能量都是以化学能的形式储存下来的。

化学能可以以不同的形式表现，但大多数都是热能。在处理具有化学反应体系的热量衡算时，必须将反应热计算在内。

4.6.2.1　反应热的计算方法

以 $\Delta_r H$ 表示化学反应热，又称之为反应焓。反应热的计算实际就是求算化学反应焓变的过程。常用的计算方法是通过查得反应物和生成物的焓值，之后作简单的代数和运算，就可以得到反应的焓变。必须注意查到的反应物的焓值是在某个特定状态下的，在物性数据表中查到的焓值一般都是在 298K，一个标准大气压下的值。

通常可以查到的数值有 2 类，一类是标准摩尔生成焓；还有一类是标准摩尔燃烧焓。在求算反应焓时，两类焓求算的方法略有不同。

例如，查标准摩尔生成焓的数据，计算 298K 下，甲烷燃烧的反应焓。

$$CH_4(g)+2O_2(g)\longrightarrow CO_2(g)+2H_2O(l)$$

查得所有物质的标准摩尔生成焓 $\Delta_f H_m$，见表 4-7 所列。

表 4-7　标准摩尔生成焓 $\Delta_f H_m$

物　　质	$CO_2(g)$	$O_2(g)$	$CH_4(g)$	$H_2O(l)$
$\Delta_f H_m/(kJ/mol)$	-393.51	0	-74.85	-285.85

反应焓的计算式为产物的标准摩尔生成焓减去反应物的标准摩尔生成焓。

所以，
$$\Delta_r H_m = \Delta_f H_m(CO_2) + 2 \times \Delta_f H_m(H_2O) - \Delta_f H_m(CH_4)$$
$$= (-393.51) + 2 \times (-285.85) - (-74.85)$$
$$= -890.36 \ (kJ/mol)$$

4.6.2.2　反应过程的热量衡算

反应过程的热量衡算，其意义在于求算出化学反应的热负荷，以便于温度控制。

热量衡算的步骤与物料恒算类似。

① 确定计算的范围。

② 写明全部主、副反应方程式，注明产率及热效应。

③ 明确计算任务，一般情况是求算加热剂和冷却剂的消耗量。

④ 确定计算的基准，一般选取设备每小时的处理量，另外还有温度和物质相态的基准，

温度一般选取在 298K 下。

⑤ 根据需要查得相关的数据，如热容、焓等数据。

⑥ 根据基本关系式进行计算。

对于放热反应，其衡算式为：

$$Q_{放(298K)} + Q_{带入} = Q_{带出} + Q_{移出} + Q_{损失}$$

式中　$Q_{放(298K)}$——主、副反应在 298K 时总的放热量；

$\quad\quad Q_{带入}$——反应混合物带入到体系中的热量；

$\quad\quad Q_{带出}$——产物带出反应体系的热量；

$\quad\quad Q_{移出}$——冷却介质移出的热量；

$\quad\quad Q_{损失}$——热损失，一般可以按照输入热量的 2% 或化学反应放热量的 2%～3% 来估算。

对于吸热反应，其衡算式为：

$$Q_{吸(298K)} = Q_{带入} - Q_{带出} + Q_{供给} - Q_{损失}$$

式中　$Q_{吸(298K)}$——主、副反应在 298K 时总的吸热量；

$\quad\quad Q_{供给}$——加热介质供给的热量；

其他与前面相同。

另外在反应过程中还要注意是否有显热和相变热的存在。

⑦ 填写热量衡算表格（以放热反应为例，见表 4-8 所列）。

表 4-8　热量衡算表

输　入			输　出		
项　目	热量/(kJ/h)	质量分数/%	项　目	热量/(kJ/h)	质量分数/%
反应物带入热			冷却剂移出热		
			产物带出热		
反应热(298K)			热损失		
总计			总计		

值得注意的是，热量衡算以 298K 为衡算基准，但实际生产过程中，反应物在反应器中不可能固定在 298K 的温度下进行，实际反应温度往往高于 298K。物料的升温需要预热及产物离开反应器带走的热量，需要借助于热容 c_p 和对应的温差根据公式：

$$Q = c_p \times m \times \Delta t$$

来求算。而且在高温下，化学反应热与在 298K 时也是不相同的，这里给出的结果是借助于 298K 的反应热推导之后的结果。

例：乙炔法制氯乙烯，在反应器中进行如下的反应。

主反应：$\quad\quad\quad\quad\quad\quad C_2H_2 + HCl \longrightarrow CH_2CHCl$

副反应：$\quad\quad\quad\quad\quad\quad C_2H_2 + 2HCl \longrightarrow CH_3CHCl_2$

$\quad\quad\quad\quad\quad\quad\quad\quad\quad\quad C_2H_2 + H_2O \longrightarrow CH_3CHO$

其物料衡算表格见表 4-9 所列。

计算范围如图 4-12 所示。

热量衡算所需要的相关热力学数据见表 4-10、表 4-11 所列。

反应器进口物料温度为 80℃，反应温度为 160℃，产物的出口温度为 160℃，冷却水进口温度为 95℃，出口温度为 99℃，假设过程中热损失是反应放热量的 2%，以 1h 为基准，计算移出的热量和循环冷却水的量。

表 4-9　物料衡算表

物料名称	相对分子质量	输入		输出			
		质量/kg	$x/\%$（质量分数）	质量/kg	$x/\%$（质量分数）	物质的量/mol	$x/\%$（摩尔分数）
C_2H_2	26	165.11	39.07	2.48	0.59	95.4	1.28
HCl	36.5	254.97	60.33	25.56	6.05	700.3	9.36
H_2O	18	0.0743	0.018	0.0067	0.016	0.37	0.005
N_2	28	1.74	0.41	1.74	0.41	62.2	0.83
H_2	2	0.731	0.71	0.731	0.17	365.5	4.89
CH_2CHCl	62.5			388.6	91.95	6217.6	83.13
CH_3CHCl_2	99			3.344	0.79	33.8	0.45
CH_3CHO	44			0.165	0.04	3.8	0.05
合计		422.6	100.0	422.6	100.0	7479	100.0

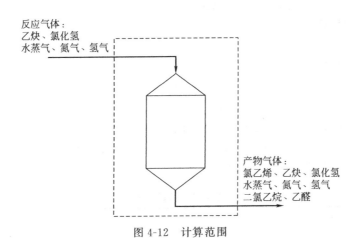

图 4-12　计算范围

表 4-10　298K 下各物质生成焓

物质	CH_2CHCl	C_2H_2	HCl	CH_3CHCl_2	CH_3CHO	H_2O
$\Delta H_f^{\ominus}$(298K)/(kJ/mol)	37.17	226.89	−92.36	−130.01	−166.48	−242.01

表 4-11　物质的摩尔定压热容

物质	摩尔定压比热容/[kJ/(mol·K)]		物质	摩尔定压比热容/[kJ/(mol·K)]	
	25～80℃	25～160℃		25～80℃	25～160℃
C_2H_2	46.6	51.1	H_2	28.9	29.1
HCl	29.1	29.8	CH_2CHCl		60.9
H_2O	33.8	34.1	CH_3CHCl_2		89.1
N_2	29.2	29.2	CH_3CHO		62

解

（a）计算 298K 时反应热

$$\Delta H^{\ominus}_{主}=37.17-226.89+92.36=-97.36 \ (\text{kJ/mol})$$

$$\Delta H^{\ominus}_{副1}=-130-226.89+2\times92.36=-172.17 \ (\text{kJ/mol})$$

$$\Delta H^{\ominus}_{副2}=-166.48-226.89+242.0=-151.37 \ (\text{kJ/mol})$$

反应的乙炔为：$165.11-2.48=162.63$（kg），物质的量为 6255mol。

根据其摩尔分数可求：氯乙烯的选择性为 99.4%；二氯乙烷选择性为 0.54%；乙醛选择性为 0.06%。

$$Q_{放热(298K)}=6255\times(97.36\times99.4\%+172.17\times0.54\%+151.37\times0.06\%)$$
$$=6255\times97.796=611.7\times10^3 \ (\text{kJ})=611.7 \ (\text{MJ})$$

（b）计算反应气体带入反应器的热量，已知热容数值及升高的温度，利用 $Q=c_p m\Delta t$ 来计算。

$$Q_{带入}=(165.11/26\times46.6+254.97/36.5\times29.2+0.0743/18\times33.8+1.74/28\times29.2+$$
$$0.731/2\times28.9)\times(80-25)=512.22\times55=28.17 \ (\text{MJ})$$

（c）计算产物带出的热量，计算方法同（b）

$$Q=(2.48/26\times51.1+25.56/36.5\times29.8+0.0067/18\times34.1+1.74/28\times29.2+$$
$$0.731/2\times29.1+388.6/62.5\times60.9+3.344/99\times86.1+0.165/44\times62)\times$$
$$(160-25)=420\times135=56.7 \ (\text{MJ})$$

（d）热损失的计算

$$Q_{损失}=2\%\times611.7=12.23 \ (\text{MJ})$$

（e）根据热量衡算方程 $Q_{放(298K)}+Q_{带入}=Q_{带出}+Q_{移出}+Q_{损失}$

$$Q_{移出}=Q_{放(298K)}+Q_{带入}-Q_{带出}-Q_{损失}$$
$$=611.7+28.2-56.7-12.48=570.72 \ (\text{MJ})$$

（f）使用的冷却水量，根据 $Q=c_p m\Delta t$ 计算

$$m=570.72/[4.187\times(99-95)]=34.08 \ (\text{t})$$

（g）列出热量衡算表格（表 4-12）

表 4-12　热量衡算

输　　入			输　　出		
项　　目	热量/(kJ/h)	$w/\%$(质量分数)	项　　目	热量/(kJ/h)	$w/\%$(质量分数)
反应物带入热	28.17	4.40	冷却剂移出热	570.72	89.22
			产物带出热	56.7	8.86
反应热(298K)	611.7	95.60	热损失	12.23	1.91
总计	639.87	100	总计	639.65	100

4.7　催化剂

早在 20 世纪初，催化现象的客观存在启示人们产生了对于催化剂和催化作用的研究。长期以来，文献中对催化剂多用如下定义："催化剂是一种能够改变化学反应的速率，而它本身又不参与最终产物的物质。"1976 年 IUPAC（国际纯粹及应用化学协会）公布的催化作用的定义为："催化作用是一种化学作用，是靠用量极少而本身不被消耗的一种叫做催化剂的外加物质来加速化学反应的现象。"有正催化作用的催化剂，能加速化学反应速率；有负催化作用的催化剂，能降低化学反应速率。

4.7.1　催化剂的基本特征及分类

4.7.1.1　催化剂的基本特征

① 催化剂能够改变反应速率，但本身不参与化学反应。这也说明了催化剂的共性——活性，加快或降低反应速率是它的关键特征。而且由于催化剂本身和数量在化学反应结束后不发生改变，也决定了一定量的催化剂就可以催化大量反应物。有数据表明 1t 的催化剂可以生产出约 2 万吨氨。

② 催化剂具有选择性，即催化剂对于反应类型、反应方向和产物的结构具有选择性。同一个反应物，在热力学上可以有很多个反应方向。例如乙醇可以参与的化学反应很多，它可以脱水成为乙烯，也可以脱氢成为乙醛等，使用不同选择性的催化剂，在不同的条件下，可以有选择地按某一反应进行。

③ 催化剂只能加速热力学上可能的反应。热力学证明不能进行的化学反应，使用催化剂是没有任何意义的。

④ 催化剂只能改变速率，而不改变反应体系的始、末状态，不改变反应热。

⑤ 对于可逆反应而言，催化剂的存在不仅加速了正反应速率，同时也加快了逆反应的速率，即平衡常数不发生变化。

⑥ 使用催化剂，除了可以加速反应，还能够缓和反应条件，降低对设备的要求，这样可以提高设备的生产能力，降低产品成本。

4.7.1.2　催化剂的分类

催化剂在化学工业中占有重要地位，约 80% 的生产过程使用催化剂，工业上应用的催化剂种类繁多，而且这个数字还在增长。通常按照自身的需要大致对催化剂进行分类，见表 4-13 所示。

（1）根据聚集相态来分类

表 4-13　催化剂的分类

催化剂类型	反应物系	实　例
液体	气体	磷酸催化烯烃的聚合反应
固体	液体	金催化过氧化氢分解
	气体	铁催化合成氨
	气体+液体	钯催化硝基苯加氢生成苯胺
	固体+气体	二氧化锰催化氯酸钾分解
气体	气体	二氧化氮催化二氧化硫为三氧化硫

（2）根据化学键来分类　化学反应的实质就是旧的化学键的分裂以及新的化学键的生成。在这个过程中，催化剂不可避免地要参与新旧化学键的交替变化。所以人们根据催化剂的结构性质将催化剂分为金属键催化剂，如以过渡金属元素为主的催化剂；离子键型催化剂，如二氧化锰；配位键型催化剂，如磷酸、三氟化硼等。

（3）按照元素周期律来分类　化学元素分为主族元素和过渡类元素，一般而言，主族元素形成的单质或者化合物，其反应性较强，往往不作为催化剂，即使做催化剂也主要体现在其酸碱催化性能上；而过渡金属元素由于其特殊的电子结构，往往广泛地用于催化反应，其突出表现在它的氧化还原催化性能上。

（4）按照工艺工程的特点分类　这种分类方法最为广泛，按照传统一般分为多相固体催化剂、均相配合物催化剂、酶催化剂 3 大类。

4.7.2 工业催化剂的物理组成

多相固体催化剂是目前石油及化学工业中应用最为广泛的催化剂。这里以多相固体催化剂为例简单介绍工业催化剂的物理组成。

常见的固体催化剂主要由主催化剂、助催化剂和载体 3 大部分组成，当然还包括其他一些辅助成分。

（1）主催化剂 主催化剂是整个催化过程的核心物质，没有主催化剂，就不能发生催化反应，如在合成氨过程中用到了铁触媒催化剂，这种催化剂中含有氧化钾和三氧化二铝。这两个物质的存在帮助铁催化剂提高活性，延长催化剂的寿命，然而铁触媒本身才是催化过程的核心，没有铁的存在，氧化钾和三氧化二铝没有任何意义。

（2）共催化剂 共催化剂是和主催化剂同时起作用的组分。有时某一种催化剂单独存在时，催化效果差，此时往往与共催化剂联合使用，可以达到很好的催化效果。

（3）助催化剂 助催化剂的作用是用于提高催化活性、选择性、抗毒性、提高催化剂的机械性能、延长催化剂寿命的组分。助催化剂本身没有任何活性，但是少量添加之后，会大大改善催化剂的性能。氧化钾和三氧化二铝在铁触媒催化剂中就是充当助催化剂的成分。

（4）载体 载体是固体催化剂特有的成分，它可以起到增大接触面积，增强机械强度、提高耐热性的作用。它与助催化剂的不同在于在催化剂中它的含量远远的大于助催化剂。多数情况下，载体本身是没有活性的惰性介质。载体的材质很多，可以是天然的，也可以是人工制造的。常见的载体有活性炭、硅藻土等。

（5）其他成分 有时工业催化剂中会添加稳定剂或者抑制剂。其目的主要是适当的降低催化剂的活性，甚至有的时候是大幅度下降，其作用与助催化剂恰好相反。这也说明催化剂过高的活性有时反而有害处，它会影响催化反应散热速度而导致反应器飞温，或者导致副反应加剧，选择性降低。

4.7.3 工业催化剂的性状

催化剂的商品性状是其化学组成和结构的反映，选购者往往依据表 4-14 的一些性状的标志来选择催化剂。

表 4-14 催化剂的性状

化学组成	
组成成分	各成分的含量
物理性状	
形状	尺寸(包括颗粒分布)
物相	比表面积
孔容积	孔径
真密度	假密度
堆积密度	
使用性质	
用途	正常作业条件及使用范围
催化效用及动力学方程	毒物及耐受物
稳定性	对底物的稳定性及热稳定性
热导和热容	热膨胀与热冲击的抗力
机械强度	活化方法
停工方法及再生方法	使用期限

4.7.3.1　化学组成

表示催化剂各组分相对含量的数据，其表示的方法不尽相同。

（1）用元素的原子比表示　如有些催化剂将其化学组成记录为 Ni：Mg：Al＝1：7：2；也可以写成 $NiMg_7Al_2$。

（2）用氧化物的分子比或质量比表示　比如钴钼催化剂，含 MoO_3 15％、CoO_3 3％、K_2O 0.6％、Al_2O_3 81.4％。有时也可将这些质量百分比除以其摩尔质量，可以得到其物质的量之比。

4.7.3.2　催化剂的物理性状

催化剂的物理状态对于催化剂本身是非常重要的，物理性状大致可分为两个方面，一方面是指微观范畴，这是深入的科学研究的范围；另一方面是与催化剂宏观组织构造有关的标志，工业催化剂所罗列的物理性状，属于这一方面的内容。

（1）表观形状　工业催化剂根据其使用场合的不同，往往具有不同的形状。常见催化剂的形状有球状、条状、片状、柱状，还有网状、粉末状、纤维状、蜂窝状等。各种形状的催化剂尺寸也会因为工业生产装置的不同要求而有所不同。

（2）粒度　催化剂粒度的大小除了与反应器本身的要求有关以外，还与催化反应的动力学有着直接的关系。最为直接的影响是，对于反应速率受内扩散的影响大的化学反应，选用小粒度的催化剂，可以提高其内表面的利用率。工业球状催化剂的直径以 1～20mm 居多，其中又以大于 3mm 应用最为广泛。

（3）物相　通常要求指出催化剂属于哪一种物相，常见的有无定形或者晶态之分，若为晶态还应标注出晶态属于哪一种晶型。最常见的是 Al_2O_3 晶体就有 γ、η 等晶型之分，两者的性质差异很大。

（4）比表面　非均相催化反应是在固体催化剂表面进行的，但是催化剂外表面积是有限的，为了增加其接触面积，绝大多数催化剂都具有多孔结构，从而获得较大的内表面积。催化剂内表面积通常用比表面积来描述，即单位质量的催化剂具有的总表面积，单位为 m^2/kg。

（5）孔结构　固体催化剂大多数是微小晶粒或者胶粒凝聚而成的多孔性物质。其内部含有大小不等、形状不一的微孔，这种微孔为催化剂提供了巨大的内表面积，为化学反应提供了场所。催化剂的孔结构一般用比孔容、孔径和孔径分布来表示。

（6）密度　前述催化剂大多数是多孔结构。当人们采用不同的体积时，可以得到不同的密度表示。

4.7.3.3　催化剂的使用性质

（1）用途　所谓用途，一般除了指明催化剂用于什么样的系统，还应说明使用于何种反应物。不同原料合成某一个产品时，所使用的催化可能有差别，甚至完全不同；相同的原料，使用不同的催化剂，得到的产物是不同的。所以必须指明催化剂使用的场合和用途。

（2）催化效能和动力学方程　一般需要指明原料的转化率和生成目标产物的选择性和主要副产物的选择性。在详细研究中还指出在使用范围内催化剂的动力学方程。指明反应动力常数，以便于反应装置的设计和作业过程的控制。

（3）毒质及耐受性　对于原料而言，还要指出可能引起催化剂中毒的物质，并要指出是可逆中毒还是永久中毒。为了表示对毒物的耐受性，还应指出在操作状况下，允许存在毒物的最高浓度。

（4）对于反应系统中底物的稳定性　反应过程中某些物质可能会使催化剂的组成和构造发生改变，包括物理侵蚀、化学侵蚀，使得催化剂的某些组分变成挥发物从而流失，这些情况必须要说明。

（5）热稳定性　通常指催化剂在反应器中能够耐受的最高温度。

（6）热容和热导率　若催化剂具有良好的热导率，那么将会有利于催化剂床层温度的分布，避免局部过热。

（7）热膨胀与对热冲击的抗力　在升温和降温过程中，催化体不可避免地要发生膨胀和收缩现象，这样会导致强大的应力，使得反应装置发生变形和破坏；对于催化剂本身而言，容易导致破裂、粉化，从而影响到反应器的流体力学条件。

（8）活化方法　多数催化剂在使用前要进行活化，通常将催化剂装入反应器之后，按照一定的方法活化，而且必须要知道活化作业的条件。

（9）停工及再生方法　在中断生产时应按照指定的方法停工或者更换催化剂，有的催化剂在失活之后可以再生，应当指明方法，而且最好能在反应器内再生。

（10）使用期限　催化剂在使用过程中会逐渐丧失活性，使用期限是指在经济允许的范围内，催化剂能使用的最高期限，多数催化剂的使用期限以年或者月来计。

4.7.4　催化剂的相关操作

4.7.4.1　催化剂的运输和装卸

在装运过程中防止催化剂的磨损污染，对于每种催化剂来说都是很必要的。在催化剂使用手册中，往往对于运输和装卸提出很严格的要求，而且还会规定相关的设备。向反应器中装填催化剂也是很重要的操作。以固定床为例，固定床催化剂的装填最重要的就是要保证床层断面的压力降均匀，对于列管式固定床，需要逐一检查每根列管的压力降。

在装填以前要检查催化剂是否被磨损、受潮、污染等现象。应当尽量避免雨天装填。装填时应尽量保持催化剂的机械强度不受损失，避免一定高度的自由坠落等。

对于大修之后重新装填催化剂时，要过筛，剔出碎片，另外要尽量将催化剂装填到原来的位置，因为不同温度区的催化剂某些性质可能发生改变，比如表面积甚至是化学活性等。

对于活性衰减而不能用的催化剂，卸出时先用蒸汽将其温度过渡至常温再卸出。对于废催化剂要予以回收其中宝贵的金属资源。

4.7.4.2　催化剂的活化和钝化

开车前活化催化剂和停车后钝化催化剂，这是使用工业催化剂常见的操作。

很多催化剂如果不经过活化是没有催化作用的。活化过程往往在现场予以操作。不同的催化剂，活化的方法在其使用手册中都有所介绍。活化过程所涉及的变化往往是很复杂的，按照活化的手段，可分为化学活化和热活化，通常，热活化在催化剂厂家完成，化学活化是在应用催化剂的化工企业完成的。常见的活化手段有还原、氧化、硫化3大类。

在停车时，为了防止高温的催化剂（主要是金属成分）和空气接触而发生燃烧等现象，往往需要用氮气或者水蒸气等非氧化性的惰性组分进行钝化处理。

4.7.4.3　催化剂的失活与中毒

所有催化剂的活性都是随着使用时间的增加而减弱的。这种活性的减弱称为失活。催化剂失活是常见的、允许的。产生失活的原因也有很多，主要有污染、烧结、积炭和中毒。催化剂表面沉积铁锈、粉尘、水垢而导致活性下降，称之为污染；高温下有机化合物焦化产生沉淀，从而附着在催化剂表面称之积炭。这些沉积物可能对活性中心进行覆盖，也可能堵塞催化剂的多孔结构导致表面积减小。

原料中极少量的物质导致催化剂活性迅速下降的现象称为中毒。极少量的毒物往往可以使催化剂完全失去催化效果。催化剂中毒分为可逆中毒和永久性中毒。顾名思义可逆中毒指催化剂还有复原的可能，永久性中毒则无法恢复催化效用。

4.7.4.4　催化剂的再生

伴随着催化剂使用期限的增加，催化剂的活性必然下降，如果失活是由于催化剂表面碳沉积或者因为副反应生成树脂状的物质覆盖在催化剂表面而引起的，那么失活的催化剂可以通过再生，完全或者部分恢复到原始的活性。

再生的方法有很多种，不同的催化剂将会使用到不同的活化方法。常用的办法有燃烧再生的方法、氧化还原再生法、浸渍再生法等。

本 章 小 结

本章主要讨论了化学反应体系，以反应过程为核心，分别讨论了化学因素、工艺反应过程的基本因素、物料及热量的恒算和反应体系的三率计算对于它的影响（图 4-13）。

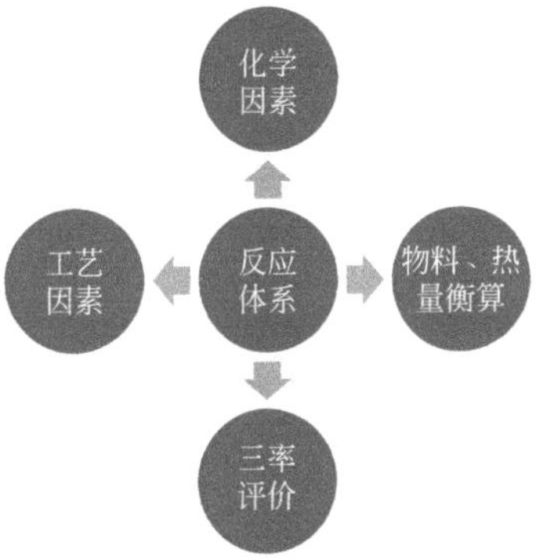

1. 化学因素的影响

从反应本身而言，主要是化学反应热力学和动力学两方面对其的影响。

2. 工艺因素的影响

从工艺角度，影响反应单元的基本要素有温度、压力、停留时间、原料配比等因素。

3. 反应体系的质量评价

常见的质量评价有转化率、选择性、收率。

4. 物料及热量衡算

对于具有化学反应的衡算体系，物料衡算以质量守恒定律为基础，需分析出进出物料的组成、流量等，按照化学计量系数，进行计算。热量衡算必须考虑到反应本身的热效应以及计算过程中的近似处理。

图 4-13　反应体系各相关影响因素

反馈学习

1. 思考·练习

(1) 请举例说明物理因素是如何影响化学反应体系的。

(2) 为什么许多工业反应，在发生反应前物料往往需要预热？

(3) 温度、压力、停留时间、原料配比对于化学反应过程的影响有什么规律？

(4) 如何表示化学反应速率？试举例说明，如何以参加反应的不同物质表示反应速率？其间有什么关系？

(5) 催化剂有哪些特点？工业上常见的有关催化剂的操作有哪些？

(6) 工业生产以 C_6H_6 在五氧化二钒的催化作用下制备 $C_4H_2O_3$（顺丁烯二酸酐）标准状况下每小时进空气量为 2000L，进 C_6H_6 的量为 79mL/h，反应器出口 C_6H_6 的含量为 3×10^{-4}（体积分数）$C_4H_2O_3$ 的含量为 0.0109（体积分数），其余皆为空气，求进料混合气中苯的浓度，用摩尔分数表示 C_6H_6 的转化率、$C_4H_2O_3$ 的收率和选择性。

（7）乙炔和醋酸催化合成醋酸乙烯酯，进入反应器的乙炔的流量为 5000kg/h，反应过后出反应器的乙炔流量为 4450kg/h，请计算乙炔的转化率。

（8）光气是一种毒气，它广泛地应用于多种物质的化学加工。制备光气的化学反应为：$CO+Cl_2 \stackrel{}{=\!=\!=} COCl_2$。设向反应器中加 200kg 的 CO 和 290kg 的 Cl_2，反应结束后，生成 396kg 的 $COCl_2$。问 CO 的转化率；以 CO 为基准 $COCl_2$ 的收率；Cl_2 的转化率；以 Cl_2 为基准 $COCl_2$ 的收率。

（9）领二甲苯氧化生成苯酐，领二甲苯每小时投入 350kg，其转化率为 60%；苯酐的产率为 1，氧气的转化率为 66.6%，以 1h 为基准，进行物料衡算。

2. 报告·演讲（书面或 PPT）

参考小课题：

（1）聚合反应釜的定性分析（本章未涉及）

（2）有串联副反应体系的停留时间控制

（3）反应过程的危险性分析

（4）反应系统中能量的合理利用

（5）催化剂的特点及应用

第5章　化工产品的分离与精制

 明确学习

有关分离精制的原理及方法在《化工单元过程及操作》中已有学习，本章只讨论如何选择应用这些方法，并通过具体例子分析这些方法在化工生产工艺中的应用。

本章学习的主要内容

1. 不同物系分离精制方法的选择。
2. 常见分离精制技术的应用。
3. 了解更多分离精制技术。

活动学习

通过仿真操作或参观有关化工企业，了解、感知有关的分离精制方法在化工生产中的实际应用。注意观察被分离精制的物系及所采用的方法。

参考内容

1. 仿真操作　（1）均苯四甲酸二酐的分离提纯工段（化工仿真软件）；（2）乙醛氧化生产乙酸的分离精制工段（化工仿真软件）；（3）丙烯酸甲酯生产过程的分离与精制（化工仿真软件）；（4）精馏塔单元（化工仿真软件）。

2. 参观有关化工企业。

讨论学习

我想问

实践·观察·思考

在以上的仿真操作活动学习中，你是否注意到，原料经过化学反应器反应后，都不是直接作为最终产品输出，而要经过一系列复杂的分离精制过程，这些分离精制的工艺流程在整个生产工艺中往往占有较大的比例；不同的反应、不同的产物需要采取不同的分离精制方法和组合。怎样选择分离精制方法？如何组合？

由于受到原料、设备、操作等因素的影响，尤其是化学反应本身的反应动力学和热力学的限制，通常情况下，原料经化学反应后，离开反应器的物料组成并不完全是目的产物，而是一个复杂的混合物，其基本组成为：目的产物、副产物、杂质以及未反应的原料。显然这样的混合物一般不能作为最终产品，有时可能还不能满足后道工序的要求，因此，通常都要对其进行分离和精制处理。分离主要是对出反应器的混合物料进行初步处理，或按组分的性质将其分成两股或多股物料，以便进一步分离精制；或回收未反应的原料，或分离出副产物。精制是将产物进一步提纯，是最终产品的质量要求或后道工序有特殊的要求，即在对出反应器的物料进行初步的分离处理后，将得到的粗制产品再经过更严格的加工处理，使其达到最终产品规定的质量指标或后道工序的工艺要求。

5.1 分离精制方法的选择

分离精制不仅与化工产品的质量直接相关，而且在整个化工生产工艺过程中占有较大的比例，因此，选择一个科学合理的分离精制方法显得非常重要。

原料经化学反应后得到的产物实际上是一个非常复杂的多组分物系，不仅组成因化学反应的不同而不同，产物的相态也有液-固、气-固、气-液、气-气、液-液和固-固之分。因此，分离精制的方法必须根据被分离物系的性质、相态、分离精制的要求作相应的选择。

5.1.1 液-固物系

化工生产中，有许多物料是液-固物系，这些液-固物系由于工艺或产品的要求，大都需要进行分离或精制。如工业食盐溶于水后得到的食盐水溶液，由于含有泥沙和其他杂质而不能直接用于氯碱工艺电解，必须首先制成精制食盐水溶液；染料生产过程中，在染料混拼以前，必须首先将染料从染料溶液中分离出来，制成干燥的粉末染料；悬浮法生产的 PVC 是PVC 在水中的悬浮液，而 PVC 的最终产品是固体粒子，因此必须将 PVC 从悬浮液中分离出来，再进行干燥处理等。液-固分离的目的有的是为了除去颗粒物，使溶液净化；有的是为了去除液体，以获取其中的颗粒物。液-固分离工业上常用的方法有沉降、过滤、蒸发、盐析及干燥等。

（1）重力沉降 利用重力的作用，使悬浮液中的固体颗粒慢慢沉降分离出来。如果溶液中固体颗粒较大，容易沉淀，且分离要求不是很高，可以用重力沉降分离方法。该方法通常只用于分离的预处理，不适用最终产品的精制。例如，在氯碱工艺中，电解用的精制食盐水要先用沉降器将盐水中的大部分沉淀物分离出去，再进行精制处理。

（2）离心沉降 利用离心力的作用，使固体颗粒从溶液中分离出来。由于固体颗粒受到的离心力比重力大得多，因此离心沉降比重力沉降速度要快。

（3）过滤 在过滤介质两侧压力差的作用下，液体通过介质的微孔，将固体颗粒留在介质的另一侧，达到液固分离的目的。化工生产中若液固混合物中的固体颗粒较小，且含量较高，通常可使用过滤的方法。该方法主要是为了得到滤饼，有时也用于回收滤液。除常压过滤外，为加快过滤速度，对于不同的物系和分离要求，还可使用加压过滤、减压过滤和离心过滤。如染料生产工艺中，将固体颗粒染料从液体中分离出来，通常使用板框压滤机，属于加压过滤；制碱、医药、造纸、制糖、采矿等工业，通常选用真空（减压）过滤和离心过滤。

（4）蒸发 溶液中溶解有固体物质（溶质），要将溶质从溶剂分离出来可以通过蒸发来实现。利用蒸发的方法进行分离通常有两个目的。一是回收固体溶质，制取固体产品。通过蒸发将溶液浓缩到饱和状态，然后冷却使溶质结晶析出。蒸发和结晶联合使用通常可用于产品的精制。如蔗糖、食盐的精制。二是除去不挥发性的杂质，制取纯净溶剂。如海水的淡化，可以通过蒸发的方法，将海水中的不挥发性杂质除去，以制得淡水。此外，蒸发还可用于溶液增浓，制取浓溶液。

（5）盐析 向溶液中加入某种物质以降低原溶质的溶解度，使溶液达到过饱和状态，原溶质从溶液中析出。如染料生产中，通常要加入盐（NaCl），目的就是促使染料从溶液中更多更快地析出。

（6）干燥　通过加热，将溶剂（水分）从固体物中分离出去，使其含溶剂（水分）量达到规定的要求。干燥通常用于最终产品，属于产品的精制过程。若下道工序对物料的溶剂含量（水分）有要求，有时也进行干燥。干燥通常用于含溶剂（水分）量不高的滤饼、浆料等。根据物料的不同和干燥要求可以选用不同的干燥方式，如染料的滤饼使用厢式干燥；洗衣粉的浆料使用喷雾干燥；聚氯乙烯使用气流干燥等。

5.1.2　气-固物系

气-固物系系指气体中含有固体颗粒的被分离物体系。气-固分离的目的主要有回收固体颗粒产品、净化气体、除去灰尘等。工业上气-固分离通常可选择的方法有沉降法、过滤法、洗涤法和静电除尘法。

（1）沉降分离　气-固物系的沉降分离与液-固物系相同，也有重力沉降和离心沉降。如安装在气体管道上的降尘室就是重力沉降。当气体通过降尘室时，气速减慢，气体中的固体颗粒掉落到降尘室的底部。降尘室的分离效率不高，只能作为含尘气体的初步净化处理。

（2）离心分离　由于固体粒子受到离心力的作用，离心沉降的分离效率比重力沉降要高。离心沉降分离用得较多的是旋风分离。如为回收尾气中的 PVC 及减少对大气排放的污染，PVC 的尾气的处理通常是使其通过一个旋风分离器进行分离。

（3）过滤分离　气体的过滤分离通常是为了除去气体中的固体杂质，净化气体。通常使用过滤袋和过滤网。如以上经过旋风分离器回收 PVC 后的尾气再经过尾气过滤袋，以除去其中的粉尘，减轻对大气的污染。

（4）洗涤分离　也称为湿法分离。将洗涤液（通常为水或水溶液）与含尘气体充分接触，进行洗涤，使气体中的粉尘润湿后转移到液体中。如乙炔发生器产生的粗乙炔气体，里面含有电石粉尘等固体杂质，在送至下道工序之前，通过水洗喷淋塔，以初步除去其中固体杂质；又如合成氨工艺中，煤气发生器产生的气体，在送至后面工序处理前，先用喷淋水洗的方式，将其中煤灰等杂质洗涤除去。

（5）静电除尘　在高压电场的作用下，气体中带电的固体粒子积聚到集尘电极（阳极）上，从而使气体得到净化。静电除尘的效率较高，一般可达 99.99%。静电除尘的设备费用及操作要求都比较高，通常对于气体纯度要求高的场合才考虑使用。

5.1.3　气-液物系

气-液物系属于非均相体系，其分离大都是利用气体和液体的密度相差较大的性质，采用机械分离的方式，主要有沉降、离心、除雾、解吸等。

（1）重力沉降　让气液混合物通过一个沉降罐，质量轻的气体聚集在沉降罐的上方，从顶部排出，质量重的液体沉入罐的底部，从底部排出。

（2）离心分离　气液混合物经过高速旋转后，其中的液体由于受到离心力和重力的作用，能比较快地与气体分离。

（3）除雾　若少量的液体以雾滴的形式悬浮于气体中，工业上采用先冷却后通过除雾设备（装有特殊玻璃丝等材料）来除去里面的液体。如乙炔法生产氯乙烯的混合脱水系统。乙炔及氯化氢按一定的比例在混合器中混合后，还带有一定的水分，在送入反应器之前必须将这部分水分完全除去。采取的方法是先将混合气通过石墨冷却器，用 -35℃ 的盐水间接冷却，混合气中的水分部分以 40% 盐酸排出，部分仍以酸雾的形式夹带于气流中，然后将其送入酸雾过滤器。酸雾过滤器中安装有硅油玻璃棉，当夹带酸雾的混合气通过酸雾过滤器时，混合气中的酸雾被硅油玻璃棉捕集，从而除去混合气中的酸雾。

（4）解吸　是吸收的逆过程。通过加热或减压使溶于吸收剂中的气体分离出来。如 HCl 气体的生产。先用约 20％的稀盐酸从盐酸炉合成气中吸收 HCl 气体制成 35％～36％的浓盐酸，再将浓盐酸溶液送至解吸塔，HCl 从溶液中解吸出来制得 HCl 气体。

5.1.4　液-液物系

化工生产中，液-液物系的分离精制比较常见，尤其是有机化工产品的生产。液-液物系的分离精制通常采用以下几种方法。

（1）分层　需要分离的组分具有互不溶性，静置或受外力作用后分层。该方法主要用于液体非均相体系。如用苯作恒沸剂的乙醇恒沸精馏，塔顶得到的是苯与水形成的恒沸物，冷凝后苯与水分层，苯回流至精馏塔，水分离除去。分层方法很难将物质完全分离，因此通常只用于分离要求不高或精制前的工序。

（2）简单蒸馏　蒸馏是利用液体混合物中各组分的相对挥发度（沸点）的不同，通过部分汽化冷凝，实现易挥发（沸点低的轻组分）与难挥发（沸点高的重组分）组分的分离。简单蒸馏通常是一次性部分汽化冷凝，且没有回流，故通过简单蒸馏分离得到的气相轻组分和液相重组分的纯度都不会很高。对于组分间挥发度（沸点）相差较大，且分离要求不是很高，可采用简单蒸馏进行分离。简单蒸馏只用作一般要求的分离，不能用于最终产品的精制。如原油或煤油的初馏等。

（3）精馏　精馏是将简单蒸馏的部分汽化和部分冷凝过程反复多次地进行下去，且在塔顶建立液体回流，这样，易挥发的组分在塔顶富集，难挥发的组分在塔釜富集。显然，通过精馏在塔顶可以得到高纯度的轻组分，在塔釜得到高纯度的重组分。所以，对产品的纯度要求高或作为最终产品，可以采用精馏方式。通常聚合反应对单体的纯度要求都很高，如生产聚氯乙烯的单体氯乙烯，要求质量分数达到 99.98％；生产聚乙烯的单体乙烯，要求质量分数达到 99.95％，化工生产中它们都是采取精馏的分离精制方式。

精馏有常压精馏、减压精馏、加压精馏和特殊精馏。根据物料性质和分离要求的不同可以采用不同的精馏操作方式。

① 常压精馏。没有加压或减压的条件，操作成本相对低，是首先选用的精馏方式。若常压下被分离混合物是液体，且相对挥发度（或沸点）相差较大，通常采用常压精馏的方式。如从煤焦油中分离出苯、甲苯和二甲苯；将 75％乙醇溶液提浓至 95％，采用的都是常压精馏。

② 减压精馏。精馏在低于常压条件下进行。减压精馏可以降低物质的沸点，并能增大组分间的相对挥发度。以下情况通常考虑减压精馏：被分离组分的沸点太高、组分间沸点比较接近（通常小于5℃）、热敏性物质（如升高温度容易聚合、分解等）等。如丙烯氧化生产丙烯酸工艺。由于丙烯酸受热容易聚合，因此，丙烯酸的分离精制采取的是减压精馏。

③ 加压精馏。精馏在大于常压条件下进行。加压可以提高物质的沸点，使气体组分液化。如乙烯分离采用加压精馏（2.0MPa），其塔顶温度为－32℃。

④ 特殊精馏。特殊精馏有恒沸精馏（或称共沸精馏）和萃取精馏等。若被分离组分间的沸点差较小（通常小于3℃），或被分离的组分形成恒沸物，则需要采用特殊精馏的方式。如乙醇水溶液，用普通精馏得不到高纯度的乙醇，因为乙醇在质量分数为 95.57％时与水形成恒沸物，亦即普通精馏在塔顶最高只能得到质量分数为 95.57％的乙醇。工业上制取高纯度的乙醇通常采用恒沸精馏（加入苯等作恒沸剂）或萃取精馏（加入乙二醇等作萃取剂）的方式。萃取精馏中为了提高分离效果，减少萃取剂的用量，有时还加入某种盐，称为加盐萃取精馏。

精馏既可以用于一般液体混合物的分离，也可用作高纯度要求产品的精制，是分离精制液体混合物最常用的方法。精馏若用于最终产品的精制，为除去重组分或杂质，保证质量，产品一般需从塔顶采出。

（4）萃取　利用被分离物中各组分在萃取剂中的溶解度不同，实现一定程度的分离。以下情况可以采用萃取分离的方法：被分离物组分间的沸点差很小（通常小于 3℃），或组分间形成恒沸物，采取精馏难以分离或不经济；被分离的组分含量很低，且为难挥发组分；热敏性物质等。如用脂类溶剂萃取乙酸，用丙烷萃取润滑油中的石蜡等。又如丙烯酸甲酯生产过程中，丙烯酸甲酯-甲醇-水形成恒沸物，不能用简单精馏的方法回收甲醇。工业上是先用水作萃取剂，将甲醇萃取出来，再精馏甲醇水溶液使甲醇得到回收。萃取剂一般不能将某个被分离的组分完全萃取分离出来，因此，萃取只能用作初步的分离，分离要求高或最终产品的精制通常不采用萃取的方式。

（5）膜分离　将被分离混合物通过具有特殊性能的固体膜，混合物中的组分选择性地透过，从而实现混合物组分的分离。目前，膜分离已广泛地应用于工业、科研、医疗等许多领域。如超纯净水的制取、工业废水的处理、特殊蛋白的分离浓缩等。根据被分离物的性质及分离要求，可选用不同的膜分离技术，如反渗透、超滤、微滤等。

5.1.5　气-气物系

气-气物系的分离和精制通常采用吸附、吸收、膜分离等方法。

（1）吸附　吸附分离是利用混合物中各组分与吸附剂结合力强弱的不同，使混合物中难吸附组分与易吸附组分得以分离。由于吸附能力的限制，高浓度的组分分离一般不采用吸附方式。吸附在气-气物系中通常用作气体混合物的分离或气体的净化。如使用分子筛分离空气中的氧气和氮气；使用活性炭处理含有机物排放的尾气等。

（2）吸收　不同的气体在溶剂中的溶解度有时有很大的差异，吸收正式利用这种差异来实现气体混合物的分离。如分离 NH_3 和空气的混合物。由于 NH_3 在水中的溶解度远远大于空气，所以用水作吸收剂很容易将 NH_3 与空气分离。又如焦炉气中含有苯、甲苯，工业上即是用洗油作吸收剂对其进行吸收处理，苯和甲苯溶解于洗油，从而将苯和甲苯从焦炉气中分离出来，同时苯和甲苯作为产品得以回收。由于受到溶解度的限制，吸收一般很难达到非常纯的程度，因而大多只用作气-气物系的初步分离。

（3）膜分离　气-气物系用膜分离已较普遍。如 H_2 分离、空气中 O_2 与 N_2 的分离、天然气中 N_2 的提取、CO_2 的分离。膜分离由于选择性强，产品纯度高，具有广泛的发展前景。

5.1.6　固-固物系

（1）筛选　根据颗粒大小的要求，选取一定目数的筛子，使固体物过筛。筛选只能对颗粒物按大小做一定程度的分类，而不能按性质进行分离。

（2）重结晶　根据物质的结晶点不同，控制一定的温度，将固体混合物反复地溶解、结晶，实现固体混合物各组分的分离。重结晶不仅可以分离固体混合物，而且可以提纯某一组分，因此，重结晶可以用于固体产品的精制。重结晶通常与蒸发、过滤联合使用。

（3）升华-凝华　许多固体物质具有直接升华为气体和直接凝华为固体的性质，而且升华的蒸汽压各不相同。升华-凝华正是利用这一性质实现对固体混合物的分离。通过控制升华-凝华温度和多次操作，不仅可以分离固体混合物各组分，而且还可以实现产品的提纯精制。下述情况通常采用升华-凝华分进行离精制：固体混合物中各组分的挥发性相差较大，尤其是从难以挥发的固体物质中分离容易挥发的组分；热敏性或容易氧化的物质；其他分离精制的方法难以实现或成本太高，而升华-凝华相对容易，尤其对纯度要求高的最终产品的精制。如樟脑的生产，经过精馏后，产品中仍有微量的杂质。但樟脑产品的纯度要求较高，工艺上即采用升华-凝华进行提纯精制，除去杂质后樟脑的纯度可达到99.99％。又如均苯四甲酸二酐的提纯精制采用的也是升华-凝华的方式。

不同物系分离精制的方法见表5-1所列。

表5-1　不同物系分离精制的方法

被分离物体系	分离精制方法
液-固	重力沉降、离心沉降、过滤、蒸发、盐析、干燥
气-固	沉降、离心分离、过滤、洗涤、静电除尘
气-液	重力沉降、离心分离、除沫、除雾、解吸
液-液	分层、简单蒸馏、萃取、精馏、膜分离
气-气	吸附、吸收、膜分离
固-固	筛选、升华-凝华

5.2　分离精制技术在化工生产工艺中的应用

5.2.1　合成氨半水煤气脱硫——吸附分离

合成氨造气工段生产的半水煤气含有H_2S。H_2S会腐蚀设备，使合成氨催化剂中毒，产生的硫黄还会堵塞管道，因此必分离除去。工业上除H_2S的方法很多，其中活性炭吸附法是许多大中型厂采用的方法之一，工艺流程如图5-1所示。

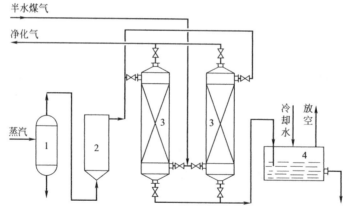

图5-1　活性炭脱硫及过热蒸汽再生工艺流程
1—汽水分离器；2—电加热器，3—活性炭吸附器，4—硫黄回收槽

含有少量氨和氧的半水煤气自下而上通过活性炭吸附器3，硫化物被活性炭所吸附，脱硫后的净化气从吸附器的顶部引出。再生时，由锅炉来的饱和蒸汽经电加热器加热到400℃左右，由上而下通过活性炭吸附层，使硫黄熔融或升华后随蒸汽一并由吸附器底部出来，在硫黄回收槽4中被水冷却沉淀，与水分离后得到副产物硫黄。

5.2.2　丙烯氧化制丙烯酸工艺的分离与精制

丙烯氧化制丙烯酸采用的是两步法，主反应式为：

（1）$CH_2\!\!=\!\!CHCH_3 + O_2 \longrightarrow CH_2\!\!=\!\!CHCHO + H_2O$

（2）$CH_2\!\!=\!\!CHCHO + 1/2O_2 \longrightarrow CH_2\!\!=\!\!CHCOOH$

除主反应之外，还有大量副反应发生，主要副产物有乙醛、醋酸、丙酮以及深度氧化物一氧化碳和二氧化碳等。

(1) $CH_2=CHCH_3+O_2 \longrightarrow CH_3CHO+CH_3COOH+CH_3COCH_3$

(2) $CH_2=CHCHO+O_2 \longrightarrow CO+CO_2$

工艺流程如图 5-2 所示。原料丙烯、水蒸气、空气及循环尾气按一定配比混合后送入第一反应器 1，反应温度控制 330～370℃。反应热采用熔盐循环移出，并通过熔盐废热锅炉产生蒸汽回收。

生成的丙烯醛自第一反应器出来经冷却后进入第二反应器 2，反应温度控制在 260～300℃。在催化剂 Mo-V-Cu 作用下，丙烯醛被进一步氧化成丙烯酸。反应放出的热量采用热煤油循环移出，并通过煤油废热锅炉产生蒸汽回收。

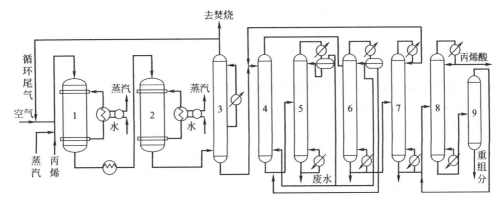

图 5-2　丙烯氧化生产丙烯酸工艺流程

1—第一反应器；2—第二反应器；3—吸收塔；4—萃取塔；5—萃取剂回收塔；
6—萃取剂分离塔；7—脱轻组分塔；8—丙烯酸精馏塔；9—丙烯酸回收塔

产物中除丙烯酸和没有反应的丙烯外，还有副反应生成的乙醛、乙酸、丙酮、一氧化碳及二氧化碳等，因此必须通过分离精制回收原料、除去副产物、提纯主产品。根据物料的性质及分离要求，本工艺采取了以下的分离精制方式。

(1) 分离

① 分离出粗丙烯酸——吸收。利用丙烯酸在水中的溶解性，同时丙烯酸的稀水溶液可以防止丙烯酸聚合，故采用以水为溶剂的吸收操作。

将第二反应器的出口气体送入吸收塔 3，用丙烯酸水溶液吸收。吸收后尾气含有少量未反应的丙烯、丙烯醛、乙醛等有机物和不溶性气体，50% 返回反应器进料系统循环使用，其余尾气送废气催化焚烧装置。吸收塔底部流出的丙烯酸水溶液约含丙烯酸 20%～30%（质量分数），送至后面工段进一步分离精制。

② 从粗丙烯酸水溶液中分离出丙烯酸——萃取。粗丙烯酸水溶液用萃取剂萃取分离。常用的萃取剂为乙酸丁酯、二甲苯或二异丁基酮。

自吸收塔底部出来的丙烯酸水溶液进入萃取塔 4 的顶部，与自塔底部进入的萃取剂充分接触。萃取液（丙烯酸和萃取剂形成的溶液）从塔顶部排出，进入萃取剂分离塔 6；萃余液（含有机物与萃取剂杂质的水溶液）送萃取剂回收塔 5。

③ 分离萃取剂与丙烯酸——蒸馏。将萃取液送至萃取剂分离塔 6 进行减压蒸馏。塔顶蒸出的萃取剂中带有少量的水，经冷凝分层后与萃取塔塔底的萃余液汇合，送至萃取剂回收塔 5。塔釜得到的丙烯酸尚含有少量的乙酸、水和萃取剂，送至脱轻组分塔 7 进一步分离。

④ 回收萃取剂——蒸馏。萃取剂回收塔 5 也采用蒸馏的方式，塔顶得到萃取剂经冷凝分层除水后与萃取剂分离塔 6 顶部得到的萃取剂汇合一起返回萃取塔循环使用。釜液排至废

水处理装置。

（2）精制

① 丙烯酸初步提纯——精馏。萃取剂分离塔的釜液送至脱轻组分塔7，塔顶蒸出的低沸物（主要是乙酸、少量丙烯酸、水和溶剂）经分离乙酸后返回萃取塔4，以回收少量丙烯酸。脱轻组分塔7的塔釜得到的丙烯酸，送至丙烯酸精馏塔8进一步精制。

② 丙烯酸精制——精馏。脱轻组分塔底部得到的丙烯酸已经很纯，但作为最终产品通常应从塔顶采出，这样可以除去里面的重组分或杂质，故从脱轻组分塔底部得到的丙烯酸还要送至丙烯酸精馏塔进行精制。精馏后，塔顶得到丙烯酸成品（酯化级），釜液送至丙烯酸回收塔9。回收塔9蒸出的轻组分返回丙烯酸精馏塔，塔釜残液作为锅炉燃料。

丙烯酸在分离、精制、回收操作过程中，容易生成二聚物或三聚物。为防止聚合反应发生，本工艺采取了减压操作、缩短停留时间、加入阻聚剂等预防措施。分离精制的方法对丙烯酸的回收非常重要，选择组合合理，丙烯酸回收率可达95％以上。

5.2.3 均苯四甲酸二酐生产工艺中的分离与精制

以均四甲苯为原料，以空气为氧化剂，在一定温度下，在催化剂床层中催化氧化生成均苯四甲酸二酐，反应式为：

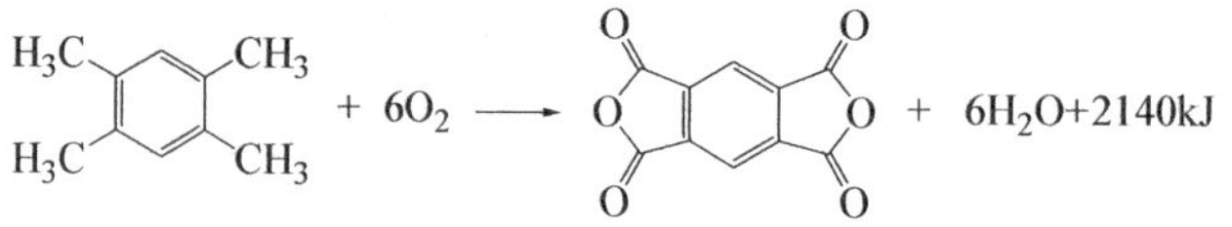

同时还生成少量副产物及二氧化碳和水，主要的副反应为：

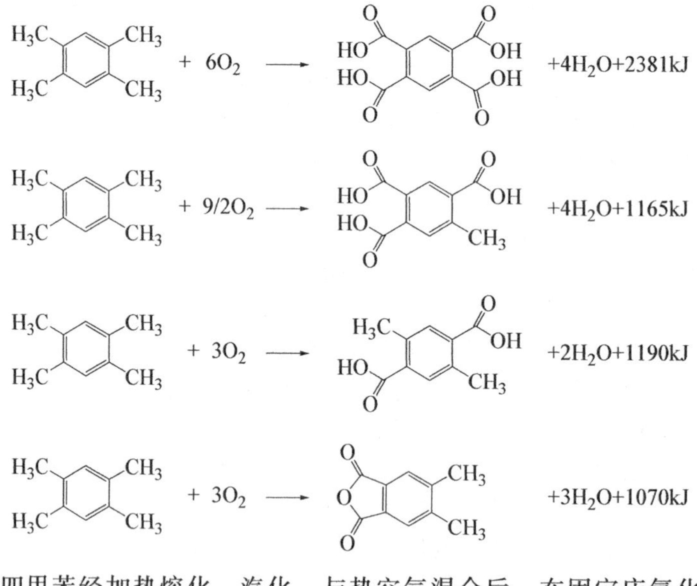

将固体的均四甲苯经加热熔化、汽化，与热空气混合后，在固定床氧化反应器中催化氧化生成均苯四甲酸二酐（简称均酐）及副产物，换热冷却后经4次捕集在捕集器中得到均酐粗产品。

氧化工段得到的粗均酐含有一定量的副产物，需对其进行分离和精制。本工艺分离精制采用的是水解-结晶、脱水及升华等工序。

（1）分离

① 间接分离出均苯四甲酸二酐——水解-结晶。利用均苯四甲酸的结晶点比混合物中其

他组分高的特性，先将反应得到的混合物进行水解，使其中的均苯四甲酸二酐转化为均苯四甲酸，再通过结晶将均苯四甲酸分离出来。水解反应式为：

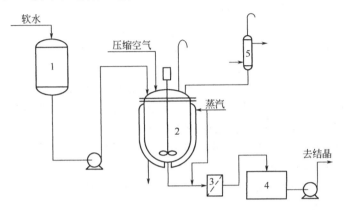

水解工艺如图 5-3 所示。结晶工艺如图 5-4 所示。

图 5-3　均苯四甲酸二酐水解工艺流程

1—软水罐；2—水解釜；3—过滤器；4—中间槽；5—冷凝器

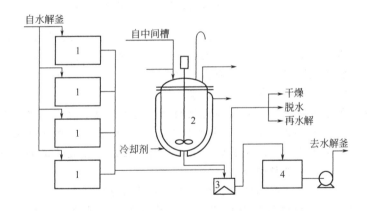

图 5-4　结晶工艺流程

1—结晶槽；2—结晶釜；3—离心机；4—母液储槽

根据反应工段各捕集器得到粗酐产品的质量情况分别进行一次或两次水解。

在水解釜中加入一定量的粗酐，由水计量罐经水解泵加入定量的软水，釜内根据需要加入一定量的活性炭，搅拌下通蒸汽加热水解。当釜内物料温度升至 95℃ 时，恒温 0.5～1.0h。在保温条件下进行热过滤。过滤后期可向水解釜内稍加空气加压，以加速过滤。

热过滤滤液根据水解粗产物的质量不同作不同处理。一般情况下，一捕物料可进入中间槽，再由泵送至结晶釜结晶。二捕、三捕水解产物进入结晶槽，自然冷却结晶。结晶釜的物料经离心机离心分离后，晶体送去脱水升华工段。母液进入母液槽。

结晶槽的物料经离心分离后视质量情况送脱水升华工段或返回水解釜进行二次水解。需进行两次水解的物料,一般第一次水解时不加活性炭、第二次水解时再加活性炭。离心母液进入母液槽。

② 均苯四甲酸转化为均苯四甲酸二酐——脱水。将得到的均苯四甲酸通过脱水反应,使其重新转化为均苯四甲酸二酐。脱水的化学反应式为:

将来自水解工段的均苯四甲酸粗产品加至脱水釜中,在加热、真空条件下除去粗产品中的游离水分及反应生成的水分,同时也脱去低沸点副产物,生成粗酐。

脱水由熔盐加热,温度230℃,真空度-0.095MPa,保持6~8h,即可出料。

(2)精制——升华-凝华 经脱水后,虽然将均苯四甲酸转化成了均苯四甲酸二酐,并且除去了里面的低沸点物质,但其中可能存在的高沸点的杂质并不能被除去,因此,需要经过升华-凝华除去杂质,以获得高纯度的均苯四甲酸二酐。

脱水后的粗酐在其表面上加一定量的硅胶,在高真空的状态下,经升华-凝华重结晶,得到最终产品均苯四甲酸二酐。

升华由熔盐加热,控制温度250℃,真空度-0.0995MPa,维持6~8h,即可出料。

实践·观察·思考

仿真操作乙醛氧化生产乙酸工艺过程,注意其中采用的分离与精制的方法,并仿照以上例子进行分析。

阅读学习　　　　生物化工产品的分离与纯化

通过生物化学反应生产的生物化工产品存在于发酵液、反应液或培养液中,含有细胞、代谢产物和未用完的培养基等。其中传统生化产品如抗生素、乙醇、柠檬酸等均为小分子,人们对其理化性质已有较深刻的了解,分离与纯化多结合化工单元过程方法。重组DNA发酵精制蛋白质等基因工程产品多为大分子,多处于细胞内,需将细胞破碎,且发酵液中产品浓度低、杂质多、大分子易破碎,分离与纯化的难度要大得多,主要因为:溶液中固体和胶状物质具有可压缩性、有黏性、密度与液体相近;目的产物在发酵液中浓度较低,且不稳定,在极端的pH值和有机溶剂条件下会失活或分解。因此,生化产品的分离与纯化要根据具体的产品选择不同的方法进行组合。

通常生物技术下游加工过程通常包括以下几个基本步骤。

1. 预处理 在保证生物体活性条件下,将发酵液与培养液通过酸化、加热或加入絮凝剂等方式进行处理,以利于液固分离。

2. 细胞分离 传统的细胞分离方法是采用板框压滤机和鼓式真空过滤机,较新的方法是离心分离、倾析式离心分离、微滤膜、超滤膜错流过滤。

3. 细胞破碎 细胞破碎的方法有机械、生物和化学等方法。生产中常用高压匀浆器(剪切力)、球磨机等方法。

4. 细胞碎片分离 细胞碎片分离通常用离心分离的方法。但由于颗粒减小,密度差也减小,同时有高聚物分泌出来,使黏度增加,分离非常困难。较好的办法是用两水相萃取,使细胞碎片集中分配在下相,再采用离心分离、错流过滤等方法分离碎片。

5. 提取 提取即初步纯化,主要目的在于浓缩,兼有纯化作用。有吸附、离子交换、沉淀、溶剂萃取、两水相萃取、超临界萃取、逆胶束萃取、超滤等方法。

6. 精制 精制即在初步纯化的基础上高度纯化,用沉淀、超滤、色层、结晶等方法。

其中色层分离用于精制大分子物质；结晶则多用于精制小分子物质。

7. 成品加工 根据产品应用要求，还需要在精制的基础上经浓缩、无菌过滤、干燥等过程进行成品加工。

生物化工产品的分离与提纯技术正在不断发展，主要表现为随着膜分离技术的发展，生物化工产品的分离与纯化将越来越多地使用膜分离技术。例如用超滤法截断或透析不同分子量的物质，达到分离的目的；优化和开发亲和技术，如亲和层析、亲和分配、亲和沉淀、亲和膜过虑等，以提高分离的选择性；高强度色谱材料开发；在发酵过程中把产物除去，使发酵与提取一体化，例如用半透膜发酵罐，或在发酵罐中加吸附树脂；用系统工程的观点指导上游和下游的技术开发，即将生物工程作为一个整体，上游与下游技术协调合作，例如将胞内产物变为胞外产物，这样有利于下游提取与分离。

拓展学习

*5.3 离子交换分离技术简介

5.3.1 离子交换分离原理

离子交换分离是应用离子交换剂进行混合物分离的技术。离子交换剂是一种带有可交换离子的不溶性固体。带有可交换的阳离子的交换剂称为阳离子交换剂，带有可交换的阴离子的交换剂称为阴离子交换剂。

在水溶液中离子交换剂与水溶液中的离子发生离子交换反应。

典型的阳离子交换反应为：

$$Ca^{2+} + 2NaRc \Longrightarrow CaRc_2 + 2Na^+$$
（水溶液）　（固相）　　（固相）　（水溶液）

典型的阴离子交换反应为：

$$SO_4^{2-} + 2R_ACl \Longrightarrow R_{A2}SO_4 + 2Cl^-$$
（水溶液）　（固相）　　（固相）　（水溶液）

式中，Rc 为阳离子交换剂中不溶的骨架或固定基团；R_A 为阴离子交换剂中不溶的骨架或固定基团。

离子交换分离原理是利用离子交换剂与不同离子结合力的强弱不同，从而将某些离子从溶液中分离出来，或使不同的离子分离。离子交换过程只是离子交换剂中的离子与溶液中的离子发生交换，离子交换剂的结构并不改变，且这种交换是可逆的。但液体中若有某些有机污染物，不仅影响离子交换的质量，严重的还会使离子交换剂的骨架发生溶胀，且不可逆转。

可用作离子交换剂的物质有离子交换树脂、无机离子交换剂（如天然及合成沸石）和某些天然有机物质经化学加工而得的交换剂（如磺化煤等）。此外，还有液体离子交换剂，它们不溶于水，其操作过程与液-液萃取类似。其中应用最广的是离子交换树脂。

离子交换树脂由三部分构成：

载体——由高分子树脂构成的离子交换剂固定骨架；

活性基团——又称功能基团，与载体以共价键相连接，且不能移动离开载体；

活性离子——又称平衡离子，以离子键与活性基团相连接，且可解移动。

活性基团为酸性，对阳离子具有交换能力的树脂称为阳离子交换树脂。活性基团为碱性，对阴离子具有交换能力的树脂称为阴离子交换树脂。离子交换树脂结构模型及交换过程如图 5-5 所示。

离子交换过程是在液固两相间进行的传质与化学反应过程。通常离子交换反应在离子交换剂表面进行得很快，整个过程的交换速率主要由离子在液固两相间的传质过程决定。就液固两相间的传质过程，离子交换与液固两相间的吸附过程很相似，例如，过程包括物质从液相主体到固相外表面的外扩散和由固相外表面到内表面的内扩散。与吸附剂一样，离子交换剂使用一定时间后也会达到饱和，也可以通过再生重新投入使用。因此离子交换过程的传质动力学特性、采用的设备型式、设备设计和操作与吸附过程类似，可以把离子交换看成是吸附的一种特殊情况。离子交换树脂的结构及其交换过程如图 5-5 所示。

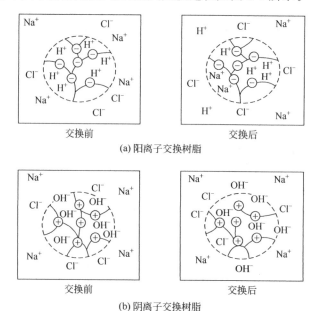

图 5-5　离子交换树脂的结构及其交换过程

5.3.2　离子交换分离技术的应用

离子交换技术已成为从水溶液中分离金属与非金属离子的重要方法，广泛用于水的纯化和废水处理，同时在医药、精细化工等许多领域都得到了广泛地应用。

（1）水的净化　根据待处理水质和对水质要求的不同，水的净化有 3 种情况：一是水的软化，即把水中能形成沉淀引起结垢的钙、镁离子转化成钠离子。一般采用 Na 式强酸性阳离子交换树脂，使水中的钙、镁离子与树脂中的钠离子交换；二是水的软化与部分脱盐，对于含重碳酸盐或碳酸盐的原水，可用 H 式阳离子交换树脂处理，水中的钙、镁离子与树脂上的 H^+ 交换，H^+ 与水中的 CO_3^{2-} 和 HCO_3^- 发生中和反应，使 CO_2 游离而除去。这种方法既除去钙、镁离子，又除去 HCO_3^- 与 CO_3^{2-}，使水中的总盐含量降低；三是水的脱盐，这是离子交换最主要的用途，目前运行的离子交换装置有一半以上是水的脱盐装置。

（2）废水处理　废水处理是目前离子交换应用的一个重要领域。对于含重金属如汞、铬、铅以及放射性物质的废水处理，离子交换是很有效的方法。例如电镀厂排出的含 CrO_4^- 废水，可用强酸性阴离子交换树脂吸附，再用 NaOH 溶液再生，得到含 Na_2CrO_4 的再生废液，然后应用 H 式阳离子交换树脂将其转化成浓度较高的铬酸，重新供电镀使用。又如水银法电解生产烧碱的工厂排出的含汞废水，可用强碱性阴离子交换树脂处理。

（3）糖液的净化　在蔗糖、甜菜糖和葡萄糖等的生产过程中，原糖溶液常含有各种色素和 Ca^{2+}、Mg^{2+}、SO_4^{2-} 与 PO_4^{3-} 等离子。用离子交换树脂处理糖溶液可以除去这些有害杂质，避免糖溶液浓缩过程中析出沉淀使蒸发器结垢，同时可降低糖中的灰分含量，提高结晶糖的质量与收率。

（4）在制药工业中的应用　离子交换分离技术在药物的纯化精制、药物的转型等有重要用途。如除去氨基酸、蛋白质和维生素 B_1 中的盐分，采用离子交换法即是十分有效的方法；利用离子交换分离技术可使带酸碱性药物的盐型转化，如使青霉素钠盐转化为钾盐：

$$R—SO_3^- Na^+ + Pen^- K^+ \longrightarrow R—SO_3^- K^+ + Pen^- Na^+$$
$$\text{（青霉素钾盐）} \qquad\qquad \text{（青霉素钠盐）}$$

弱酸性阳离子交换树脂还可以用于链霉素、新霉素、卡那霉素和庆大霉素等的分离和提纯。

5.3.3　常用的离子交换树脂

离子交换树脂是离子交换操作技术中应用最广的离子交换剂，它是带有可交换离子的不溶性固体高聚物电解质，实质上是高分子酸、碱或盐。其中可交换的离子电荷与固定在高分子基体上的离子基团的电荷相反，故称其为反离子。根据电离度的强弱，阳离子交换树脂与阴离子交换树脂有强型与弱型两种。根据树脂的物理结构，离子交换树脂有凝胶型与大孔型两类。

工业上常用的离子交换树脂简介如下。

（1）强酸性阳离子交换树脂　主要指在高分子基体 R 上带有磺酸基（—SO_3H）的树脂，在水中的离解式为：

$$R—SO_3H \rightleftharpoons R\text{-}SO_3^- + H^+$$

其酸性相当于硫酸、盐酸等无机酸。它在碱性、中性甚至酸性介质中都显示离子交换功能。其中使用最广的是以苯乙烯与二乙烯苯共聚体为基础的树脂，交换容量可达 $4\sim5mol/g$ 干树脂，出厂商品一般为 Na 式（R—SO_3Na）。

（2）弱酸性阳离子交换树脂　主要指在高分子基体 R 上带有羧酸基（—COOH）、磷酸基 [—$PO(OH)_2$] 或酚基，其中用得最广的是含羧酸基的树脂，在水中的离解式为：

$$R—COOH \rightleftharpoons R—COO^- + H^+$$

离解常数在 $10^{-7}\sim10^{-5}$ 之间，呈弱酸性，仅能在中性和碱性介质中解离而显示交换功能。这种树脂常用甲基丙烯酸、丙烯酸及其酯类与二乙烯苯共聚制得，交换容量可达 $9\sim11mol/g$ 干树脂，出厂商品一般为 H 式（RCOOH）。

（3）强碱性阴离子交换树脂　为带有季铵基团的树脂，在水中的离解式为：

$$[R_4N]^+ OH^- \rightleftharpoons R_4N^+ + OH^-$$

其碱性较强，相当于一般季铵碱，在酸性、中性甚至碱性介质中都可显示离子交换功能。出厂商品一般为 Cl 式（$R_4N^+ Cl^-$）。

（4）弱碱性阴离子交换树脂　指含伯胺（—NH_2）、仲胺（—NHR）或叔胺（—NR_2）的树脂。这类树脂在水中的离解程度小，呈弱碱性。在水中的离解式为：

$$RNH_2 + H_2O \rightleftharpoons RNH_3^+ + OH^-$$

只在中性和酸性介质中显示离子交换功能。

（5）凝胶型离子交换树脂　这类树脂为均相高分子凝胶结构，外观透明，其中没有毛细孔，通道是高分子链间的间隙，称为凝胶孔，一般孔径在 3nm 以下。离子通过高分子链间的孔道扩散进入树脂内进行交换反应。凝胶孔的大小随树脂的交联度与溶胀情况而异。

（6）大孔型离子交换树脂　大孔型树脂具有与一般吸附剂一样的毛细孔，孔径从几纳米到上千纳米，这类树脂的孔结构较稳定，受外界条件的影响小。

离子交换分离技术作为一种新型的分离技术，它的研究和应用都在继续发展。目前要研究解决的主要问题有：①新型实用离子交换树脂、适宜的生产工艺及高效设备的研制与开发；②离子交换平衡关系的研究，从理论上分析进行离子交换分离的可能性，分析影响平衡的因素；③研究离子交换的动力学，探寻离子交换分子扩散的机理，分析扩散过程的影响因素；④进一步探究离子交换分离的影响因素，为改进工艺、提高分离效率提供依据。

本 章 小 结

1. 分离精制的目的

原料经过化学反应器反应，得到的产物通常是比较复杂的混合物，一般都需要进行分离精制。通过分离精制可以回收未反应的原料，分离出所需的主、副产品，并使产品达到工艺规定的质量指标要求。

2. 分离精制方法的选择

分离精制的方法通常是《化工单元过程及操作》中学习过的各类单元操作，被分离精制的物系通常有6种（液-固、气-固、气-液、液-液、气-气、固-固）。分离精制的方法要根据被分离精制的物系性质及工艺要求来选择，有时单独使用，有时需要组合使用。

3. 分离精制方法在化工产品生产过程中的应用。

反馈学习

1. 思考·练习

（1）原料经过反应后为什么要进行分离精制？

（2）化工生产中有哪些分离精制的方法？哪些方法比较适合最终产品的提纯精制？哪些方法通常不适合最终产品的提纯精制？

（3）化工生产中有时让气液混合物通过一个空罐，为什么？

（4）均苯四甲酸二酐的生产工艺中采用了哪些分离精制的方法？为什么选用这些方法？

（5）丙烯酸甲酯生产工艺中采用了哪些分离精制的方法？为什么选用这些方法？

（6）乙醛氧化生产乙酸的工艺中采用了哪些分离精制的方法？为什么选用这些方法？

（7）在精馏操作中，为什么有些采用减压，有些采用加压？

（8）离子交换分离原理是什么？

（9）离子交换适合什么体系物料的分离？

（10）离子交换树脂由哪三部分构成？

2. 报告·演讲（书面或PPT）

参考小课题：

（1）化工生产中常用的分离方法及应用

（2）化工生产中常用的分离设备及特点

（3）精馏在化工生产中的应用

（4）吸收-解吸在化工生产中应用

（5）这个产品的分离精制适合采用萃取（或吸收或吸附）和精馏组合（举例）

（6）均苯四甲酸二酐生产工艺中的分离与精制

（7）乙醛氧化生产乙酸生产工艺中的分离与精制

（8）丙烯酸甲酯生产工艺中分离与精制

第6章 化工产品

 明确学习

化工产品种类繁多。通过本章的学习，要求：对各大类化工主要产品有一个概要性的了解；清楚化工产品的质量规格，树立严格的质量观；了解获取化工产品基本信息的途径。

 本章学习的主要内容

1. 化工主要产品。
2. 化工产品质量。
3. 获取化工产品的技术信息的主要途径。

活动学习

通过活动学习，增强对化工产品、化工产品性质、化工产品质量的感性认识。

参考内容

1. 参观化工产品陈列室。
2. 检索有关化工产品安全、质量、技术资料。
3. 参观有关化工企业（或观看有关影视资料）：化工企业成品的检测、包装、运输及存储。
4. 实验：化工产品检测（含量、理化性质、检测报告）。

讨论学习

? 我想问

? 实践·观察·思考

至此，我们已经知道，原料如何经过原料预处理、化学反应、分离精制亦即通过一系列的化工生产工艺过程转化成符合一定质量要求的化工产品。化工产品的种类非常多，应用于国民经济的各行各业，应用于人类生活的方方面面，我们不可能讨论所有化工产品的生产工艺，但化工主要产品究竟有哪些？它们有什么基本性质、特点和用途？化工产品有哪些质量指标？如何获取一个化工产品的基本信息？作为一个化工从业人员应该有一定程度的了解。

6.1 化工主要产品

化工产品种类繁多，按性质分类主要有：基本无机化工产品、基本有机化工产品、合成高分子化工产品、精细化工产品和生物化工产品五大类。以下是各分类中的一些主要产品。

6.1.1 基本无机化工主要产品

（1）三酸两碱　即硫酸、硝酸、盐酸、烧碱、纯碱，是基本无机化工重要的产品，也是非常重要的基础化工原料，同时在其他行业的应用也非常广泛。

① 硫酸。是一种强酸，具有很强的腐蚀性。其用途如化肥工业中生产硫酸铵、硫酸钾等；精细化工中如生产表面活性剂聚氧乙烯醚硫酸酯盐等。

② 硝酸。具有很强的氧化性。在化肥工业中可用来生产硝酸铵、硝酸钾、硝酸钙等；在有机合成中引入硝基制取三硝基甲苯、苦味酸、硝化纤维、硝化甘油，还可以用于生产苯胺、邻苯二甲酸以及塑料、聚酰胺纤维、磺胺药物等产品。

③ 盐酸。是一种强酸，具有很强的腐蚀性。可用作金属表面处理剂、生产金属氯化物等。

④ 烧碱。化学名称氢氧化钠，是一种强碱。烧碱的用途如生产肥皂、洗涤剂等，同时在印染、造纸等许多行业都有广泛的应用。

⑤ 纯碱。化学名称碳酸钠。在染料工业、食品行业有广泛的应用。

除了以上的三酸两碱以外，重要的酸还有如磷酸、铬酸、砷酸、氢氟酸等；重要的碱还有如钾、钙、镁、铝、铜等的氢氧化物。

（2）氨及氨的衍生产品　氨既是一个重要的化工产品也是一个非常重要的化工基本原料。氨水是一种氮肥，液氨可以用作工业冷冻剂。以氨为原料，经过加工可生产以下主要产品。

① 含氮化肥。尿素、碳酸氢铵、硝酸铵、硫酸铵、氯化铵以及复合肥料等。

② 基本化工主要产品。硝酸、各种含氮的无机盐。

③ 硝基化合物。三硝基甲苯、三硝基苯酚、硝化甘油、硝化纤维等多种炸药，同时还可以作为生产导弹、火箭的推进剂和氧化剂。

④ 有机含氮产品。含氮中间体、磺胺类药物、氨基塑料、聚酰胺纤维、丁腈橡胶等。

（3）无机盐　无机盐是化工行业的基础化工原料，同时也广泛地应用于其他行业。无机盐的产品多达 4000 多种，我国生产的品种约 400～500 种。无机盐主要产品有：氯化钡、碳酸钡、硼酸、硼砂、溴素、轻质碳酸钙、碳酸钾、无水氯化铝、氯化钾、三氯化铬、重铬酸钾、氰化钠、无水氟化氢、碘、轻质氧化镁、高锰酸钾、二氧化锰、亚硝酸钠、硝酸钠、黄磷、三聚磷酸钠、硅酸钠、二硫化磷、硫化钠、硫酸铝、连二亚硫酸钠等。

（4）化学肥料　化学肥料按其主要养分可分为氮肥、磷肥、钾肥、复合肥、微量元素等，主要品种有以下几种。

① 氮肥。硝酸铵、尿素、碳酸氢铵、氯化铵、氨水等。

② 磷肥。过磷酸钙、重过磷酸钙、富过磷酸钙、钙镁磷肥、脱氟磷肥、钢渣磷肥、沉淀磷酸钙、偏磷酸钙、磷矿粉。

③ 钾肥。氯化钾、硫酸钾、窑灰钾肥。

④ 复合（混合）肥。磷酸铵、硫酸铵、尿素磷铵、硝酸磷肥、硝酸钾、偏磷酸铵、氮磷钾三元复合肥、液体混肥。

⑤ 微量元素。硼、铜、锰、锌、钼等。

（5）工业气体

① 氢气。可以直接与电解食盐水产生的氯气合成 HCl 继而制造盐酸；可以用于各种加氢反应，如生产硬化油、过氧化氢、二氨基甲苯；还可以用于炼钨、生产多晶硅等氧化物的

还原过程。

　　② 氯气。作为氯碱工业产品通常是液体形态即液氯，液氯是氯气经过压缩、冷却等工序制造而得。以氯为原料生产的主要产品有：无机氯产品，如次氯酸钠、次氯酸钙等；有机氯农药，如速灭威、含氯菊酯等；有机氯产品，如聚氯乙烯、含氯溶剂 1,1,1-三氯乙烷、二氯乙烷、三氯甲烷、环氧氯丙烷、氯丁橡胶、氟氯烃等。

　　③ 氧气。氧气在化学反应中通常作为氧化剂使用，在无机和有机工业中都有广泛的应用。

　　④ 一氧化碳。作为合成气可用来生产甲醇、醋酸等。

　　其他重要的工业气体还有如氮气、氩气、二氧化碳、二氧化硫等。

　　(6) 单质　单质的主要品种有钾、钠、磷、氟、溴、碘等。

6.1.2　基本有机化工主要系列产品

　　基本有机化工主要系列产品是指以石油、煤和天然气等为原料生产的最基本化工产品以及由这些最基本化工产品为原料进一步深加工生产的系列化工产品。最基本有机化工原料主要包括碳一、碳二、碳三、碳四以及部分芳烃化合物。

　　(1) 碳一系列主要化工产品　碳一系列化工产品有两大类型，一是以甲烷为起始原料，二是以合成气为起始原料，见表 6-1 和表 6-2 所列。

表 6-1　甲烷系列主要产品

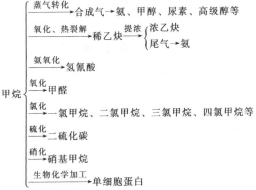

表 6-2　合成气系列主要产品

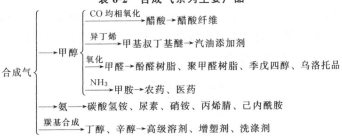

　　(2) 碳二系列主要化工产品　碳二系列化工产品的起始原料主要是乙烯和乙炔。乙烯不仅是基本有机化工中最重要的而且也是整个化学工业中最重要的基本原料，乙烯的产量是一个国家化学工业实力的象征。乙烯的用途十分广泛。从乙烯出发可以合成一系列重要的有机化工产品，见表 6-3 所列，其中消耗乙烯量最大的产品有聚乙烯、环氧乙烷、二氯乙烷等。乙炔系列的主要产品见表 6-4 所列。由表 6-3 和表 6-4 对比可知，乙炔路线的产品绝大部分都可以由乙烯来生产。由于乙烯的产量大，而且使用的方便性和成本都优于乙炔，乙炔路线的产品目前正转向乙烯或丙烯路线。

表 6-3　乙烯系列主要产品

- 乙烯
  - 聚合→
    - 低密度聚乙烯→薄膜、薄片、电缆衬套
    - 高密度聚乙烯→薄膜、管子、成型材料
  - 共聚→乙丙共聚物、乙烯-醋酸乙烯共聚物、乙烯-甲基丙烯酸甲酯共聚物等
  - 氧化→
    - 环氧乙烷
      - →乙二醇→聚酯纤维、聚乙二醇
      - →乙醇胺
      - →聚环氧乙烷
    - 乙醛
      - 氧化→醋酸
        - →醋酐→燃料、药物、塑料
        - →醋酸乙烯→维尼纶织物、胶黏剂、涂料
        - →醋酸酯→溶剂、调味剂、香料
      - 综合加氢→丁醛→丁醇、辛醇
      - →季戊四醇、三氯乙醛
  - 烷基化→乙苯→苯乙烯→
    - 不饱和聚酯→涂料、绝缘材料
    - 苯乙烯共聚物→绝缘材料、工程塑料、塑料
    - 丁苯橡胶
    - ABS 塑料
  - 卤化→
    - 二氯乙烷→
      - 氯乙烯→聚氯乙烯→管子、薄膜、人造皮革
      - 偏氯乙烯→聚偏氯乙烯→薄膜、食品包装涂料
    - 氯乙烷→四乙基铅
    - 二氯乙烯、三氯乙烯、四氯乙烯
    - 二溴乙烷→阻燃剂
  - 水合→乙醇→丁二烯
  - 低聚→α-烯烃→
    - 高级伯醇→增塑剂
    - 合成洗涤剂

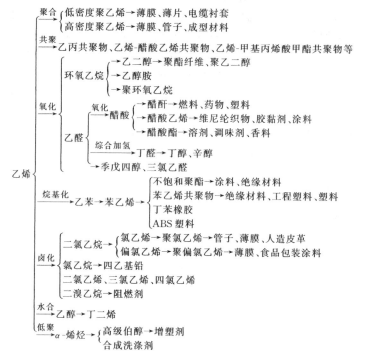

表 6-4　乙炔系列主要产品

- 乙炔
  - +HCl→氯乙烯→聚氯乙烯
  - $+H_2O$→乙醛—氧化→醋酸
  - +醋酸→醋酸乙烯
  - +甲醛→1,4-丁炔二醇—加氢→1,4-丁二醇→聚酯树脂
  - 氯化→二氯乙烯、三氯乙烯、四氯乙烯、四氯乙烷
  - 二聚→乙烯基乙炔—+HCl→氯丁橡胶
  - +苯→乙苯→苯乙烯

(3) 碳三系列主要化工产品　碳三系列化工产品是指以丙烯为起始原料生产的系列产品，见表 6-5 所列。丙烯的用途主要是合成高分子聚合物和高分子材料，在基本有机化工生产的基本产品中，其产量仅次于乙烯。

表 6-5　丙烯系列主要产品

- 丙烯
  - 共聚→乙丙橡胶
  - 聚合→聚丙烯→薄膜、合成纤维
  - NH_3、空气→丙烯腈→聚丙烯腈纤维
  - 氧化→环氧丙烯→丙二醇→聚酯树脂
  - 羰基合成→丁醇、辛醇、三甲基戊醇
  - 水合→异丙醇→丙酮→异丁烯树脂
  - 烷基化→异丙苯→
    - 丙酮→异丁烯树脂、醋酸
    - 苯酚→酚醛树脂、尼龙 6
  - 高温氧化→烯丙氧化物→
    - 环氧氯丙烷
    - 烯丙醇→合成甘油
  - 氧化→丙烯醛→丙烯酸酯→丙烯酸纤维、涂料、胶黏剂

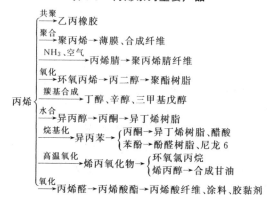

（4）碳四系列主要化工产品　碳四主要来源于油田气、炼厂气、烃类裂解制乙烯副产的碳四馏分等，是基本有机化学工业的重要原料。碳四系列化工产品的起始原料主要是丁二烯、正丁烯、异丁烯和正丁烷，主要产品见表 6-6 所列。

表 6-6　碳四烃系列主要产品

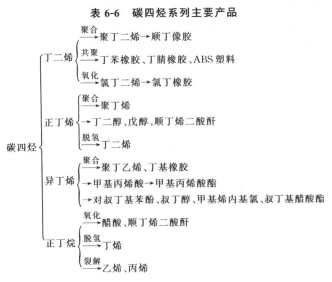

（5）芳烃系列主要化工产品　芳烃系列化工产品的起始原料有苯、甲苯、二甲苯和萘，其主要系列产品见表 6-7 所列。苯、甲苯、二甲苯还可以直接作为溶剂使用。

表 6-7　芳烃系列主要产品

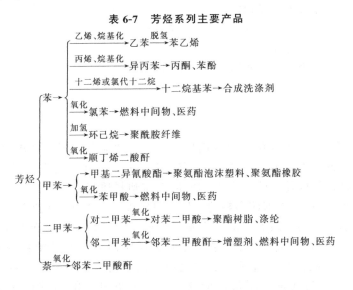

6.1.3　合成高分子材料主要产品

合成高分子材料主要产品有塑料、合成橡胶、合成纤维和功能高分子材料等 4 大类。

6.1.3.1　塑料

塑料可以用天然高分子或合成高分子化合物加工生产。目前塑料大多数以合成高分子化合物为原料，添加各种增强使用性能和加工性能的助剂加工生产而成。由于塑料具有美观、耐用、轻质、方便、电绝缘性能优异、耐化学腐蚀、易于加工等许多优点，因此被广泛地应用于各行各业。塑料有几十个品种，按实际应用情况及性能特点可分为通用塑料、工程塑料和耐高温塑料，主要产品如下。

（1）聚乙烯——产量最大的通用塑料　结构式为：

$$+CH_2—CH\frac{}{}_n$$

聚乙烯（PE）由乙烯单体聚合而成。根据生产的压力不同有高密度（HDPE）和低密度（LDPE）之分。聚乙烯为白色蜡状半透明材料，柔而韧，无毒，易燃。聚乙烯具有优异的介电性能、耐溶剂性能和化学稳定性，其缺点是耐老化性能差。聚乙烯主要用于薄膜制品、管材、注塑制品、电线等。

（2）聚氯乙烯——应用最广的通用塑料　结构式为：

$$+CH_2—CH\frac{}{}_n$$
$$|$$
$$Cl$$

聚氯乙烯（PVC）是由氯乙烯单体聚合而成。聚氯乙烯是最早实现工业化的热塑性塑料，根据添加剂用量的不同有硬质和软质之分。由于聚氯乙烯具有优异的耐燃性、耐磨性、耐化学腐蚀性、电绝缘性及综合力学性能等，同时性价比高，加工方便，因此，广泛应用于工业、农业、建筑业、国防等各个领域，如板材、管材、棒材、零件、薄膜、软管、电线电缆、发泡塑料及涂料等。

（3）聚丙烯——发展最快的通用塑料　结构式为：

$$+CH_2—CH\frac{}{}_n$$
$$|$$
$$CH_3$$

聚丙烯（PP）由丙烯单体聚合而成。聚丙烯起步晚些，但由于其优异的性能而得到迅速发展。聚丙烯的性能与聚乙烯相似，但力学性能优于聚乙烯，除部分用于合成纤维外，多数用来制成塑料制品，如汽车配件、电器设备配件、日用器具、仪表外壳、文具、玩具、管材、板材、薄膜、电线、电缆等。

（4）聚苯乙烯——刚性透明通用塑料　结构式为：

$$+CH—CH_2\frac{}{}_n$$

聚苯乙烯（PS）由苯乙烯单体聚合而成。聚苯乙烯无色透明，易成型加工，电绝缘性佳，刚性大，价格低，无毒无味，耐辐射性佳，广泛应用于工业装饰、照明指示、电绝缘材料、光学仪器零件以及玩具、日用品等。PS的泡沫塑料质轻、价廉，广泛用于防震包装材料和隔热保温材料。但PS的泡沫塑料的大量使用也造成了"白色污染"。

（5）酚醛塑料——历史最悠久的通用塑料　酚醛树脂是合成树脂中发现最早的一种树脂，它以酚类化合物和醛类化合物为原料经缩聚反应而成。酚醛塑料以酚醛树脂为基本组成，再加入填料、润滑剂、着色剂及固化剂等加工而成。酚醛塑料的主要特点是坚固耐用、价格低廉、不易变形、耐热性能佳，除不耐碱外，能耐其他化学介质，由于耐光性能差，故通常做成深色。酚醛塑料主要用作电绝缘材料，有"电木"之称。其用途主要有各种电器零件、机械零件、仪表外壳以及电器、船舶、汽车、化工、航空等制造业。

（6）ABS塑料——应用最广泛的工程塑料　ABS通常被认为是丙烯腈、丁二烯和苯乙烯的三元共聚物，其实，它是由多种共聚物所组成的共混体系。ABS具有卓越的综合物理力学性能，且无毒无味。耐冲击、耐热、耐化学腐蚀、表面硬度高且光洁、易于加工、不易变形，已发展为通用型工程塑料。其主要用途如家用电器外壳及配件、仪器仪表的零部件、机械齿轮、轴承、化工管道、家具、日用及办公用品等。经真空镀金属膜后，表面为金属的

ABS 可作为金属的代用品或装饰品。

（7）聚碳酸酯——韧性最强的工程塑料　聚碳酸酯（PC）是一种无定形热塑性工程塑料。它具有极为优良的韧性、高透明度、高热变形温度以及尺寸稳定性、优良的电绝缘性能和特有的耐燃性等综合性能。广泛应用于建材、汽车制造、航空航天、电子电器和光学透镜等领域，如汽车灯罩、镜片、学校窗户、防暴设备及运动设备等。

工程塑料除了 ABS、聚碳酸酯外，还有如聚酰胺塑料、聚甲醛、聚二甲基苯醚、聚砜、聚酯树脂等。

（8）聚四氟乙烯——塑料王　最耐高温、耐酸碱的工程塑料，结构式为：

$$\text{—}\!\!\left[\text{CF}_2\text{—CF}_2\right]_{\!n}$$

聚四氟乙烯由四氟乙烯单体聚合而成。聚四氟乙烯是十几个含氟塑料品种之一，因其性能优越、独特而有"塑料王"之称。聚四氟乙烯塑料呈白色蜡状、光滑不粘、无毒无味、熔点高达 327℃，使用温度宽（-250～260℃），耐溶剂、耐酸碱等化学腐蚀、介电性能优异。主要用于化工防腐蚀材料、机械自润滑轴承、密封圈以及电线电缆、医疗器械、脱模剂等。聚四氟乙烯虽然是非常优异的耐腐性工程塑料，但聚四氟乙烯机械强度低、刚性差，加工性能也不如其他塑料。

耐高温塑料除了聚四氟乙烯外，还有如硅树脂、耐高温芳杂环聚合物等。

（9）聚甲基丙烯酸甲酯——有机玻璃　结构式为：

$$\text{—}\!\!\left[\text{CH}_2\text{—}\underset{\underset{\text{CH}_3\text{OO}}{|}}{\overset{\overset{\text{CH}_3}{|}}{\text{C}}}\right]_{\!n}$$

有机玻璃（PMMA）的化学名称是聚甲基丙烯酸甲酯，由单体甲基丙烯酸甲酯聚合而成。有机玻璃具有高度透明性、机械强度高、不会破成碎片、重量轻、易于加工，有一定的耐热耐寒性，耐腐蚀，绝缘性能良好，尺寸稳定，易于成型。但有机玻璃质地较脆，易溶于有机溶剂，表面硬度不够，容易擦毛。通常可用作有一定强度要求的透明结构件，如油杯、车灯、仪表零件、光学镜片、装饰礼品等。

6.1.3.2　合成橡胶

根据来源不同，橡胶可以分为天然橡胶和合成橡胶。合成橡胶是由人工合成的高弹性聚合物，也称人造橡胶、合成弹性体。

合成橡胶在 20 世纪初开始生产，从 40 年代起得到了迅速的发展。合成橡胶的性能因单体不同而异，合成橡胶在性能上一般不如天然橡胶全面，但它具有高弹性、绝缘性、气密性、耐油、耐高温或低温等性能，因而广泛应用于工农业、国防、交通及日常生活中。按性能和用途可分为通用型合成橡胶和特种合成橡胶，主要产品如下。

（1）丁苯橡胶——产量最大的通用橡胶　丁苯橡胶（SSBR）由单体苯乙烯与丁二烯共聚而成，是产量最大的通用合成橡胶。虽然丁苯橡胶的黏合性、弹性和形变发热量不如天然橡胶，但它具有较低的滚动阻力、较高的抗湿滑性、耐磨性、耐自然老化性、耐水性、气密性等都优于天然橡胶，且价格相对低廉，是橡胶工业的骨干产品，主要用于轮胎工业、汽车部件、胶管、胶带、胶鞋、电线电缆以及其他橡胶制品。

（2）顺丁橡胶——弹性最好的通用橡胶　顺丁橡胶（BR）是以 1,3-丁二烯（CH_2=CH—CH=CH_2）为原料聚合而成的弹性体，其产量仅次于丁苯橡胶。顺丁橡胶的弹性、耐低温性是目前橡胶中最好的，且耐磨性佳、生热低、耐曲挠性好、与其他橡胶的相容性好、价格低等。缺点是拉伸强度、抗撕裂强度、抗湿滑性、加工性、黏着性等要差些。

顺丁橡胶主要用于制造轮胎、胶管、胶带、胶鞋及各种耐寒橡胶制品。

（3）异戊橡胶——合成天然通用橡胶　结构式为：

$$-\left[CH_2-\underset{\underset{CH}{|}}{C}=CH-CH_2 \right]_n-$$

异戊橡胶（IR）是聚异戊二烯橡胶的简称，是以异戊二烯为单体聚合的高分子弹性体。由于分子结构与天然橡胶相同，性能也十分接近，故被称为"合成天然橡胶"。异戊橡胶具有优良的弹性、耐磨性、耐热性、抗龟裂、低温曲挠性和较好的耐老化性。异戊橡胶的加工性及物理力学性能不如其他橡胶。异戊橡胶可以代替天然橡胶制造载重轮胎和越野轮胎，还可以用于生产各种橡胶制品。

（4）丁基橡胶——气密性最好的通用橡胶　结构式为：

$$-\left[\begin{array}{c} CH_3 \\ | \\ C-CH_2 \\ | \\ CH_3 \end{array} \right]_x CH_2-\underset{\underset{}{|}}{\overset{CH_3}{C}}=CH-CH_2 \left[\begin{array}{c} CH_3 \\ | \\ C-CH_2 \\ | \\ CH_3 \end{array} \right]_y$$

丁基橡胶（IIR）是由异丁烯和少量异戊二烯共聚而成。丁基橡胶透气率低，气密性优异，耐热、耐臭氧、耐老化性能良好，化学稳定性、电绝缘性也很好。丁基橡胶的缺点是硫化速率慢，弹性、强度、黏着性较差。丁基橡胶的主要用途是制造各种车辆内胎，制造电线和电缆包皮、耐热传送带、蒸汽胶管等。

（5）氯丁橡胶——离火自熄的通用橡胶　结构式为：

$$-\left[CH_2-\underset{\underset{Cl}{|}}{C}=CH-CH_2 \right]_n-$$

氯丁橡胶（CR）是以氯丁二烯为主要原料，通过均聚或与少量其他单体共聚而成。氯丁橡胶主要特点是：耐燃、耐热、耐光、耐老化、耐油、耐水及气密性等性能优良，拉伸强度高，抗静电性良好。缺点是电绝缘性能、耐寒性能较差。氯丁橡胶主要用于阻燃、耐油、耐候、黏结剂等领域，如运输皮带和传动带，电线、电缆的包皮材料，制造耐油胶管、垫圈以及耐化学腐蚀的设备衬里等。

（6）丁腈橡胶——耐油特种橡胶　结构式为：

$$-\left[(CH_2-CH=CH-CH_2)_x (CH_2-\underset{\underset{CN}{|}}{CH})_y \right]_n-$$

丁腈橡胶（NBR）是由丁二烯和丙烯腈经乳液聚合法聚合而成的高分子弹性体。丁腈橡胶耐油性极好，同时耐磨性、耐热性和抗静电佳，粘接力强。缺点是耐低温性、耐臭氧性、电性能差，弹性稍低。丁腈橡胶主要用于制造耐油及抗静电橡胶制品，如胶管、密封垫圈、胶辊、飞机油箱衬里等。

（7）硅橡胶——耐寒耐热特种橡胶　结构通式为：

$$-\left[\begin{array}{c} R_1 \\ | \\ Si-O \\ | \\ R_2 \end{array} \right]_n \left[\begin{array}{c} R_3 \\ | \\ Si-O \\ | \\ R_4 \end{array} \right]_m$$

硅橡胶（Q）由环状有机硅氧烷开环聚合或不同硅氧烷共聚而成。式中R为烷基、不饱和烃基或其他基团（F、CN、B等），可以相同，可以不同。

硅橡胶的主要特性为既耐热，又耐寒，使用温度在$-100\sim300℃$之间，同时还具有良好的耐候性、耐臭氧性、绝缘性、疏水性、透气性以及优异的生理惰性和生物医学性能。缺点是强度低，抗撕裂性能差，耐磨性能也差。硅橡胶主要用于航空工业、电气工业、食品工业及医疗工业等方面。如制成各种垫圈、高温电线电缆绝缘层、人造血管、人乳填充材料等。

6.1.3.3　合成纤维

纤维按原料来源有天然纤维和化学纤维，化学纤维中有人造纤维和合成纤维，两者的区别在于人造纤维的原料是动植物高分子，合成纤维的原料则是合成高分子化合物。合成纤维原料来源不受动植物限制，且具有优异的物理力学性能和化学性能，广泛地应用于国防工业、航空航天、交通运输、医疗卫生、海洋水产、通讯联络等各个领域。按用途和性能，合成纤维有通用型合成纤维和特种合成纤维，主要产品有如下。

（1）涤纶——抗皱免烫通用纤维　涤纶（PET）是合成纤维中的一个重要品种，是我国聚酯纤维的商品名称，俗称"的确良"，国外商品名称有"达柯纶"、"帝特纶"、"拉芙桑"等。因分子主链中含有酯基，$-\overset{\text{O}}{\underset{}{\text{C}}}-\text{O}$　故称为聚酯纤维。聚酯纤维的品种很多，主要品种为聚对苯二甲酸乙二醇酯（PET），它是一种以精对苯二甲酸（PTA）或对苯二甲酸二甲酯（DMT）和乙二醇（EG）为原料经酯化或酯交换和缩聚反应制得高聚物（PET），再经纺丝和后处理制成的纤维。涤纶的用途很广，大量用于制造衣着和工业制品。涤纶具有极优良的定形性能。涤纶纱线或织物经过定形后生成平挺、蓬松形态或褶裥等，在使用中经多次洗涤，仍能经久不变。

（2）锦纶（尼龙）——最耐磨的通用纤维　锦纶是合成纤维 nylon 的中国名称，翻译名称又叫"耐纶"、"尼龙"，学名为聚酰胺纤维（polyamide fibre），其化学成分为聚酰胺，分子主链中含有酰胺键，故称为聚酰胺纤维。其结构通式为$-[\text{NH}-(\text{CH}_2)_x\text{NHCO}(\text{CH}_2)_y\text{CO}]_n-$。由于锦州化纤厂是我国首家合成 polyamide fibre 的工厂，因此把它定名为"锦纶"。主要品种有尼龙 6 和尼龙 66。锦纶强度高，耐磨性、回弹性好，缺点是通风透气性差，易产生静电。锦纶可以纯纺和混纺，除了在衣着和装饰品方面的应用外，还广泛应用在工业方面如帘子线、传动带、软管、绳索、渔网、轮胎、降落伞等。

（3）腈纶——"合成羊毛"　腈纶是聚丙烯腈纤维在我国的商品名，国外称为"奥纶"、"开司米纶"。通常是指用 85％以上的丙烯腈（$\text{CH}_2=\text{CH}-\text{CN}$）与第二和第三单体的共聚物，经湿法纺丝或干法纺丝制得的合成纤维。聚丙烯腈纤维蓬松卷曲而柔软，外观及手感很像羊毛，有"合成羊毛"之称。可做成窗帘、幕布、篷布、炮衣等。腈纶能耐酸、耐氧化剂和一般有机溶剂，但耐碱性较差。

（4）维纶——"合成棉花"　维纶是聚乙烯醇纤维在我国的商品名称，国外称维尼纶，主要品种为聚乙烯醇缩甲醛纤维。维纶最大的特点是吸湿性好，吸湿率为 4.5％～5.0％，性能接近棉花，有"合成棉花"之称。缺点是耐热水性不够好，弹性较差，染色性较差。维纶主要用于制作外衣、棉毛衫裤、运动衫等针织物，还可用于帆布、渔网、外科手术缝线、自行车轮胎帘子线、过滤材料等。

（5）氨纶——弹性纤维　氨纶是聚氨基甲酸酯弹性纤维在我国的商品名称。氨纶虽然强度很低，但氨纶的弹性大，断裂伸长率达 450％～800％，氨纶的耐酸碱性、耐溶剂性、耐光性、耐磨性都较好。氨纶于 1959 年开始工业化生产。主要用于编制有弹性的织物，如各种内衣、游泳衣、紧身衣、牛仔裤、运动服等。氨纶制成的服装，穿着舒适，并能减轻服装对身体的束缚感。

合成纤维除以上品种外，还有丙纶（聚丙烯纤维）、氯纶（聚氯乙烯纤维）以及特种纤维，如光导纤维、中空纤维、复合材料用的增强纤维等许多重要纤维。

6.1.3.4　功能高分子材料

某些高分子聚合物由于结构上的特征，在受到外界物理或化学的作用下，表现出某些特殊的功能，如吸附分离、催化、导电、光活性、生物活性、离子交换、吸附、渗透、黏性、导电、发光、对环境因素（光、电、磁、热、pH值）的敏感性、催化活性等，而且这些功能还可以定量测量，现在将这些具有不同特殊功能的高分子聚合物归类为功能高分子材料，主要包括以下几类。

（1）分离功能高分子材料　如离子交换树脂、螯合树脂、高分子分离膜（离子交换膜、透析膜、超过滤膜、超精密过滤膜等）。

（2）催化功能高分子材料　如酸性离子交换膜（固体酸催化剂）、高分子金属配合物，离子交换树脂的金属盐（高分子负载催化剂）。

（3）导电特性高分子材料　如导电高分子（聚乙炔、聚甲基乙炔等）、光电彩色显示材料。

（4）光活性材料　如感光高分子、非线性光学高分子材料、电致发光高分子材料。

（5）生物功能高分子材料　如生物吸收性高分子材料、环境敏感高分子材料、药物控制释放高分子材料。

（6）其他功能高分子材料　如油田钻采高分子助剂（采油助剂聚丙烯酰胺PAM）；航天军工耐高温材料（聚均苯四甲酰二酰亚胺）。

功能高分子材料是材料科学和高分子科学中的重要研究领域。自20世纪30年代中期离子交换树脂问世以来，功能高分子材料的设计、合成、结构与性能特性等方面均获得了长足的发展，至今不仅有大量功能高分子材料实现了大规模生产，形成了若干产业，而且在诸多工业领域（如化工、制药、医学、环保、石油钻采与加工、建筑与装饰、光电信息等）获得广泛应用。

6.1.4 精细化工主要产品

精细化工产品是指产量小、经济价值高、具有专门功能或最终使用功能的化工产品，如医药、染料、涂料、表面活性剂等。精细化工是随着化学工业的发展和人类生产生活的需要发展起来的，它涉及的门类广、品种多，各国的分类方法不尽相同。1994年我国将精细化工产品分为12个大类。

①农药、②涂料、③油墨、④颜料、⑤染料、⑥化学试剂及各种助剂、⑦专项化学品、⑧信息化学品、⑨放射化学品、⑩食品和饲料添加剂、⑪日用化学品、⑫化学药品。

以上每一个大类中又包括许多小的分类或品种，如催化剂和各种助剂，包括以下20个大类：①催化剂、②印染助剂、③塑料助剂、④橡胶助剂、⑤水处理剂、⑥纤维抽丝油剂、⑦有机抽提剂、⑧高分子聚合物添加剂、⑨表面活性剂（除家用洗涤剂以外）、⑩皮革助剂、⑪农药用助剂、⑫油田用化学品、⑬混凝土用添加剂、⑭机械、冶金用助剂、⑮油品添加剂、⑯炭黑（橡胶制品的补强剂）、⑰吸附剂、⑱电子工业专用化学品（不包括光刻胶、掺杂物、MOS试剂等高纯物和高纯气体）、⑲纸张用添加剂、⑳其他助剂。

同样，在以上催化剂和各种助剂中还有更小的分类或品种。如在催化剂中有炼油用催化剂、石油化工用催化剂、有机化工用催化剂、合成氨用催化剂、硫酸用催化剂、环保用催化剂等；在塑料助剂中有增塑剂、稳定剂、发泡剂、阻燃剂等。

随着国民经济的发展，精细化学品的开发和应用领域将不断开拓，新的门类将不断增加。

6.1.5 生物化工主要产品

生物化工产品以生物质为主要原料，经过生物催化反应、生化分离提纯而得。其中有些产品既可以用化学合成法生产，也可以用生物化工技术生产，如乙醇、丙酮、正丁醇、甘油、衣康酸等,究竟用哪种方法生产为好,应从技术经济方面综合权衡。但有些产品则仅能通过生物合成生产或以生物合成最为经济合理,如青霉素、淀粉酶、维生素 B_{12}、干扰素等分子结构复杂的物质等。

生物化工产品按产品性质可分为以下 3 类。

(1) 大宗化工产品　生物化工生产消耗的主要是可再生的生物资源,故以生物技术生产化工产品将越来越受到重视。为减少对粮食的消耗,今后的方向是以非粮食资源如糖蜜、纤维素(如秸秆、籽壳、蔗渣、造纸废液)和其他生物质为原料生产。用生物化工方法生产的大宗化工产品主要有乙醇、丙酮、丁醇、甲醇、柠檬酸、乳酸、丙烯酰胺等。

(2) 精细化工产品

① 酶制剂。如用于纺织、制糖、洗涤剂等行业的糖化酶、淀粉酶、蛋白酶、脂肪酶、异构化酶等。

② 氨基酸。如用作调味剂、营养剂、饲料添加剂的谷氨酸、赖氨酸、色氨酸等。

③ 医药产品。如各种抗生素、维生素、激素、菌苗、疫苗等。

④ 其他产品。如生物农药、饲料蛋白等。

(3) 现代生物技术产品　通过重组 DNA 技术和细胞融合技术等方法生产的产品,如干扰素、单克隆抗体、新型疫苗等。

生物化工具有反应条件温和、能耗低、效率高、选择性强、"三废"少、能利用可再生资源,能合成复杂有机化合物等许多优点,其意义相当于石油化工的发展对化学工业所引起的变革,是现代化工发展的重要方向之一。

6.2　化工产品质量规格

化工产品具有严格的质量标准,其中质量规格是质量标准中的核心内容。质量规格既是生产厂家对产品进行质量控制的依据,也是用户选用产品的依据。质量规格通常指产品的质量等级以及相应的质量指标。

6.2.1　化工产品质量指标

化工产品种类繁多,不同的产品质量指标项目有所不同。以下是一般化工产品质量标准中常见指标项目。

(1) 外观　化工产品在常温时的状态、颜色及嗅味等。外观的变化往往反映出内在质量的变化。例如,固体烧碱外观要求为"主体白色许可带浅色光头",如果包装不严,烧碱会吸收空气中水分和二氧化碳而溶化、淌水或变成白色蓬起状物。又如,工业硫酸应为无色透明油状液体。当混入杂质时,硫酸外观可由无色变为黄色、棕红色甚至茶褐色。当浓度不够时,硫酸黏度会明显下降。因此,通过对化工产品的外观检查,可对其质量进行初步鉴定。

(2) 主要成分或有效成分含量　化工产品主要成分含量表示方法有多种,常用的是以其中主要成分所占的质量分数来表示。例如,隔膜固碱的一级品要求氢氧化钠含量不小于 96.00%(质量分数),隔膜液碱的一级品要求氢氧化钠含量不小于 42.00%(质量分数)、二级品为不小于 30.00%(质量分数),水银液碱要求为不小于 45.00%(质量分数)等。有些化工产品的主要成分以体积分数表示。例如酒精,市售酒精 95%,表示按体积计算,每100 份酒精中含有 95 份纯酒精等。有些化工产品的纯度不以其主要成分含量多少来表示,而是以它在使用时能起作用的有效部分的含量表示。例如,漂白粉是以使用时放出的有效氯的质量分数表示;电石标准规定以发气量[即 1kg 电石与水作用在 20℃和 100kPa 压力下所发生的乙炔气的体积(L)]来间接表示电石中碳化钙的含量。

（3）杂质含量　杂质是指有效成分以外的其他成分。杂质的含量根据使用要求控制。有时杂质的含量即作为划分产品等级（规格）的依据。

（4）相对密度　液体化工产品的标准中常有相对密度指标，通常用 d20/4℃ 表示。纯物质的相对密度为一定值。当实际测得的相对密度值与纯物质的相对密度值相差越大时，说明该物质的纯度越低。化工产品的标准中，常根据需要与可能将相对密度控制在一定的范围内，以保证其纯度。例如，纯甲醇的相对密度 d20/4℃ 为 0.792，标准中规定，优级品甲醇相对密度 d20/4℃ 为 0.791～0.792，而一级品或二级品则为 0.791～0.793。因此，仅比较相对密度，即可辨别甲醇质量级别。

（5）熔点（凝固点）　物质越纯则物质发生相变的温度变化范围越窄。若杂质含量增加，熔点（凝固点）范围显著增大。所以在产品的标准中，熔点（凝固点）也是衡量物质纯度的一个重要物理指标。

（6）沸点（沸程）　纯物质在一定的压力下，对应着一定的沸点。若含有其他成分或杂质，沸点即偏离纯物质的沸点。此外，有时还用沸程指标将物质的纯度规定在某一范围内。因此通过测定沸点（沸程）即可间接知道该物质的纯度。

6.2.2　化工产品质量等级

同一化工产品根据使用者对质量要求的不同，质量指标的控制亦不相同，即形成不同规格的品种，通常分为优等、合格，或一等、二等、三等等级别，也有部分产品分为 6 级。等级数越小，表明产品质量越高，具体体现在产品质量指标上。作为生产厂家应生产不同规格的品种以满足不同的质量需求。作为使用者，应尽量选择合适规格的品种，以降低成本和减少资源的消耗。

表 6-8 为工业用甲醇质量规格（国标）。

表 6-8　工业用甲醇质量规格
《工业用甲醇国家标准》GB 338—2004

项　目		指　标		
		优等品	一等品	合格品
色度(铂-钴)/号	≤	5		10
密度(20℃)/(g/cm³)		0.791～0.792	0.791～0.793	
温度范围(0℃,101325Pa)/℃	≤	64.0～65.5		
沸程(64.6℃±0.1℃)/℃	≤	0.8	1.0	1.5
高锰酸钾试验/min	≥	50	30	20
水溶性试验		澄清		—
水分含量/%	≤	0.01	0.15	
酸度(以 HCOOH 计)/%	≤	0.0015	0.0030	0.0050
或碱度(以 NH₃ 计)/%	≤	0.0002	0.0008	0.00015
羰基化合物含量(以 CH₂O 计)/%	≤	0.002	0.005	0.010
蒸发残渣/%	≤	0.001	0.003	0.005

阅读学习　　　　　　　　　　　　**化学品的 MSDS**

MSDS 即 Material Safety Data Sheet，国际上称作化学品安全说明书，亦称"物质安全资料表"，"化学品安全信息卡"，"材料安全数据表"，简称 MSDS。MSDS 是由化学品生产企业或供应商向用户提供的化学物质及其制品有关安全、健康和环境保护方面各种信息的资料。主要包括①化学品的基本知识;②化学品的理化特性(如 pH 值、闪点、易燃点、反应活性等);③化学品的毒性及对使用者的健康(如致癌,致畸等)可能产生的危害;④化学品中毒的应急处置;⑤对环境可能造成的危害;⑥化学品的燃烧、爆炸性能及灭火剂;⑦安全使用的防护措施和应急行动;⑧泄漏的应急救护处置;⑨运输、储存及应急行动;⑩法律法规等方面的信息。世界重要的化学公司见表 6-9 所列。

表 6-9 世界重要的化学公司

序号	公司名称	国别	主 要 产 品
1	巴斯夫 BASF	德国	染料及整理剂,塑料及纤维,植保剂及医药,石油及天然气,保健品及营养品等
2	拜耳 Bayer	德国	材料科学、医药保健、作物科学
3	陶氏化学 Dow Chemistry	美国	氯化有机产品、特用聚合物、环氧产品、乳胶、氧化物及二醇、聚氨酯、特种化学品、塑料产品、农用产品等
4	杜邦 DuPont	美国	工程塑料、包装与工业树脂、高性能弹性体、高性能涂料、钛科技等
5	埃克森美孚 Exxon-mobi	美国	聚合物、石油增黏树脂、特种弹性体、脂肪族溶剂、全合成第四类及第五类基础油料、Santoprene 山都平热塑性硫化弹性体等
6	阿克苏-诺贝尔 Akzo Nobel	荷兰	表面化学品、基础化学品、功能化学品、聚合物化学品、纸浆化学品
7	英国石油 BP	英国	炼油、天然气销售和发电、油品零售和运输、石油化工产品生产和销售
8	德固萨 Degussa	德国	催化剂、碳 4 化学品、气相二氧化碳与硅烷、高级填充料与颜料、护理及表面化学品、饲料添加剂、涂料原料及色浆、高性能聚合物
9	壳牌 Shell	英荷	石油化工和清洁剂中介产品、溶剂、乙烯氧化物及其衍生物、聚合物等
10	沙特基础工业 Sabic	沙特阿拉伯	化学品、塑料品、化肥
11	旭化成 Asahi	日本	单体和基础化学品、聚合物和人造橡胶
12	汽巴精化 Ciba	瑞士	塑料、油墨、涂料、纺织、纸张、汽车、家庭及个人用品等
13	PPG	美国	车用涂料、包装涂料、航空涂料,建筑涂料及玻璃纤维等
14	液化空气 AIR LIQUIDE	法国	氧气、氯气、氢气、氩气、氮气、Arcal 焊接专用气体、激光气体、实验室气体等
15	罗门哈斯 Rohm-haas	美国	精细化学品及其中间体研究、开发和制造、丙烯酸单体及其聚合物等
16	罗地亚 Rhodia	法国	精细有机化工,纤维及聚合物,消费品及工业产品添加剂等
17	英国氧气公司 BOC	英国	各种工业气体
18	亨斯迈 Huntsman	美国	泡沫包装领域

【拓展学习】

*6.3 获取化工产品技术信息的主要途径

化工产品技术信息主要是指化工产品的质量指标、生产方法、技术参数、安全资料等。获取化工产品技术信息的主要途径有实际的生产技术资料、实验数据和文献资料。其中文献资料涉及的产品范围广,信息量大。对于一般化工产品,文献资料都有比较详细的信息记录。因此,文献资料检索是获取化工产品技术信息非常重要的途径。

6.3.1 手册

手册的技术资料成熟，数据可靠，是获取化工产品信息的重要资源。主要的手册如下所述。

6.3.1.1 中文手册

(1)《中国化工产品大全》 共收 3 万多个品种，产品按规定的 6 大类分编，分为上、中、下三卷。

上卷包括化学矿物原料、无机化工产品、化学肥料、有机化工产品、合成树脂及塑料、通用合成纤维、橡胶及橡胶制品。

中卷包括胶黏剂、涂料及无机颜料、染料及有机颜料、医药产品及农药产品。

下卷包括生物化工产品、催化剂、食品添加剂、饲料添加剂、香料及香精、化妆品、日用化学品、工业表面活性剂、纺织染整助剂、电子化学品、信息化学品、造纸化学品、水处理剂、皮革化学品等。

各卷之后还分别附有该卷的化工产品中文名索引和英文名索引。全书每种产品按其专业及性质均设有共性栏目，其中包括产品名称、别名、英文名、结构式、分子式、分子量、物化性质、有关质量标准或质量指标、用途、制法、消耗定额、毒性和防护、包装、储运及生产厂家等。

(2)《化学工程手册》 时钧、汪家鼎、余国琮、陈敏恒主编，是国内最有影响也最具权威性的通用中文工具书。手册分上、下两册共 29 篇，分别为化工基础数据、化工热力学、流体流动、流体输送、搅拌及混合、传热及传热设备、工业炉、制冷、蒸发、结晶、传质、气体吸收、蒸馏、气液传质设备、萃取及浸取、增湿减湿及水冷却、干燥、吸附及离子交换、膜过程、颗粒及颗粒系统、流态化、液固分离、气固分离、粉碎分级及团聚、反应动力学及反应器、生物化工、过程系统工程、过程控制和污染治理。该手册为化学工程的科研、设计和生产提供了理论知识、实用方法和基础数据。

(3)《石油化工基础数据手册》 卢焕章等编著；《石油化工基础数据手册·续编》马沛生等编著，是为石油化工科研、设计、生产、教学提供基础数据的专用工具书。全书由三部分组成：第一部分为临界参数、饱和蒸气压、汽化热、热容、液体密度、黏度、热导率、表面张力等物化数据的计算方法；第二部分为基本物化性质及临界常数，气体的恒压热容、黏度、热导率等性质，液体的蒸气压、汽化热、密度、热容、表面张力、黏度、热导率等性质；第三部分以表格的形式汇集了化合物的基本性质，将化合物多种性质拟合为公式。

(4)《化工工艺设计手册》(第二版) 上海医药设计院编著，是为化工设计提供的一套实用手册。手册分上、下册，共计 3 部分：常用物质的物化数据，可供进行物料、能量衡算及设备计算时使用；常用化工设备、机电设备和化工仪表等，供设备选型使用；常用工程材料及管道、管件等，供管道施工图设计使用。

(5)《精细有机化学品技术手册》 章思规主编。全书收录 5000 多种产品。内容包括：产品名称、结构式、性状、生产方法、产品规格、原料消耗、用途、危险性质。对大多数精细有机化学品中间体都有详细的工业生产方法和操作步骤，对基本有机原料和精细化工的最终产品，作了选择性介绍。

(6)《有机化工原料大全》，全书收录 400 多种有机化工原料，详细介绍了物质的理化性质、生产原理和方法、质量标准和分析方法、安全卫生和劳动保护、环境保护和"三废"处理、产品的用途等。

(7)《聚合物科学与工艺大全》 是一部收集化学物质、聚合物性质、合成方法、加工和聚合物应用等的技术资料。内容包括塑料、树脂、橡胶、涂料、胶黏剂等，多为科学研究和生产实践总结性资料。

(8)《石油化工原料与产品安全手册》 该手册收录了石油化工、化工行业常用原料和产品550多种，根据其易燃、易爆、有毒的特点，对每种物质所列内容和数据分为 9 大项、50 多小项，主要包括：标识、燃烧爆炸危险性、储运、毒性及健康危害性、急救、泄漏处理等。

(9)标准 化工产品的质量标准有国家标准（简称国标）、行业标准或专业标准（简称行标）和企业标准（简称企标）。

① 国家标准。国家标准是根据全国统一的需要，由国家标准局批准、发布的标准。国家标准的代号用"国标"两字汉语拼音的第一个字母"GB"来表示。如工业硫酸的国家标准的具体写法为：GB 534—82，GB 为国家标准代号；534 为顺序号，即表示国家标准第534 号；82 为年代号，即表示是 1982 年批准发布的。

② 行业（专业）标准。行业（专业）标准是根据行业（专业）范围内统一的需要，由主管部门批准发布的标准。化工行业标准有《中国化工行业标准》，用字母 HG 表示。例如，赤磷的化工行业标准为 HG1-712—70，HG 为化工行业标准代号，1 为类别号，代表无机化学产品，712 为顺序号，70 为年代号。HG 后面的数字除 1 代表无机化学产品外，还有2 代表有机化学产品，3 代表化学试剂，4 代表橡胶加工品，5 代表化工机械及设备，6 代表新材料，7 代表感光材料等。

③ 企业标准。企业标准是根据企业统一的需要，由企业或其上级专业主管机构批准发布的标准（目前我国企业标准这一级还包括省、市、自治区或其他地方机构批准和发布的标准）。为了避免与国家标准和行业标准混淆，企业标准规定在代号前一律加"Q"字母（"企"字汉语拼音的第一个字母），中间以一条斜线隔开，在字母"Q"之前再加上各省、市、自治区简称的汉字。如上海的异丙苯法生产的苯酚：沪 Q/HG2-067—81，"沪 Q"为上海企业标准代号。

通过国标、行标或企标可以检索到化合物的名称、分子式、结构式、理化性质、生产方法、质量指标、检测方法、包装、储存及运输、毒性及预防和处理的方法、燃烧爆炸性及预防和处理的方法等技术资料。

6.3.1.2 外文手册

1. Beilsteins Handbuch der Organischen Chemie《贝尔斯坦有机化学大全》，是一部化学方面资料最完备、最权威的巨著。其中第 V 补编为英文。手册收集的资料有：组成与构型、天然存在及从天然物中提取的方法、制备、分子结构、物理与化学性质、鉴定与分析方法、加成物及衍生物。

2. Chemical Engineering's Handbook《化学工程师手册》，是一部权威性的化工参考工具书。全书共分 29 部分，包括理化数据、热力学、反应动力学、各单元操作、过程控制、传动设备、"三废"处理、生化工程、过程经济等。

6.3.2 期刊

化学化工期刊种类较多，内容广泛，它反映了国内外科学技术的新成果、新水平和新动向。

6.3.2.1 中文期刊

(1)《化学学报》和《化学通报》中国化学会主办，是一种综合性化学学术刊物，主要刊载化学学科的基础研究和应用基础研究的原始成果。

(2)《石油化工》中国石油化工集团公司北京化工研究院与中国化工学会石油化工专业

委员会联合主办，主要介绍国内外新技术、新产品、新工艺、新设备，并对其过程进行经济技术评价。

（3）《化工学报》化学工业出版社主办，主要刊载化工工艺、化学工程、化工设备等方面的学术论文及综合评述。

（4）《精细化工》大连化工研究设计院、中国化工学会精细化工专业委员会和辽宁省化工研究院主办，报道精细化工行业的新工艺、新产品、新技术、新材料等方面的研究成果和文献综述。

（5）《高分子材料科学与工程》中国石油化工股份有限公司科技开发部、国家自然科学基金委员会、化学科学部、高分子材料国家重点实验室四川大学高分子研究所主办，主要刊载高分子材料科学领域的开发性研究论文、基础理论研究论文，高分子物理和物化、反应工程，结构与应用，高分子材料的研究方法、测试技术及其发展的专论和综述。

6.3.2.2 外文期刊

外文期刊中最著名的是美国《化学文摘》CA。

美国《化学文摘》（Chemical Abstracts 简称 CA），由美国化学会化学文摘社编辑出版，是检索化学化工文献最具有权威性的工具。CA 收录的文献以化学化工为主，同时也涉及生物、医学、轻工、冶金、物理等领域。CA 的文献内容主要是期刊论文、专利、学位论文、会议文献、科技报告等。CA 摘录了全世界 98% 的化学化工文献，能够熟练查阅英文资料及 CA，对化学化工工作者有着极为重要的意义。

整体而言，CA 包括索引（Index）和文摘（Abstract）两大部分。CA 的索引非常完备，包括期索引、卷索引、多年积累索引和指导性索引。期索引附在 CA 文摘正文后面。期索引有关键词索引、作者索引及专利索引 3 种。卷索引包括化学物质索引、普通主题索引、分子式索引、环系索引、作者索引和专利索引。CA 文摘的内容包括 5 大部分 80 个类别。期索引为周刊，但其中的五大类分两期出版。卷索引为半年刊，累积索引由卷索引汇编而成。CA 文摘对原文只作简明摘录，不作任何评价和议论。文摘的内容为：研究的目的和范围、新的化学物质、新的化学反应、新材料、新工艺、新仪器装置、新资源、数据和结果以及作者的解释或结论、已有物质的新性质、新来源、新用途等。

6.3.3 专利文献

6.3.3.1 中国专利文献的编号系统简介

中国专利的号码体系由四部分共 8 位阿拉伯数字组成。即国别代号＋专利类型号（1 位数）＋加流水号（5 位数）＋文献种类代码。其中专利类型号与文献种类代码如下：

专利型号与文献种类代码

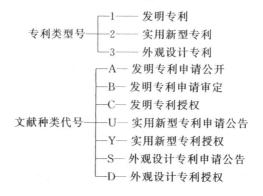

例如：CN1045678A 代表中国的发明专利申请公开号；

　　　　CN2043215U 代表中国的实用新型专利申请公告号；

　　　　CN3003022S 代表中国外观设计专利申请公告号。

6.3.3.2　国际专利分类表简介

《国际专利分类表》（International Patent Classfication，简称 IPC 或 INT. CL），是检索各国专利文献的一把共同的钥匙。IPC 的类目分为 5 级：部、大类、小类、大组和小组。

第一级为部　用 A～H8 个大写拉丁字母表示，一个部的类名概括地指出该部范围内的内容。8 个部的类号和类名如下：

A　人类生活需要（农、轻、医）；B　作业、运输；C　化学、冶金；D　纺织、造纸；E　固定建筑物（建筑，采矿）；F　机械工程、照明、加热、武器、爆破；G　物理学；H　电学。

第二级为大类　用部类号加上两位阿拉伯数字表示，每一大类的类名表明该大类包括的内容。

第三级为小类　用大类号加上一个大写拉丁字母表示，小类的类名尽可能确切地表明小类的内容。

第四级为大组（又叫主组）　用小类号加上——三位阿拉伯数字及 "/00" 表示，大组的类名明确表示检索发明有用的主题范围。

第五级为小组（又叫分组）　小组是大组的组分类，在大组号的斜线之后加上至少两位阿拉伯数字（/00 除外）表示，小组的类名明确表示检索属于该大组范围之内的一个主题范围。

6.3.4　Internet 网络资源

Internet 是全球最大的计算机网络，为全球范围快速传输信息提供了工具。Internet 上的化学化工资源非常丰富，如：

中国化工网　http://china.chemnet.com/

中国化工信息网　http://www.cheminfo.gov.cn/

国内外著名大学化学系都有自己的网址也可供检索。

例如，通过网络可以比较快速地检索到一个化学物质的 MSDS。

本 章 小 结

1. 化工产品按性质分类主要有 5 大类

基本无机化工产品、基本有机化工产品、合成高分子化工产品、精细化工产品和生物化工产品。

2. 化工主要产品简介

对五大类中的主要产品及有关的性质、用途做了简单介绍，以便对化工主要产品有一个概括性地了解。

3. 化工产品质量规格

（1）质量指标

常见指标项目

① 外观

② 主要成分或有效成分含量

③ 杂质含量

④ 相对密度

⑤ 沸点（沸程）

（2）规格

根据质量指标的不同，通常分为优等、一等、二等、三等等级别。

4. 获取化工产品技术信息的主要途径

各种化工手册、专业期刊及网络、生产技术资料、实验数据等。

反馈学习

1. 思考·练习

（1）化工产品按性质分类主要有哪5大类？

（2）工业上常说的"三酸两碱"具体的化工产品是什么？

（3）什么叫碳一化工产品？

（4）写出以乙烯为原料生产聚氯乙烯的合成路线。

（5）丙烯是通过怎样的合成路线生产聚丙烯腈纤维的？

（6）目前产量最大的塑料是什么塑料？

（7）PE、PP、PS各代表什么塑料？

（8）ABS称之为应用最广泛的工程塑料，它含有哪3种基本原料？

（9）列举出生活中几种常见的塑料制品，说明其属于哪种塑料，并写出分子结构式。

（10）眼睛镜片通常用聚碳酸酯制作而不用有机玻璃，为什么？

（11）为什么称聚四氟乙烯为塑料王？

（12）目前产量最大的通用橡胶是什么橡胶？

（13）合成橡胶中哪种通用橡胶的弹性最好？

（14）输油橡胶管通常使用什么橡胶制作？

（15）硅橡胶有什么特点？

（16）有"合成羊毛"之称的合成纤维是什么纤维？其主要成分是什么？

（17）有"合成棉花"之称的合成纤维是什么纤维？其主要成分是什么？

（18）游泳衣通常是用什么合成纤维制作的？为什么选用这种纤维？

（19）什么叫功能高分子材料？

（20）什么叫精细化工产品？

（21）一般化工产品质量标准中有哪些常见指标项目？

2. 报告·演讲（书面或PPT）

参考小课题：

（1）利用图书馆、网络，检索有关化工产品的详细资料，如性质、用途、质量指标、合成方法、生产工艺、安全信息等。

（2）对某化工产品进行社会和市场调查。

（3）日用塑料制品的安全使用

（4）化工产品的质量与人们的生活

（5）化工操作与化工产品质量

第7章 化工生产运行

 明确学习

由于化工生产的特殊性，确保生产过程安全、高效的运行，需要有关部门、有关班组和有关人员的高度协调配合，需要有各种规章制度，需要有科学的组织与管理。化工生产中的各类人员都是化工生产中需要"高度协调配合的有关人员"，因此，除了掌握本岗位的专业知识和技能外，还必须了解和熟悉化工生产运行与管理方面的相关知识和有关的规章制度。

本章学习的主要内容

1. 化工生产作业及规范。
2. 化工操作岗位的职责。
3. 化工生产过程管理。
4. 化工生产工艺技术经济评价。

活动学习

通过模拟化工生产过程运行的训练或参观有关化工企业，了解化工企业运行中的各类规章制度、工艺管理及操作人员基本职责等方面的基本知识，增强对化工生产企业实际运行和管理的感性认识。

参考内容

1. 模拟训练：化工生产过程的运行。
2. 参观：现代化工企业的运行与管理。

讨论学习

? 我想问

? 实践·观察·思考

通过前面有关章节的学习，你已知道了一个化工产品生产的基本工艺过程，并掌握了一定的化工生产工艺基础知识和基本技能。现在，通过化工生产过程运行的模拟训练，或参观现代化工企业生产过程的运行与管理，你对化工生产一定又有了新的认识，能否回答下面的问题：

(1) 化工企业为什么有那么多规章制度？

(2) 化工企业为什么要设置那么多部门？

(3) 一线的生产操作者与这些部门、这些规章制度有何关系？

（4）怎样才能使一个化工生产正常运行？

（5）一个化工生产从业者应该具备怎样的基本素养？

7.1 化工生产作业及规范

化工生产不同于一般工业生产，客观上经常存在着高温、高压、低温、负压、易燃、易爆、易中毒、易腐蚀、放射性物质、粉尘等不安全因素，因此应从各方面明确职责和要求，以确保化工生产安全运行。

7.1.1 生产作业人员职责

生产作业人员必须严格控制工艺技术文件规定的各项指标，遵守生产过程操作规范和相应规章制度。

7.1.1.1 操作工岗位基本职责

① 作为从事化工生产活动的一线人员，有责任严格按照"产品工艺规程"、"岗位操作法"等工艺技术文件的要求和相应规章制度的规定，严格控制、调整工艺参数。

② 按照生产流程的工艺控制参数的设定和工艺巡回检查牌的检查要点，对生产工艺装置的现场进行"定时、定点、定路线"的巡回检查，并在巡检完每个点后，在工艺巡回检查牌挂上与时间相应的数字牌，以示工艺巡回检查完成，并在巡回检查本上做好记录。

③ 按照操作人员职责范围和生产调度的指令，做好生产系统的开车、停车（临时停车、局部停车）等生产负荷的调整工作。及时排除生产过程中发生的各类故障及可能影响生产的隐患，全力维持生产系统的正常运行。

④ 交接班是确保生产作业正常运转的重要环节，操作人员必须做好生产作业的交接工作。

⑤ 工作时间内不得串岗和随意离岗；不得打瞌睡和做与生产无关的事。

⑥ 操作中不得随意调节安全阀、仪表信号等。

⑦ 生产不正常时，应立即报告班组长及时处理；对紧急情况，按紧急停车处理。

⑧ 认真学习有关安全生产的规定和安全技术知识，熟悉并掌握安全生产基本知识。

7.1.1.2 原始记录填写

化工生产装置运行过程中设有许多关键控制点和检测点，有些需要记录仪表显示的数据，有些需要现场观察和记录，作业人员必须按规定的时间、地点、线路，如实记录即时数据或现象，这项重要的工作称为原始记录。

原始记录不但要求与生产运行同步，生产运行不停，原始记录的填写不能结束，而且有一定的书写要求，力求用仿宋体填写各种数据，不允许填写的数据出格、漏填或涂改；必须保持整洁，不能有污迹；严禁在原始记录表的正、反两面随意涂写；原始记录表上必须有记录者及当班班长签名。

特别需要指出的是，原始记录的填写需十分严肃、认真，应做到"准时、准点、可靠和真实"，体现操作人员的责任性和职业道德水准，容不得半点掺假，绝不应将操作原始记录填写成"回忆录"、"备忘录"或随意地填写，尤其在生产不正常和发生故障时的各种参数，可为分析原因、寻找排除故障的方法提供参考依据。

各企业因生产的产品、工艺路线、原料等的不同，原始记录表的格式也不尽相同。以下为某合成氨厂变换岗位生产记录（部分）格式。

合成氨厂变换岗位生产记录（部分）

项目 内容	高压蒸汽 流量 /(t/h)	低压蒸汽 流量 /(t/h)	中变炉温度 /℃	H_2S 质量浓度/(mg/m³)			中变炉出 口 CO 含量 /%	出工段 CO 含量/%	出工段 CO_2 含量 /%
				脱硫塔		再生气			
				入口	出口				

签名：操作人员 _____   班组长 _____

7.1.2 化工生产中的故障处理

生产过程中各环节的各种隐患、故障及事故的发生，常为不可预见的突发性故障、事故和人为失误的偶然性故障、事故等。

7.1.2.1 突发性故障、事故的预防

生产过程中产生突发性故障、事故的原因较为常见的是生产装置的动力源突然失去或水源突然断供等，使生产装置中各种化学反应突然加剧，装置内压力突升，造成爆鸣事故，或大量易燃易爆物料外泻，发生爆炸或燃烧。发生这类故障、事故具有较大的突然性和危险性。为此，应做到以下几点。

① 应在重要的关键生产工序实施多路电源供电，即在常用电源发生故障时，备用电源或其他电源可自动切换上去，以有效地防止生产装置失去动力源。

② 为防止易燃易爆物料外泄，生产装置上应设置安全阀，并与空容器（如气柜、缓冲罐等）相连，一旦发生生产装置升压，可通过安全阀将易燃易爆物料及时压送至空容器，实现生产装置的减压，以确保安全。

③ 为防止生产装置突发性断水的情况发生，可以在生产装置的最高处设置储水高位槽，并在进水处设置止逆阀，防止"回水现象"发生。

④ 加强和提高操作人员的应急、应变能力，防止各类误操作或贻误处理时机的情况发生。

7.1.2.2 偶然性故障、事故的预防

在生产运行正常的情况下，发生偶然性故障、事故的原因绝大多数是操作人员操作失误甚至违规操作造成。因此，加强操作工的岗位培训，增强操作人员的责任教育是预防偶然性故障、事故发生的关键。对新上岗的人员须有专门的师傅进行帮带和传教，对于不合适的操作人员，则应调离本岗位。

7.1.3 化工生产装置开、停车

在化工生产中，开、停车操作的准备工作和处理情况如何，既对生产的进行有直接影响，也是衡量操作工水平高低的一个重要标准。

开、停车包括基建完工后的第一次开车，正常生产中的开、停车，特殊情况（事故）下突然停车，大、中修之后的开车等。随着化工先进生产技术的迅速发展，机械化、自动化水

平的不断提高，对开停车的技术要求也越来越高。

7.1.3.1 化工生产装置的开车

基建完工后的第一次开车，一般按 4 个阶段进行：开车前的准备工作；单机试车；联动试车；化工试车。

（1）开车前的准备工作

开车前的准备工作大致如下。

① 施工工程安装完毕后的验收工作。

② 开车所需原料、辅助原料、公用工程（水、电、汽等）以及生产所需物资的准备工作。

③ 技术文件、设备图纸及使用说明书和各专业的施工图，岗位操作法和试车文件的准备工作。

④ 车间组织的健全，人员配备及考核工作。

⑤ 核对配管、机械设备、仪表电气、安全设施及盲板和过滤网的最终检查工作。

（2）单机试车　为确认转动和待动设备如空气压缩机、制冷用氨压缩机、离心式水泵和带搅拌设备等是否合格，是否符合有关技术规范，需进行单机试车。

单机试车在不带物料和无载荷情况下进行。首先要断开联轴器，单独开动电动机，运转48h，观察电动机是否发热、振动，有无杂音，转动方向是否正确等。当电动机试验合格后，再和设备连接在一起进行试验，一般也需运转 48h。在运转过程中，经过细心观察和仪表检测，均达到设计要求时（如温度、压力、转速等）即为合格。如在试车中发现问题，应会同施工单位有关人员及时检修，修好后须重新试车，直到合格为止。

（3）联动试车　联动试车是用水、空气或和生产物料相类似的其他介质，代替生产物料所进行的一种模拟生产状态的试车，目的是为了检验生产装置连续通过物料的性能（当不能用水试车时，可改用其他介质，如煤油等代替）。联动试车时也可以对介质进行加热或降温，观察仪表是否能准确地指示出通过的流量、温度和压力等数据以及设备的运转是否正常等情况。

联动试车能暴露出设计和安装中的一些问题，在这些问题解决以后，再进行联动试车，直至认为流程畅通为止。

（4）化工试车　化工试车因生产类型的不同而各异，是在以上各项工作都完成后，按照已制定的试车方案，在统一指挥下，按化工生产工序的前后顺序进行。

由此可见，一个化工生产装置的开车是一个非常复杂也很重要的生产环节。开车的步骤并非一样，要根据地区、部门的技术力量和经验，制定切实可行的开车方案。正常生产检修后的开车和化工试车相似。

7.1.3.2 化工生产装置的停车

化工生产装置停车一般分为长期停车、短期停车和紧急停车 3 种情况。因装置大修或计划内较长时间需停车称为长期停车。长期停车要将整个生产装置恢复到常温、常压，设备内不再存有物料，达到能够进入设备内部检修的条件。因装置中、小修需要停车称为短期停车。短期停车一般将生产装置仍保持运行时的温度和压力，设备仍存有物料。如遇全厂性停电或发生重大设备事故以及断水、跳闸等紧急情况需要的停车称为紧急停车，当这种情况发生时，应立即通知前步工序采取紧急处理措施。把物料暂时储存或向事故排放设施（如火炬、放空等）排放，并停止入料，转入停车待生产的状态（绝对不允许再向局部停车装置输送物料，以免造成重大事故）。同时，立即通知下步工序，停止生产或处于待开车状态。此时，应积极抢修，排除故障。待停车原因消除后，应按化工开车的程序恢复生产。

对于自动化程度较高的生产装置，常备有和关键阀门锁在一起的紧急停车按钮。当发生紧急停车时，操作人员一定要以最快的速度按下此按钮。为了防止全面紧急停车的发生，一般的化工厂均有备用电源。当第一电源断电时，第二电源可立即供电。

(1) 停车操作及注意事项 停车操作须严格按停车时间、停车程序以及各项安全措施有程序地进行，应注意以下几点。

① 卸压。由高压降至低压，一般要求系统内保持微弱正压，在未做好卸压前，不得拆动设备。

② 降温。应按规定的降温速率进行。一般要求设备内介质温度低于 60℃。

③ 排净。要将生产系统（设备、管道）内储存的气、液、固体物料排净。排放残留物必须严格按规定地点和方法进行，不得随意放空或排入下水道。

(2) 停车后的安全处理 停车后的安全处理主要步骤有：隔绝、置换、吹扫与清洗。

① 隔绝。最可靠的隔绝办法是拆除管线或抽插盲板。拆除管线是将与检修设备相连接的管道、管道上的阀门、伸缩接头等可拆卸部分拆下，然后在管路侧的法兰上装置盲板，也可在检修设备相连的管道法兰处插入盲板。

② 置换。为保证检修动火和进入设备内作业安全，在检修范围内的所有设备和管线中的易燃易爆、有毒有害气体应进行置换。

③ 吹扫。对设备和管道内没有排净的易燃、有毒液体，一般采用蒸汽或惰性气体以吹扫方法清除。

④ 清洗。包括蒸煮、化学清洗。

7.2 公用工程

公用工程是指化工生产过程中必不可少的供水、供热、制冷、供电和供气。化工生产的运行离不开公用工程。

7.2.1 化工用水

天然水中最常见的金属离子是 Ca^{2+} 及 Mg^{2+}，它与水中的 CO_3^{2-}、SO_4^{2-}、NO_3^- 等阴离子结合，形成钙镁的碳酸盐、硫酸盐等。水被加热的过程中，由于蒸发浓缩而易形成的水垢附着在受热面上而影响传热，甚至影响设备寿命和化工生产的安全。为避免这些不利因素，化工企业中往往设有对水进行预处理的部门。

化工生产中的用水有工艺用水和非工艺用水之分。工艺用水用于直接与物料接触，其对水质的硬度、氯离子含量等有明确要求。非工艺用水主要用于冷却工艺，对水质的硬度、Fe^{2+} 含量等也有要求，以免产生水垢影响传热。

7.2.2 热载体

饱和水蒸气是使用最广的热载体，具有使用方便、加热均匀、快速和易控等优点，但饱和水蒸气的压力随着温度的上升而迅速提高，既增加了设备承受的压力，也增加了设备的造价和危险，而且有些化工生产中，不得使用和反应物料相抵触的介质作为传热介质，如：极微量水将引起环氧乙烷液体自聚发热而爆炸，因而在生产过程中不能使用水蒸气加热或水冷却环氧乙烷，而选用液体石蜡作为传热介质。

熔盐（HTS）由 $NaNO_2$ 40%、KNO_3 53%、$NaNO_3$ 7% 组成，无毒性，熔点 142℃，

在180℃以上具有较好流动性，适用于350～500℃工况条件，因而化工生产中常选用熔盐作为热载体。其他诸如高温导热油、热源烟道气、电加热等也常作为化工生产过程中的热载体。

7.2.3 载冷剂

常用的载冷剂有空气；低温水（≥5℃）；盐水（NaCl水溶液−15～0℃、$CaCl_2$水溶液−45～0℃）；有机物（乙醇、乙二醇、丙醇等）；氨等。

(1) 空气 空气密度小、黏度低，使用的安全性高，而且对金属设备无腐蚀性，循环输送的动力消耗较低，使用成本很低，适用空气直接冷却的场合，如空冷和调节空气相对湿度等，但空气的热容低、热导率小，限制了制冷效率和效果。

(2) 水 水是一种较常用的载冷剂，热容大、密度小、黏度小，而且对设备和管道腐蚀性小、化学稳定性好，适用于空气调节系统，既可作为空调冷载体，又可作为调节相对湿度的物质，但水的冰点较高，不适合用于0℃以下制冷系统。

氯化钠水溶液是工业上常用的载冷剂之一。凝固点与氯化钠浓度有关。由表7-1所列数据可知，氯化钠浓度低于23.1%时，其凝固点随氯化钠浓度升高而下降；当氯化钠浓度大于23.1%时，其凝固点却随氯化钠含量升高而上升；当氯化钠浓度为23.1%时，可达到该类盐水溶液的最低凝固点，即−21.2℃。

为保证蒸发器中氯化钠溶液不冻结，应使盐水浓度所对应的凝固点低于制冷剂蒸发温度6～8℃。因此，用氯化钠水溶液作载冷剂时，适用于制冷剂蒸发温度在−15.2℃以上时的工况。

(3) 氯化钙 也是工业上常用的载冷剂。溶液的凝固点随氯化钙浓度的变化而变化。由表7-2可知，当氯化钙浓度低于29.9%，其凝固点随氯化钙浓度升高而下降；当氯化钙浓度大于29.9%时，其凝固点又随浓度升高而上升；当氯化钙浓度等于29.9%时，其凝固点可达到该类盐水溶液的最低点，即−55℃。

为保证蒸发器中氯化钙溶液不致冻结，应使盐水溶液浓度所对应的凝固点低于制冷剂蒸发温度6～8℃。因此用氯化钙水溶液作载冷剂时，适用于制冷剂蒸发温度在−49℃以上时的工况。

表 7-1 氯化钠水溶液与凝固点关系

含量/%	凝固温度/℃	含量/%	凝固温度/℃
0.1	0	16.2	−12.2
1.5	−0.9	17.5	−14.6
2.9	−1.8	18.8	−15.1
4.3	−2.3	20.0	−16.6
5.6	−3.5	21.2	−18.2
7.0	−4.4	22.4	−20.0
8.3	−5.4	23.1	−21.2
9.6	−6.4	23.7	−17.2
11.0	−7.5	24.9	−9.5
12.3	−8.6	26.1	−1.7
13.6	−9.8	26.3	0
14.9	−11.0		

表 7-2 氯化钙水溶液与凝固点关系

含量/%	凝固温度/℃	含量/%	凝固温度/℃
0.1	0	25.7	−31.2
5.9	−3.0	26.6	−34.6
11.5	−7.1	27.5	−38.6
16.8	−12.7	28.4	−43.6
17.8	−14.2	29.4	−50.1
18.9	−15.7	29.9	−55.0
19.9	−17.4	30.3	−50.6
20.9	−19.2	31.2	−41.6
21.9	−21.2	33.9	−21.2
22.8	−23.3	35.6	−10.2
23.8	−25.7	37.3	0
24.7	−28.3		

7.2.4 供电

为统一管理和调度电力，常将一个区域各发电厂所发的电并网，构成一个区域电力网。

习惯上称 10kV 以下线路为配电线路，35kV、60kV 线路为输电线路，110kV、220kV 线路为高压线路，330kV 以上线路称为超高压线路。把 1kV 以下的电力设备及装置称为低压设备，1kV 以上的设备称为高压设备。

企业中的变电站把 35～100kV 的电压降到 3～10kV 后向车间变电所供电，车间变电所将电压变换为 380/220V 低压，分配给用电设备。其中 12～36V 为安全电压，用于视镜照明、仪表用电；一般电机用电为 380V。

为保证生产的正常运行，避免停电事故发生，化工企业重要设施一般由两路电源进行供电。

7.2.5　供气

化工企业中的供气主要是指空气和氮气的供给，常作为原料、吹扫气、保安气、仪表用气等。

7.3　化工生产过程管理

化工生产管理是化工企业管理的重要组成部分，是对化工企业日常生产技术活动实施计划、组织和控制，是与产品制造密切相关的各项管理工作的总称。其内容包括生产计划和生产作业计划的安排，生产控制和调度等日常管理工作。从广义上讲，生产管理还应包括生产技术管理，一是要根据用户要求和企业水平，规定产品生产的品种、产量、质量、进度、消耗等技术经济指标；二是制定有关原材料、燃料和动力、设备和装置、仪器仪表、测试手段、工艺规程等技术要求及其有关的标准。

7.3.1　化工生产部门设置

7.3.1.1　管理部门

为了使生产系统管理有序，企业须设立一些担负各种专业职能的管理部门来完成一些组织管理工作，其中最主要的部门有以下几个。

(1) 生产技术部门　负责全厂生产的组织、计划、管理，一般下设调度室来协调全厂生产及其他部门的关系，保证生产正常进行，同时设有工艺技术组，负责全厂工艺技术管理工作，定期做出全厂的物料平衡及工艺核算。

(2) 质量检查部门　负责全厂原料、中间产品、目的产品中重要项目的质量分析，提供检验结果作为调整工艺参数的依据及产品出厂的质量指标。

(3) 机械动力部门　负责全厂化工机器、化工设备的统一管理，建立设备及其运转情况的档案，定期提出设备维修及旧设备更新计划。

(4) 安全部门　一是负责贯彻执行安全管理规程，进行日常的安全巡回检查，及时发现不安全隐患，协同有关部门采取措施，杜绝事故的发生，保证安全生产；二是负责对全厂职工、新职工、转岗职工及一切进入生产现场的人员进行安全教育。

(5) 环境保护部门　负责检测生产过程排放的所有废料必须符合国家规定的"三废"排放标准，监督和组织有关部门重视物料的回收和综合利用，治理污染，化害为利，保护环境，造福人类。

(6) 供应及销售部门　负责全厂所有原料的采购以及产品和副产品的销售，必要时还要配合有关部门做好市场调查及技术服务，为产品的推广应用做好宣传工作。

7.3.1.2 生产辅助部门

工艺流程主要是由化工设备和仪表控制系统组成，为保证它们的正常使用，必须配备维护、维修部门及设备的运转动力系统。

(1) 动力车间 动力车间要为化工企业生产系统和生活系统提供所有的公用工程：首先须保证生产和生活用电的供应及用电设备的检修；其二须根据生产工艺所需提供热源（如高压蒸汽、燃料油或燃料气等）；其三须提供降温的冷源（如循环冷却水、低温水、冷冻盐水等）；其四须提供生产和生活用水（如工艺用的无离子纯水、软水、自来水、深井水）；其五须提供各种气源（仪表用空气、压缩空气、安全置换用氮气等）。

(2) 机修车间 作业人员对化工设备只负责操作和使用，而机修车间要保证所有生产流程的正常运转及备用设备处于随时可使用的完好状态。为此，既要在平时注意设备运行情况的巡回检查，做必要的维护保养，还要按计划进行化工设备的大、小检修。

(3) 仪表车间 工艺过程中的手动或计算机控制系统，作业人员按规定的指标使用仪表进行操作控制，保证工艺条件稳定在适宜范围。而仪表系统一旦出现故障，必须由仪表车间负责检修，以保证仪表系统的正常运行。仪表人员平时要坚持对仪表运行情况进行巡回检查，注意维护、保养，避免因仪表故障而出现生产事故。

7.3.2 化工生产规章制度

为确保化工生产过程安全高效地运行，企业在产品生产过程中有一系列的规章制度作为保障。

7.3.2.1 岗位责任制

一般根据生产流程中的关键作业点等进行岗位界定，并以确保每个岗位安全、高效为目标，制定出有针对性的奖惩条例，成为须强制执行的岗位责任制。主要包括：认真执行操作规程，严格控制操作指标，及时做好岗位记录，发现问题及时处理；按时对本岗位的设备等进行检查、维护和保养；负责所属设施的管理和操作，熟知设备的运行状况；对发生的事故应认真分析并如实反映。

在岗时，操作人员接受班组长的领导；岗位有两人以上的，其中一人为主操作工，其余为副操作工，副操作工接受主操作工的领导；当班操作人员对厂调度室或车间直接下达的指示或命令，应立即报告班组长，并按班组长指示实施；当班操作人员对岗位发生的异常现象或事故，应及时报告班组长，按班组长指示处理。

7.3.2.2 交接班制

化工生产有各种不同的形式和要求，往往需要将产品作业过程移交给不同工作时间的人员，双方交接内容包括：生产装置的运行情况；本生产岗位或工序的重要操作控制指标的实施情况；当班的产品质量、产量完成情况；发生的生产装置不正常处理情况以及不正常情况的原因分析；其他重要事项的说明和关照等。

为此，从事生产操作的岗位及生产工序均应设置交接班记录本，用于交接生产班组从事连续生产活动内容的书写之用，双方应做到"交班清，接班严"，尤其要关注交接班记录本中双方是否有签名、交接内容是否完整、有否漏交或不交现象发生、有否将交接内容事先写好、是否实行集体交接方式，否则视作违反交接班纪律。

7.3.3 化工生产工艺管理

不论生产哪种化工产品或哪种类型的化工企业，工艺过程的内容一般都包括投料方式、工艺流程的组织、化工设备的选择、操作条件的选择和控制方案。

化工工艺管理的内容包括以下几点。

① 制定或修订以"产品工艺规程、岗位操作法"为中心内容、包括产品工艺卡片、产品质量标准和产品分析规程等 5 项技术文件。

② 工艺控制指标和操作控制点的管理，包括工艺台账的建立、检查、考核与评比。

③ 工艺纪律和操作纪律的管理（包括技术培训）。

④ 根据"产品单耗管理条例实"进行产品原材料、能源资源消耗定额管理。

⑤ 制订、贯彻执行原始记录管理制度及组织原始记录考核评比。

⑥ 组织关键工序（尤其是瓶颈部位）工艺查定。

⑦ 收集、了解国内外与本企业产品有关的工艺技术资料和技术进步等信息，组织和参与各类工艺技术交流。

⑧ 制订化工工艺管理计划，按时进行月度、季度及年度的总结，制订或完善各项工艺技术管理制度。

⑨ 组织工艺巡回检查、考核及评比。

⑩ 工艺条件确定及生产设备选型。

7.3.3.1　产品工艺规程

产品工艺规程是用文字、表格和图示等将产品、原料、工艺过程、化工设备、工艺指标、安全技术要求等主要内容予以具体的规定和说明的文件。在各项工艺文件中，产品工艺规程是重点和核心，其余各项工艺文件都依其而制定，它是一项综合性的技术文件，对企业具有法规作用，也是各级生产指挥人员、技术人员和工人实施生产的共同的技术依据。包括：

① 产品名称、物化性质、技术标准及作用；

② 原材料名称及质量标准或技术规格；

③ 生产基本原理及反应式；

④ 生产工艺流程的叙述；

⑤ 岗位操作法及控制；

⑥ 不正常现象及消除方法；

⑦ 安全生产要点及措施；

⑧ 主要原材料、动力消耗定额；

⑨ 生产过程中的"三废"排放和处理；

⑩ 主要设备的生产能力及设备一览表；

⑪ 带控制点的工艺流程图；

⑫ 关键设备结构图。

为使工艺操作规程既保持先进技术水平，又保持相对稳定，一般 2～3 年需对其作修改。修改工作以生产技术部门（或工艺部门）为主，组织有关车间、有关方面的技术人员共同研讨提出初稿，提供有关车间、工段职工讨论，广泛征求意见，再作补充与修改。经过有关车间，生产技术、质量检查、设备动力等负责人签字，最后由总工程师和生产技术副厂长审批后方可实施。重大工艺路线的变更，还必须按规定报请主管部门审批。

7.3.3.2　岗位操作法

岗位操作法根据目的产品生产过程的工艺原理、工艺控制指标和实际生产经验总结编制而成。在岗位操作法中，对工艺生产过程的开车、停车步骤以及维持正常生产的方法及工艺流程中每一个设备、每一项操作都明确规定具体的操作步骤和要领，对生产过程可能出现的事故隐患、原因、处理方法一一列举分析。

7.3.3.3 产品工艺卡片

对照国内外同行业、同类产品的生产技术水准，以赶超先进水平为目的制定出产品工艺卡片，主要内容包括：产品名称、产品概况、质量控制、工艺过程（工艺线路、工艺流程、工艺控制）、主要设备、主要原料（消耗定额）、主要用途、国外先进技术概况等内容。

7.3.3.4 "产品标准"及"产品分析规程"

"产品标准"又称"产品质量标准"，既是企业组织生产和交货的依据，也是企业引进国内外先进产品标准和实施生产、产品上等级的有力措施。而"产品分析规程"是按照"产品标准"的要求实施产品分析的规范和操作程序。

"产品质量标准"及"产品分析规程"由企业主管工艺管理部门及企业主管质量管理部门共同组织制订或修订，有效期限一般为 3 年。

7.3.4 产品质量管理

产品质量是指产品适应社会和人们需要所必须具备的特征。化工产品的质量不仅关系到企业的经济效益、企业的生存与发展，而且关系到社会的安全与稳定。化工产品的质量特征主要包括性能、安全性、可靠性、寿命以及性价比等 5 个方面，这些质量特征对不同的化工产品有不同的、具体的质量指标，只有满足了一定的质量指标，体现出化工产品的质量特征才是合格的产品，才能提供给社会。因此，必须坚持标准，严格控制。

产品质量管理主要是指在生产过程中，针对产品的质量特性进行管理的过程。主要包括制订产品质量标准和做好产品质量检验两方面的工作。

7.3.4.1 产品质量标准

产品质量标准是产品质量特性应达到的要求，是产品生产和质量检验的技术依据。制订化工产品的质量标准，目的在于促使生产企业保证并提高产品质量，便于用户根据不同的要求选用不同质量规格的产品，做到合理利用资源，同时也有利于国内、国际间的贸易和技术交流。

我国化工产品的质量标准分为国家标准、行业（专业）标准和企业标准 3 级。

化工产品的质量标准一般由以下几个部分组成。

① 本标准适用范围，主要说明该标准的产品系用何种原料、何种生产方法制造。

② 技术要求，包括外观、各项技术指标名称及其指标值。

③ 检验规则，内容包括检验权限、批样量及取样的方法等。

④ 试验方法，详细规定有关技术指标的具体检验分析方法。

⑤ 包装标志、储存及运输的扼要说明。

新的产品标准还要附加说明，内容包括本标准提出的部门、起草单位及主要起草负责人、首次发布该标准的年、月、日等。

随着我国国民经济的不断发展，国际间的贸易交流和技术交流不断扩大，国际质量标准 ISO 900 族已被许多企业采用，其中许多已成为我国国家标准。

7.3.4.2 产品质量检验

我国国家标准 GB/T 19000—2000 对质量控制的定义是："质量管理的一部分，致力于满足质量要求"。产品质量控制是企业为生产合格产品、提供顾客满意的服务和减少无效劳动而进行的控制工作，目标就是确保产品的质量能满足顾客、法律法规等方面所提出的质量要求，如适用性、可靠性、安全性等。产品质量控制的范围涉及产品质量形成全过程的各个环节。

化工生产工序多，从原料、中间产品到最终产品各阶段都有严格的质量控制，而质量控制通过质量检验来实现。

质量检验又称质量技术检验，是采取一定的检验测试手段和检查方法测定产品的质量特性，并把测定结果与制订的质量标准进行比较，对产品做出合格或不合格的判断。质量检验是监督检查产品质量的重要手段，是整个生产过程中非常重要的环节。通过质量检验，严把质量关，保证不合格的原材料不投产、不合格的中间产品不转工序、不合格的产品不出厂。

质量检验由质量检查部门负责。质量检查部门要对全厂的原料、中间产品、最终产品进行质量分析检验，并对照相关标准做出原料、中间产品、最终产品是否合格的检测报告，为原料的投产、中间产品的进一步加工、最终产品的出厂提供质量保证，为生产操作控制、工艺参数的调整乃至工艺改革提供依据。

7.3.5　设备管理

"工欲善其事，必先利其器"。生产设备是进行化工生产必不可少的条件之一。生产产品的工艺路线确定之后，生产设备能否符合生产工艺之要求、能否满足生产过程需要成为决定的因素。

设备管理是对设备的选择评价、维护修理、改造更新和报废处理全过程的管理工作，是工业企业管理的一个重要方面，是生产管理的一项重要内容，是现场管理的重要环节。加强设备管理，及时维护保养，使设备处于最佳状态，对于保持正常的生产秩序、保证稳定生产、降低产品制造成本、提高企业经济效益有着重要的意义。

设备管理的主要内容包括设备的使用、设备的维护保养、设备日常管理、设备计划检修、设备事故处理、设备更新等。

（1）设备的使用　是设备管理中的重要环节，需要做到：

① 科学安排生产负荷，严禁设备超负荷运转，禁止精机粗用；

② 配置合格的设备操作人员，实行持证上岗制度；

③ 操作中严格控制各项工艺指标，安全操作；

④ 创造良好的工作条件，注意防腐、保温、防潮等设施维护；

⑤ 建立、健全和严格执行设备使用管理规章制度。

（2）设备的维护保养　是设备管理中不可缺少的环节，对于保证设备正常高效运转具有重要意义。按工作量的大小，设备维护保养可分为以下几点。

① 日常保养。重点是洗清、润滑，紧固易松动的螺丝，检查零部件的状况，是一种经常性的不占工时的维护保养。

② 一级保养。除普遍地进行清洗、润滑和检查外，还要部分地进行检修。

③ 二级保养。主要是进行设备内部清洗、润滑、局部接替检查和调整。

④ 三级保护。对设备主体部分进行解体检查和调整，同时更换一些磨损零件，并对主要零部件的磨损状况进行测量、鉴定。

（3）设备计划检修　是以预防为主的、有计划的设备检修制度。根据间隔期的长短和工作量的大小可分为大修、中修、小修和系统大检修。

① 大修。指机器设备在长期使用后，为了恢复其原有的精度、性能和生产效率而进行的全面检修。大修需要对设备进行全部拆卸、更换和修复所有易磨损及腐蚀的零部件，大修

后必须进行试运行。

② 中修。指对设备进行部分解体、修理或更换部分主要零部件与基准件，或检修使用期限接近的零部件，中修后应进行试运行。

③ 小修。指对设备进行局部检修，清洗、更换和修复少量容易磨损和腐蚀较小的零部件并调整机构，以保证设备能使用至下一次检修。

④ 系统大检修。指对整个系统（装置）停车进行检修。由于工作量大、涉及面广，全系统停车前必须做好检修计划，进行充分的准备和安排，做到有计划、有步骤地完成检修任务，保证检修效果。

（4）设备事故处理　设备发生意外事故无法控制时，应及时报告，并注意保护现场。

（5）设备更新　包括设备改造和更换。

① 原型更换。即用同型号的新设备代替原有的已经磨损、陈旧或损坏的老设备，解决的是物理磨损问题。

② 技术更新。以技术上更先进、经济上更合理的设备代替原有的设备，不仅解决了物理磨损问题，同时解决了经济损失问题。

7.3.6　化工生产安全管理

7.3.6.1　生产岗位职工的安全教育

所有新入厂职工（包括学徒工、外单位调入职工、合同工、代培人员和大中专院校实习生）上岗前必须进行厂级、车间级和班组级的 3 级安全教育。培训时间为 24～48 学时。培训内容主要包括：安全生产知识（基本知识、规章制度、岗位安全操作规程、事故案例等）及劳动保护知识（主要危险因素及事故防范应急措施、防护用品应用）等。

所有转岗、复岗等人员应进行车间和班组两级安全教育，经考试合格后，方可从事新岗位工作。

7.3.6.2　各级安全教育

（1）厂级安全教育　由企业安全部门会同劳资、人事部门组织实施。新职工经厂级安全教育并考试合格后，才能分配到车间。教育内容为：

① 国家有关安全生产法令、法规和职业安全卫生法律、法规；

② 通用安全技术和职业卫生基础知识，包括一般机械、电气安全知识、消防知识和气体防护常识等；

③ 本企业安全生产的一般状况、工厂性质、安全生产的特点和特殊危险部位介绍；

④ 本行业及本企业的安全生产规章制度和企业的劳动纪律、操作纪律、工艺纪律、施工纪律和工作纪律；

⑤ 典型事故案例及其教训，预防事故的基本知识。

（2）车间级安全教育　由车间负责人组织实施。新职工经车间级安全教育并考试合格后，才能分配到班组。教育内容为：

① 本车间的生产概况、安全卫生状况；

② 本车间主要危险危害因素及安全事项，安全技术操作规程和安全生产制度；

③ 安全设施、工具、个人防护用品、急救器材及其性能和使用方法，预防事故和职业病的主要预防措施等；

④ 典型事故案例及事故应急处理措施。

（3）班组安全教育　班组安全教育由班组长组织实施。教育内容为：

① 班组、岗位的安全生产概况，本岗位的生产流程及工作特点和注意事项；

② 本岗位的职责范围和应知应会的内容；

③ 本岗位安全操作规程，岗位间衔接配合的安全卫生事项；

④ 本岗位预防事故及灾害的措施，安全防护设施的性能、作用、使用和操作方法，个人防护用品的保管及使用方法；

⑤ 典型事故案例。

7.3.6.3　特殊安全教育

① 凡从事电气、锅炉、放射、压力容器、金属焊接、起重、车辆（船舶）驾驶、爆破等特殊工种的操作人员，必须由企业有关部门与当地政府主管部门组织进行专业安全技术教育，经考试合格，取得特殊作业操作证，方可上岗工作。

② 发生重大事故或恶性未遂事故时，安全主管部门要组织有关人员进行现场事故教育，吸取教训，防止类似事故发生。对事故责任者要进行脱产教育，教育合格后方可恢复工作。

③ 在新工艺、新技术、新装置、新产品投产前，安全主管部门要组织有关人员编制新的安全操作规程，进行专门教育，经考试合格取得安全作业证后，方可上岗操作。

7.3.6.4　安全检查制度

安全检查是安全管理的重要手段，企业安全检查有以下几种方式。

（1）综合性安全大检查　一般每年进行一次，内容是岗位责任制大检查。

（2）专业性安全检查　主要对关键生产装置、要害部位以及按行业部门规定的锅炉、压力容器、电器设备、机械设备、安全装置、检测仪表、危险物品、消防器材、防护器具、运输车辆、防尘防毒、液化气系统等分别进行检查。

（3）季节性安全检查　季节性安全检查是根据季节特点和对企业安全生产工作的影响，由安全部门组织相关管理部门和专业技术人员来进行。如雨季防雷、防静电、防触电、防洪等，夏季以防暑降温为主要内容，冬季以防冻保温为主要内容的季节性安全检查。

（4）日常安全检查　日常安全检查是指各级领导者、各职能处室的安全技术人员经常深入现场进行岗位责任制、巡回检查制和交接班制的执行情况检查。

（5）特殊安全检查　是生产装置在停工检修前、检修开工前及新建、改建、扩建装置试车前，必须组织有关部门参加的安全检查。

安全检查人员在检查中有权制止违章指挥、违章操作，批评违犯劳动纪律者。对情节严重者，有权下令停止工作，对违章施工、检修者，有权下令停工。对检查出的安全隐患及安全管理中的漏洞，发出《隐患通知》，要求定措施、定时间、定负责人的"三定"原则限期整改。对严重违反国家安全生产法规，随时可能造成严重人身伤亡的装置、设备、设施可立即查封，并通知责任单位。

7.4　化工生产工艺技术经济评价

7.4.1　消耗定额和利用率

7.4.1.1　原料消耗定额

由于原料成本占整个生产成本的比例很大，因此，为确保化工产品的生产效益，除确保质量、产量外，必须十分重视降低原料的消耗。为此，每个产品生产都设有一个限定的消耗定额，即：生产单位合格产品需要消耗的原料量。

（1）理论消耗定额（$A_理$）　理论消耗定额是指将初始物料转化为最终产品时，按化学方程式的化学计量为基础计算得到的消耗定额，是生产单位目的产物必须消耗原料量的最小理论值，用 $A_理$ 表示。

（2）实际消耗定额（$A_实$）　实际生产过程中，由于副反应的发生、原料的质量以及在所有各个环节中的跑、冒、滴、漏以及突然断水、停电等造成的一些损失（$A_损$），使实际生产过程的原料消耗量高于理论消耗量，将这些因素加以考虑的消耗定额称为实际消耗定额，用 $A_实$ 表示。

（3）理论消耗定额和实际消耗定额相互关系　利用苯和空气生产目的产品顺酐（$C_4H_2O_3$）的化学反应式如下：

$$C_6H_6 + 4.5O_2 \longrightarrow C_4H_2O_3 + 2H_2O + 2CO_2$$

按化学方程式的化学计量，78g 原料苯经化学反应可得到 98g 产品顺酐，其理论消耗定额为 0.8t 苯/t 顺酐。但在现有的技术条件下，实际生产中不可避免地存在着下列副反应：

$$C_6H_6 + 7.5O_2 \longrightarrow 3H_2O + 6CO_2$$
$$C_6H_6 + 1.5O_2 \longrightarrow C_6H_4O_2 + H_2O$$

这些副反应的实际存在，既消耗了原料苯，也消耗了产品顺酐，生产单位合格顺酐产品的实际消耗定额达 1.1～1.5t 苯/t 顺酐。

理论消耗定额和实际消耗定额相互关系可用下式表示：

$$A_实 = A_理 + A_损$$

理论消耗定额与实际消耗定额之比的百分数即为原料的利用率（η），可用下式表示：

$$\eta = \frac{A_理}{A_实} \times 100\%$$

7.4.1.2　公用工程消耗定额

公用工程消耗主要指化工产品生产过程中的水、燃料、电力和蒸汽等的消耗，是化工生产的重要成本，与原料消耗一样，也必须予以限制性规定，通常用公用工程的消耗定额描述，即：生产单位合格产品需要消耗的公用工程的量。

消耗定额和利用率是评价一个化工产品生产工艺技术经济是否合理、是否优化的十分重要的技术经济指标。消耗定额越低，利用率越高，生产过程越经济，产品的单位成本越低。

在化工企业的生产管理中，实际消耗定额的数据是根据定期对原料、成品进行盘点的数据计算出来的。对实际消耗定额进行不同时间的比较，以判断生产过程的经济效益，并根据其差距，帮助寻找生产过程中的问题与不足，及时进行改进，提高生产过程的经济效益。

每个产品的生产中，往往依据该产品近 3 年完成定额的平均值、企业历史上的定额先进水平和国内外同行完成的先进水平等方面，对原材料、能源资源制订一个合理、实际、先进、可操作的消耗定额，以便进行管理和提高。

7.4.2　生产能力和生产强度

对企业生产能力和生产强度的了解，能使企业根据市场的需求，合理地调整生产规模，有效地安排生产运行。

7.4.2.1　生产能力

生产能力可分为设计能力、查定能力和现有能力 3 类。设计能力是在设计任务书和技术文件中所规定的生产能力，根据设计中规定的产品方案和各种设计数据来确定。通常新建化工企业基建竣工投产后，要经过一段时间试运转，熟悉和掌握生产技术后才能达到规定的设计能力。查定能力一般是指老企业在没有设计能力数据，或虽原有设计能力，但由于企业产品方案和组织管理、技术条件等发生了重大变化，致使原设计能力已不能正确反映企业实际生产能力可达到的水平，此时重新调整和核定的生产能力。它是根据企业现有条件，并考虑到查定期内可能实现的各种技术组织措施而确定的。现有能力又称计划能力，指在计划年度内，依据现有的生产技术组织条件及计划，年度内能够实现的目标。设计能力和查定能力是用于编制企业长远规划的依据，现有能力是编制年度生产计划的重要依据。

对某一台设备或某一套装置（某一生产系统）其生产能力是指该设备或该系统在单位时间内生产的产品或处理的原料数量；工业企业的生产能力是指企业内部各个生产环节以及全部生产性固定资产（包括生产设备和厂房面积），在保持一定比例关系条件下所具有的综合生产能力。

生产能力一般有两种表达方法，一种是以产品产量表示，即在单位时间（年、日、小时、分等）内生产的产品数量，如 30 万吨乙烯装置表示该装置生产能力为每年可生产乙烯产品 30 万吨；另一种是以原料处理量表示，也称为"加工能力"，如处理原油 500 万吨，表示该装置年处理量为 500 万吨原油，炼制成各种的油品。

随着企业技术改造和生产组织条件的完善以及化学反应效果的优化，都有可能促进产量的提高，同时也就使企业实际生产能力得到不断提高。

7.4.2.2　生产强度

生产强度是指单位特征几何量的生产能力，例如单位体积或单位面积的设备在单位时间内生产得到的目的产品数量（或投入的原料量），具体表述的形式为：$kg/(h \cdot m^3)$、$t/(d \cdot m^3)$ 或 $kg/(h \cdot m^2)$、$t/(d \cdot m^2)$ 等。

对同一类型（具有相同的物理或化学过程）的设备，生产强度是衡量其生产效果优劣的指标。设备内进行的过程速率越快，则生产强度就越高，说明该设备的生产效果就越好。提高设备的生产强度，就意味着用同一台设备可以生产出更多的目的产品，进而提高设备的生产能力。提高设备生产强度的措施可以是改进设备结构、优化工艺条件，对催化化学反应主要是选用性能优良的催化剂，以提高过程进行的速率。

催化反应设备的生产强度常用催化剂的空时产率（或称空时收率）表示，即单位时间内，单位体积（或单位质量）催化剂所能获得目的产物的数量，可表示为 $kg/(h \cdot m^3$ 催化剂)、$t/(d \cdot m^3$ 催化剂) 或 $kg/(h \cdot kg$ 催化剂)、$t/(d \cdot kg$ 催化剂) 等。

阅读学习 ｜　　　　　　　　　**ISO 标准简介**

ISO 的前身是成立于 1926 年的国际标准化协会（ISA）。1946 年 10 月，来自 25 个国家标准化机构的领导人在伦敦聚会，讨论并成立了国际标准化组织 ISO（International Organization for Standardization）。1947 年 2 月 23 日 ISO 开始正式运行，中央办事机构设在瑞士日内瓦。

国际标准化组织是一个由国家标准化机构组成的世界范围的联合会，现有 140 个成员国。中国既是发起国又是首批成员国。

ISO 标准的宗旨是：在世界范围内促进标准化工作的发展，以利于国际物资交流和互助，并扩大知识、科学、技术和经济方面的合作。其主要任务是：制定国际标准，协调世界范围内的标准化工作，与其他国际性组织合作研究有关标准化问题。

ISO 现已制定出国际标准 10300 多个，主要涉及各行各业各种产品（包括服务产品、知识产品等）的技术规范。ISO 制定出的国际标准除有规范的名称外，还有编号，编号的格式是：ISO＋标准号＋［杠＋分标准号］＋冒号＋发布年号（方括号中的内容可有可无），例如：ISO 8402：1987；ISO 9000-1：1994 等。

"ISO 9000"不是指一个标准，而是一族标准的统称，至今共有 17 个标准。

有了 ISO 9000 族国际化标准，在国际贸易及技术交流的过程中可减少重复检验，削弱和消除贸易技术壁垒，从而维护生产者、经销者、用户或消费者各方权益。由于 ISO 9000 族是国际化标准，获得 ISO 9000 认证的企业，其信誉度将大大提高。凡是通过 ISO 9000 认证的企业，表明该企业在各项管理系统整体上已达到了国际标准，具有持续稳定地向顾客提供符合要求的合格产品的能力，是值得信赖的企业，这将大大提升企业的形象和企业的竞争力。

ISO 9000 在贸易过程扮演的是"第三方"的角色。作为第一方的生产企业申请了第三方的 ISO 9000 认证并获得了认证证书以后，众多第二方就不必要再对第一方进行审核，使得第一方和对第二方都可以节省很多精力或费用。因此，获得了 ISO 9000 认证就相当于获得了国际贸易的"通行证"。

拓展学习

*7.5　化工新技术开发

7.5.1　化工新技术开发概述

化学工业依靠科学技术的进步和新产品开发，成为发展速度最快的工业之一，目前生产的化工产品中约有一半都是近一二十年开发的新产品。20 世纪以来，发达国家的化工发展速度明显高于整个工业的发展水平。中国的化学工业的发展速度与整个工业基本同步，其产值占整个工业产值的 10%以上。

化学工业不同于其他工业，机械工业在开发研制阶段的一个样机，一般就是机器的原型，与今后投放市场的产品基本一样，所不同的是产品批量增加而已。然而，化学工业小试验的样品变成工业的大批量生产十分不易，一般化工新技术（产品）从研究到产业化的机会只有 1%～3%；从开发到产业化的机会只有 10%～25%；从中间试验到产业化的机会只有 40%～60%。因此，掌握正确的化工新技术开发方法尤其重要。

7.5.2　化工新技术开发的目的与任务

化工新技术开发的目的是为了开发出技术先进、数据完整、实用可靠、有效益、有竞争力的单项技术或成套技术的成果，探索实现工业化或半工业化，创造财富，创造更大的经济效益。

对于化工产品而言，技术开发的目的是开发新的产品，开发新的生产工艺和生产技术，开发新的合成方法，开发新的工艺设备，开发新的节能、降耗和防治污染、治理"三废"技术，对现生产的产品进行过程的优化，改进现有产品的性能、功能和工艺流程、工艺方法，使现有产品富有市场竞争力。

7.5.3　化工新技术开发的主要内容

① 新生产工艺（包括环保、节能）的开发，老生产工艺（包括环保、节能）的革新。

② 新化学品（包括催化剂）的开发，老化学品（包括催化剂）的革新。

③ 新材料和新大型化工装置的开发，老材料和老大型化工装置的革新。

④ 新计算机应用软件和新生产控制系统的开发。

⑤ 引进化工技术的消化吸收、创新和国产化。

化工新产品的开发立足于新，侧重于工艺条件和市场应用开发研究，以期在占领市场后有较好的经济回报。而对于该产品的工艺技术，有时候不一定是最先进的，常常借鉴老产品的生产工艺和经验。而老产品的进步，则立足于先进，侧重于工程技术的开发研究和工艺条件的先进合理以及节能降耗研究。

新产品开发流程示意如图 7-1 所示。

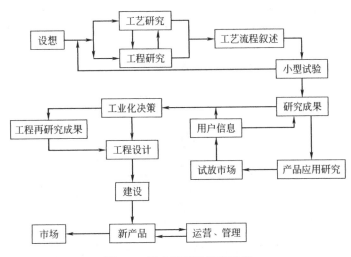

图 7-1　新产品开发流程示意

有时人们把工艺研究、工程研究和工艺流程研究设计称为"过程开发研究"。

小试或试验台装置的实验是十分必要的，从图 7-1 可知，它一方面检验过程开发的成果，另一方面为市场开发、产品的应用开发和指导用户应用提供必要的样品。

工艺开发研究不同于实验室的基础研究，也不同于基础理论的应用研究。它研究的内容包括原材料的原料路线，反应温度、压力、催化剂、原料配比、反应时间和操作步骤，产品的性能和中间控制方案，"三废"的排放和治理方案，成品和半成品的检验规程，产品的规格品级、标准、应用性能和储存运输使用中应当注意的问题和条件等。其中涉及反应的过程和条件与工程开发息息相关。

工艺开发研究使用的原料不同于实验室的试剂，而是采用工业品。工艺条件的控制、物料的循环使用、回收利用、"三废"治理等，都是实验室试验无法研究的。

工程开发研究包括研究平衡常数、平衡数据、反应参数和反应的优化、转化率和收率的优化、反应速率和动力学研究、反应器和其他相匹配装置、工程的分离方案、原料方案和生产过程的流程设计、节能措施及全流程的装置设计等。

反应和分离的过程又与工艺发展研究密不可分，必须知道工艺物料的特征、产物的特性和功能等条件和资料，从而在工程开发中保证质量并研究节能降耗的措施，实现工业化的最佳流程方案、流程评价，并对流程进行基础设计，为顺利进入工程设计提供资料。

7.5.4　化工技术开发研究的方法和程序

（1）逐级经验放大法

工艺小试──→中间试验──→工程设计

这种开发方法是在实验室取得成功后，还需进行规模稍大些的模型试验和规模更大些的中间试验，有时甚至需要进行半工业化试验，然后才能达到工业规模的生产装置。其开发的最终成果是中间试验报告，它是工程设计的依据。

在这种逐级放大过程中，经常发现某些技术经济指标下降，达不到小实验的水平，被称为"放大效应"，如化学反应的转化率或收率等。在这种逐级放大方法中，由小实验确定反应器的型式和工艺条件，用规模逐级加大（模试、中试等）考虑几何尺寸对它们的影响来解决放大问题。我国的顺丁橡胶开发中，其核心设备聚合釜的体积在规模逐级加大中经历了如下规模：

$$0.03 \longrightarrow 0.25 \longrightarrow 1.5 \longrightarrow 6 \longrightarrow 12 \longrightarrow 30 \; (m^3)$$

由此可知，逐级经验放大法必然花费大量物力、人力及宝贵的时间，甚至耽误了工业化的时机。

（2）化工新技术开发环节工作程序（如图 7-2 所示）

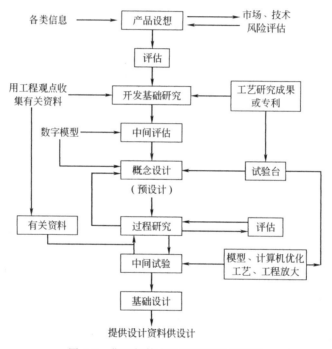

图 7-2　化工新技术开发环节工作程序

本 章 小 结

1. 化工生产作业及规范

（1）作业人员职责

作业人员既须按要求完成岗位任务，也须按规定的时间、地点、线路及记录的具体要求完成原始记录任务。在交接班时，必须做到"交班清，接班严"。

（2）化工生产装置开、停车

化工装置的停车分为长期停车、短期停车和紧急停车 3 种情况。化工生产装置开车前需做好人员培训、单机试车、联动试车等各项前期准备工作。

2. 化工生产管理

（1）化工生产部门设置

为确保化工生产过程安全、有效的运行，化工企业常设有生产技术、质量检查等管理部门以及动力车间、机修车间等生产辅助部门。

（2）化工生产规章制度

在岗位责任制和交接班制中，明确了作业人员在岗时应强制执行的职责。

（3）化工生产工艺管理

以"产品工艺规程、岗位操作法"为中心内容的管理，而产品工艺规程是重点和核心，是用文字、表格和图示等将产品、原料、工艺过程、化工设备、工艺指标、安全技术要求等主要内容予以具体的规定和说明，其余各项工艺文件都依其而制定。

（4）产品质量管理

化工产品的形态可分为气、液、固 3 种，产品质量标准分为国家标准、行业标准、企业标准。一般用"一级品"、"二级品"、"三级品"等区分化工产品的质量等级，表示级别的数越小，说明产品质量越高。

（5）化工生产安全管理

所有新入厂职工上岗前必须进行厂级、车间级和班组级的三级安全教育，而从事压力容器、金属焊接等特殊作业的人员须接受特殊安全教育方能上岗。

3. 化工生产工艺技术经济评价

（1）原料消耗定额

原料消耗定额分为理论消耗定额（$A_{理}$）和实际消耗定额（$A_{实}$）。在实际生产过程中，由于副反应的发生、原料的质量以及在所有各个环节中的一些损失等（$A_{损}$）原因，使实际消耗定额不可能低于理论消耗定额。

（2）公用工程

包括化工生产中必不可少的水、电、热载体和冷载体。

（3）生产能力和生产强度

生产能力主要以产品产量或原料处理量表示，生产强度主要以单位体积或单位面积设备在单位时间内生产得到的目的产品数量表示。

反馈学习

1. 思考·练习

（1）单机试车有哪些具体要求？

（2）长期停车和短期停车有什么区别？

（3）停车操作应完成哪些作业？

（4）哪些因素造成实际消耗大于理论消耗？两者间有何关系？

（5）公用工程包括哪些内容？

（6）简介企业用电电压要求？

（7）生产能力分为哪几类？什么是查定能力？

（8）生产能力一般有哪几种表达方法？

（9）为什么要提高生产强度？如何提高生产强度？

（10）什么是化工生产管理？

（11）化工生产管理包括哪些内容？

（12）化工生产企业主要有哪些管理部门？这些部门的职能是什么？

（13）岗位责任制包括哪些内容？

（14）化工工艺管理包括哪五项技术文件？

（15）产品工艺规程包括哪些内容？

（16）岗位操作法包括哪些内容？

（17）什么是原始记录？对原始记录有哪些规定？

（18）化工产品质量规格由哪些项目组成？

（19）进入生产岗位的职工在哪些情况下须接受安全教育？

（20）安全培训内容有哪些？

（21）员工在哪些情况下须接受特殊安全教育？

（22）日常安全检查的内容有哪些？

2. 报告·演讲（书面或 PPT）

参考小课题：

（1）绘制一个交接班表，学习作业人员交接班内容及要求。

（2）以一个产品为载体，学习部门及岗位的安全教育。

（3）介绍 N_2 在化工生产中的利用。

（4）介绍生产操作人员基本职责。

（5）停车后的安全处理主要步骤。

（6）介绍化工生产中熔盐的利用。

（7）介绍化工生产中载冷剂的利用。

（8）在产品生产中，如何使实际消耗处于较好的水平。

（9）水质对化工产品质量及设备的影响。

（10）通过本章节学习的收获。

第8章 合 成 氨

 明确学习

　　合成氨是较为典型的无机化工产品，其生产条件苛刻，工序多，工艺流程长。本章既是学习合成氨工艺，也是要通过合成氨工艺学习有关无机化工的生产工艺以及有关化工单元反应和单元操作在无机化工生产中的应用。

本章学习的主要内容

　　1. 合成氨的性质、用途。
　　2. 合成氨生产原料路线。
　　3. 合成氨原料气的生产与净化。
　　4. 合成氨工艺条件。
　　5. 合成氨工艺流程。
　　6. 合成氨基本原理及工艺因素分析。

活动学习

　　通过仿真操作或参观合成氨厂，了解合成氨的实际生产工艺过程，增强对合成氨生产的感性认识。
　　参考内容
　　1. 仿真操作：合成氨（化工仿真软件）。
　　2. 参观合成氨厂。

讨论学习

 我想问

 实践·观察·思考

　　此前你认识的合成氨或许就是合成氨是一种有浓烈臭味的化学物质，就是 $N_2 + 3H_2 \rightleftharpoons 2NH_3$。但通过以上活动学习，现在你如何认识合成氨？如何认识工业合成氨生产工艺过程？
　　合成氨以氢气和氮气为原料，在高温、高压和有催化剂存在的条件下，经化学反应而合成，化学反应式如下：

$$N_2 + 3H_2 \rightleftharpoons 2NH_3$$

　　由于是人工合成，所以习惯上称为合成氨。氨的人工合成为人类利用大气中的氮开辟了一条有效途径，为化肥工业奠定了基础，也为其他工业的发展提供了基础原料。

8.1 氨的性质及用途

8.1.1 氨的性质

8.1.1.1 物理性质

氨在常温常压下是一种具有特殊刺激性气味的无色气体，毒性较强。空气中含氨 0.5% （体积分数），就有使人在几分钟内窒息死亡的危险。

氨在 0.1MPa、−33.5℃，或在常温下加压到 0.7～0.8MPa，就能液化变成无色的液体，同时放出大量的热。液氨的挥发性很强，容易汽化，降低压力可急剧蒸发，并吸收大量的热，汽化潜热较大（25℃ 时为 1167kJ/kg）。氨的临界温度为 132.9℃，临界压力为 11.38MPa。液氨的相对密度为 0.667（20℃）。在 0.101MPa 压力及−77.7℃条件下，液氨即凝结成略带臭味的无色结晶。

氨极易溶于水，常温常压下溶解度为 600L（NH_3）/L（H_2O），溶解时放出大量的热。可制成含氨 15%～30%（质量分数）的氨水作为商品。氨的水溶液呈弱碱性，易挥发。

8.1.1.2 化学性质

氨的自燃点为 630℃。氨与空气或氧按一定比例混合后，遇火发生爆炸。常温常压下，氨的爆炸极限在空气中为 15.5%～28%，在氧气中为 13.5%～82%（均为体积分数）。

氨的化学性质较活泼，如氨与磷酸反应生成磷酸铵；与硝酸反应生成硝酸铵；与二氧化碳反应生成氨基甲酸铵、脱水后成为尿素；与二氧化碳和水反应生成碳酸氢铵；与氧反应生成一氧化氮，继而生产硝酸等。

在有水的条件下，氨对铜、银、锌等金属有腐蚀作用。

8.1.2 氨的用途

（1）作为制造化学肥料的原料　农业上使用的氮肥如尿素、硝酸铵、磷酸铵、硫酸铵、氯化铵以及各种含氮混合肥和复合肥等，都以氨为原料生产。液氨本身也可作为化学肥料。

（2）生产其他化工产品的原料　许多化工产品都直接或间接以氨为原料生产，如硝酸、纯碱、含氮无机盐、含氮中间体、氨基酸、磺胺类药物、己二胺、己内酰胺、丙烯腈、甲苯二异氰酸酯、酚醛树脂、人造丝等。

（3）应用于国防工业和尖端技术中　作为制造三硝基甲苯、三硝基苯酚、硝化甘油、硝化纤维等多种炸药的原料；作为生产导弹、火箭的推进剂和氧化剂等。

（4）应用于医疗、食品行业中　作为医疗食品行业中冷冻、冷藏系统的制冷剂等。

8.2 合成氨生产原料路线及生产基本过程

8.2.1 合成氨生产的原料及方法

合成氨原料通常是指含碳氢化合物的各种燃料，生产中虽然要用到空气和水，但一般不将空气和水视为合成氨生产原料。

合成氨可以用多种原料生产，按物态划分有以下几种。

① 固体原料。如焦炭、煤及其加工产品碳化煤球、水煤浆等。

② 气体原料。如天然气、油田气、焦炉气、石油废气、有机合成废气等。

③ 液体原料。如石脑油、重油、原油等。

常用的合成氨原料有焦炭、煤、天然气、焦炉气、石脑油和重油等。

由于所用原料不同，合成氨原料气的制备和净化方法也不尽相同，因而合成氨生产的过程也有差异。按使用的原料不同，合成氨常用的生产方法有以下几种。

(1) 固体原料合成氨方法　合成氨的固体原料主要是焦炭、煤。利用焦炭、煤制取合成氨原料气，主要以空气与水蒸气为汽化剂，通过间歇交替吹入气化炉中的固定炭层进行气化反应，从而获得合成氨生产用的原料气。

(2) 气体原料合成氨方法　气体原料合成氨的主要技术有以焦炉气为原料的深冷分离法、部分氧化法；以天然气或石油加工气为原料的无催化热裂解法、部分氧化法等。其中以天然气为原料的蒸汽转化技术被广泛使用。由于该技术的建设费用少、生产成本低，目前在全世界已成为合成氨厂的主流。

(3) 液体原料合成氨方法　液体原料主要包括石脑油和重质油。石脑油是来自石油的较轻馏分。这种原料的使用技术与天然气蒸汽转化本质上没有太大的不同，主要区别之一是在转化反应中需采用耐烯烃的专用催化剂。由于石脑油价格上扬等因素，以石脑油制取合成氨原料气的合成氨厂正在逐渐地改用以天然气为原料的制氨技术。

重质油包括减压渣油、常压重油和原油。制取高热值煤气的工艺技术有热裂解法、加氢裂解法和催化裂解法，适合于氨生产用的工艺技术主要是部分氧化法。

8.2.2　合成氨生产基本过程

合成氨生产，首先需要制备含有氢气和氮气的原料气。

氮气可以从空气中分离而得，也可从制氢过程中加入的空气里中获得，合成氨的生产大多采用后者。

氢气可通过电解水或将水与含碳氢化合物的各种燃料反应而制得。电解水制氢能耗太大而受到限制。目前工业上普遍采用的方法是后者，即以焦炭、煤、天然气、轻油、重油等燃料为原料，将其在高温下与水蒸气进行反应而制取氢。

用含碳氢化合物等各种燃料与空气、水反应制取的氢、氮原料气，都含有硫化物、一氧化碳、二氧化碳等杂质，这些杂质不但腐蚀设备，而且会使氨合成催化剂中毒。因此，将氢、氮原料气送入合成塔之前，必须进行净化处理。

合成氨的生产包括以下基本过程。

(1) 原料气的制取（造气）　制备含有氢气、一氧化碳、氮气等的粗原料气。可以将分别制得的氢气和氮气混合而成，也可同时制得氢、氮混合气。

(2) 原料气的净化　需经过以下几个基本工序。

① 脱硫工序。除去原料中的硫化物。

② 变换工序。将粗原料气中的一氧化碳通过与水蒸气作用转化成氢气和二氧化碳，以除去大部分一氧化碳，同时获得原料氢气。

③ 脱碳工序。脱碳是除去原料气中的大部分二氧化碳。二氧化碳主要来自原料气制备过程和变换过程。

④ 精制工序。经变换、脱碳，除去了原料气中大部分的一氧化碳和二氧化碳，但仍含有 $0.3\% \sim 3\%$ 的一氧化碳和 $0.1\% \sim 0.3\%$ 的二氧化碳，需进一步脱除以制取符合合成氨要求的氢、氮混合气。

(3) 原料气的压缩及合成　将原料气压缩到氨合成反应所要求的压力；在高温、高压和有催化剂的条件下，氢、氮气合成为氨。

合成氨生产的基本过程用方框图表示，如图 8-1 所示。

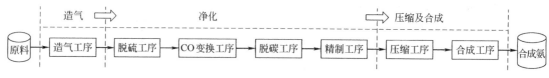

图 8-1 合成氨生产的基本过程

8.3 原料气的制取

合成氨原料气的制取按使用的原料不同，有固体燃料气化法（煤或焦炭的气化）、烃类蒸气转化法（天然气、石脑油）和重油部分氧化法等。

8.3.1 固体燃料气化法

固体燃料主要指煤或焦炭，其主要成分为碳元素。使固体燃料气化的气化剂有空气、水蒸气以及空气与水蒸气的混合气体。气化剂的不同，所产生的煤气的组成不同，通常有以下几种。

空气煤气——以空气为气化剂制取的煤气。

水煤气——以水蒸气为气化剂制取的煤气。

混合煤气——以空气和适量的水蒸气为气化剂制取的煤气。

半水煤气——以适量的空气（或富氧空气）与水蒸气为气化剂制取的煤气。

(1) 气化基本原理　氨的合成需要 $H_2:N_2$ 为 3:1 的原料气，要求造气工序制得的煤气中有效气成分与氮气比例为 3.1~3.2，即 $(CO+H_2):N_2$ 为 3.1~3.2（CO 可以通过变换生成 H_2）。以上煤气中，半水煤气的组成比例比较合适作为合成氨的粗原料气，因此，工业上生产的合成氨的原料气多数都是半水煤气。其组成为：

组成	H_2	CO	CO_2	N_2	CH_4	O_2	H_2S
%(体积)	37~39	28~30	6~12	20~23	0.3~0.5	0.2	0.2

煤或焦炭与水蒸气反应生成的有效气成分是 CO 和 H_2。气化过程中的主要反应有：

$$C+H_2O(汽) \longrightarrow CO+H_2-131kJ \tag{8-1}$$

$$C+2H_2O(汽) \longrightarrow CO_2+2H_2-90.3kJ \tag{8-2}$$

生成的产物还可能发生以下反应：

$$CO_2+C \longrightarrow 2CO-172.4kJ \tag{8-3}$$

以上反应为强吸热反应，需要提供能量。生产过程中是用空气或富氧空气或氧气与炭燃烧产生大量的热能，反应式如下：

$$C+O_2 \longrightarrow CO_2+393.8kJ \tag{8-4}$$

$$C+1/2O_2 \longrightarrow CO+110.6kJ \tag{8-5}$$

当温度较低时，还会发生一些副反应，如：

$$C+2H_2 \longrightarrow CH_4+74.9kJ \tag{8-6}$$

$$CO+H_2O(汽) \longrightarrow CO_2+H_2+41.2kJ \tag{8-7}$$

(2) 气化方法　固体燃料气化按操作方式，有间歇式和连续式两种。

① 固定床间歇气化法。间歇制气是中小型合成氨厂较为普遍采用的方法。该法的制气过程为燃烧与制气分阶段进行，制气主要设备为间歇固定床煤气发生炉。生产时块状煤或焦炭从炉的顶部加入，空气从炉底通入与燃料燃烧，烟道气放空，放出的大量的热量主要积蓄

在燃烧层，这一过程称为吹风，主要目的是为了提高燃料层的温度，为水蒸气与碳的反应提供热量。燃烧过程中空气中的氧被反应掉，剩下的氮气则为合成氨原料气提供氮源。当煤层温度达 1200℃ 左右时，停止吹风，改为通水蒸气，这一过程称为一次上吹制气。在高温煤层水蒸气与碳反应，产生 CO、H_2 等气体（称为水煤气）送入气柜，该反应吸热使温度下降，理论上应停止送蒸汽，重新吹风提高燃料层温度后再次通蒸汽，如此交替操作。实际生产中为防止高温下空气接触水煤气而发生爆炸和保证煤气质量，一个工作循环通常由 5 个步骤构成：吹风、一次上吹制气、下吹制气、二次上吹制气和空气吹净。

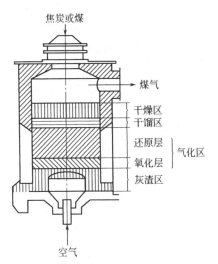

图 8-2　间歇式固定床煤气发生炉燃料层分区示意

在固定床煤气发生炉中，燃料层大致可分为 4 个区域：干燥区、干馏区、气化区、（还原层和氧化层）、灰渣区。燃料燃烧制气时的分区如图 8-2 所示。

间歇式生产半水煤气的工艺流程一般由煤气发生炉、余热回收装置、煤气降温除尘以及煤气储存等部分组成。

此法虽不需要纯氧，但对煤的机械强度、热稳定性等要求较高；非制气时间较长，生产强度低；阀门开关频繁，阀门易损坏，维修工作量大；能耗高。

② 连续气化法。连续气化法采用的煤气发生炉有固定床、流化床和气流床。

a. 固定床连续气化法。固定床连续气化法有常压和加压两种工艺。加压连续气化法由于反应温度低，可利用灰熔点较低、机械强度与热稳定性较差的燃料，生产强度大等优点而被广泛采用。加压连续气化法的操作压力一般为 2.5～3.2MPa。

该法克服了间歇气化法吹风与制气间歇进行、操作复杂的缺点，生产能力比间歇法高，煤气质量稳定。缺点是对燃料要求较高，生成气中甲烷含量较高，同时在合成氨生产的后工序中需加入纯氮，以使氮氢比符合要求，此外还必须配置制氧设备。

b. 德士古气化法。由美国德士古公司开发，也称为水煤浆气化法。该法以煤浓度为 70% 水煤浆为原料，纯氧以亚音速或音速由炉顶喷嘴喷出使料浆雾化，水煤浆在炉中的停留时间仅 5～7s，气化反应温度达 1300～1500℃。该法不仅可以使用储量丰富的烟煤、多种劣质煤，而且碳转化率高达 90% 以上，获得的原料气烃含量低（甲烷含量小于 0.1%），是近年来最为成功的一种气流床煤气化方法，因而发展速度较快。德士古水煤浆气化法的关键是高浓度水煤浆技术，氧气、水煤浆喷嘴技术和熔渣在高压下排出技术，因此其工艺流程通常也由 3 部分构成：水煤浆制备、水煤浆气化以及灰处理。

8.3.2　烃类蒸气转化法

用来转化制取合成氨原料气的烃类主要有气态烃和轻质液态烃。气态烃主要是天然气，此外还有石油化工过程的副产品炼厂尾气等。轻质液态烃是指原油蒸馏所得的 220℃ 以下的馏分，也称为轻油或石脑油。

烃类转化制气按操作方式有间歇转化制气法和连续转化制气法，其中连续蒸汽转化制气是目前烃类转化制气的主要方法。

研究证明，烃类蒸汽转化不论使用何种烃类，最终都是以甲烷的形式与水蒸气反应转换成原料气。

天然气的主要成分为 CH_4。以天然气为原料的蒸汽转化主要反应如下：

$$CH_4 + H_2O(g) \Longrightarrow CO + 3H_2 - 206.4kJ \tag{8-8}$$

$$CH_4 + 2H_2O(g) \Longrightarrow CO_2 + 4H_2 - 165.4kJ \tag{8-9}$$

从以上反应式可以看出，气态烃蒸汽转化反应过程强烈吸热，因此需外界提供热量，且反应温度愈高，甲烷的转化愈完全。

石脑油的蒸汽转化反应原理与天然气蒸汽转化相近。

甲烷在氨合成过程中被视为惰性气体，如果转化气中甲烷残留量过高，则氨合成过程中惰性气体的放空量将增加，氢氮合成气的损耗随之也会增加。为了降低这种损耗，通常要求转化气中甲烷的含量要小于 0.5%（体积分数）。目前工业上使用的管式转化炉由于受温度的限制，一次转化远达不到这一指标，因此工业上大都采用二段转化法，即转化反应分两个阶段进行。在一段转化炉，大部分烃类与蒸汽在 800～850℃ 及催化剂作用下转化成 H_2、CO、CO_2，然后进入二段转化炉，在此加入空气，一部分 H_2 燃烧放出热量，床层温度升至 1200～1250℃，继续进行甲烷的转化反应。经过二段转化，转化气中残余甲烷的含量可降低至 0.5% 以下。

8.3.3 重油部分氧化法

重油是 350℃ 以上馏程的石油炼制产品。重油气化制取合成氨原料气有部分氧化法、热裂解法和蒸汽转化法，其中重油部分氧化法是目前国内外普遍采用的主要方法。该方法是将重油与氧气进行部分燃烧反应，放出的热量使碳氢化合物热裂解，在水蒸气作用下，裂解产物发生转化反应，制得以 H_2 和 CO 为主要成分的合成氨原料气。

8.4 原料气的净化

造气工序得到的合成氨原料气为粗原料气，除了 H_2、N_2 外，还含有 CO、CO_2、硫化物等，这些杂质会给氨的合成带来不良影响，因此还不能直接用于氨的合成。原料气的净化即是通过一系列的处理，使原料气的纯度达到氨合成的质量要求。原料气的净化包括脱硫、变换、脱碳、精制等工序。

8.4.1 原料气的脱硫

以固体燃料、烃类、重油为原料制取的合成氨原料气都含有硫化物，除硫化氢（H_2S）等无机硫外，还有二硫化碳（CS_2）、硫氧化碳（COS）、硫醇（RSH）、硫醚（$R—S—R'$）和噻吩（C_4H_4S）等有机硫。

硫化物不仅使合成氨生产过程中的催化剂中毒而降低甚至失去活性，如变换催化剂、氨合成催化剂等，而且还会腐蚀和堵塞设备和管道，给后继工序带来许多危害。因此必须除去造气工序得到的粗原料气中的硫化物。工业上将硫化物的脱除称为脱硫。由于硫是一种重要的化工原料，因此从粗原料气中脱除的硫通常都要予以回收。

脱硫方法有很多，按脱硫剂物理形态不同，有干法脱硫和湿法脱硫两大类。

干法脱硫是采用固体吸附剂脱除硫化物。常用的有氧化锌法、钴钼加氢-氧化锌法、活性炭法、分子筛法等。干法脱硫效率高且净化度高。但干法脱硫设备庞大，劳动强度高，脱硫剂不可再生或再生困难。因此，干法脱硫适用于硫含量较低、净化度要求较高的场合。

湿法脱硫是采用液态脱硫剂脱除硫化物（主要是 H_2S）。湿法脱硫有物理法、化学法和物理化学法。物理法是利用脱硫剂对硫化物进行选择性物理吸收从而脱除硫化物。化学法是利用脱硫剂对硫化物进行选择性化学吸收从而脱除硫化物。按反应不同化学法分为中和法和湿式氧化法。中和法是用弱碱性溶液与原料气中的 H_2S 进行中和反应，生成硫氢化物而被除去。湿式氧化法（主要是 ADA 法）是用弱碱性溶液吸收 H_2S，再借助于载氧体氧化作用，将 H_2S 氧化成单质硫，同时副产硫黄。物理化学法是脱硫剂对硫化物既有物理吸收又有化学吸收，如环丁砜烷基醇胺法。

湿式氧化法脱硫的反应速率快，净化度高，脱硫剂为液体，输送方便，易于再生且可直接回收硫黄，因此得到了广泛地应用。

湿法脱硫的缺点是只能脱除无机硫，不能脱除有机硫。

目前，生产应用中湿法脱硫较为典型的是改良 ADA 法，干法脱硫较为典型的是氧化锌法。

8.4.1.1 改良 ADA 脱硫法（蒽醌二磺酸钠法）

ADA 法脱硫属于化学吸收法中的湿式氧化法。ADA 是蒽醌二磺酸钠的英文缩写，它是含有 2,6-或 2,7-蒽醌二磺酸钠的一种混合体，结构式如图 8-3 所示。

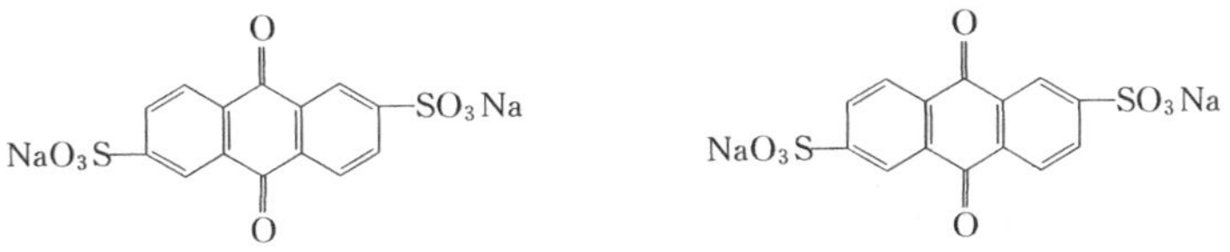

| 2,6-蒽醌二磺酸钠 | 2,7-蒽醌二磺酸钠 |

图 8-3　ADA 的结构式

此前的 ADA 法是采用含有 ADA 的碳酸钠水溶液吸收 H_2S，ADA 作氧化剂，反应速率慢，设备体积大，后在溶液中添加适量的偏钒酸钠、酒石酸钾钠及氯化铁，吸收和再生速率大大加快，设备的体积大大缩小，称为改良 ADA 法。

改良 ADA 法脱硫及再生的反应过程如下。

① 脱硫塔中，稀纯碱溶液中的 Na_2CO_3 与 H_2S 反应，生成硫氢化物。

$$Na_2CO_3 + H_2S \longrightarrow NaHS + NaHCO_3 \tag{8-10}$$

② 生成的硫氢化物与 ADA 中偏钒酸盐反应生成还原性的焦钒酸盐。

$$2NaHS + 4NaVO_3 + H_2O \longrightarrow Na_2V_4O_9 + 4NaOH + 2S\downarrow \tag{8-11}$$

③ 焦钒酸盐被氧化态的 ADA 氧化，再生成偏钒酸盐，氧化态的 ADA 则变成还原态的 ADA，

$$Na_2V_4O_9 + 2ADA(氧化态) + 2NaOH + H_2O \longrightarrow 4NaVO_3 + 2ADA(还原态) + 2H_2 \tag{8-12}$$

以上反应都在脱硫塔中进行，脱硫液送至再生塔进行再生。

④ 再生塔中，空气中的氧将还原态的 ADA 氧化成氧化态的 ADA。

$$2ADA(还原态) + O_2 \longrightarrow 2ADA(氧化态) + 2H_2O \tag{8-13}$$

式(8-11) 生成的 NaOH 与式(8-10) 生成的 $NaHCO_3$ 反应，生成 Na_2CO_3 以补充式(8-10) 消耗的 Na_2CO_3。

$$NaOH + NaHCO_3 \longrightarrow Na_2CO_3 + H_2O \tag{8-14}$$

ADA 溶液中加入偏钒酸盐后，吸收速率大大加快。这是因为如果 ADA 中没有偏钒酸盐，式(8-10) 生成的硫氢化物只能靠 ADA 氧化，而 ADA 氧化硫氢化物的速率非常慢。ADA 中有了偏钒酸盐后，硫氢化物的氧化则按式(8-11) 进行，该反应速率较快，即硫氢化物被偏钒酸盐快速氧化。

生成的焦钒酸盐不能直接用空气氧化再生成偏钒酸盐，但它可被氧化态 ADA 氧化，而还原态 ADA 能被空气直接氧化再生。可见，脱硫过程中偏钒酸钠起着促进剂的作用，ADA

则担当了载氧体任务。

ADA 脱硫工艺流程主要包括脱硫、溶液再生及硫黄回收 3 部分。根据溶液再生的方法不同，工艺流程有高塔鼓泡再生脱硫和喷射氧化再生脱硫。

图 8-4 为喷射再生法脱硫工艺流程。

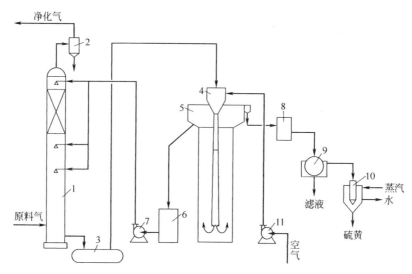

图 8-4 喷射再生法脱硫工艺流程

1—脱硫塔；2—分离器；3—反应槽；4—喷射器；5—浮选槽；6—溶液循环槽；

7—循环泵；8—硫泡沫槽；9—真空过滤机；10—熔硫釜；11—空气压缩机

半水煤气经加压后进入脱硫塔 1 的底部，在塔内与从塔顶喷淋下来的 ADA 脱硫液进行逆流接触，吸收并脱除原料气中的 H_2S，净化后的气体经分离器分离出液滴后去下一工序。

吸收了 H_2S 的脱硫液（富液）由塔底排出并进入反应槽 3。在反应槽中，富液中的 HS^- 被偏钒酸钠氧化为单质硫，生成焦钒酸钠即被 ADA 氧化。出反应槽的脱硫液高速通过喷射器 4 的喷嘴，与吸入的空气充分地混合氧化，溶液得到再生。再生的脱硫液由浮选槽 5 上部进入循环槽 6，循环泵 7 将再生液送往脱硫塔循环使用。浮选槽内硫黄泡沫浮在溶液的表面，溢流到硫泡沫槽 8 后，经过滤、熔硫即副产硫黄。

8.4.1.2 氧化锌脱硫法

氧化锌法脱硫属干法脱硫，净化后气体硫含量可降到 0.1mg/L 以下，通常用于精细脱硫。氧化锌可直接吸收硫化氢和硫醇。

$$H_2S+ZnO \longrightarrow ZnS+H_2O \tag{8-15}$$

$$C_2H_5SH+ZnO \longrightarrow ZnS+C_2H_4+H_2O \tag{8-16}$$

$$C_2H_5SH+ZnO \longrightarrow ZnS+C_2H_5OH \tag{8-17}$$

气体中二硫化碳和硫氧化碳，在氧化锌的作用下，先与氢作用转化成硫化氢，然后被吸收转化成硫化锌。反应式为：

$$CS_2+4H_2 \longrightarrow 2H_2S+CH_4 \tag{8-18}$$

$$COS+H_2 \longrightarrow H_2S+CO \tag{8-19}$$

氧化锌法不能脱除噻吩、硫醚，因此单独用氧化锌难以将有机硫化合物全部除尽。含有硫醚、噻吩等有机硫的气体，可采用催化加氢法（一般为钴钼加氢）将有机硫转化为 H_2S，再用氧化锌脱除。

8.4.2 一氧化碳变换

造气工序得到的合成氨粗原料气中一氧化碳的含量约为 12%～40%（体积分数）。一氧化碳不仅不是合成氨的直接原料，而且能使氨合成催化剂中毒，因此，在送往合成工序之前，必须将一氧化碳脱除。工业上脱除一氧化碳不是简单的清除掉，而是分两步进行，即先将一氧化碳与水蒸气作用使其转化为二氧化碳和氢气，这一过程称为一氧化碳变换。经变换反应不仅能把大部分一氧化碳变为易除去的二氧化碳，同时又可制得等体积的氢。变换后气体中剩余的一氧化碳再在后续的工序中被进一步除去。

一氧化碳变换的化学反应式为：

$$CO + H_2O(g) \Longleftrightarrow H_2 + CO_2 + 41.2kJ \tag{8-20}$$

变换反应的特点是可逆、放热和反应前后的体积不变，且反应速率较慢，因此工业生产中变换是在有催化剂的存在下进行的。根据反应温度的不同，变换过程分为中温变换和低温变换。中温变换反应温度为 350～550℃，催化剂以三氧化二铁为主，反应后气体中一氧化碳仍含有 2%～4%。低温变换反应温度为 180～280℃，使用的是以铜（或硫化钴-硫化钼）为主体的活性较高的低温变换催化剂，反应后气体中残余一氧化碳可降至 0.2%～0.4%。

一氧化碳变换工艺流程主要是根据合成氨生产中的原料种类及各项工艺指标的要求、催化剂特性、热能的利用及脱除残余一氧化碳方法等多方面因素进行组织，目前主要有中温变换流程、中温变换串低温变换流程、全低变流程和中低低变流程。

中温变换工艺早期均采用常压，经节能改造，现在大都采用加压变换，通常为 1.2～1.8MPa，以渣油为原料的大型氨厂变换压力高达 8.6MPa。中温变换残留的 CO 仍较高，达 3% 左右，需要进一步精制。

中温变换串低温变换流程是指在以铁铬系为催化剂的中温变换之后串接低温变换催化剂，如串接钴钼耐硫变换催化剂，采用这种流程，CO 的含量可由单一中温变换的 3.0%～3.5% 降至 1.0%～1.5%。但该流程存在设备腐蚀及催化剂反硫化问题。

图 8-5 为以天然气蒸汽转化制氨的中温变换串低温变换流程图。

全低变流程是指不用中变催化剂而全部采用宽温区的钴钼系耐硫变换催化剂进行一氧化碳变换的工艺流程。这种流程的主要优点是操作温度低，有利于提高 CO 的平衡变换率，同时可降低能耗。缺点是催化剂易受到污染，活性下降快。

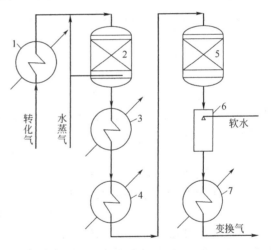

图 8-5 中温变换串低温变换工艺流程
1—废热锅炉；2—中变炉；3—中变废热锅炉；
4—甲烷化炉进气预热器；5—低变炉；
6—饱和器；7—脱碳贫液再沸器

中低低流程是指在一段铁铬系中温变换催化剂后，直接串两段钴钼耐硫低温变换催化剂。该流程首先利用中温变换的较高温度来提高反应速率，然后利用两段低温变换提高变换率，以进一步降低原料气中的 CO 含量。

8.4.3 二氧化碳的脱除

经 CO 变换后原料气中含有约 18%～35% 的 CO_2。CO_2 的存在不仅能使合成氨催化剂中毒，而且给精制工序造成困难。如采用铜氨液洗涤法时，CO_2 能与铜氨液中的氨生成碳酸铵结晶，造成管道和设备堵塞等。因此，合成氨原料气中的 CO_2 必须被除去。脱除气体中 CO_2 的过程习惯称为脱碳。CO_2 可用于制造尿素、干冰、纯碱、碳酸氢铵等产品，因此这里的脱碳不是简单的清除，而是将 CO_2 从原料气中分离出来加以回收。

脱碳方法多采用溶液吸收。根据吸收剂性能的不同，有物理吸收法、化学吸收法及物理化学吸收法等。

8.4.3.1 物理吸收法

物理吸收法是利用 CO_2 比 H_2、N_2 在吸收剂中溶解度大的特性而分离出 CO_2。吸收剂一般采用水和有机溶剂。吸收后溶液可通过闪蒸解吸或汽提等方法使吸收剂得到再生并回收 CO_2。物理吸收常用的方法有加压水洗法、低温甲醇法、聚乙二醇二甲醚法及碳酸丙烯酯法等，其中较为典型的为聚乙二醇二甲醚法。

聚乙二醇二甲醚能选择性吸收气体中的 CO_2、H_2S、COS，且吸收能力强。该溶剂无毒，对碳钢等金属设备无腐蚀。20 世纪 80 年代初，美国成功地将此法用于大型合成氨厂。我国南京化学工业集团公司研究院开发出了同类型的吸收剂，称为 NHD 吸收剂，其吸收 CO_2 和 H_2S 的能力比国外同类溶液更为优越，而价格更便宜。

8.4.3.2 化学吸收法

化学吸收法是用碱性溶液与 CO_2 中和反应从而将 CO_2 除去，吸收液的再生及 CO_2 的回收可通过加热等方式实现。常用的方法有氨水法、乙醇胺法和改良热钾碱法，其中较为典型的是改良热钾碱法。

早期的热碳酸钾法是用 25%～30% 浓度的热 K_2CO_3 溶液脱除原料气中的 CO_2 及 H_2S，但反应速率慢，净化率低，且腐蚀严重，后经过改良，加入一些活化剂后，性能大为改善，故称为改良热碳酸钾法，或改良热钾碱法。其中较为典型的是本菲尔法，本菲尔法加入的活化剂为二乙醇胺。

本菲尔法吸收剂的主要组成为 K_2CO_3（约 25%～40%）、二乙醇胺活化剂（约 2.5%～3.0%）、缓蚀剂 KVO_3（约 0.6%～0.7%）及消泡剂聚醚或硅酮乳状液等。

K_2CO_3 水溶液具有弱碱性，与 CO_2 反应式为：

$$K_2CO_3 + H_2O + CO_2 \Longleftrightarrow 2KHCO_3 \qquad (8\text{-}21)$$

该反应需要在较高温度（105～110℃）下进行，因而称为热碳酸钾法。虽然该反应采取加热方式，但 CO_2 的吸收反应速率仍不能令人满意。但该反应在加入活化剂二乙醇胺后，由于二乙醇胺参与反应，改变了反应历程，使吸收反应速率大大加快。

该反应可逆，反应生成的碳酸氢钾在减压加热条件下，放出 CO_2，使 K_2CO_3 溶液再生，循环使用。再生反应为：

$$2KHCO_3 \Longleftrightarrow K_2CO_3 + H_2O + CO_2 \qquad (8\text{-}22)$$

含二乙醇胺的 K_2CO_3 溶液在吸收 CO_2 的同时，也能除去原料气中的 H_2S、RSH 等酸性组分。

加压有利于二氧化碳的吸收，故吸收采用加压操作；减压加热有利于二氧化碳的解吸，故再生过程在减压和加热的条件下进行。

8.4.4 原料气的精制

为防止对氨合成催化剂的毒害，合成工序对原料气中一氧化碳和二氧化碳总量有严格的要求：大型厂小于 10mg/L，中小型厂小于 25mg/L。经变换和脱碳的原料气中一氧化碳含量通常还有约 0.5%，二氧化碳约 0.1%。因此原料气在送往合成工序以前，还需要进一步净化处理，这一过程称为"精制"。常用的精制方法有 3 种：铜氨液洗涤法、甲烷化法和液氮洗涤法。

8.4.4.1 铜氨液洗涤法

铜氨液洗涤是采用铜盐的氨溶液在高压低温下吸收 CO、CO_2、O_2、H_2S，然后低压、加热下再生。通常将铜氨液称为"铜液"，用铜氨液洗涤称为"铜洗"，精制后的气体称为"铜洗气"。该法通常用于以煤为原料的间歇制气中小型氨厂。

常用的铜液为醋酸铜氨液，是由金属铜、醋酸、氨和水经化学反应而成的一种溶液，制成的醋酸铜氨液的主要成分是醋酸二氨合铜 $Cu(NH_3)_2Ac$、醋酸四氨合铜 $Cu(NH_3)_4Ac_2$、醋酸铵和游离氨等。醋酸二氨合铜中的 $Cu(NH_3)_2^+$ 称为低价铜，是吸收 CO 的主要组分；醋酸四氨合铜中的 $Cu(NH_3)_4^{2+}$ 称为高价铜，无 CO 吸收能力，但可防止发生析出铜的反应。低价铜离子和高价铜离子浓度之和称为"总铜"，低价铜离子和高价铜离子浓度之比称为"铜比"。$Cu(NH_3)_2^+$ 无色，$Cu(NH_3)_4^{2+}$ 呈蓝色，故铜液呈蓝色。

铜液吸收 CO 的化学反应为：

$$Cu(NH_3)_2Ac + CO + NH_3 \rightleftharpoons [Cu(NH_3)_3CO]Ac + Q \tag{8-23}$$

铜液吸收 CO_2 的化学反应为：

$$2NH_3 + CO_2 + H_2O \rightleftharpoons (NH_4)_2CO_3 + Q \tag{8-24}$$

生成的 $(NH_4)_2CO_3$ 继续与 CO_2 反应生成 NH_4HCO_3：

$$(NH_4)_2CO_3 + CO_2 + H_2O \rightleftharpoons 2NH_4HCO_3 + Q \tag{8-25}$$

以上反应均为可逆、放热及体积缩小的反应，因此，低温、加压有利反应进行。但温度过低，铜液的黏度增大，生成的 $(NH_4)_2CO_3$ 容易结晶，造成管道和设备堵塞。压力的提高也有一定的限度，过高的压力，CO_2 吸收的增加远不及提高压力时动力的消耗。所以铜洗的操作条件通常为温度 8~12℃、压力 12.0~15.0MPa。此外，铜洗过程中还可能生成碳酸铜沉淀，尤其当醋酸和氨不足时。因此进入铜洗系统的原料气中 CO_2 量不能太高，并且铜液中应保持足够的醋酸和氨含量。

铜液吸收 O_2 是依靠低价铜离子的作用，化学反应式为：

$$4Cu(NH_3)_2Ac + 8NH_3 + 4HAc + O_2 \longrightarrow 4Cu(NH_3)_4Ac_2 + 2H_2O + Q \tag{8-26}$$

此反应虽然能较彻底地把氧脱除，但低价铜及游离氨被大量消耗，使铜比下降，铜液的吸收能力降低。因此，必须严格控制原料气中的氧含量。

铜液吸收 H_2S 是依靠游离氨的作用，化学反应式为：

$$2NH_3 \cdot H_2O + H_2S \rightleftharpoons (NH_4)_2S + 2H_2O \tag{8-27}$$

同时，溶解在铜液中的 H_2S 还能与低价铜反应生成硫化亚铜沉淀：

$$2Cu(NH_3)_2Ac + 2H_2S \longrightarrow Cu_2S \downarrow + 2NH_4Ac + (NH_4)_2S \tag{8-28}$$

当原料气中 H_2S 含量过高时，生成的硫化亚铜沉淀，不仅堵塞管道和设备，降低总铜含量，影响铜液的吸收能力，而且使铜液变黑，黏度增大和铜液发泡。因此，要求进铜洗系统的原料气中 H_2S 含量越低越好。

为了使吸收 CO、CO_2、H_2S、O_2 后的铜液恢复吸收能力，需要对铜液进行再生。铜液的再生主要包括两个方面内容：一是把吸收的气体解吸出来；二是将被氧化的高价铜还原成低价铜，调节铜比。同时，补充铜液在使用过程中所消耗的氨、铜及醋酸，使其循环使用。

8.4.4.2 甲烷化法

甲烷化法是通过加氢，使原料气中少量一氧化碳和二氧化碳在催化剂作用下反应生成对催化剂无害的甲烷，从而使气体得到精制，反应式如下：

$$CO+3H_2 \rightleftharpoons CH_4+H_2O(g)+Q \qquad (8-29)$$

$$CO_2+4H_2 \rightleftharpoons CH_4+2H_2O(g)+Q \qquad (8-30)$$

该法消耗氢气，同时生成甲烷，采用此法通常要求原料气中 CO 和 CO_2 的含量要小于 0.7%，一般中温变换难以达到。故此法只能用于低温变换后的原料气精制。甲烷化法工艺简单、操作方便、费用低，但合成氨原料气惰性气体含量高。

8.4.4.3 液氮洗涤法

合成气中有关组分的沸点见表 8-1 所列。

由表 8-1 可知，甲烷、氩、一氧化碳的沸点均比氮的沸点高，因此可用液氮直接冷凝吸收甲烷、氩、一氧化碳，从而达到进一步净化合成原料气的目的，这一方法称为液氮洗涤法。

表 8-1　合成气中有关组分的沸点　　　　　　　　　　　　　单位：℃

压力/MPa	CH_4	Ar	CO	N_2	H_2
0.101	−161.4	−185.8	−191.5	−195.8	−252.8
3.04	−95	−135	−142	−150	−235

工业上，液氮洗涤装置常与低温甲醇脱除 CO_2 的装置联用。脱除 CO_2 后的气体温度为 −62～−53℃，再进入液氮洗涤交换器，温度降至 −190～−188℃。液氮洗涤时，在洗涤塔中液氮与原料气直接接触，原料气中的 CH_4、Ar、CO 被液氮冷凝为液体并溶解在液氮中，从塔釜排出，原料气中的 N_2、H_2 不被吸收，仍为气体，从塔顶排出。

由于低温下水和二氧化碳凝结成固体，影响传热及堵塞管道和设备。因此原料气进入液氮洗涤系统前，必须完全不含水蒸气和 CO_2。此外，原料气中的氮氧化物和不饱和烃在低温下形成的沉淀很容易爆炸，也必须被除去。一般用分子筛或活性炭脱除去这些微量杂质，以确保安全。

为了把原料气中少量的 CO 完全清除，需将原料气温度降到 CO 沸点以下。一般操作温度为 −192℃。

提高压力，有利吸收，同时也可使操作温度提高一些，故液氮洗涤在加压下进行。但压力增大与温度的提高不成正比，且压力越高，也会提高氢在液氮中的溶解度，对设备强度要求也高。生产中常用的操作压力为 2.1～8.5MPa。

与铜氨液洗涤法和甲烷化法相比，液氮洗涤法的优点是除脱除一氧化碳外，还可脱除甲烷和氩，合成气中 CO 的含量可降至 10mg/L、惰性气体可降到 100mg/L 以下，减少了合成循环气的排放量，降低了氢、氮损失，提高了合成氨催化剂的产氨能力。但此法需要液体氮，通常只用于设有空气分离装置的重油、煤气化制备合成氨原料气或焦炉气分离制氢的工艺流程。

8.5　氨的合成

氨的合成是合成氨生产的最后一道工序，任务是在适当的温度、压力和有催化剂存在的条件下，将经过精制的一定比例的氢氮混和气直接合成为氨。然后将所生成的气体氨冷凝分离出来，得到产品液氨，分离氨后的氢氮气体循环使用。

氨合成的化学反应式如下：

$$0.5N_2 + 1.5H_2 \rightleftharpoons NH_3 \quad \Delta H_{298}^{\ominus} = -46.22\text{kJ/mol}$$

氨合成反应具有如下特点。

① 可逆反应。在氢气和氮气反应生成氨的同时，氨也分解成氢气和氮气。

② 放热反应。在生成氨的同时放出热量。

③ 体积缩小的反应。两体积的氮氢原料气生成一体积的氨。

④ 反应需要有催化剂才能较快地进行。

8.5.1　工艺条件

H_2 与 N_2 在较温和及无催化剂的条件下也能生成氨，但反应速率很慢，没有工业价值。目前工业上氨的合成都是在一定的温度和压力及催化剂存在的条件下进行的。

8.5.1.1　压力——氨合成压力一般为 13～30MPa

由氨合成化学反应式可知，氨合成反应是体积缩小的反应，提高压力对反应有利；氨合成的化学平衡（热力学）及反应速率（动力学）原理也揭示了提高操作压力有利于提高氨的平衡产率及反应速率，故氨的合成需要在加压下进行，此外，采取压力操作，还可以简化氨的分离流程。如高压下分离氨只需要水冷却即可。但高压操作对催化剂、设备材质都提出了更高的要求。同时，提高压力与能量消耗存在一定的平衡关系。能量消耗包括原料气压缩功、循环气压缩功和氨分离冷冻功，由图 8-6 可知，提高操作压力，原料气压缩功增加，循环气压缩功和氨分离冷冻功减少。总能量消耗在 15～30MPa 区间相差不大，且数值较小。压力过高，则原料气压缩功太大；压力过低，则循环气压缩功、氨分离冷冻功太高。

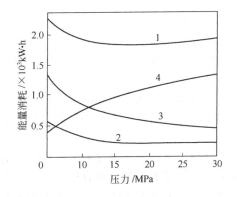

图 8-6　合成系统能量消耗与操作压力的关系
（以 15MPa 原料气的压缩功为比较基准）
1—总能量消耗；2—循环气压缩功；
3—氨分离冷冻功；4—原料气压缩功

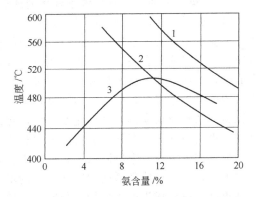

图 8-7　适宜温度曲线
1—平衡曲线；2—最适宜温度曲线；
3—催化剂床层温度分布线

目前，中小型氨厂普遍采用往复式压缩机，合成氨的操作压力一般为 30～32MPa；大型氨厂采用蒸汽透平驱动高压离心式压缩机，操作压力一般为 15～24MPa。

8.5.1.2　温度——视催化剂型号而定；存在最适宜温度；一般控制为 400～500℃

对于一定型号的催化剂及其他条件一定的情况下，一定的原料气组成，氨合成存在最佳的反应温度，即在这一温度下，氨合成的反应速率最快，催化剂用量最少，合成氨的效率最高，生产能力最大，工业上称这一温度为合成氨的最适宜温度。原料气组成改变，最适宜温度也随之改变。

由于催化剂床层不同区间的气体组成不同，因而对应有不同的最适宜温度，所有最适宜温度点的连线称为最适宜温度曲线。从图8-7中最适宜温度曲线2可以看出，最适宜温度随原料转化率的变化趋势为：反应初期的最适宜温度高，反应后期的最适宜温度低。

由于受到种种条件的限制，生产中不可能完全按最适宜温度曲线操作。

反应器进口处原料气浓度高，氨含量低，为反应初期，理论上在最适宜温度反应，可以大大提高氨合成的反应速率，但实际上由于受到许多条件的限制，目前还不能做到。如当合成塔进口气体中氨的浓度为4%时，其最适宜反应温度达600℃，这一温度已超过了目前使用的合成氨反应铁系催化剂的耐热温度（一般为550℃）。此外，温度分布递降的反应器难以有效利用反应热使反应过程自热进行，所以，实际生产中是使反应气达到催化剂活性温度（一般为350～400℃）进入催化剂床层，在催化剂床层上半段先进行一段绝热反应，依靠自身的反应热升高温度，为达到最适宜温度提供热能。在催化剂床层下半段，随着反应的进行，氨含量渐高，原料浓度渐低，反应速率降低，及时移走反应热，为合成反应按最适宜温度曲线进行提供条件。

生产操作中，应严格控制床层的进口温度和热点温度（催化床层中最高温度），既要尽可能使反应过程接近最适宜温度曲线，同时也要注意催化剂的使用条件。床层入口温度应等于或略高于催化剂活性温度下限，热点温度应小于或等于催化剂使用温度上限。此外，催化剂的使用随着时间的延长，催化活性会下降，因此操作温度应逐步适当提高。

8.5.1.3 空间速率——操作压力为30MPa的中压合成塔，空间速率为15000～30000/h；操作压力为15MPa的合成塔，空间速率为5000～10000/h（空间速率简称空速是指单位时间内，单位体积催化剂通过的气体量）

氨合成反应在催化剂表面进行，氨的生成量与气体和催化剂表面接触时间有关。氨的生成量工业上用氨合成塔出口与进口气体中氨的百分含量的差值来表示，称为氨净值。显然，氨净值与空间速率有关。一方面，当反应温度、压力、进塔气组成一定时，对于一定结构的合成塔，增加空速也就是加快气体通过床层的速率，气体与催化剂表面接触时间缩短，使出塔气中的氨含量降低，即氨净值降低；但另一方面，空速的加大和氨净值的降低，使得更多的原料气来不及反应即离开催化剂床层，导致气体中实际的氨含量更加小于平衡氨含量，氨合成的推动力加大，即氨合成反应速率相应增大。

虽然增大空速氨净值降低了，但增大空速使得单位时间、单位体积催化剂所生产的氨的量增大了，且氨净值降低的程度比空速的增大倍数要少，所以增加空速，氨合成生产强度却得到提高（氨合成生产强度指单位时间、单位体积催化剂所生产的氨的量）。当气体中氢氮比为3∶1（不含氨和惰性气体）时，在30MPa、500℃的等温反应器中反应，空间速率与出口氨含量和生产强度的关系如图8-8所示。

由图8-8可知，增加空间速率可提高生产强度，但是空间速率增大，出口氨含量是降低的。口氨含量降低，反应放热量相应减少，当反应热降低到一定程度时，合成塔就难以维持"自热"。此外，空间速率增大系统阻力也会增大，压缩循环气功耗增加，分离氨需要的冷冻量也增大。因此，一般操作压力为30MPa合成氨塔，空间速率通常为15000～30000/h；操作压力为15MPa的合成塔，空间速率通常为5000～10000/h。

8.5.1.4 进塔合成气组成

（1）氢氮比　一般控制为2.8～2.9。

由氨合成化学反应式可知，氨合成的氢氮比为3；氨的化学反应平衡原理也揭示，氢氮比为3时，平衡氨含量最大。但合成氨生产必须考虑生产效率，即需要考虑生产强度或反

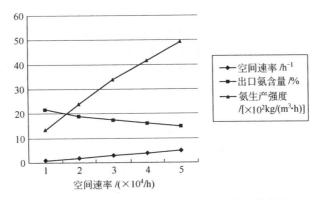

图 8-8 空间速率与出口氨含量和生产强度的关系

应速率。氨合成的动力学显示，当氨含量低时，即在合成塔进口处氨合成反应处于初期，实际氨浓度离平衡氨浓度较远，氨合成的推动力较大，此时当氢氮比接近 1 时，反应速率最大，即最佳的氢氮比为 1；随着反应的进行，气体中氨含量不断增加，实际的氨浓度与平衡氨浓度的差值减小，推动力减小，欲保持反应速率为最大值，气体中氢含量需要增加，即最佳的氢氮比要不断增大，当氨含量接近平衡值时，最佳的氢氮比趋近于 3。实际生产中，合成气若按进料时最佳氢氮比为 1 投料，则混合气中的氢氮比将随反应进行而不断减小，这会影响反应速率或生产强度，要维持最高的反应速率，势必要不断补充氢，这在实际的生产操作上难以实现。生产实践表明，进塔合成气氢氮比应略低于 3，通常为 2.8～2.9 比较合适。但新鲜气中的氢氮比仍应控制为 3，以维持循环气中一定的氢氮比。

（2）惰性气体含量　中压法惰性气体含量可控制在 16%～20%，低压法一般控制在 8%～15%。

惰性气体（主要是 CH_4、Ar）会降低氢气和氮气的分压，影响化学平衡和反应速率。氨合成过程中，未反应的氢氮原料气需返回合成塔循环使用。由于惰性气体不参加反应，惰性气体将累积在循环气体中，随着合成反应的进行，新鲜气体不断补充，循环气中的惰性气体会越来越多。目前工业上采取的方法是通过排放一定量的循环气以降低惰性气体含量。但排放的同时，氢气和氮气也被排放出去。因此循环气的排放量不能过大，排放量过大，造成原料气损失增大。综合考虑，循环气中的惰性气体含量目前只能维持在一定的水平。

循环气中惰性气体含量的控制还与操作压力、催化剂活性有关。操作压力较高及催化剂活性较好时，惰性气体含量可高一些，以降低原料气的损失；反之则应控制得低一些。

（3）循环气氨含量　操作压力为 30MPa 时，进塔氨量控制在 3.2%～3.8%；操作压力为 15～20MPa 时，控制在 2%～3%；采用水吸收法分离氨，进塔氨含量可控制在 0.5% 以下。

综合考虑，合成得到的氨并不能完全分离出去，循环气中总带有部分的氨随循环气一起循环，故进塔气中含有一定量的氨。进塔气中的氨含量直接影响到氨净值，进而影响生产能力。在其他条件一定时，进塔气体中氨含量越高，氨净值就越小，生产能力越低。目前一般采用冷凝法分离氨，分离效果与冷凝温度和系统压力有关。若希望循环气中氨含量降得低些，则需要使用更低的冷凝温度和消耗更多的冷冻量，冷冻功耗增大。因此，目前循环气中只能保留一定的氨含量。

进塔的氨含量控制还与合成操作压力有关。操作压力高，氨合成反应速率高，进塔氨含量可控制得高些；操作压力低，为保持一定的反应速率，进塔氨含量应控制得低些。

8.5.2　工艺流程

氨合成采用的原料不同，生产方法有多种，设备结构及操作条件也有差异，因此工艺流程有多种，但合成氨生产的基本工艺步骤是相近的，主要包括以下几点。

（1）气体的压缩和除油　氨合成在加压下进行，合成气在送入合成塔以前必须加压到工艺规定的压力。若采用的压缩机有润滑油雾带入混合气，油雾会使催化剂中毒，因此，必须分离除去。

（2）气体的预热和合成　氨合成催化剂有一定的活性温度，因此压缩后的氢氮混合气需加热到催化剂的起始活性温度，才能送入催化剂床层进行氨合成反应。

（3）氨的分离　目前采用的氨合成工艺，氨的转化率还不高，从合成塔出来的混合气中，氨通常只有10%～20%，因此需进行分离，一是获得产品氨，二是回收未反应的原料气，使其循环使用。从混合气中分离出氨的方法有两种：冷凝法和水吸收法。目前工业上较多采用的是冷凝法。

（4）未反应氢氮气循环　经氨分离后，剩余气体中含有大量的未反应的氢氮原料气。将这部分原料气回收后与新鲜原料气汇合，重新送入合成塔进行反应。

（5）惰性气体的排放　为了控制循环气中惰性气的含量，工业上通常是将一部分含惰性气较高的循环气放空，以降低循环气中惰性气的含量。

（6）反应热的回收　氨合成反应为放热反应，且放出的热量较大。这部分热量必须回收利用。如可以用其预热原料气；可以副产热水或蒸汽等。

氨合成工艺流程是上述步骤的合理组合，图8-9是氨合成的原则工艺流程。

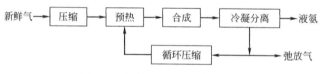

图 8-9　氨合成的原则工艺流程

8.5.2.1　传统氨合成工艺流程

图8-10是目前中小型合成氨厂普遍采用的氨合成工艺流程。

压缩工序送来的新鲜氢、氮合成气，压力为32MPa左右，温度为30～50℃，与循环器7来的循环气汇合后进入油分离器。经过油分离器后，混合合成气中的油、水、微量二氧化碳以及水与循环气中的氨作用生成的碳酸氢铵结晶等被除去，气体进入冷交换塔2上部的换热器（冷交换塔的上部设置有换热器，下部是氨分离器），被冷交换塔下部氨分离器上升的冷气体冷却到10～20℃后进入氨冷器3。在氨冷器中，气体被管外液氨进一步冷却至0～-8℃，气体中夹带的氨进一步冷凝成液氨，进入冷交换塔下部的氨分离器，液氨被分离后送至液氨储槽，气体中微量水蒸气、油分及碳酸氢铵也随液氨除去。混合合成气除氨后沿冷交换塔上升到塔顶部的换热器，被来自油分离器的气体加热至10～30℃（自油分离器的气体得到冷却），随后按工艺要求分两路进入氨合成塔4进行氨合成反应。一路主线从塔顶进入合成塔，另一路副线从塔底进入。塔底的副线主要是为了调节催化剂层的温度。

经合成塔合成反应后，出塔气体中氨含量达13%～17%，温度为230℃。将该气体送至水冷器5冷却至25～50℃，此时部分气氨被冷凝成液氨，随后进入氨分离器6，分离出的产品液氨送至液氨储槽。出氨分离器的气体，送至循环压缩机7加压，并送至油分离器开始下一个循环。该工艺流程中，在氨分离之后设有气体放空管，定期排放一部分气体，以降低循环气体中惰性气体的含量。

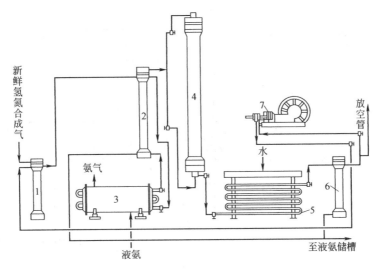

图 8-10　中小型氨厂合成系统常用流程

1—油分离器；2—冷交换塔；3—氨冷器；4—氨合成塔；5—水冷器；
6—氨分离器；7—循环压缩机

该工艺流程是我国中型及大部分合成氨厂普遍采用的传统的中压法氨合成工艺流程。

该工艺流程的主要缺陷是反应热未充分利用。目前该流程做了如下改进。

① 增加中置式废热锅炉，充分回收能量。

② 改进设备结构，将冷交换器、氨冷器、氨分离器安装在一个高压容器内，组成一个"三合一"的设备，使流程布置更加紧凑，设备的生产能力得到提高。

③ 采用离心式循环压缩机，这样免去了压缩后气体带油雾和水分等问题，可不设置油分离器。

8.5.2.2　大型氨厂合成氨工艺流程

大型氨厂合成氨流程最为典型的是 20 世纪 60 年代由美国凯洛格公司开发的一套大型合成氨装置，是合成氨工业的一次飞跃。20 世纪 70 年代我国引进的大型合成氨装置普遍采用这一工艺流程。图 8-11 为凯洛格合成氨工艺流程。

新鲜气首先送至离心式压缩机 15，在第一段压缩到 6.5MPa，经新鲜气甲烷化气换热器 1、水冷却器 2 及氨冷却器 3 逐步冷却到 8℃。在冷凝液分离器 4 中除去水分后，再与循环气一起进入压缩机 15 的第二段继续压缩到 15.5MPa，经水冷却器 5 冷却到 38℃后，分为两路，一路（约 50％的气体）经一级氨冷却器 6 冷却至 22℃，继续在二级氨冷却器 7 中进一步冷却到 1℃；另一路去冷热交换器 9，与来自高压氨分离器 12 的－23℃的气体换热，并降温到－9℃（冷气体则被升温至 24℃），随后两路气体重新汇合，温度为－4℃，再送至三级氨冷却器 8 进一步冷却到－23℃，气体中的氨进一步被冷凝为液氨。夹带着液氨的气体送往高压氨分离器 12，分离出的产品液氨去低压氨分离器 11，气体则经冷热交换器 9 换热升温，再到塔前换热器 10 预热至 141℃，随后分几路进入氨合成塔 13 进行氨的合成反应。出合成塔的气体温度为 284℃，先将其通过锅炉给水预热器 14 回收热量，再通过塔前换热器 10 预热进塔气体，自身温度则降至 43℃，随后将其中绝大部分气体送至压缩机 15 的高压段，进行下一个循环。

为避免系统中惰性气体积累增加，在出塔前换热器 10 至进入压缩机 15 高压段的管线上，抽出一小部分气体送至放空气氨冷却器 17 中用液氨冷却，再经放空气氨分离器 18 分离

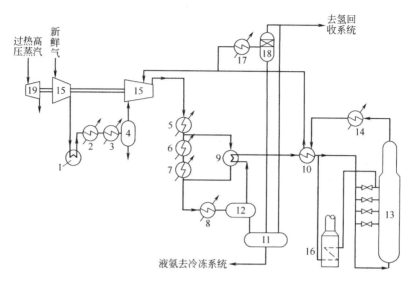

图 8-11　凯洛格合成氨工艺流程

1—新鲜气甲烷化气换热器；2,5—水冷却器；3,6,7,8—氨冷却器；4—冷凝液分离器；

9—冷热交换器；10—塔前换热器；11—低压氨分离器；12—高压氨分离器；

13—氨合成塔；14—锅炉给水预热器；15—离心式压缩机；16—开工加热炉；

17—放空气氨冷却器；18—放空气氨分离器；19—汽轮机

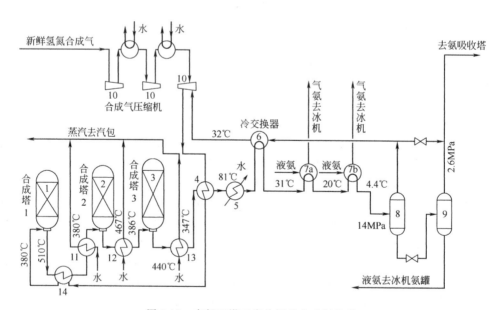

图 8-12　布朗三塔三废热锅炉合成氨流程

1,2,3—合成塔；4—换热器；5—水冷器；6—冷交换器；7a,7b—氨冷器；8—氨分离器；

9—减压罐；10—合成气压缩机；11,12,13—废热锅炉；14—预热器

液氨后，气体送至氢回收系统。

该工艺具有如下特点。

① 采用汽轮机驱动的离心式压缩机，气体不受油雾污染。

② 设有锅炉给水预热器，回收合成氨的反应热，热量回收好。

③ 采用三级氨冷。三级氨冷冷冻系数大、功耗小。

④ 流程中放空管线位于压缩机循环段之前，此处惰性气体含量高，氨含量也高，但由于回收了排放气中的氨，故氨的损失不大。

⑤ 氨冷凝在压缩机循环段之后进行，可以进一步清除气体中夹带的密封油及 CO_2 等杂质。

该工艺流程的缺点是循环功耗较大。

8.5.2.3　布朗型氨合成工艺流程

图 8-12 为布朗三塔三废热锅炉合成氨流程。该流程中，氨合成是在 3 台串联的固定床合成塔 1、2、3 中进行的，反应热分别由 3 台废热锅炉 11、12、13 回收。

经合成气压缩机 10 加压至 14.3MPa 的新鲜合成气与循环气再加压至 15.4MPa，离开压缩机后，进入换热器 4，与经废热锅炉 13 回收热量后的出口气换热，合成气被加热到 306℃，然后进入合成塔 1 出口预热器 14，被合成塔 1 出口气再加热到 380℃后进入合成塔 1。进合成塔 1 的合成气中氨含量大约为 3.5%。

经合成塔 1 合成反应后，出口气氨含量约 11.7%，温度达 510℃，通过预热器 14 与合成气换热，再经废热锅炉 11 回收热量，并副产 12.5MPa 的蒸汽，自身被冷却到 380℃，随后进入合成塔 2 进一步反应。合成塔 2 及合成塔 3 出口气体中的热量分别由废热锅炉 12、13 回收，并产生 12.5MPa 蒸汽。合成塔 2、3 出口气体中的氨含量分别达 17% 和 21%。回收热量后的出口气再经水冷器 5、冷交换器 6 和氨冷器 7a、7b 进一步冷却，使气体中的氨冷凝，产品液氨在氨分离器 8 中分出，液氨在减压罐 9 中减压至 2.6MPa，氨分离器 8 出口的循环气返回冷交换器 6 冷却合成塔出口气，然后回到循环压缩机提压，进行下一次循环。液氨减压后去冰机氨罐，气体经减压后去氨吸收塔。

该工艺的特点是使用了 3 台合成塔和 3 台废热锅炉。3 台合成塔使反应后气体中氨含量较高，可达 21%（体积分数），氨净值高，循环气量相对较小，因而循环功耗及冷冻功耗都较低；3 台废热锅炉均产生 12.5MPa 蒸汽，充分回收了热量。

合成氨生产技术发展很快，国外一些合成氨公司开发了若干氨合成新工艺流程，如凯洛格 600t/d 节能型流程、伍德两塔三床两废热锅炉流程、托普索两塔三床两废热锅炉流程等。

8.5.3　氨合成塔

氨合成的最适宜温度，随氨含量的增加而逐渐降低。因此，随着反应的进行，催化剂层应采取逐渐降温措施。按降温的方法不同，可将氨合成塔分为 3 类。

(1) 冷管式　在催化剂层设置冷却管，用温度较低的原料气通过冷管移出反应热，降低反应温度，同时原料气得到预热。根据冷管的结构不同，分为单管、双套管、三套管等。冷管式合成塔结构复杂，一般用于直径为 500～1000mm 的中小型氨合成塔。图 8-13 为并流三套管氨合成塔一般结构示意，图 8-14 为其内件结构示意，图 8-15 为单管并流式氨合成塔内件结构示意。

冷管型内件普遍存在冷管效应，且存在催化剂层调温困难、底部催化剂不易还原、塔阻力大、氨净值低以及余热利用率低等弊病。针对上述缺陷，我国科技人员进行了许多改进，改进型合成塔内件如ⅢJ 型、YD 型、NC 型等。图 8-16 为ⅢJ 型氨合成塔示意。这种塔的催化剂床层中部设有冷管，将催化剂层分为上绝热层、冷却层和下绝热层，塔下部设有换热器。其特点是高压容积利用率高，催化剂装填量多，塔温便于调节，温度分布合理，氨净值较高。缺点是仍保留了部分冷管。

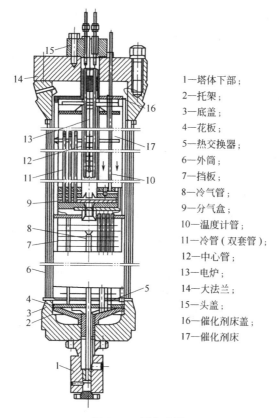

1—塔体下部；	
2—托架；	
3—底盖；	
4—花板；	
5—热交换器；	
6—外筒；	
7—挡板；	
8—冷气管；	
9—分气盒；	
10—温度计管；	
11—冷管（双套管）；	
12—中心管；	
13—电炉；	
14—大法兰；	
15—头盖；	
16—催化剂床盖；	
17—催化剂床	

图 8-13　氨合成塔

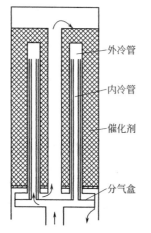

图 8-14　并流三套管内件结构示意

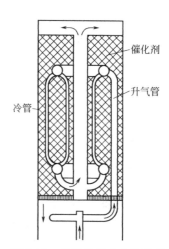

图 8-15　单管并流式内件示意

（2）冷激式　将催化剂分为多层（一般不超过 5 层），气体经每层绝热反应后，温度升高，然后通入冷的原料气与之混合，温度降低后再进入下一层。冷激式结构简单，但加入的冷原料气，降低了氨合成率，一般多用于大型合成塔。近年来有些中小型合成塔也采用冷激式。

（3）间接换热式　将催化剂分为几层，层间设置换热器，上一层反应后的高温气体进入换热器降温后，再进入下一层进行反应。这种塔的氨净值较高，节能降耗效果明显，近年来在生产中应用逐渐广泛，并成为一种发展趋向，但结构较复杂。

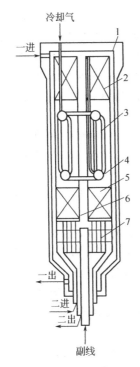

图 8-16　ⅢJ 型氨合成塔示意
1—外筒；2—上绝热层；3—冷管；4—冷管层；
5—下绝热层；6—中心管；7—换热器

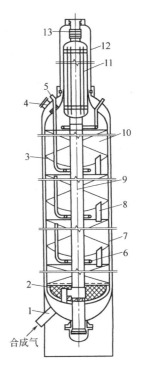

图 8-17　立式轴向四段冷激式氨合成塔
1—封头、接管；2—铝球；3—筛板；4—人孔；
5—冷激气接管；6—冷激管；7—下筒体；
8—卸料管；9—中心管；10—催化剂床；
11—换热器；12—上筒体；13—波纹连接管

　　按气体在塔内的流动方向，合成塔可分为轴向塔和径向塔，气体沿塔轴向流动的称为轴向塔；沿半径方向流动的称为径向塔。中、小型氨厂一般采用冷管式合成塔，如三套管、单管式等。近年来开发的新型合成塔，塔内既可装冷管，也可采用冷激，还可以应用间接换热，既有轴向塔也有径向塔。大型氨厂一般采用轴向冷激式合成塔。

　　图 8-17 为立式轴向四段冷激式氨合成塔（凯洛格型）示意。这种塔的外筒形状如瓶，上小下大，缩口部位密封，内件包括四层催化剂、层间气体混合装置（冷激管和挡板）和列管式换热器。该塔的特点是利用冷激气调节反应温度，操作方便，而且省去许多冷管，结构简单，内件可靠性好；筒体与内件上开设人孔，催化剂装卸不必将内件吊出，外筒密封在缩口处。缺点是瓶式结构虽便于密封，但合成塔封头焊接前需将内件装妥，塔体较重，运输和安装均较困难。由于内件无法吊出，维修与更换零件不方便。

　　氨合成塔是合成氨的核心设备，其结构一直在不断地改进。目前，新建大型氨厂中的凯洛格低能型工艺采用卧式中间冷却式合成塔，具有较低的阻力降；布朗工艺采用 3 台（或 2 台）绝热合成塔组合，塔外设置的高压废热锅炉副产蒸汽，使能源得到很好的回收；托普索公司还推出新了 3 床层 S-250 型设计，可获得更高的氨净值。

　阅读学习　　　　　　　　　　**合成氨工业的发展概况**

　　自 1913 年在德国奥堡巴登苯胺纯碱公司建成了世界上第一个日产 30t 的合成氨工厂至今已有 90 多年的历史。90 多年来，随着世界人口的增长，合成氨产量也在迅速增长，如图8-18 所示。

　　从图中可以看出，合成氨工业化后的 30 年，产量增长缓慢，直到二次世界大战结束以

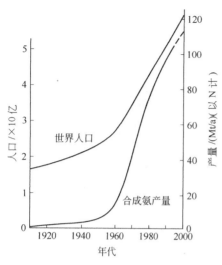

图 8-18 世界合成氨产量变化

后，才开始大幅度提高。这是由于 20 世纪 50 年代氨的需求量急剧增长，天然气、石油资源大量开采，尤其是 60 年代以后开发了多种活性较高的催化剂，反应热的回收与利用更加合理，大型化学工程技术等方面的进展，促使合成氨工业高速发展。

我国合成氨工业于 20 世纪 30 年代起步，1941年，最高年产量不过 50kt。新中国成立后，经过数十年的发展，已形成了遍布全国、大中小型氨厂并存的氮肥工业布局，1999 年合成氨产量为34310kt，排名世界第一。20 世纪 50 年代初，在恢复与扩建老厂的同时，从前苏联引进并建成一批以煤为原料、年产 50kt 的合成氨装置。60 年代，随着石油、天然气资源的开采，分别从英国引进以天然气为原料，年产 100kt 的加压蒸汽转化法合成氨装置；从意大利引进以渣油为原料年产 50kt 的部分氧化法合成氨装置。从而形成了煤、油、气原料并举的中型氨厂的生产体系。

随着石油、天然气工业的迅速发展，20 世纪 80 年代后期和 90 年代初，我国引进了具有世界先进水平日产 1000t 的节能型合成氨装置。与此同时，我国自行设计的以轻油为原料年产 30 万吨的合成氨装置于 1980 年建成投产，以天然气为原料年产 20 万吨氨的第一套国产化大型装置于 1990 年建成投产。

由于我国人口众多，粮食产量不断提高，化肥需求量逐年增长，在"九五"期间又相继建成投产了以天然气、渣油、轻油、煤为原料的大型合成氨装置，分布在海南东方县、乌鲁木齐、呼和浩特、九江、兰州、南京、吉林和渭南等地。

拓展学习

*8.5.4 氨合成基本原理

8.5.4.1 氨合成反应的化学平衡

（1）平衡常数 氨合成的化学反应式如下：

$$0.5N_2 + 1.5H_2 \Longleftrightarrow NH_3(g) + Q$$

该反应为可逆反应，在一定条件下达到平衡，平衡常数 K_p 可用式（8-31）表示：

$$K_p = \frac{p(NH_3)}{p^{1.5}(H_2)p^{0.5}(N_2)} \tag{8-31}$$

式中 $p(NH_3)$、$p(H_2)$、$p(N_2)$——平衡状态下氨气、氢气、氮气的分压。

氨合成反应不仅可逆，而且是放热、体积缩小的反应，根据化学平衡移动原理，降低温度，提高压力，有利于平衡向生成氨的方向进行。

（2）平衡氨含量 反应达到平衡时氨在混合气体中的百分含量，称为平衡氨含量，也称为氨的平衡产率。平衡氨含量是在给定操作条件下，合成反应能达到的最大限度。平衡氨含量与压力、平衡常数、惰性气体含量、氢氮比的关系如下：

$$\frac{Y(NH_3)}{[1-Y(NH_3-Y_i)]^2}=K_p p \frac{r^{1.5}}{(1+r)^2} \tag{8-32}$$

式中　$Y(NH_3)$——平衡时氨的体积分数；

$\qquad Y_i$——惰性气体的体积分数；

$\qquad p$——总压力；

$\qquad K_p$——平衡常数；

$\qquad r$——氢氮比。

由于平衡常数是温度和压力的函数，因此，影响平衡氨含量的因素主要有温度、压力、惰性气体含量、氢氮比例等。

① 温度和压力。表 8-2 为当氢氮比 r 为 3 时，不同温度、不同压力下的平衡氨含量实测数据。由表中数据可知，当温度降低、压力升高时，平衡氨含量增加，这与平衡氨关系式 (8-32) 得出的结论是一致的，符合化学平衡移动原理，即从化学平衡考虑，低温、高压有利于氨的生成。

② 氢氮比。图 8-19 为 500℃时平衡氨含量与氢氮比关系。从图中可以看出，当 r 接近 3 时，平衡氨含量具有最大值；实际上组成对平衡常数有一定影响，故具有最大平衡氨含量的氢氮比略小于 3，在 2.68～2.90 之间。因此，氢氮比 r 对平衡氨含量有显著影响。

表 8-2　纯氢氮气（氢氮比 r 为 3）的平衡氨含量（体积分数）

温度/℃	压　力/MPa					
	0.101	10.13	15.20	20.26	30.39	40.52
350	0.84%	37.86%	46.21%	52.46%	61.61%	68.23%
380	0.54%	29.95%	37.89%	44.08%	53.50%	60.59%
420	0.31%	21.36%	28.25%	33.93%	43.04%	50.25%
460	0.19%	15.00%	20.60%	25.45%	33.66%	40.49%
500	0.12%	10.51%	14.87%	18.81%	25.80%	31.90%
550	0.07%	6.82%	9.90%	12.82%	18.23%	23.20%

③ 惰性气体含量。图 8-20 为惰性气体对平衡氨含量的影响。从图中可知，在一定的温度条件下，惰性气体含量增加，平衡氨含量降低。这是因为惰性气体的存在，降低了氢气和氮气的有效分压，从而导致平衡氨含量下降。

8.5.4.2　合成氨反应速率

工业生产中，不仅要求获得较高的平衡氨含量，同时还要求有较快的反应速率，以便在单位时间内有较多的氢和氮合成为氨。以上分析的影响平衡氨含量因素同样也影响反应速率，而且有时同一个因素对于化学平衡和反应速率的影响是矛盾的，因此，在选择工艺条件时需要综合考虑。

(1) 压力　捷姆金和佩热夫根据合成氨反应机理，得出了合成氨反应动力学方程式（以铁为催化剂）：

$$r_{NH_3}=k_1 p_{N_2} \frac{p_{H_2}^{1.5}}{p_{NH_3}}-k_2 \frac{p_{NH_3}}{p_{H_2}^{1.5}} \tag{8-33}$$

式中，p 为总压。y_{H_2}、y_{N_2}、y_{NH_3} 分别代表氢气、氮气和氨气的含量，按 $p_i=py_i$，则可得出氨合成的反应速率与总压的关系式如下：

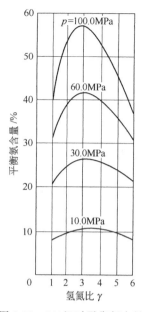

图 8-19　500℃时平衡氨含量
与氢氮比关系

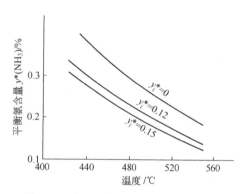

图 8-20　惰性气体对平衡氨含量的影响

$$r_{\text{NH}_3} = k_1 \frac{y_{\text{N}_2} y_{\text{H}_2}^{1.5}}{y_{\text{NH}_3}} p^{1.5} - k_2 \frac{y_{\text{NH}_3}}{y_{\text{H}_2}^{1.5}} p^{-0.5} \qquad (8\text{-}34)$$

式中　r_{NH_3}——氨合成反应的瞬时总速率，为正反应和逆反应速率之差；

　　　k_1、k_2——正、逆反应速率常数。

由上式可见，当温度和气体组成一定时，正反应速率与压力的 1.5 次方成正比，逆反应速率与压力的 0.5 次方成反比，所以提高压力可以加快合成氨的反应速率；提高压力也就是提高了气体的密度，气体密度的提高实际是增加了单位体积内反应物质的数量，缩短了分子间的距离，在同样温度下，分子之间碰撞次数增多，使反应速率加快；从氨合成的反应机理得知，在氮氢合成氨的微观步骤中，氮的吸附速率是最慢的，即氨合成反应速率取决于氮的吸附速率，而氮的吸附速率与氮的分压直接有关，因此从提高氮的吸附速率考虑，应该提高氮气的分压。由式 $p_{\text{N}_2} = p y_{\text{N}_2}$ 可知，增加氮气分压最直接的方法就是提高混合气中氮的含量，因此欲提高反应速率应适当提高混合气中氮的含量。

（2）温度　通常化学反应速率随温度的升高而加快。对于可逆放热反应过程，随着温度的升高，正、逆反应速率均加快。但当温度较低时，正反应速率起决定作用，因此提高温度可加快净反应速率。随着温度的提高，逆反应速率迅速增大，净反应速率增加幅度逐渐减小。当温度达到某一数值时，净反应速率达到最大值，若再提高温度，净反应速率反而减小。因此，压力及催化剂一定时，对应一定的气体组成，总有一个反应温度使反应速率最大，此温度为最适宜温度。

氨合成反应为可逆放热反应，温度对化学反应平衡和反应速率的影响是相互矛盾的，但存在着最适宜温度。在最适宜温度下，反应速率最大，气相中氨的含量最高。氨合成反应操作应尽可能使反应温度接近最适宜温度下进行。

图 8-21 为平衡氨含量、反应速率与温度的关系。由图中可知，平衡曲线 1 是向下倾斜的，说明升高温度对平衡氨含量始终不利；由反应曲线 2 得知，起初在远离平衡的情况下，反应速率随着温度的升高而增大，约 525℃达到最大值，再升高温度，反应速率又趋于下

降，这是由于受到化学反应平衡的影响，逆反应速率增加得更快所致。

（3）氢氮比 如前所述，氨合成反应达到平衡时，氢氮比 $r=3$，气相中氨含量具有最大值。但氨合成反应动力学研究表明，当其他条件一定时，在反应初期，氢氮比 $r=3$ 时，反应速率并不是最快的，反应速率最快的氢氮比为 $r=1$；随着反应的进行，氨含量不断增加，最佳氢氮比也应随之增大，以维持最大的反应速率；当氢氮比接近于 3 时，反应趋于平衡。

（4）惰性气体 惰性气体含量增加，会使氢氮气体的有效分压降低。由氨合成反应动力学方程式（8-33）可知，当温度、压力、氢氮比、氨含量一定时，氢氮气体的有效分压降低，使正反应速率减小，从而导致总反应速率下降。

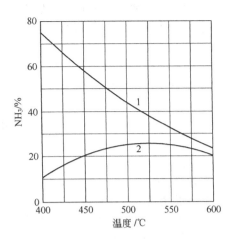

图 8-21 氨含量、反应速率与温度的关系
1—反应平衡曲线；2—反应速率曲线

此外，催化剂活性和粒度对反应速率也有影响。催化剂活性高（如高效催化剂或催化剂使用初期）和粒度小，可以使反应速率加快。但催化剂的粒度减小会增大气体通过催化剂床层的阻力，从而导致合成塔生产能力下降。

8.5.4.3 氨合成催化剂

对氨合成有催化活性的有一系列金属，其中铁系催化剂具有原料来源广、价廉易得、活性良好、抗毒能力强、使用寿命长等优点，因此，目前氨合成的催化剂仍是铁系催化剂。

（1）催化剂的组成及活化 铁系催化剂一般是经过精选的天然磁铁矿通过熔融法制得，是一种以铁的氧化物为主体的多组分催化剂。铁的氧化物主要成分是 FeO 和 Fe_2O_3，其中 FeO 的质量分数约为 $24\%\sim38\%$，FeO/Fe_2O_3 的摩尔比约为 $1:1$，因此其成分也可视为 Fe_3O_4。铁系催化剂中通常还含有 K_2O、CaO、MgO、Al_2O_3、SiO_2 等成分，称为促进剂，或辅助催化剂，其作用是帮助提高主催化剂的催化活性。

铁系催化剂真正对氨合成具有催化活性的是 α-Fe 微晶，而铁系催化剂通常以氧化态形式存在，因此使用前必须经过还原处理，使其还原为 α-Fe 微晶，以达到催化剂活化的目的。工业上最常用的还原方法是将制备好的催化剂装填在合成塔内，生产开始前，控制一定的条件，通入氢氮混合气，使催化剂中的氧化铁被氢气还原为金属铁，反应式如下：

$$FeO + H_2 \Longrightarrow Fe + H_2O + 30.18 kJ/mol \tag{8-35}$$

$$Fe_2O_3 + 3H_2 \Longrightarrow 2Fe + 3H_2O + 98.74 kJ/mol \tag{8-36}$$

（2）催化剂的使用 催化剂在使用过程中，活性会降低，主要原因为催化剂中毒和衰老：

使氨合成催化剂中毒的物质主要有氧及氧的化合物（CO、CO_2、H_2O 等）、硫及硫的化合物（H_2S、SO_2 等）、磷及磷的化合物（PH_3）、砷及砷的化合物（AsH_3）、卤素以及润滑油、铜氨液等。被氧及氧的化合物中毒的催化剂可以通过氢气使其恢复活性，但被其他物质中毒后催化剂的活性则难以恢复。

催化剂经长期使用后，由于中毒以外的原因而导致活性逐渐下降的现象称为催化剂的衰老。催化剂衰老的原因主要有催化剂长期处于高温下，晶粒逐渐长大，表面积减小；催化剂床层温度波动频繁、温差过大，使催化剂过热或熔融；气流的不断冲击，破坏了催化剂的结构；催化剂表面反复进行氧化、还原反应等。催化剂衰老到一定程度，就需要更换新的催化剂。

催化剂的中毒和衰老几乎是无法避免的，但是选用耐热性能较好的催化剂，改善气体质量和稳定操作，维护保养得当，能大大延长催化剂的使用寿命。

本 章 小 结

1. 氨的性质和用途
氨的物理性质、化学性质及用途。

2. 合成氨生产原料路线
（1）固体原料合成氨方法：如以焦炭、煤为原料等；
（2）气体原料合成氨方法：如以天然气、油田气为原料等；
（3）液体原料合成氨方法：如石脑油、重油为原料等。

3. 合成氨生产基本过程
造气-净化-合成

4. 原料气净化基本工序
脱硫-变换-脱碳-精制

5. 氨合成原料气的生产与净化
（1）原料气的生产
固体燃料气化法：原理及方法（固定床间歇气化法、加压鲁奇气化法、德士古气化法）。
天然气蒸汽转化法、重油部分氧化法制气的原理。
（2）原料气的净化
脱硫——目的：脱除原料气中各种形态的硫。
方法：干法脱硫、湿法脱硫，重点为改良 ADA 法脱硫。
变换——目的：将原料气中 CO 转化为有用的原料 H_2。
方法：中温、中温串低温、全低温和中低低温变换。
脱碳——目的：脱除原料中的二氧化碳。
方法：物理和化学吸收法，重点为本菲尔法。
精制——目的：进一步除去原料气中的 CO、CO_2，使其达到氨合成规定的指标。
方法：铜氨液洗涤法、甲烷化法和液氮洗涤法。

6. 氨合成反应工艺条件及其对氨合成反应的影响（压力、温度、空间速率、氢氮比、惰性气体含量、循环气氨含量）。
（1）平衡氨含量及其影响因素
（2）氨合成反应速率的影响因素

7. 合成氨工艺流程
几种合成氨工艺流程及特点。

8. 合成氨基本原理及工艺因素分析

┌─ 反馈学习 ─┐

1. 思考·练习
（1）合成氨生产常用的原料有哪些？
（2）合成氨包括哪 3 个基本工艺过程？合成氨原料气的净化有哪几个基本工序？
（3）合成氨生产过程中原料 N_2 和 H_2 分别来自哪里？

（4）根据氨合成化学反应方程式，合成氨真正的原料是 N_2 和 H_2，但工业上生产合成氨使用的原料却是煤、天然气或石油，如何理解？

（5）固定床间歇燃料气化法的主要缺点是什么？德士古法的优点、缺点是什么？

（6）天然气蒸汽转化法为何要进行二段转化操作？

（7）改良 ADA 法脱硫有哪几个基本反应过程？

（8）采用低温变换的目的是什么？

（9）写出本菲尔法脱除二氧化碳吸收和再生的主要反应，其中二乙醇胺的作用是什么？

（10）写出铜氨液洗涤法和甲烷化法脱除一氧化碳和二氧化碳的基本反应。

（11）什么是平衡氨含量？影响平衡氨含量的因素有哪些？有何影响？

（12）影响氨合成反应速率的因素有哪些？有何影响？

（13）惰性气体对氨合成有何影响？

（14）为何要进行循环气的放空？放空量对氨合成有何影响？

（15）氨合成使用什么催化剂？为什么要进行活化？

2. 报告·演讲（书面或 PPT）

参考小课题：

（1）合成氨生产基本工艺过程

（2）合成氨原料气的生产——固体燃料气化法

（3）合成氨原料气的生产——烃类蒸汽转化法

（4）原料气的脱硫——改良 ADA 脱硫法（蒽醌二磺酸钠法）

（5）3 种原料气精制方法的比较（铜氨液洗涤法、甲烷化法、液氮洗涤法）

（6）压力对氨合成反应的影响

（7）温度对氨合成反应的影响

（8）氢氮比对氨合成反应的影响

（9）氨合成催化剂及其作用

（10）凯洛格与布朗三塔三废热锅炉氨合成工艺流程的比较

第9章 氯 碱

 明确学习

氯碱工业是用电解食盐水溶液的方法生产烧碱、氯气和氢气以及由此衍生系列产品的基础化学工业。它不仅能为化学工业提供原料，其产品也广泛用于国民经济各部门，对国民经济和国防建设具有重要的作用。

通过本章的学习，要求掌握电解饱和食盐水的基本原理，了解烧碱、氯气和氢气生产的基本工艺，并通过烧碱生产工艺学习有关固态产品成型的基本原理和基本方法。

本章学习的主要内容

1. 烧碱、氯的性质和用途。
2. 烧碱的生产工艺。
3. Cl_2 净化和液氯生产。
4. 离子交换膜法制碱原理。

活动学习

通过活动学习，对烧碱、氯及氯碱工业做一些基本的了解，增强对氯碱工业生产的的感性认识，以便能更好地学习、理解和掌握氯碱化工生产工艺。

参考内容

1. 资料检索：通过图书馆或上网检索氢氧化钠、氯的有关资料。
2. 实验：电解饱和食盐水。
3. 参观：氯碱企业。

讨论学习

? 我想问

? 实践·观察·思考

洗发膏与盐，聚氯乙烯与盐，它们有什么关系？有。洗发膏中的表面活性剂生产要用到烧碱，聚氯乙烯的生产要使用氯气，烧碱和氯气就是以盐为原料通过氯碱工业生产的。

氯碱工业是如何以食盐为原料生产烧碱和氯气的？生产过程涉及怎样的工艺知识？需要哪些工艺条件？

9.1　氯碱工业

9.1.1　氯碱工业特点

氯碱工业除原料易得、生产流程较短外，主要有以下 3 个特点。

（1）能耗高　氯碱工业的主要能耗是电能，其耗电量仅次于电解法生产铝。目前，国内利用隔膜法每生产 1t 100％的烧碱，需耗电约 2580kW·h，蒸汽 5t，总能耗折合标准煤约为 1.81t。因此，如何提高电解槽的电解效率和碱液热能蒸发利用率，采用节能新技术具有重要意义。

（2）氯与碱的平衡　电解法制碱得到的烧碱与氯气产品的质量比恒定为 1∶0.88，但一个国家或地区对烧碱和氯气的需求量是随着化工产品的变化而变化的。若氯气用量较小时，通常以氯气需求量决定烧碱产量，以解决氯气的储存和运输困难的问题。对于石油化工和基本有机化工发展较发达国家，会因氯气用量过大，而出现烧碱过剩的矛盾。烧碱和氯气的平衡，始终是氯碱工业发展中的矛盾。

（3）腐蚀和污染严重　氯碱工业的产品烧碱、氯气、盐酸等均具有强腐蚀性，生产过程中使用的石棉、汞及含氯废气都可能对环境造成污染。因此，防止腐蚀，保护环境一直是氯碱工业努力改进的方向。

9.1.2　氯碱工业产品

（1）烧碱（NaOH）　烧碱是一种基本无机化工产品，是基本化工原料"三酸两碱"中的一种，最早用于制皂，广泛应用于造纸、纺织、印染、搪瓷、医药、染料、农药、制革、石油精炼、动植物油脂加工、橡胶、轻工等工业部门，也用于氧化铝的提取和金属制品加工。

（2）氯（Cl_2）　氯及主要氯产品最早用于制漂白粉。漂白粉逐渐被液氯、次氯酸钠、漂白精（主要成分是次氯酸钙）等产品所取代后，又发展了高效漂白剂、氯代异氰尿酸及盐类。目前，常用作消毒剂漂白的仍为无机氯产品，如水消毒用氯，纺织及造纸工业漂白用次氯酸钠和亚硝酸钠，在各种氯的主要产品中，用于生产聚氯乙烯所消耗的氯在世界各国居于首位。第二大用量的则是各种含氯溶剂（如 1,1,1-三氯乙烷、二氯乙烷等）；其他主要氯产品还有丙烯系列的衍生物，如环氧丙烷（因为是用氯醇法生产，间接消耗大量氯）和环氧氯丙烷，用于生产聚氨酯泡沫塑料以及氯丁橡胶、氟氯烃（用以生产制冷剂和聚四氟乙烯），在生产氯产品过程中常常还同时得到副产品盐酸。

（3）氢（H_2）　氢是氯碱工业的副产品。常用于合成氯化氢制取盐酸和生产聚氯乙烯、植物油加氢生产硬化油、生产多晶硅等金属氧化物的还原和炼钨，以及有机化合物合成的加氢反应等。

9.2　烧碱

9.2.1　烧碱性质及规格

（1）烧碱性质　烧碱即氢氧化钠，亦称苛性钠。氢氧化钠吸湿性很强，易溶于水，溶解时强烈放热；水溶液呈强碱性，手感滑腻；易溶于乙醇和甘油，不溶于丙酮；有强烈的腐蚀性，对皮肤、织物、纸张等侵蚀剧烈；易吸收空气中的二氧化碳变成碳酸钠；与酸起中和作用而生成盐。

（2）烧碱规格 烧碱的工业品有液体和固体，其中液体为 30％和 50％不同含量的氢氧化钠水溶液；固体为白色片状、棒状、粒状，或熔融态。各产品规格见表 9-1～表 9-3 所列。

表 9-1 30％液碱规格

成 分	含量/％（质量分数）	成分	含量/％（质量分数）
氢氧化钠	30	氯酸钠	≤0.002
氯化钠	≤0.05	二氧化二铁	≤0.006
碳酸钠	≤0.06		

表 9-2 50％液碱规格

成 分	含量/％（质量分数）	成 分	含量/％（质量分数）
氢氧化钠	50±0.5	氯化钠	1
碳酸钠	0.25	氯酸钠	0.1
硫酸钠	0.025	铁	$(5\sim10)\times10^{-4}$

表 9-3 固体烧碱产品规格

成 分	含量/％（质量分数）	成 分	含量/％（质量分数）
氢氧化钠	≥98	碳酸钠	1.5
氯化钠	≤0.12	水分	1

9.2.2 烧碱生产方法

烧碱工业生产历史上曾采用过苛化法，即用纯碱水溶液和石灰乳通过苛化反应而生成烧碱，现已被电解法取代。电解法是用直流电电解食盐水生产烧碱，同时副产氯气和氢气。工业上电解的方法有水银法、隔膜法及离子交换法。水银法由于涉及汞污染和危害，现已基本被淘汰。目前，烧碱工业生产普遍采用的是隔膜法及离子交换法。

（1）隔膜法 隔膜法采用的主要设备是隔膜电解槽。多孔渗透性的隔膜将电解槽分隔为阳极室和阴极室，隔膜可阻止气体通过，而只让水和离子通过。这样既能防止阴极产生的氢气与阳极产生的氯气混合而引起爆炸，又能避免氯气与氢氧化钠反应生成次氯酸钠而影响烧碱的质量。隔膜法的优点是对食盐水的纯度要求不是很高，缺点主要是投资和能耗较高，产品烧碱纯度不够高。

隔膜法生产工艺流程方框图如图 9-1 所示。

食盐溶解于水制成的粗盐水中含有很多杂质，不符合电解的要求，必须加入精制剂如纯碱、烧碱、氯化钡等进行精制，并加入盐酸调节盐水的 pH 值，使之符合电解要求。

在电解槽内，精盐水借助于整流后的直流电进行电解，获得电解产物烧碱、氯气和氢气。

从隔膜电解槽得到的电解液中仅含有约 11％～12％ NaOH 及大量的 NaCl，蒸发过程中大量的 NaCl 结晶析出，被再化成盐水回收利用。

从电解槽得到的氯气温度较高并含有大量的水分，一般不能直接使用，需经过冷却、干燥工序，方可制成氯产品（如液氯）等。

从电解槽得到的氢气，温度、含水分情况与氯气相类似，也需经过冷却、洗涤工序，然后输送到使用部门。

（2）离子交换膜法 1968 年，金属阳极的出现为电解工业技术的发展开辟了新纪元，也为离子膜电解槽的出现创造了良好的条件。

采用离子交换膜法生产工艺生产的烧碱，不但纯度高，投资小，对环境污染小，而且获得的 Cl_2 和 H_2 的纯度分别达 99％和 99.99％，是氯碱工业的发展方向。但此法对盐水质量

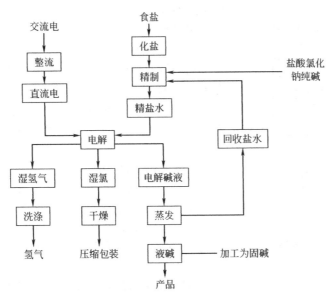

图 9-1　隔膜法工艺流程方框图

要求远远高于隔膜法，需增加盐水的二次精制工序，即增加设备的投资费用，同时，离子膜本身的费用也非常昂贵，且容易损坏。

离子交换膜法生产烧碱工艺流程方框图如图 9-2 所示。

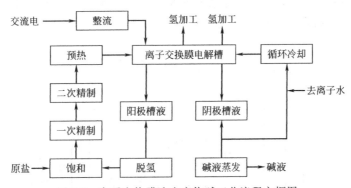

图 9-2　离子交换膜法生产烧碱工艺流程方框图

离子交换膜法生产方式的核心工序是饱和盐水的二次精制、预热和电解。整个流程大体分为：原盐的溶解；盐水的一次精制和二次精制；电解，产生 32％浓度的烧碱及氢气和氯气；淡盐水的处理，主要是脱游离氯，然后返回原盐溶解，重新饱和；氢气和氯气的处理包括冷却、干燥、压缩等；烧碱液从 32％浓缩至 50％。

9.2.3　电解法生产烧碱的基本原理

电解法生产烧碱是用直流电电解饱和食盐水溶液，其核心部分电解。NaCl 作为电解质在水中会自动离解成能自由移动的带正电荷的 Na^+ 和带负电荷的 Cl^-：

$$NaCl \Longleftrightarrow Na^+ + Cl^-$$

当有直流电通过时，正、负离子按同性相斥、异性相吸的原理运动。如图 9-3 所示。

在阴极，有两种离子可能得到电子，即 $2H^+$ 得到电子生成 H_2；Na^+ 得到电子生成 Na。但由于两者得到电子的能力不同，在一定条件下，H^+ 更容易在阴极得到电子生成 H_2，即

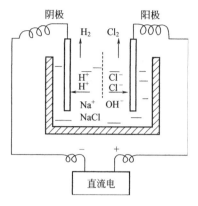

图 9-3 电解池工作原理

发生还原反应：

阴极反应

$$2H_2O + 2e^- \rightleftharpoons H_2\uparrow + 2OH^-$$

在阳极，有两种离子可能放出电子，即 OH^- 放出电子生成 H_2O 和 O_2；Cl^- 放出电子生成 Cl_2。但由于两者放出电子的能力不同，在一定条件下，Cl^- 更容易在阳极放出电子生成 Cl_2，即发生氧化反应：

阳极反应 $$Cl^- - 2e^- \rightleftharpoons Cl_2\uparrow$$

电解液中 OH^- 和 Na^+ 则生成烧碱 $NaOH$：

$$OH^- + Na^+ \rightleftharpoons NaOH$$

$NaCl$ 水溶液电解总的反应式如下：

$$2NaCl + 2H_2O \longrightarrow 2NaOH + Cl_2\uparrow + H_2\uparrow$$

可见，电解食盐水溶液除生产烧碱外，还副产氯气和氢气。因此，电解法生产烧碱又称为氯碱工业。

工业生产中，电解食盐水溶液是在电解槽中进行的，除以上主反应外，还会有其他副反应发生。电解产生的 Cl_2 和 H_2 必须分开，否则，不仅会发生一系列副反应而得不到 Cl_2 和 H_2，同时 Cl_2 和 H_2 混合后还会发生爆炸。目前工业采用的方法主要有隔膜法和离子交换法。

(1) 隔膜法　隔膜法是用多孔渗透性物质将在电解槽分隔成阳极室与阴极室两部分。这种多孔隔膜目前多采用石棉制作，它能较好地阻止阳极产物与阴极产物混合，而不妨碍阴、阳离子的自由迁移。隔膜法电解槽原理如图 9-4 所示。

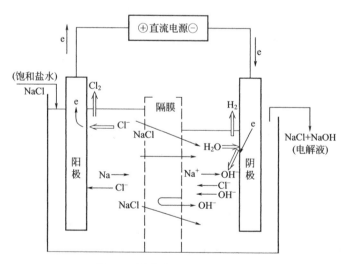

图 9-4 隔膜法电解槽电解示意

饱和盐水注入阳极室，并使阳极室的液面高于阴极室的液面，阳极液以一定流速通过隔膜流入阴极室，以阻止 OH^- 反迁移。Cl^- 向阳极迁移，并在阳极放出电子产生氯气；水向阴极迁移，并在阴极得到电子产生氢气和 OH^-。氢气、氯气分别从阴极室和阳极室上方的导出管导出，氢氧化钠则从阴极箱下方导出。

(2) 离子交换膜法　离子交换膜法电解槽中，将电解槽分隔为阳极室和阴极室的是一种阳离子交换膜。阳离子交换膜是一种由骨架组成的多孔结构物质，具有选择透过性能（有排斥外界溶液中某一离子的能力），且耐氯碱腐蚀。

阳离子交换膜内部具有较复杂的化学结构。膜体中的活性基团由带负电荷的固定基团（离子团）如 SO_3^-、COO^-，及带正电荷的对离子 Na^+ 组成，并以离子键结合在一起。孔内为水相，固定离子团之间有微孔水道相通，骨架是含氟的聚合物。

磺酸型阳离子交换膜的化学结构的简式为：

$$\underbrace{\underbrace{R—SO_3^-}_{\text{固定基团}}\underbrace{H^+(Na^+)}_{\text{对离子}}}_{\text{活性基团}}$$

由于磺酸基团具有亲水性能，使膜在溶液中溶胀，膜体结构变松，从而造成许多微细弯曲的通道，使其活性基团中的对离子 Na^+ 可以与水溶液中的同电荷的 Na^+ 进行交换，从而使 Na^+ 通过。与此同时，膜中活性基团中的固定离子具有排斥 Cl^- 和 OH^- 的能力，阻止了 OH^- 向阳极室迁移，从而获得高纯度的氢氧化钠溶液。离子交换过程如图 9-5 所示。

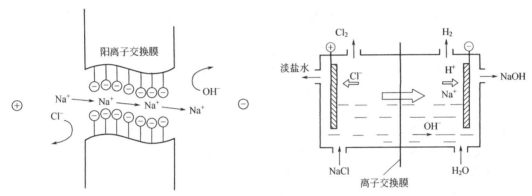

图 9-5　离子交换膜示意　　　　　图 9-6　离子交换膜法制碱的原理

在水化钠离子从阳极室透过离子膜迁移到阴极室时，水分子也伴随着迁移。同样，会有少数 Cl^- 通过扩散移动到阴极室，也会有少量 OH^- 由于受阳极的吸引而迁移到阳极室。

离子交换膜法制碱的原理如图 9-6 所示。饱和精制盐水进入阳极室，去离子水加入阴极室。导入直流电后，Cl^- 受到离子膜的排斥，无法通过离子膜，但受到阳极的吸引而向阳极迁移，并在阳极放电并析出 Cl_2，H_2O 则在阴极表面放电并析出 H_2。阳极室的 Na^+ 被离子膜负离子吸附并从一个负离子团迁移到另一个负离子团，透过离子交换膜移向阴极室，并与 OH^- 结合形成 NaOH 而得到纯度较高的烧碱溶液。通过调节加入阴极室的去离子水量，可得到一定浓度的烧碱溶液。

（3）副反应　随着电解反应的进行，在电极上还有一些副反应发生。在阳极上产生的 Cl_2 部分溶解在水中，与水作用生成次氯酸钠和盐酸：

$$Cl_2+H_2O \longrightarrow HCl+HClO$$

电解槽中虽然放置了隔膜，但由于渗透扩散作用仍有少部分 NaOH 从阴极室进入阳极室，在阳极室与次氯酸反应生成次氯酸钠。

$$NaOH+HClO \longrightarrow NaClO+H_2O$$

次氯酸钠又分离为 Na^+ 和 ClO^-，ClO^- 可以在阳极上放电，生成氯酸、盐酸和氧气。

$$12ClO^-+6H_2O-12e^- \longrightarrow 4HClO_3+8HCl+3O_2\uparrow$$

生成的 $HClO_3$ 与 NaOH 作用，生成氯酸钠和氯化钠等。

此外，阳极附近的 OH^- 浓度升高后也导致 OH^- 在阳极放电，发生以下副反应：

$$4OH^--4e^- \longrightarrow O_2\uparrow+2H_2O$$

副反应生成的次氯酸盐、氯酸盐和氧气等，不仅消耗产品，而且浪费电能。

9.2.4 烧碱生产工艺

9.2.4.1 食盐水溶液的制备与净化

我国氯碱工业所用的原料以海盐为主。普通的食盐除主要含有氯化钠以外，一般含有 $MgCl_2$、$MgSO_4$、$CaCl_2$、$CaSO_4$ 和 Na_2SO_4 等化学杂质及机械杂质（如泥沙及其他不溶性的杂质）。

（1）食盐水溶液的制备 原盐的溶解在化盐池或化盐桶内进行。原盐从盐仓用皮带输送机输送到化盐池内，化盐水由下部从池底的配水管均匀喷出，与盐水逆流相遇。当水通过盐层时，将盐溶化而制成饱和的盐水，含量保持在 $310\sim315g/L$ 以上。最后，通过上部筻子除去部分机械杂质，经溢流管流出送净化工序处理。

（2）盐水净化 工业食盐中含有钙盐、镁盐、硫酸盐和机械杂质，这些杂质对电解是有害的。盐水净化的任务就是除去这些杂质。

① 钙、镁杂质对电解的影响及处理。有钙、镁杂质的盐水注入电解槽后，将与阴极室的碱（NaOH 和少量的 Na_2CO_3）作用，生成氢氧化镁和碳酸钙沉淀。

$$MgCl_2 + 2NaOH \Longrightarrow Mg(OH)_2 \downarrow + 2NaCl$$
$$CaCl_2 + Na_2CO_3 \longrightarrow CaCO_3 \downarrow + 2NaCl$$

这些沉淀积聚在隔膜上，会将膈膜堵塞，影响隔膜的渗透性，使电解槽运行恶化。为除去钙盐、镁盐杂质，通常采用加入 NaOH 和 Na_2CO_3 的方法。加入的量由分析数据控制（NaOH 控制过量在 $0.1\sim0.2g/L$；Na_2CO_3 控制过量在 $0.2\sim0.3g/L$）。

在常温下，氢氧化镁在 NaCl 中的溶解度比 $MgCO_3$ 小。因此，一般都用 NaOH 除去镁盐，由于化盐时所用的析出回收盐水中已含有 NaOH，故精制一般不用另添加 NaOH。

加碳酸钠是为了与溶解在盐水中的钙盐作用，使其生成不溶性的碳酸钙沉淀。使用 Na_2CO_3 而不用 NaOH 除钙，主要是碳酸钙的溶解度比氢氧化钙小；其次，用碳酸钠处理，可以使盐水最终的碱度不大，减少了下一步中和时使用盐酸的量，并且所得盐水透明，易于过滤。

② 硫酸盐对电解的影响及处理。如果硫酸盐的含量较高时，SO_4^{2-} 将在电解槽的阳极发生氧化反应，这会增加阳极的腐蚀，缩短电极的使用寿命，其反应如下：

$$2SO_4^{2-} \Longrightarrow 2SO_3^{2-} + O_2 \uparrow$$
$$2SO_3^{2-} + 2H_2O - 4e^- \Longrightarrow 2H_2SO_4$$
$$2H_2SO_4 \Longrightarrow 4H^+ + 2SO_4^{2-}$$

反应中放出的氧将石墨电极氧化生成 CO_2，加速了电极的腐蚀。既造成了电能的消耗，又降低了氯气的浓度。

为除去硫酸盐中的杂质，通常采用加入 $BaCl_2$ 的方法，反应如下：

$$BaCl_2 + Na_2SO_4 \Longrightarrow BaSO_4 \downarrow + 2NaCl$$

氯化钡的加入量按盐水中 SO_4^{2-} 不超过 $5g/L$ 进行控制。

盐水净化过程产生的 $Mg(OH)_2$ 形成胶体溶液，极大的影响了盐水的澄清速度，常常加助沉剂（或称凝聚剂）以加快盐水澄清速度。常用的助沉剂是苛化麸皮或苛化淀粉。有些氯碱厂采用新的助沉剂"CMC"（羧甲基纤维素），有些采用"PAM"（聚丙烯酰胺）高分子凝聚剂。

盐水经中和后，应达到以下质量要求：

NaCl	310～315g/L
$Ca^{2+}+Mg^{2+}$	<1mg/L
SO_4^{2-}	<5g/L
pH 值	7～7.5

③ 盐水精制。对于隔膜法采用一次净化盐水可满足工艺要求，但对于离子膜法需对一次净化盐水进行二次精制。先将第一次精制的盐水以碳素管或过滤器过滤，使悬浮物含量小于 10^{-6}，再采用螯合树脂或其他超过滤系统，使 Ca^{2+} 与 Mg^{2+} 的总量小于 2×10^{-8}（质），并保证 SO_4^{2-} 浓度在 4g/L 以下，将微量钙镁离子除去。

9.2.4.2 电解反应工艺

（1）隔膜法电解工艺　隔膜法电解是以石墨为阳极（或金属阳极），铁为阴极，采用石棉隔膜的一种电解方法。隔膜是一种多孔渗透性材料，能将阳极产物与阴极产物隔开，使电解液通过，并以一定的速度流向阴极，同时阻止 OH^- 向阳极扩散。Cl^- 在阳极表面放电生成 Cl_2；H_2O 在阴极表面放电生成 H_2。阳极液中的 Na^+ 不断地进入隔膜的孔隙流入阴极室，与 OH^- 结合生成 NaOH。

① 隔膜法电解工艺流程。隔膜法电解工艺流程如图 9-7 所示。

精制后的饱和食盐水升高温度后进入盐水高位槽，槽内盐水保持一定液面以确保盐水压力恒定。高位槽内的盐水再经蒸汽预热至 75～80℃后，依自压平稳地从盐水总管经分导管连续均匀地加入电解槽中进行电解。

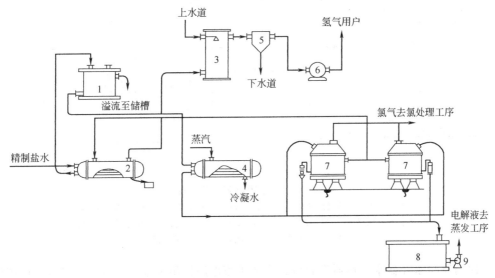

图 9-7　隔膜法电解食盐水溶液工艺流程示意
1—盐水高位槽；2—盐水氢气热交换器；3—洗氢桶；4—盐水预热器；
5—气液分离器；6—罗茨鼓风机；7—电解槽；8—电解液储槽；9—碱泵

电解生成的氯气由槽盖顶部的支管导入氯气总管，送到氯气处理工序。氢气从电解槽阴极箱的上部支管导入氢气总管，经盐水-氢气热交换器降温后送氢气处理工序。生成的电解碱液从电解槽下侧流出，经电解液总管后，汇集于电解液储槽，再由碱泵送至蒸发工序浓缩制取合格液碱产品。

② 电解槽内副反应。电解槽内的副反应主要发生在阳极室，若阳极液中含有少量的 NaClO 和 $NaClO_3$，就会随阳极液流入阴极室，在阴极上被新生态氢原子还原成氯化钠：

$$NaClO + 2[H] \longrightarrow NaCl + H_2O$$
$$NaClO_3 + 6[H] \longrightarrow NaCl + 3H_2O$$

由于在电极上发生副反应,不仅消耗了产品 Cl_2、H_2 和 NaOH,而且浪费了电能,还生成了次氯酸盐、氯酸盐、氧等,降低了产品 Cl_2 和 NaOH 的纯度。生成的氧还会腐蚀石墨电极,加速电极消耗。

为了减少电极上的副反应,应尽量采用精制的饱和食盐水;使电解在较高的温度下进行,以减少氯气在阳极液中的溶解;维持阳极室的液面高于阴极室,并使阳极液保持一定的流速,以阻止 OH^- 由阴极室向阳极室迁移,防止阳极室发生中和反应。

(2) 离子交换膜法电解工艺 与传统的隔膜法和水银法相比,离子膜法生产烧碱不但具有能耗低、产品质量高、占地面积小、生产能力大及适应电流昼夜变化波动,避免了石棉、水银对环境的污染等优点,而且离子交换膜具有选择透过性,只允许阳离子通过;电解液浓度高,目前电解液中烧碱含量为 $32\% \sim 35\%$;产品质量好,不含石棉等其他杂质,浓缩至 50% 的离子膜烧碱,其氯化钠含量仍小于 5.0×10^{-5};电流效率高,即使在较大的电流密度下,也能保持低电耗等优点,是氯碱工业的发展方向。

① 离子膜法生产工艺流程。图 9-8 为离子膜电解工艺流程。

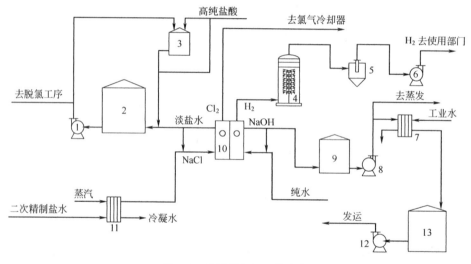

图 9-8　离子膜电解工艺流程
1—淡盐水泵;2—淡盐水储槽;3—分解槽;4—氯气洗涤塔;5—水雾分离器;
6—氯气鼓风机;7—碱冷却器;8—碱泵;9—碱液受槽;10—离子膜电解槽;
11—盐水预热器;12—碱泵;13—碱液储槽

二次精制盐水经盐水预热器升温后送往离子膜电解槽阳极室进行电解。纯水由电解槽底部进入阴极室。通入直流电后,在阳极室产生的氯气和流出的淡盐水经分离器分离后,湿氯气进入氯气总管,经氯气冷却器与精制盐水热交换后,进入氯气洗涤塔洗涤,然后送往氯气处理工序。从阳极室流出的淡盐水,一部分补充到精制盐水中返回电解槽阳极室,另一部分进入淡盐水储槽,再送往氯酸盐分解槽,用高纯盐酸进行分解。分解后的盐水回到淡盐水储槽,与未分解的淡盐水充分混合并调节 pH 值在 2 以下,送往脱氯塔脱氯,最后送到一次盐水工序重新制成饱和盐水。

② 电解工艺条件分析。离子交换膜法是一种先进的电解法制烧碱工艺,对工艺条件提出了较严格的要求。

a. 饱和盐水的质量。盐水的质量对离子膜的寿命、槽电压和电流效率都有重要的影响。

盐水中的 Ca^{2+}、Mg^{2+} 和其他重金属离子与阴极室反渗透过来的 OH^- 结合生成难溶的氢氧化物会沉积在膜内，使膜电阻增加，槽电压上升，导致膜的性能发生不可逆恶化而缩短膜的使用寿命。SO_4^{2-} 和其他离子（如 Ba^{2+} 等）生成难溶的硫酸盐沉积在膜内，也使槽电压上升，电流效率下降。

因而，用于离子膜法电解的盐水，纯度远远高于隔膜法，须在原来一次精制的基础上，再进行第二次精制，以保证膜的使用寿命和较高的电流效率。

b. 电解槽的操作温度。离子膜在一定的电流密度下，有一个取得最高电流效率的温度范围（表 9-4）。

表 9-4　一定电流密度下的最佳操作温度

电流密度/(A/dm²)	温度范围/℃	电流密度/(A/dm²)	温度范围/℃
30	85～90	10	65～70
20	75～80		

当电流密度下降时，电解槽的操作温度也相应降低，但不能低于 65℃，否则电解槽的电流效率将发生不可逆转的下降。这是因为温度过低时，膜内的 $-COO^-$ 与 Na^+ 结合成 $-COONa$ 后，使离子交换难以进行；同时阴极侧的膜由于得不到水和钠离子而造成脱水，使膜的微观结构发生不可逆改变，电流效率急剧下降。

槽温也不能高于 92℃ 以上，否则产生大量水蒸气而使槽电压上升。因此，在生产中根据电流密度，电解槽温度控制在 70～90℃ 之间。

c. 阴极液中 NaOH 的浓度。实际生产过程中，由于在电极上要发生一系列的副反应以及漏电现象，所以电能不能完全被利用，实际产量比理论产量低。实际产量与理论产量之比，称为电流效率或电流利用率。从图 9-9 可知，当阴极液中 NaOH 浓度上升时，因膜的含水率降低，膜内固定离子浓度上升，膜的交换能力增强，提高了电流效率。但随着 NaOH 浓度的提高，膜中 OH^- 浓

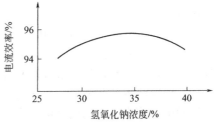

图 9-9　NaOH 浓度对电流效率影响

度增大，OH^- 反渗透到阳极一侧的趋势增强，这会使电流效率明显下降。

d. 阳极液中 NaCl 的含量。如图 9-10 所示，当阳极液中 NaCl 浓度太低时，对提高电流效率、降低碱中含盐都不利。

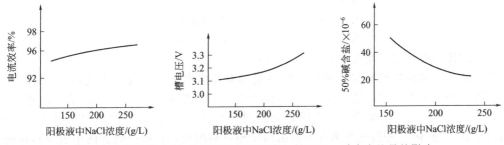

图 9-10　阳极液中 NaCl 浓度对电流效率、槽电压、碱中含盐量的影响

因为水合钠离子结合水太多，使膜的含水率增大，不仅使阴极室的 OH^- 容易反渗透，导致电流效率下降，而且阳极液中的氯离子易迁移到阴极室使碱液中的 NaCl 含量增大。阳极液中的 NaCl 浓度也不宜太高，否则会引起槽电压上升。

另外，离子膜长期处于 NaOH 低浓度下运行，还会使膜膨胀、严重起泡、分离直至永久性破坏。生产中一般控制阳极液中 NaCl 浓度约 210g/L。

9.2.4.3 产物的分离和精制

电解食盐水得到的 NaOH 浓度和纯度通常达不到规定的质量指标，尤其采用隔膜法工艺，电解液中 NaOH 的浓度约为 10%～12%，还需要进行分离和精制。电解液的分离和精制通常采用蒸发-浓缩的方法。通过蒸发-浓缩既能将 NaOH 电解液浓缩，使之成为符合一定规格的商品液碱，同时电解液浓缩后，其中的氯化钠会结晶分离出来，液碱的纯度也得以提高，分离得到的盐回收制成盐水继续使用。

（1）电解液蒸发原理　借助于蒸汽，使电解液中的水分部分蒸发，以浓缩氢氧化钠，工业上该过程在沸腾状态下进行。由于电解液中含有 NaOH、NaCl、NaClO 等多种物质，所以溶液的沸点随着蒸发过程中溶液浓度的提高而升高。表 9-5 列出了 NaCl 在 NaOH 水溶液中的溶解度随 NaOH 含量的增加而明显减小，随温度的升高而稍有增大的关系。

表 9-5　NaCl 在 NaOH 水溶液中的溶解度

NaOH/%	NaCl/%			NaOH/%	NaCl/%		
	20℃	60℃	100℃		20℃	60℃	100℃
10	18.05	18.70	19.96	40	1.44	2.15	3.57
20	10.45	11.11	12.42	50	0.91	1.64	2.91
30	4.29	4.97	6.34				

在电解液蒸发的全过程中，烧碱溶液始终是一种被 NaCl 所饱和的水溶液。因而随着烧碱浓度的提高，NaCl 便不断地从电解液中结晶出来，从而提高了碱液的纯度。

为减少加热蒸汽的耗量，提高热能利用率，电解液蒸发常在多效蒸发装置中进行。随着效数的增加，蒸汽利用的经济程度越佳，但蒸发效数过多，经济效益增加并不明显。

（2）隔膜法电解制液碱　离子交换膜法获得的烧碱溶液纯度较高，氯化钠含量低。从离子交换膜电解槽内流出的阴极液，含 NaOH 约 20%～40%，可直接作为高纯烧碱使用，也可根据需要进行蒸发浓缩。

隔膜法电解液含 NaOH 约 10%～20%，含 NaCl 16%～18%，需要经过浓缩，并分离氯化钠，使碱浓度提高 30% 或 42% 才能成为商品烧碱。

① 三效顺流生产 42% 液碱。隔膜法电解液组成如下：

NaOH	125～135g/L
NaCl	190～210g/L
Na$_2$SO$_4$	4～6g/L
NaClO$_3$	0.05～0.25g/L

三效四体两段顺流蒸发流程如图 9-11 所示。

为了减少加热蒸汽的耗量，隔膜法电解液的蒸发常在多效蒸发器中进行。"两段蒸发"是指电解液经过两次蒸浓，第一次从含 NaOH 约 10% 浓缩至 25%～30%，第二次进一步浓缩至 42%，"顺流"是指碱液与蒸汽的走向相同。"三效"是指第一次蒸发是由 1、2、3 三级蒸发串联。"四体"是指三级蒸发串联由四个蒸发器组成，其中一效为两个蒸发器并联。

电解工序得到的电解碱液用泵送往预热器预热后进入一效蒸发器。碱液从一效蒸发器出来后依次进入二效、三效蒸发器，进入三效蒸发器时，碱液浓度已达到 23%～25%，并析出大部分食盐。二、三效蒸发器的碱液用泵输送至旋流器，使氯化钠沉降，溢流的澄清液送至中间碱液储槽，以备进一步浓缩。旋流器中增稠的晶浆送往离心机分离，分离出的母液也

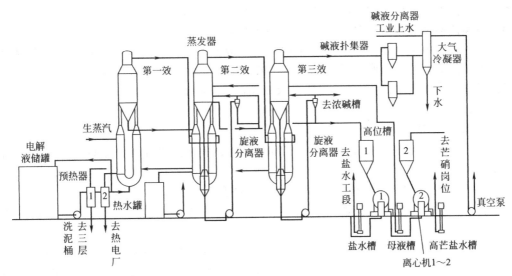

图 9-11 三效四体两段顺流蒸发流程

送往中间碱液储槽，而分出的氯化钠用水化成盐水，送往盐水精制工序。澄清的中间碱液连续送入浓效蒸发器，进一步浓缩，使 NaOH 浓度达到 42%。浓碱液送入储槽沉降出氯化钠后即可作为液碱产品。

加热用生蒸汽进入一效蒸发器加热室，一效产生的二次蒸汽供给二效加热，二效的二次蒸汽进入三效蒸发器，三效产生的二次蒸汽去大气冷凝器中，由上水直接冷凝，不凝气经真空泵排入大气中。

送往一效蒸发器的加热蒸汽压力约为 0.5MPa。三效和浓效的二次蒸汽进入捕沫器分出夹带的碱液，再进入大气冷凝器。通常三效和浓效蒸发器在 0.0866～0.0907MPa 真空度下操作。

② 三效逆流蒸发生产 50% 液碱。三效逆流强制循环蒸发流程如图 9-12 所示。

电解液送入第三效蒸发器蒸出部分水后送入离心机加料槽分盐，去第二效预热器预热后

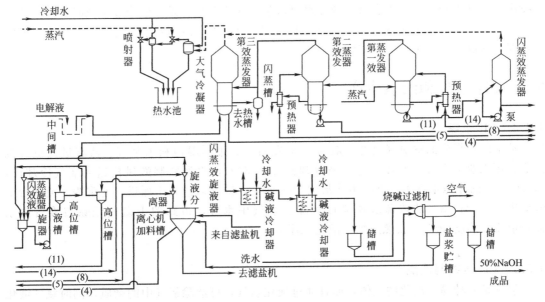

图 9-12 三效逆流强制循环蒸发流程

进入第二效蒸发器。出来的碱液由泵送至旋液分离器分盐,其顶部出来的碱液经高位槽泵送至第一效预热器后进入第一效蒸发器,在此碱液继续浓缩到45% NaOH,借压力差进入闪蒸效蒸发器,浓缩至49%。再由泵送至闪蒸效旋液分离器分盐,碱液经旋液分离器槽泵送入闪蒸效旋液器,经高位槽送至浸没蛇管式碱液冷却器,经冷冻水二段冷却至23℃,最后经过滤机进一步除盐即得50% NaOH碱液成品,送至成品储槽。

9.2.4.4 固碱制造

NaOH的另一种商品规格是98.5%的固体产品,这就需要将含NaOH 50%左右的液碱进一步浓缩。

传统的工艺是采用直接火加热锅式蒸熬法,现在则广泛采用降膜法制固碱的新工艺。降膜法流程简单、操作容易、占地面积小、热利用率高、操作人员少、可自动化,所以投资少、成本低。

(1) 连续式降膜法制固碱 将合格的45%或50%NaOH的液碱与10%浓度的糖液 [按0.2%(质量分数)配比] 混合后送入预浓缩器,用降膜蒸发器闪蒸出来的二次蒸汽加热,在8.1kPa真空下,使碱液浓缩到61%,再进入降膜蒸发器中,在此用430℃高温熔融盐加热蒸发,碱液沿管壁呈膜式流下,并浓缩成为含NaOH 98%的熔融状碱。再经下部储槽闪蒸后可浓缩到99.5%,由液下泵抽出送到固碱成型工序。

降膜法设备一般为镍制。高温浓碱中含有氯化钠及氯酸盐,为防止对镍制设备的腐蚀,常加入蔗糖以除去碱液中的氯酸盐。

(2) 粒状、片状固碱制造

① 粒状。降膜蒸发器下部的熔融碱用液下泵送入造粒塔顶上的高位槽,再流入造粒塔上部的喷头,变成很小的碱滴下落,至塔底,温度降至250℃,凝结成碱粒。塔顶装有抽风机,抽出气体中控制碱含量小于5mg/m³。塔壁上淋水防止碱粉黏结在壁上。塔中出来的粒碱经回转冷却器冷却到55℃,用斗式提升机送到粒碱仓上部的筛选机,进入料仓、包装。

② 片状。来自降膜蒸发器的合格熔融碱,通过成品分离槽流入片碱机下部的弧形碱槽。片碱机的冷却滚筒表面开有燕尾式凹槽,滚筒下部浸入弧形槽的熔碱中,冷却水引入轴承中心喷出,喷淋冷却滚筒的内表面,冷却水出口装有水喷射泵,以保证冷却水及时排出。滚筒以1.5～3r/min的速度缓慢运动,其外表面凝结0.8～1.5mm厚的固碱层,不断被刮刀铲下,即为片碱,进一步冷却、破碎。

9.3 Cl₂ 净化和液氯生产

9.3.1 Cl₂ 干燥

从电解槽得到的湿氯气温度一般为90℃左右,夹带同温饱和水蒸气、盐雾进入氯气洗涤塔,用工业上水直接循环喷淋洗涤冷却到40～50℃,再经钛制鼓风机送入氯气冷却塔,以8～10℃的冷冻水将氯气进一步冷却到10～20℃,除雾后进入干燥塔(通常为三或四台干燥塔串联),与98%的浓硫酸逆流接触除去氯气中水分,得到的干氯气经除酸雾后含水0.1mg/L,温度20℃,去氯压缩、液化工序。

9.3.2 Cl₂ 压缩制液氯

氯气是一种易于液化的气体,而且通过液化氯气,可清除氯气中的杂质,同时氯气液化后,体积缩小,便于储存及远距离输送。在1.013×10^5Pa(绝压)、-35℃条件下,纯氯即可液化。提高压力,可提高液化温度。因此,工业上氯气液化采用既加压又降温的方法。一定的压力具有相应的液化温度,故液化方法有高温高压、中温中压及低温低压 3 种。

表 9-6　液氯规格

Cl_2	$99.5\% \sim 99.8\%$
O_2	$(400 \sim 500) \times 10^{-6}$
CO_2	300×10^{-6}
N_2	500×10^{-6}
H_2O	$(15 \sim 20) \times 10^{-6}$

干燥氯气经离心式压缩机加压到 0.392MPa,温度 55℃,进入列管液化器,冷却到 $-6 \sim$ -10℃进入气液分离器。气相氯气浓度约 60%～70%,送去回收或制造盐酸、次氯酸钠等。液氯用泵输入液氯槽。氯气液化率为 85%～95%。

未液化的稀氯气,经缓冲器进入往复式压缩机加压到 0.784MPa(表压),经冷却器冷却到 40℃再导入冷冻器,在此部分氯气液化,经分离器分离出的液氯部分去储槽,另一部分进入解吸塔顶部。氯进入吸收塔下部被塔顶喷下的 CCl_4 吸收,剩下的气体经碱洗塔,清除 Cl_2、CCl_4 后排入大气。吸收塔底含氯的 CCl_4 进入解吸塔上部,塔底的再沸器用蒸汽加热。解吸塔出来的氯气经塔顶液氯淋洗后去液氯工段的压缩机入口。塔底出来的 CCl_4 经冷却器、冷冻器冷却后,再进入吸收塔吸氯。

9.4　H_2 精制

隔膜电解槽得到的氢气约 90℃,比槽温稍低,含有 H_2O、CO_2、O_2、N_2 及 Cl_2 等,同时还带有盐、碱雾沫。氢气先进入洗涤塔,由水冷却到 50℃,经鼓风机加压送入冷却塔,用冷冻水冷却到 20℃并降低水分,然后进入 4 个串联的洗涤塔,分别用 10%～15% 硫酸、10%～15% 烧碱、4%～6% 硫代硫酸钠、10%～15% NaOH 及纯水,除去 CO_2、Cl_2、含氮物及碱等杂质,再经干燥得精制氢气。

9.5　盐酸和干燥 HCl

氯化氢及盐酸生产工艺过程如图 9-13 所示。

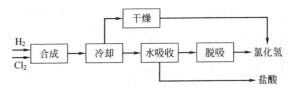

图 9-13　氯化氢及盐酸生产工艺流程方框图

9.5.1　盐酸生产工艺

(1) 工艺过程　合成盐酸分两步:氯气和氢气按 1∶1.5 比例进入合成炉底的套管燃烧器,氢气在氯气中燃烧生成氯化氢并放出大量的热,再用水吸收氯化氢生产盐酸。合成氯化氢的反应如下:

$$H_2 + Cl_2 \Longrightarrow 2HCl$$

工艺流程如图 9-14 所示。

从合成炉上部出来的高温(400℃)氯化氢,经冷却器冷却到 130℃左右,冷却后的氯化氢进入降膜式吸收塔的上部，与尾气吸收器来的稀酸沿吸收塔内石墨管壁并流而下，生成浓度为 32%～35% 的盐酸，从塔底流出，酸储槽。未被吸收的 HCl 气体，从塔底排出，进入尾气吸收器，被顶部的水喷淋吸收变成稀酸，再作为吸收剂进入降膜塔，进一步吸收氯化氢气体制取浓盐酸。

（2）工艺条件

① 温度。氯气和氢气在常温、常压、无光的条件下反应进行得很慢，当温度升至 440℃ 以上时即迅速化合，在有催化剂的条件下，150℃ 时就能剧烈化合，甚至爆炸。因此，在温度高

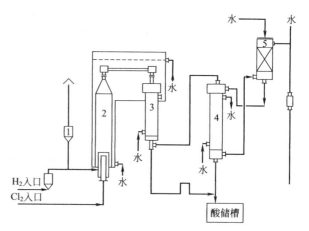

图 9-14　石墨炉制酸工艺流程
1—阻火器；2—合成炉；3—冷却器；
4—降膜式吸收塔；5—尾气吸收塔

的情况下可反应完全。一般控制合成炉出口温度 400～450℃。

② 氯氢配比。氯化氢合成在理论上氯和氢的摩尔比是 1:1。实际生产中，为了制取不含 Cl₂ 的盐酸往往使氢气过量，一般控制氢气过量 5%～10%。但如果氢气供应过量超过一定的比例，会造成设备腐蚀、产品质量下降、环境污染等不利影响，而且氢过量太多，有爆炸危险。

③ 原料纯度。用于合成氯化氢的原料氯气和氢气并非越干燥越好。生产实践证明，绝对干燥的氯气和氢气反应速率反而较慢，当有微量水分存在时则可以加快反应速率，即微量水分在此充当着促使氯与氢反应的媒介。所以进入合成反应器的氯气和氢气应该控制含有微量的水分。

9.5.2　干燥 HCl

氯化氢的干燥有硫酸干燥和冷冻干燥两种工艺，图 9-15 为硫酸干燥工艺流程。

来自合成炉经冷却的氯化氢，经石墨冷却器冷却至 20～30℃，进入第一干燥塔，塔顶用 90% 左右的硫酸喷淋干燥。一塔出来的气体进入第二干燥塔，用 98% 的浓硫酸干燥，第二塔出来的干氯化氢气，经分离器除雾后，含水 0.03%，成为合格的干燥 HCl。第二塔的

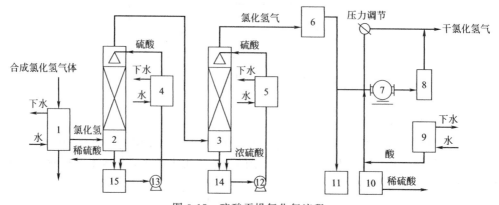

图 9-15　硫酸干燥氯化氢流程
1—石墨冷却器；2,3—干燥塔；4,5,9—冷却器；6—除雾器；7—纳式泵；
8—分离器；10,11—酸槽；12,13—酸泵；14,15—循环槽

硫酸循环吸水被稀释到 90％时，供第一塔使用。

　　　　　　　　　离子膜电解制碱的发展

1890 年，以石墨为阳极、铁为阴极，采用石棉作隔膜的隔膜法制碱在德国首先实现工业化。

早在 20 世纪 60 年代初，科研人员开始研究利用具有离子透过性膜的离子膜法制碱新技术，由于所选择的材料不耐原子氯和次氯酸等电解产物及氯的侵蚀，而无法实现工业化。

1996 年，美国杜邦（DuPont）公司研发成功了化学稳定性较好，用于宇宙燃料电池的全氟磺酸阳离子交换膜（Nafion 膜）。Nafion 膜能耐食盐水溶液电解时苛刻的工艺条件，为离子膜法制碱奠定了基础。

1975 年，日本旭化成公司采用 Nafion 膜，建成了年产 4 万吨烧碱电解工厂，是 20 世纪 70 年代中期具有重大意义的电解制碱技术的工业化项目。1990 年初，日本旭硝子公司开发出直接从电解槽生产 50％（质量分数）NaOH 用的 FX-50 阳离子交换膜，采用这种膜工艺的电解槽在 3kA/m²、盐水浓度 210g/L 条件下，电解效率 93％～95％，NaOH 浓度 50％（质量分数），碱中含盐 7.5～22.5mg/L，而电解槽总能耗明显下降。

与隔膜电解制碱和水银电解制碱相比，离子膜法制碱是目前最先进、经济上最合理的烧碱生产方法，也是电解制碱技术未来发展的方向。

目前，世界上采用离子膜工艺生产烧碱所占比例约为 36％，产能逐年增大，占烧碱总产能的比重也逐年增大。2002 年我国烧碱生产能力已达 770 万吨，至 2005 年烧碱需求约 850 万吨，特别是高纯度离子膜烧碱需求约 450 万吨。

*9.6　离子交换膜的性能要求和种类

9.6.1　离子交换膜的性能要求

离子交换膜是离子膜制碱的核心，必须具备以下几个基本条件。

(1) 高化学稳定性　在电解槽中离子膜的阴极侧接触的是高温浓碱，阳极侧接触的是高温、高浓度的酸性盐水和湿氯气。因此，离子膜必须具备良好的耐酸、耐碱和耐氧化性能。

(2) 优良的电化学性能　在电解过程中，为了降低槽电压以降低电能的消耗，离子膜必须具有较低的膜电阻和较大的交换容量，同时还须具有较好的反渗透能力，以阻止 OH^- 的渗透。

(3) 稳定的操作性能　为了适应生产的变化，离子膜必须能在较大的电流波动范围内正常工作，并且在操作条件（如温度、盐水及纯水供给等）发生变化时，能很快恢复其电性能。

(4) 较高的机械强度　离子膜必须具有较好的物理性能。薄而不破，均一的强度和柔韧性，同时由于膜长时间浸没在盐水中工作，还须具有较小的膨胀率。

(5) 使用方便性　膜的安装和拆卸应较方便。

9.6.2　离子交换膜的种类

(1) 全氟羧酸膜（Rf-COOH）　全氟羧酸膜是一种具有弱酸性和亲水性小的离子交换膜。膜内固定离子的浓度较大，能阻止 OH^- 的反渗透，因此阴极室的 NaOH 浓度较高，可达 35％左右。全氟羧酸膜的电流效率也较高，可达 95％以上。在电解液的酸性达 pH＞3

时，仍有较好的化学稳定性。缺点是膜电阻较大，因此氯中含氧较高。目前采用的是具有高/低交换容量的复合膜。电解时，复合膜中低交换容量的羧酸层面向阴极侧，面向阳极侧的是高交换容量的羧酸层。这样既能得到较高的电流效率又能降低膜电阻，且有较好的机械强度。

（2）全氟磺酸膜（$Rf-SO_3H$） 全氟磺酸膜是一种强酸型离子交换膜。这类膜的亲水性好，因此膜电阻小，但由于膜的固定离子浓度低，对OH^-的排斥力小。因此，电解槽的电流效率较低，一般小于80%。且产品的NaOH浓度也较低，一般小于20%。但它能置于pH=1的酸性溶液中，因此可在电解槽阳极室内加盐酸，以中和反渗的OH^-。这样所得的氯气纯度就高，一般含氧少于0.5%。

（3）全氟磺酸/羧酸复合膜（$Rf-SO_3H/Rf-COOH$） 全氟磺酸/羧酸复合膜是一种电化学性能优良的离子交换膜。在膜的两侧具有两种离子交换基团，电解时较薄的羧酸层面向阴极，较厚的磺酸层面向阳极，因此兼有羧酸膜和磺酸膜的优点。它可阻挡OH^-的反渗透，从而可以在较高电流效率下制得高浓度的NaOH溶液。同时由于膜电阻较小，可以在较大电流密度下工作，且可用盐酸中和阳极液，得到纯度高的氯气。

全氟离子膜的特性见表9-7所列。

表 9-7　不同交换基团的离子交换膜的特性比较

性　能	离子交换基团			性　能	离子交换基团		
	$Rf-SO_3H$	$Rf-COOH$	$Rf-COOH$ /$Rf-SO_3H$		$Rf-SO_3H$	$Rf-COOH$	$Rf-COOH$ /$Rf-SO_3H$
交换基团的酸度(pK_a)	<1	<2~3	2~3/<1	阳极液的pH	>1	>3	>1
亲水性	大	小	小/大	用HCl中和OH^-	可用	不能用	可用
含水率/%	高	低	低/高	Cl_2中O_2含量	<0.5%	>2%	<0.5%
电流效率(8N NaOH)/%	75	96	96	阳极寿命	长	短	长
电阻	小	大	小	电流密度	高	低	高
化学稳定性	优良	良好	良好	需电槽数量	多	多	少
操作条件(pH)	>1	>3	>3				

① 交换容量是指每克干膜所含交换基团的物质的量（mmol）。

9.7　离子膜电解槽

离子膜电解槽有单极式和复极式两种型式。不管哪种槽型，每台电解槽都是由若干个电解单元组成。每个电解单元都有阳极，阴极和离子交换膜。阳极由钛材制成，并涂有多种活性涂层，阴极有用软钢制成的，也有用镍材或不锈钢制成的。阴极上有的涂活性涂层。单极型和复极型电解槽的结构如图9-16所示。

复极槽和单极槽之间的主要区别在于电解槽的电路接线方法不同。单极槽内部的各个单元槽是并联的，各电解槽之间的电路则串联的，如图9-16(a)所示。复极槽则相反，在槽内各个单元槽之间是串联，电解槽之间则为并联，如图图9-16(b)所示。因此，通过一台单极槽的总电流为各个单元槽的电流之和。单元槽的电压与单极槽的电压相等，即：

$$I = I_1 + I_2 + I + \cdots + I_n$$
$$V = V_1 = V_2 = \cdots = V_n$$

所以单极槽运转的特点是低电压，大电流。

对于复极槽，通过各个单元槽的电流是相等的，其总电压则是各个单元槽的电压之和，即：

$$I = I_1 = I_2 = I = \cdots = I_n$$
$$V = V_1 + V_2 + \cdots + V_n$$

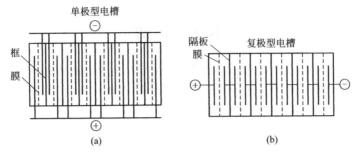

图 9-16　单极型和复极型电解槽示意

（a）单极型电解槽；（b）复极型电解槽

所以复极槽运转的特点是低电流、高电压。

单极槽与复极槽各电槽之间的电路接线方式如图 9-17 所示。单极槽与复极槽之间的特性见表 9-8 所列。

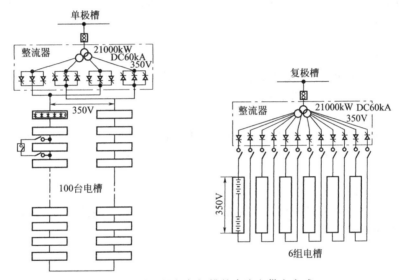

图 9-17　单极槽与复极槽的直流电供电方式

表 9-8　单极槽与复极槽的性能比较

项　　目	单　极　槽	复　极　槽
安装	联结点多,安装较复杂	配件少,安装方便
供电	低电压,高电流	高电压,低电流
电流分布	电流径向输入,电流分布不十分均匀	电流轴向输入,电流分布均匀
变流效率	大	小
槽间电压降	大(30～50mV)	小(3mV)
电压效率	低	高
电流效率	低	高
阳极更换	拆下可重涂	一般阳极一次性报废
膜利用率	较低,只有 72%～77%	较高,可达 92%
维修管理	电解槽数量多,维修量大,费用高	电解槽数量少,泄露点少,维修管理简单方便,费用低
停车频繁度	少	多
整流投资	大	小
站地面积	大	小
停车影响	单槽故障对系统影响小,开工率高	单槽出故障,对系统影响大
使用范围	可根据需要选择电解槽数量,一般适用小规模	单台生产能力大,一般适用大规模

本 章 小 结

烧碱吸湿性很强，易溶于水，溶解时强放热，工业品有液体和固体，广泛应用于造纸、纺织、印染、搪瓷、医药等工业部门。烧碱生产方法目前主要采用的是隔膜法和离子膜交换法。其中离子膜交换法由于离子膜及产品的优越性而受到更广泛的关注。

1. 烧碱生产工艺

（1）隔膜法生产工艺

以石墨为阳极（或金属阳极），铁为阴极，采用石棉隔膜的一种电解法。

（2）离子膜生产工艺

盐水需要二次精制，采用阳离子交换膜将阳极室和阴极室隔开，所得烧碱的浓度和质量都高于隔膜法。

2. 食盐水溶液净化

为除去钙盐、镁盐杂质，通常采用加入 NaOH 和 Na_2CO_3 的方法；除去硫酸盐中的杂质，通常采用加入 $BaCl_2$ 的方法。

3. 反应工艺

（1）隔膜法电解

隔膜将阳极产物与电极产物隔开，使电解液通过，并以一定的速度流向阴极而阻止 OH^- 向阳极扩散。阳极表面放电生成 Cl_2；阴极表面放电生成 H_2。

（2）离子交换膜法电解

在电场作用下，Cl^- 在阳极放电并析出 Cl_2；H_2O 在阴极放电生成 H_2 和 OH^-。OH^- 由于受到离子膜中负离子的排斥无法通过离子膜迁移至阳极室而留在阴极室，与阳极室透过来的 Na^+ 结合形成 NaOH。

4. 电解液蒸发浓缩

三效顺流生产 42% 浓度的液碱，三效逆流蒸发生产 50% 浓度的液碱。连续式降膜法制固碱，形成粒状、片状固碱产品。

反馈学习

1. 思考·练习

（1）氯碱工业的主要产品有哪些？生产规模需考虑哪些因素？

（2）氢氧化钠的生产方法有哪几种？

（3）氯碱工业中的电解方法有哪几种？

（4）请画出隔膜法工艺流程方框图

（5）隔膜法工艺得到的 Cl_2 和 H_2 需经过怎样处理？为什么？

（6）请画出离子膜生产烧碱工艺流程方框图

（7）请介绍硫酸盐对电解的影响及处理

（8）简介隔膜法电解工艺

（9）离子交换膜法工艺中，为何对饱和盐水的质量提出了较严格的要求？

（10）离子交换膜法工艺中，对阳极液中 NaCl 的含量有何要求？为什么？

（11）导致离子膜性能下降的主要因素有哪些？

（12）离子膜电解槽的阴阳极材料主要有哪些？

（13）盐水一次精制和二次精制的目的是什么？

（14）隔膜法和离子交换膜法生产出的碱液有何区别？

（15）简介固碱的生产方法

(16) 固碱生产中，为何需加入蔗糖？

(17) 固碱的形状有哪些？简述其制造工艺

(18) 合成盐酸的两个基本步骤是什么？

2. 报告·演讲（书面或 PPT）

参考小课题：

(1) 离子膜法电解工艺简介

(2) 隔膜法和离子膜法对盐水不同的要求

(3) 离子膜法工艺中，电解过程的主反应和副反应

(4) 阴极液中 NaOH 的浓度变化规律

(5) H_2 的用途及危险性

(6) Cl_2 的用途及事故处理方法

(7) 钙、镁杂质对电解的影响及处理方法

(8) 离子交换膜法生产工艺中，电流密度、槽温控制的范围及原因

第10章 烃类热裂解

⚓ 明确学习

乙烯、丙烯和丁二烯等低级烯烃是一大类非常重要的有机化工原料，尤其是乙烯，它是石油化工产业的核心，是衡量一个国家石油化工水平的标志。所有这些低级的烯烃均来源于石油，通常都是通过石脑油等轻质烃类在高温下发生热裂解反应而得到的。

通过本章的学习，要求掌握烃类热裂解得到的重要产物种类、热裂解基本原理，了解热裂解的基本工艺及裂解产物的分离工艺。

本章学习的主要内容

1. 热裂解过程的化学反应。
2. 裂解工艺过程与管式裂解炉。
3. 裂解气的预处理。
4. 裂解气的分离和精制。
5. 热裂解的工艺条件分析。

活动学习

通过参观热裂解装置或查阅相关资料，了解热裂解的基本过程。

1. 资料检索：通过图书馆或上网检索乙烯、丙烯等烯烃的有关资料。
2. 仿真操作：（1）催化裂化反应再生工段（仿真软件）；（2）乙烯装置热区分离单元（仿真软件）；（3）管式加热炉（仿真软件）。
3. 参观：有关石油化工企业热裂解装置。

讨论学习

我想问

❓ 实践·观察·思考

1. 仔细观察你周围的塑料制品，说说看，它们都是由什么化工材料制作而成？这些化工材料又是由什么单体原料聚合而成？
2. 都说现代人生活的方方面面与石油有关，到底有怎样的关系？
3. 石油是否可以直接作为化工生产的原料？为什么？
4. 石油加工希望得到哪些重要的化工原料？
5. 从石油中得到重要化工生产的基本原料必须经过怎样的化工加工过程？

10.1　热裂解过程的化学反应

烃类热裂解非常复杂，具体体现在以下几点。

(1) 反应原料复杂　烃类热裂解的原料很多，常见的原料包括天然气、炼厂气、石脑油、轻油、柴油等。

(2) 反应过程复杂　烃类热裂解并不只发生一种化学反应，除发生断裂或脱氢主反应外，还包括环化、异构、烷基化、脱烷基化、缩合、聚合、生焦、生碳等副反应。

(3) 产物复杂　以最简单的原料乙烷为例，热裂解的产物中除了 H_2、CH_4、C_2H_4、C_2H_6 外，还有 C_3、C_4 等低级烷烃和 C_5 以上的液态烃。

10.1.1　烷烃的裂解反应

(1) 正构烷烃　正构烷烃的裂解反应主要有脱氢反应和断链反应。对于 C_5 以上的烷烃还可能发生环化脱氢反应。

脱氢反应是 C-H 键断裂的反应，生成碳原子数相同的烯烃和氢，其通式为：
$$C_nH_{2n+2} \Longleftrightarrow C_nH_{2n} + H_2$$

C_5 以上的正构烷烃可发生环化脱氢反应生成环烷烃。

断链反应是 C—C 键断裂的反应，反应产物是碳原子数较少的烷烃和烯烃：
$$C_nH_{2n+2} \Longleftrightarrow C_mH_{2m} + C_jH_{2j+2} \quad (n = m+j)$$

一般情况下断链比脱氢容易。

(2) 异构烷烃的裂解反应　异构烷烃结构各异，其裂解反应的产物差异较大。

10.1.2　烯烃的裂解反应

烯烃的化学性活泼，自然界石油系原料中，一般不含烯烃。但在炼厂气中和二次加工油品中含一定量烯烃，作为裂解过程中的目的产物，烯烃也有可能进一步发生反应，烯烃可能发生的主要反应有：断链反应、脱氢反应、歧化反应、双烯合成反应、芳构化反应等。

(1) 断链反应　大分子的烯烃裂解可断链生成两个较小的烯烃分子：

例如：$CH_2{=}CH_2{-}CH_2{-}CH_2{-}CH_3 \Longleftrightarrow CH_2{=}CH{-}CH_3 + CH_2{=}CH_2$

(2) 脱氢反应　烯烃可进一步脱氢生成二烯烃和炔烃。例如：
$$C_4H_8 \longrightarrow C_4H_6 + H_2$$
$$C_2H_4 \longrightarrow C_2H_2 + H_2$$

(3) 歧化反应　两个同一烯烃分子可歧化为两个不同烃分子。例如：
$$2C_3H_6 \longrightarrow C_2H_4 + C_4H_8$$
$$2C_3H_6 \longrightarrow C_2H_6 + C_4H_6$$
$$2C_3H_6 \longrightarrow C_5H_8 + CH_4$$

(4) 双烯合成反应　二烯烃与烯烃进行双烯合成而生成环烯烃，进一步脱氢生成芳烃。例如：

(5) 芳构化反应　6 个或更多碳原子数的烯烃，可以发生芳构化反应生成芳烃。通式如下：

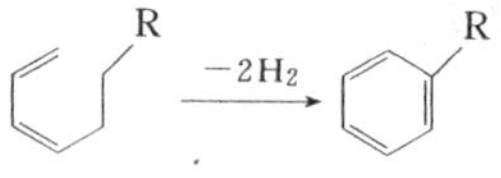

10.1.3 环烷烃的裂解反应

环烷烃较同碳数的链烷烃稳定。在一般裂解条件下可发生断链开环、脱氢、侧链断裂及开环脱氢等反应。例如环己烷：

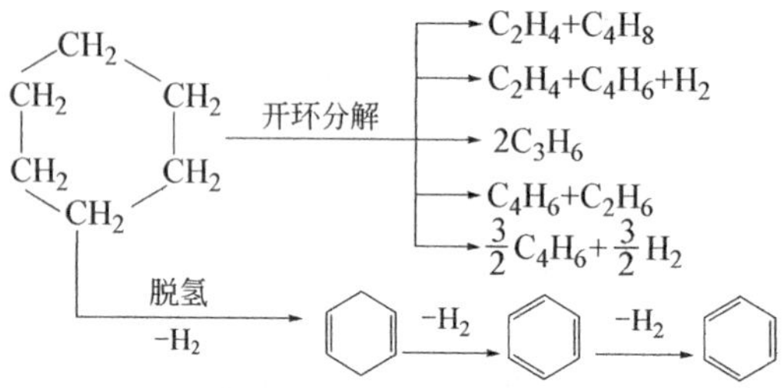

10.1.4 芳烃的裂解反应

由于芳环的稳定性，一般情况下不易发生开环的反应，而主要发生烷基芳烃的侧链断裂和脱氢反应，以及芳烃缩合生成多环芳烃，进一步成焦的反应。所以原料油中若含芳烃多，裂解过程不仅烯烃收率低，而且结焦严重。含芳烃多的原料油不是理想的裂解原料。

（1）烷基芳烃的裂解侧链脱烷基或断键反应

$$Ar\text{-}C_nH_{2n+1} \longrightarrow ArH+C_nH_{2n}$$

$$Ar\text{-}C_nH_{2n+1} \longrightarrow Ar\text{-}C_kH_{2k+1}+C_mH_{2m}$$

$$Ar\text{-}C_nH_{2n+1} \longrightarrow Ar\text{-}C_nH_{2n-1}+H_2$$

式中，Ar 为芳基；$n=k+m$

（2）环烷基芳烃的裂解脱氢和异构脱氢反应（缩合脱氢反应）

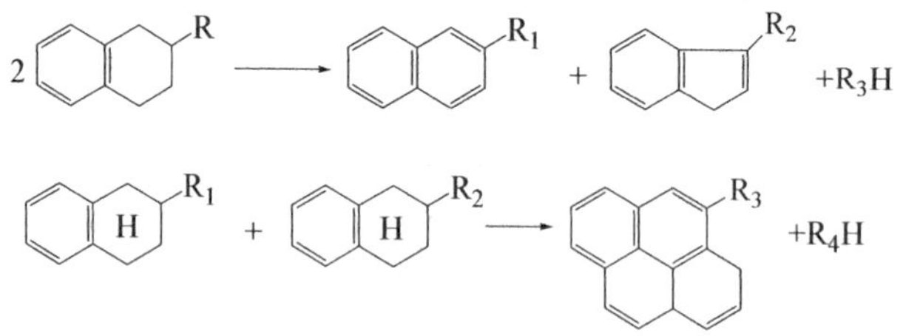

（3）芳烃的缩合反应

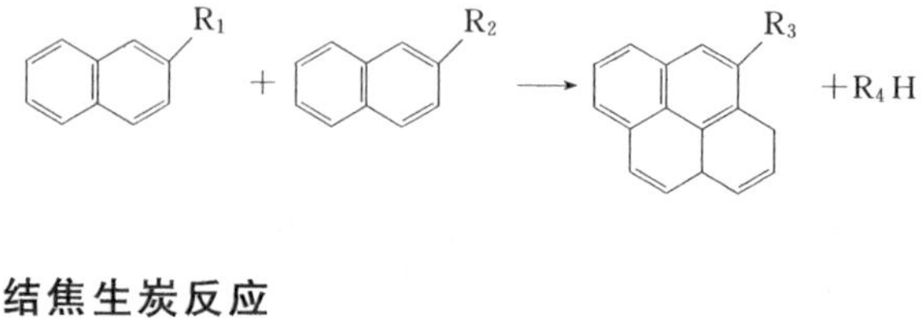

10.1.5 裂解过程中结焦生炭反应

各种烃都有分解为碳和氢的趋势。

① 裂解过程中生成的乙烯在 900～1000℃ 或更高的温度下经过乙炔阶段而生碳。

$$\overset{\cdot}{C}H_2{=}CH_2 \xrightarrow{-H} CH_2{=}CH\cdot \xrightarrow{-H} CH{=}CH \xrightarrow{-H} CH{\equiv}C\cdot \xrightarrow{-H} \cdot C{\equiv}C\cdot$$
$$\downarrow C_m$$

② 高沸点稠环芳烃是馏分油裂解结焦的主要母体，稠环芳烃的大量存在使得裂解生成的焦油越多，裂解过程中结焦越严重。

10.1.6 各族烃的裂解反应规律

各族烃裂解有如下规律。

（1）烷烃　正构烷烃在各族烃中最利于乙烯的生成。异构烷烃的烯烃总产率低于相应的正构烷烃，但随着分子量的增大，这种差别减小。

（2）烯烃　大分子烯烃裂解为乙烯和丙烯，烯烃能脱氢生成炔烃、二烯烃，进而生成芳烃。

（3）环烷烃　在通常裂解条件下环烷烃偏向于生成芳烃。相对于正构烷烃来说，含环烷烃较多的原料，丁二烯、芳烃的收率较高，而乙烯的收率较低。

（4）芳烃　无支链烷基的芳烃不易裂解成为烯烃；有支链烷基的芳烃，主要是烷基发生断碳键和脱氢反应，而芳环保持不裂开，但是可脱氢缩合为多环芳烃，从而有结焦的倾向。

各族烃的裂解难易程度有下列顺序：

正构烷烃＞异构烷烃＞环烷烃(六环＞五环)＞芳烃

随着分子中碳原子数的增多，各族烃分子结构上的差别反映到裂解速率上的差异就逐渐减弱。

10.2 裂解工艺过程与管式裂解炉

10.2.1 裂解工艺过程

裂解反应原料有多种，如天然气、炼厂气、液态烃类等等，其中以液态烃（石脑油、轻油、直馏汽油等）生产烯烃较为常见。现以石脑油和天然气为原料介绍裂解工艺。

10.2.1.1 石脑油裂解流程

原料油先预热，后进入至裂解炉的对流段，在对流段再次进行预热并且和适量水蒸气混合后进入到辐射段进行裂解反应。由裂解炉出来的裂解气进入急冷换热器冷却，用于终止裂解反应，再去油急冷器进一步冷却，然后进入油洗塔（汽油初馏塔）。在油洗塔塔顶可采出氢气、气态烃、裂解汽油和稀释水蒸气；其侧线可以采出裂解轻柴油馏分；塔底可采出重质燃料油。

塔顶采出物进入水洗塔，将稀释蒸汽和裂化汽油冷凝，经过油水分离器，水可以循环利用，裂化汽油可作为产品送出系统。除去水和汽油的裂解气，此时温度约为 40℃，送分离装置的压缩工序，如图 10-1 所示。

需要指出，处理不同的裂解原料，对应的裂解工艺也有所不同。

10.2.1.2 天然气裂解流程

由天然气制造烯烃的流程示意如图 10-2 所示。

天然气中主要含有甲烷，另外还有少量的乙烷、丙烷、C_3 及 C_4 等组分，裂解反应主要

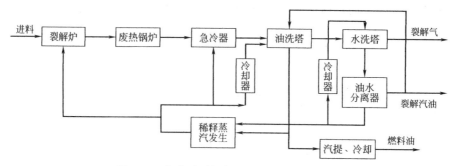

图 10-1　馏分油裂解装置气预馏分过程示意

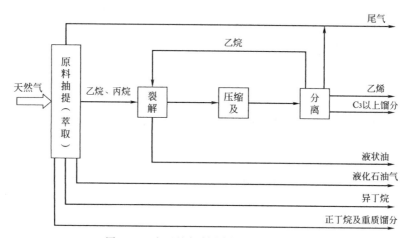

图 10-2　由天然气制造烯烃的流程示意

的原料是乙烷、丙烷和正丁烷。一般而言，将天然气中的甲烷和 C_4 及以上的组分分离出去，乙烷、丙烷等组分经过裂解、急冷、压缩、分离等过程，得到乙烯及 C_3 等馏分。

10.2.2　管式裂解炉

　　烃类裂解反应是在裂解炉中进行的，因此裂解炉是烃类热裂解的核心设备。裂解炉主要的炉型有：管式裂解炉、蓄热式炉、沙子炉。其中管式裂解炉结构简单，操作容易，乙烯、丙烯收率较高，目前 90％以上都是采用管式裂解炉。但管式裂解炉对重质原料的适应性差，需要耐高温的合金管材和铸管技术，因此管式裂解炉的技术结构仍在不断的改进和发展。

　　管式裂解炉中较为典型的是美目 Lummus 公司开发成功能够实现高温短停留时间的 SRT-Ⅰ 型炉（Short Residence Time）。图 10-3 为 SRT-Ⅰ 型竖管裂解炉示意。

　　管式裂解炉是一种间接传热的裂解炉。裂解炉由对流室、辐射室、炉管、烧嘴、烟囱、挡板等组成。

　　SRT 型裂解炉的对流段设置在辐射室上部的一侧，对流段顶部设置烟道和引风机。对流段内设置进料、稀释蒸汽和锅炉给水的预热。在对流段预热原料和稀释蒸汽过程中，一般采用一次注入的方式将稀释蒸汽注入裂解原料。当裂解炉需要裂解重质原料时，也采用二次注入稀释蒸汽的方案。

　　早期 SRT 型裂解炉多采用侧壁无焰烧嘴，为适应裂解炉烧油的需要，目前多采用侧壁烧嘴和底部烧嘴联合的烧嘴布置方案。通常，底部烧嘴最大供热量可占总热负荷的 70％。

　　为进一步缩短停留时间并相应提高裂解温度，Lummus 公司在 20 世纪 80 年代相继开发了 SRT-Ⅳ 型和 SRT-Ⅴ 型裂解炉，其辐射盘管为多分支变径管，管长进一步缩短。

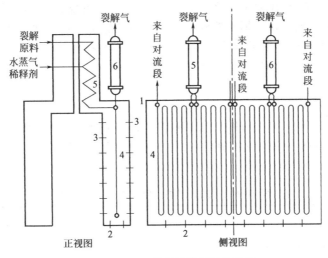

图 10-3　SRT-Ⅰ型竖管裂解炉示意

1—炉体；2—油气联合烧嘴；3—气体无焰烧嘴；4—辐射炉管；

5—对流炉管；6—急冷锅炉

管式裂解炉工作时裂解原料首先进入裂解炉的对流室升温，到一定温度后与稀释剂混合继续升温（600～650℃），然后通过挡板进入裂解炉的辐射室继续升温到反应温度（800～850℃），并发生裂解反应，最后高温裂解产物通过急冷换热器降温后，送至分离工序。

10.2.3　急冷及冷换热器

（1）急冷的作用　裂解炉出口的高温裂解气在出口高温条件下将继续进行裂解反应，由于停留时间的延长和二次反应增加，烯烃损失随之增多。为此，需要将裂解炉出口高温裂解气尽快冷却，通过急冷以终止其裂解反应。当裂解气温度降至650℃以下时，裂解反应基本终止。急冷有间接急冷和直接急冷。

（2）急冷换热器　急冷换热器是裂解气和高压水（8.7～12MPa）经列管式换热器间接换热，并使裂解气骤冷的重要设备。它使裂解气在极短的时间（0.01～0.1s）内，温度由约800℃下降到露点左右。急冷换热器的运转周期应不低于裂解炉的运转周期，而且应减少结焦的发生。

10.3　裂解气的预处理

烃类经过裂解反应得到了组成复杂的裂解产物，其中的目的产物是乙烯、丙烯，副产物是丁二烯以及 C_5 以上的各类烷烃以及有害杂质。裂解气的预处理主要是除去混合气体中的有害物质，从而保证后续的分离精制的进行。

10.3.1　裂解气的压缩

裂解气主要成分是低级烯烃，在常温下均是气体，沸点低。若要在常压下将气体转化为液体，则需要消耗大量的冷量，而且设备需要耐低温材料，经济上不合理。实际生产中常用的办法是将裂解气进行压缩，使得气体的沸点升高，以便达到节能和容易分离的目的。

裂解气经过压缩，温度会升高，重组分中的二烯烃会在高温下发生聚合，而且温度越高，发生聚合的速率越快。生成的聚合物和焦油会沉积在压缩机内，对压缩机的正常操作造成不利影响。所以生产中常常采用多段压缩的办法，尽可能使得出口气体的温度不超过100℃。多段压缩的段数通常根据压缩机出口温度的高低来决定。此外在多段压缩过程中还可以设置中间冷却器，这样既可以节省能量，降低压缩功的消耗，还可以在段与段之间分离出重质油和水，减少了后续的干燥及低温分离的负担。

10.3.2 裂解气的净化

裂解气中含有 H_2S、CO_2、H_2O、C_2H_2、C_3H_4、CO 等气体杂质，其含量见表 10-1 所列。杂质的来源主要有：一是原料中带入；二是裂解反应过程生成；三是裂解气处理过程引入。

表 10-1　管式裂解炉裂解气中杂质的含量

杂　　质	质 量 分 数	杂　　质	质 量 分 数
CO_2	$(200\sim400)\times10^{-6}$	C_2H_2	$(2000\sim5000)\times10^{-6}$

这些杂质的含量虽不大，但对深冷分离过程是有害的。而且这些杂质若不脱除，混入到乙烯、丙烯产品中，使产品达不到规定的标准。尤其是生产聚合级乙烯、丙烯，其杂质含量的控制是很严格的，为了达到产品所要求的规格，必须脱除这些杂质，进行净化。

10.3.2.1 酸性气体的脱除

(1) 酸性气体杂质的危害　裂解气中的酸性气体主要是 H_2S、CO_2 和其他气态硫化物。酸性气体对裂解气分离装置以及乙烯和丙烯衍生物加工装置都会有根大危害。对裂解气分离装置而言，CO_2 会在低温下结成干冰，造成深冷分离系统设备和管道堵塞；H_2S 将造成设备腐蚀，使加氢脱炔催化剂和甲烷化催化剂中毒。对于下游加工装置而言，当氢气、乙烯、丙烯产品中的酸性气体含量不合格时，可使下游加工装置的聚合过程或催化反应过程的催化剂中毒，也可能严重影响产品质量。

因此，在裂解气精馏分离之前，需将裂解气中的酸性气体脱除干净。

压缩机入口裂解气中的酸性气体摩尔分数约 $0.2\%\sim0.4\%$，一般要求将裂解气中的 H_2S、CO_2 的摩尔分数分别脱除至 1×10^{-6} 以下。

(2) 酸性气体杂质的脱除方法

① 碱洗法脱除酸性气体。碱洗法是用 NaOH 为吸收剂，通过化学吸收使 NaOH 与裂解气中的酸性气体发生化学反应，以达到脱除酸性气体的目的。

② 乙醇胺法脱除酸性气体。用乙醇胺做吸收剂除去裂解气中的 H_2S、CO_2，是一种物理吸收和化学吸收相结合的方法，所用的吸收剂主要是一乙醇胺（MEA）和二乙醇胺（DEA）。在使用过程中一般将这两种（或加第三种吸收剂三乙醇胺）乙醇胺混合物配成30%左右的水溶液使用。

③ 乙醇胺法与碱洗法的比较。乙醇胺法与碱洗法相比，其主要优点是吸收剂可再生循环使用，当酸性气含量较高时，从吸收液的消耗和废水处理量来看，乙醇胺法明显优于碱洗法。但碱洗法除酸更彻底，适用于酸性气含量低的裂解气。

10.3.2.2 脱水

(1) 水的危害　水的主要来源有：稀释剂、水洗塔、脱酸性气体过程。

裂解气经预分馏处理后进入裂解气压缩机，压缩机入口裂解气中的水分为入口温度和压力条件下的饱和水含量。在裂解气压缩过程中，随着压力的升高，可在段间冷凝过程中分离出部分水分。通常，裂解气压缩机出口压力约 3.5～3.7MPa，经冷却至 15℃左右即送入低温分离系统，此时，裂解气中饱和水含量约（600～700）×10^{-6}（质量分数）。

危害：这些水分带入低温分离系统会造成设备和管道的堵塞。除水分在低温下结冰造成冻堵外，在加压和低温条件下，水分还可与烃类生成白色结晶的水合物，如 $CH_4 \cdot 6H_2O$、$C_2H_6 \cdot 7H_2O$、$C_3H_8 \cdot 8H_2O$ 等。这些水合物也会在设备和管道内积累而造成堵塞现象，因而需要进行干燥脱水处理。为避免低温系统冻堵，通常要求将裂解气中水含量（质量分数）降至 1×10^{-6} 以下，即进入低温分离系统的裂解气露点在 -70℃以下。

（2）水的脱除方法　裂解气中的水含量不高，但脱水后物料的干燥度要求高，因而，均采用吸附法进行干燥。常用的干燥剂有硅胶、活性炭、活性氧化铝、分子筛等。

10.3.2.3　脱除炔烃和脱 CO

（1）炔烃和 CO 来源　裂解气中的炔烃主要是裂解过程中生成的，CO 主要是生成的焦炭通过水煤气反应转化生成。裂解气中的乙炔富集于 C_2 馏分中，甲基乙炔和丙二烯富集于 C_3 馏分中。

（2）炔烃和 CO 的危害　乙烯和丙烯产品中所含炔烃对乙烯和丙烯衍生物生产过程带来麻烦。它们可能影响催化剂寿命，降低产品质量，使聚合过程复杂化，产生副产品，形成不安全因素，积累而发生爆炸等。因此，大多数乙烯和丙烯衍生物的生产均对原料乙烯和丙烯中的炔烃含量提出较严格的要求。通常，要求乙烯产品中的乙炔摩尔分数低于 5×10^{-6}。而对丙烯产品而言，则要求甲基乙炔摩尔分数低于 5×10^{-6}，丙二烯摩尔分数低于 1×10^{-5}。CO 会使加氢脱炔催化剂中毒，要求 CO 在乙烯产品摩尔分数低于 5×10^{-6}。

（3）炔烃和 CO 的脱除方法

① 甲烷化法脱 CO。在 250～300℃、3MPa 和 Ni 催化剂条件下，加氢使 CO 转化成甲烷和水并放出大量的热。反应式为：

$$CO + 3H_2 \longrightarrow CH_4 + H_2O + Q$$

② 催化加氢脱炔。乙烯生产中脱除乙炔常采用的方法有溶剂吸收法和催化加氢法。溶剂吸收法是使用溶剂吸收裂解气中的乙炔以达到净化目的，同时也回收一定量的乙炔，常用的溶剂有二甲基甲酰胺（DMF）、N-甲基吡咯烷酮（NMP）、丙酮。催化加氢法是将裂解气中乙炔加氢成为乙烯或乙烷。溶剂吸收法和催化加氢法各有优缺点。目前，在不需要回收乙炔时，一般采用催化加氢法。当需要回收乙炔时，则采用溶剂吸收法。实际生产装置中，建有回收乙炔溶剂吸收系统的工厂，往往同时设有催化加氢脱炔系统，以具有一定的灵活性。

10.4　裂解气的分离精制

待分离精制的裂解气主要是低级的烯烃，它的分离精制是基于多组分的复杂精馏，其特点是分离流程复杂，设备多，能耗大。常温常压下都是气体，所以需要用到深冷分离的手段，达到分离的目的。

10.4.1　深冷分离流程

10.4.1.1　裂解气的分离要求

典型裂解气组成见表 10-2 所列。其中除了目的产物乙烯、丙烯外，还有很多无用或有害的组分，要对其进行分离。分离要求主要取决于对产品的进一步加工要求或产品的用途。

表 10-2　典型裂解气组成（裂解气压缩机进料）

裂解原料	乙　烷	轻　烃	石脑油	轻柴油	减压柴油
转化率	65%	—	中深度	中深度	高深度
组成/%（体积分数）					
H_2	34.00	18.20	14.09	13.18	12.75
$CO+CO_2+H_2S$	0.19	0.33	0.32	0.27	0.36
CH_4	4.39	19.83	26.78	21.24	20.89
C_2H_2	0.19	0.46	0.41	0.37	0.46
C_2H_4	31.51	28.81	26.10	29.34	29.62
C_2H_6	24.35	9.27	5.78	7.58	7.03
C_3H_4		0.52	0.48	0.54	0.48
C_3H_6	0.76	7.68	10.30	11.42	10.34
C_3H_8		1.55	0.34	0.36	0.22
C_4	0.18	3.44	4.85	5.21	5.36
C_5	0.09	0.95	1.04	0.51	1.29
C_6-204℃组分		2.70	4.53	4.58	5.05
H_2O	4.36	6.26	4.98	5.40	6.16
平均分子量	18.89	24.90	26.83	28.01	28.38

10.4.1.2　分离方法简介

（1）油吸收精馏分离　利用 C_3（丙烯、丙烷）、C_4（丁烯、丁烷）作为吸收剂，将裂解气中除了 H_2、CH_4 以外的其他组分全部吸收下来，然后再根据各组分相对挥发度不同，将其一一分开。此法得到的裂解气中烯烃纯度低，操作费用高（动力消耗大），一般只适用规模小、操作温度高（-70℃左右）的精馏分离。但此法可节省大量的耐低温钢材和冷量。

（2）深冷分离　工业上一般将冷冻温度在-100℃以下的叫深冷。深冷分离是将裂解气冷却到-100℃以下，此时裂解气中除了 H_2、CH_4 以外的其他组分全部被冷凝下来，然后再根据各组分相对挥发度不同，在精馏塔内进行多组分精馏分离将其分离。采用深冷分离的方法所得烯烃的纯度及收率都较高。

（3）中冷分离　在-100～-50℃之间进行分离。

（4）浅冷分离　在-50℃以上进行分离。

（5）分子吸附分离　利用吸附的方法（将烯烃吸附）。

（6）络合分离　将烯烃形成络合物分离。

（7）半透膜分离　利用膜分离的原理分离。

10.4.1.3　深冷分离的主要设备

（1）脱甲烷塔　将 H_2、CH_4 与 C_2 及比 C_2 更重的组分分开的塔。

（2）脱乙烷塔　将 C_2 及比 C_2 更轻的组分与 C_3 及比 C_3 更重的组分分开的塔。

（3）脱丙烷塔　将 C_3 及比 C_3 更轻的组分与 C_4 及比 C_4 更重的组分分开的塔。

（4）脱丁烷塔　将 C_4 及比 C_4 更轻的组分与 C_5 及比 C_5 更重的组分分开的塔。

（5）乙烯精馏塔　将乙烯与乙烷分开的塔。

（6）丙烯精馏塔　将丙烯与丙烷分开的塔。

10.4.1.4　冷箱

在脱甲烷系统中，有些换热器、冷凝器、节流阀等温度很低，为了防止散冷，减少与环境接触的表面积，将这些冷设备集装成箱，此箱即为冷箱。

（1）前冷工艺（流程）　冷箱在脱甲烷塔之前的工艺（流程），也叫前脱氢工艺（流程）。

（2）后冷工艺（流程）　冷箱在脱甲烷塔之后的工艺（流程），也叫后脱氢工艺（流程）。

10.4.1.5　深冷分离流程

根据脱甲烷、脱乙烷和脱丙烷的先后次序不同，深冷分离有 3 种典型流程，即顺序分离流程、前脱乙烷流程和前脱丙烷流程。

顺序分离是指将裂解气按照碳原子个数，由轻到重依次分离，即先脱甲烷（1）、再脱乙烷（2），最后脱丙烷（3）。有时将顺序分离流程简称为"123"流程，如图 10-4 所示；前脱乙烷即先脱乙烷、再脱甲烷、最后脱丙烷流程简称为"213"流程，如图 10-5 所示；前脱丙烷即先脱丙烷、再脱乙烷、最后脱甲烷流程简称为"321"流程，如图 10-6 所示。3 种流程的明显不同之处在于分离顺序的不同，其中较为典型的是顺序分离方法。

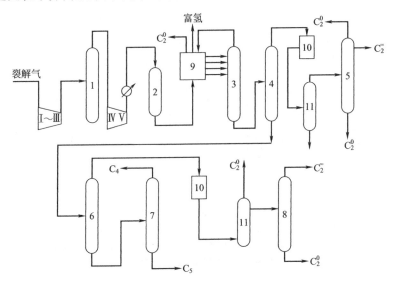

图 10-4　顺序深冷分离流程

1—碱洗塔；2—干燥塔；3—脱甲烷塔；4—脱乙烷塔；5—乙烯塔；6—脱丙烷
塔；7—脱丁烷塔；8—丙烯塔；9—冷箱；10—加氢脱炔反应器；11—绿油塔；
Ⅰ～Ⅲ为一至三级压缩机；Ⅳ、Ⅴ为四、五级压缩机

（1）顺序深冷分离流程（123）　顺序深冷分离流程如图 10-4 所示。裂解气体经过三级压缩，压力可达到 1MPa，进入碱洗塔，脱除硫化氢等酸性气体，之后经过四、五级压缩，进入分子筛干燥器脱水，可以使得裂解气的露点温度达到 −70℃左右。干燥后的裂解气经过一系列的冷凝措施，可在前冷箱中分出富氢和四股馏分，富氢经过甲烷化后可以作为加氢用的氢气；四股馏分则进入脱甲烷塔的不同位置，在塔顶得到甲烷馏分，在塔釜得到 C_2 及以上的馏分。

甲烷塔的釜液进入乙烷塔，用于脱出 C_2 和 C_3 及以上的馏分。塔顶采出的 C_2 馏分经过升温、进行气相加氢脱出乙炔，在绿油塔中洗去绿油、经干燥之后进入乙烯塔，在塔侧线出

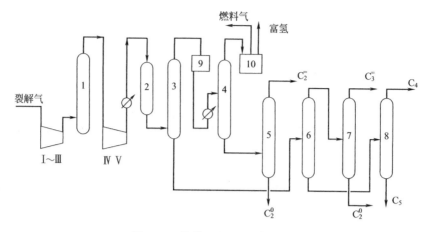

图 10-5　前脱乙烷深冷分离流程

1—碱洗塔；2—干燥塔；3—脱甲烷塔；4—脱乙烷塔；5—乙烯塔；6—脱丙
烷塔；7—丙烯塔；8—脱丁烷塔；9—加氢脱炔反应器；10—冷箱；
Ⅰ～Ⅲ为一至三级压缩机；Ⅳ，Ⅴ为四、五级压缩机

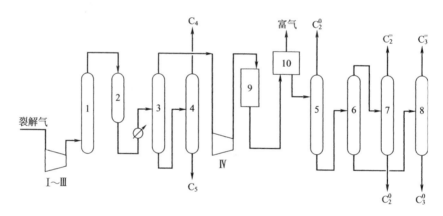

图 10-6　前脱丙烷深冷分离流程

1—碱洗塔；2—干燥塔；3—脱丙烷塔；4—脱丁烷塔；5—脱甲烷塔；6—脱乙
烷塔；7—乙烯塔；8—丙烯塔；9—加氢脱炔反应器；10—冷箱；
Ⅰ～Ⅲ为一至三级压缩机；Ⅳ为四级压缩机

料可得到高纯度乙烯，塔釜得到的乙烷馏分送回裂解炉作为裂解原料，塔顶得到甲烷和氢气。

脱乙烷塔的釜液进入脱丙烷塔，塔顶得到 C₃ 馏分，釜液得到 C₄ 以上馏分，并且含有丁二烯。丁二烯易聚合，故而塔的温度要严格控制，一般不高于 $100℃$，且需要加入阻聚剂。

脱丙烷塔塔顶 C₃ 组分经过加氢脱丙炔和丙二烯，然后脱出绿油和加氢时带入的甲烷和氢气，再进入丙烯塔进行精馏。丙烯塔塔顶可以得到高纯度的丙烯，塔釜得到丙烷。

脱丙烷塔釜液进入脱丁烷塔进一步分离。

（2）其他深冷分离流程　深冷分离过程不局限于按照 C 原子个数依次分离的顺序，工业上也会采取前脱乙烷分离流程或前脱丙烷分离流程。

前脱乙烷深冷分离流程（213）如图 10-5 所示。

前脱丙烷深冷分离流程（312）如图 10-6 所示。

10.4.1.6　3 种典型流程的比较

3 种典型流程均采用了先易后难的分离顺序，即先分开不同碳原子数的烃（相对挥发度大），再分开相同碳原子数的烷烃和烯烃（乙烯与乙烷的相对挥发度较小，丙烯与丙烷的相对挥发度很小，难于分离）；产品塔（乙烯塔、丙烯塔）均并联置于流程最后，这样物料中组分接近二元系统，物料简单，可确保这两个主要产品纯度，同时也可减少分离损失，提高烯烃收率。

3 种典型流程加氢脱炔位置不同；流程排列顺序不同；冷箱位置不同。

3 种典型流程的比较见表 10-3 所列。

表 10-3　深冷分离三大代表性流程的比较

比较内容	顺序流程	前脱乙烷流程	前脱丙烷流程
问题	脱甲烷塔为首,塔釜温度低	脱乙烷塔在前,压力、釜温高;二烯烃在塔釜有发生聚合的可能	脱丙烷塔在首位,位于压缩机段间,可以除去 C_4 组分,在进入脱甲烷、乙烷塔
对原料的适应性	裂解气的轻重与否均可以接受	不能处理含大量丁二烯的裂解气	可以先除去 C_4 及以上的重组分,所以对于较重的原料,此流程具有优越性
冷量消耗	高品位的冷量消耗大,利用不够合理	C_3、C_4 在乙烷塔内冷凝,消耗冷量品位较低,使用合理	C_4 在脱丙烷塔冷凝,能量利用合理
分子筛干燥负荷	位于流程中压力高、温度低的位置;对吸附有利,故负荷较小	位于流程中压力高、温度低的位置;对吸附有利,故负荷较小	脱丙烷塔位于压缩机三段出口,且 C_3 组分不能很好的冷凝,故而效果差,负荷高
塔径	全馏分进入塔内,负荷大,塔径大,耐低温钢材消耗多	脱乙烷塔已经除去 C_3 以上的烃,故脱甲烷塔塔径小,负荷也较小;而脱乙烷塔,由于压力高,提馏段液体表面张力小,塔径大	介于前两者之间
设备	流程长,设备多	由加氢方案而定	由加氢方案而定

图 10-7 为几种裂解气分离流程示意。

10.4.2　分离过程主要设备

(1) 脱甲烷塔　脱除裂解气中的氢和甲烷是裂解气分离装置中投资最大、能耗最多的环节。在深冷分离装置中，需要在 −90℃ 以下的低温条件下进行氢和甲烷的脱除，其冷冻功耗约占全装置冷冻功耗的 50% 以上。

对于脱甲烷塔而言，其轻关键组分为甲烷，重关键组分为乙烯。塔顶分离出的甲烷轻馏分中的乙烯含量应尽可能低，以保证乙烯的回收率，而塔釜产品则应使甲烷含量尽可能低，以确保乙烯产品质量。

脱甲烷塔的操作温度和操作压力取决于裂解气组成和乙烯回收率。尤其对于操作压力而言，工业中有高压法和低压法两种。降低脱甲烷塔操作压力可以达到节能的目的，目前大型装置逐渐采用低压法。但是由于操作温度较低，材质要求高，增加了甲烷制冷系统，投资可能增大，且操作复杂。

(2) 乙烯塔　C_2 馏分经过加氢脱炔之后，到乙烯塔进行精馏，塔顶得产品乙烯，塔釜液为乙烷。塔顶乙烯纯度要求达到聚合级。此塔设计和操作得好坏，对乙烯产品的产量和质量有直接关系。由于乙烯塔温度仅次于脱甲烷塔，所以冷量消耗占总制冷量的比例也较大，约

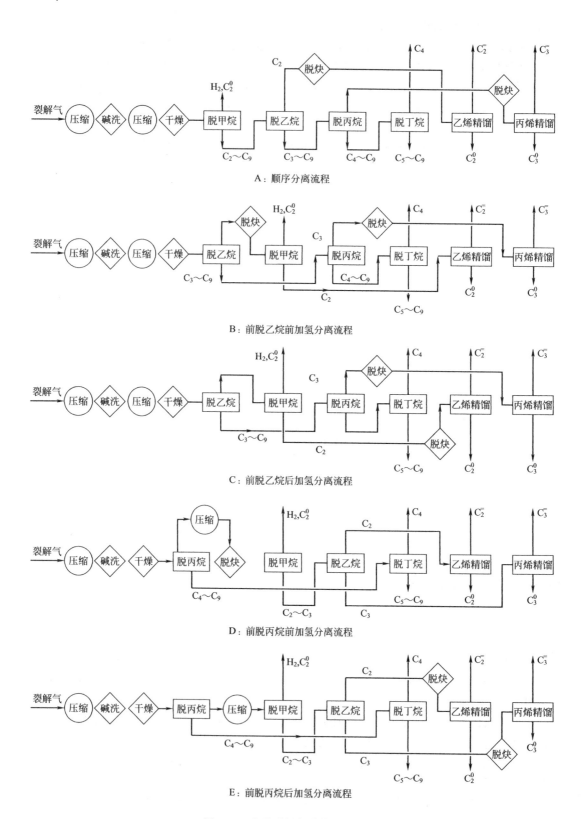

图 10-7　几种裂解气分离流程示意

为 38%～44%，对产品的成本有较大的影响。乙烯塔在深冷分离装置中是一个比较关键的塔。

乙烯塔的操作条件大体可分成两类：一类是低压法，塔的操作温度低；另一类是高压法，塔的操作温度较高。

（3）丙烯塔　丙烯塔也是产品塔之一，其操作的好坏直接影响到产品的质量和收率，同时丙烯又是制冷剂，影响到制冷循环。丙烯与丙烷的相对挥发度接近 1，非常难分离，是乙烯厂中回流比最大、塔板数最多、塔最高的一个，经常采用两塔或三塔串联使用。

阅读学习

管式裂解炉的发展

早在 20 世纪 30 年代就开始研究用管式裂解炉高温法裂解石油烃。20 世纪 40 年代美国首先建立管式裂解炉裂解乙烯的工业装置。进入 20 世纪 50 年代后，由于石油化工的发展，世界各国竞相研究提高乙烯生产水平的工艺技术，并找到了通过高温短停留时间的技术措施可以大幅度提高乙烯收率。20 世纪 60 年代初期，美目 Lummus 公司开发成功能够实现高温短停留时间的 SRT-Ⅰ型炉（Short Residence Time）。耐高温的铬镍合金钢管可使管壁温度高达 1050℃，从而奠定了实现高温、短停留时间的工艺基础。以石脑油为原料，SRT-Ⅰ型炉可使裂解出口温度提高到 800～860℃，停留时间减少到 0.25～0.60s，乙烯产率得到了显著的提高。应用 Lummus 公司 SRT 型炉生产乙烯的总产量约占全世界的一半左右。20 世纪 60 年代末期以来，各国著名的公司如 Stone & Webster，Lnde-Selas，Kellogg，Foster-Wheeler，三菱油化等都相继提出了自己开发的新型管式裂解炉。

烃类裂解的副产品——裂解汽油与裂解燃料油
裂解汽油

烃类裂解副产的裂解汽油包括 C_5 至沸点 204℃ 以下的所有裂解副产物，作为乙烯装置的副产品。

裂解汽油经一段加氢可作为高辛烷值汽油组分。如需经芳烃抽提分离芳烃产品，则应进行两段加氢，脱除其中的硫、氮，并使烯烃全部饱和。

可以将裂解汽油全部进行加氢，加氢后分为加氢 C_5 馏分，C_6～C_8 中心馏分，C_9～204℃馏分。此时，加氢 C_5 馏分可返回循环裂解，C_6～C_8 中心馏分则是芳烃抽提的原料，C_9 馏分可作为歧化生产芳烃的原料。也可以将裂解汽油先分为 C_5 馏分，C_9 馏分，C_6～C_8 中心馏分。然后仅对 C_6～C_8 中心馏分进行加氢处理，由此，可使加氢处理量减少。裂解汽油的组成与原料油性质和裂解条件有关。典型裂解汽油的组成见表 10-4 所列。

表 10-4　裂解汽油组成举例　　　　　　单位：%

裂解原料	大 庆 油		胜 利 油			
	石脑油	轻柴油	石脑油	加氢焦化汽油	轻柴油	减压柴油
裂解汽油收率(质量计)	15.76	17.80	24.60	19.40	18.30	18.80
裂解汽油组成, C_5 及轻组分	25.51	18.61	15.45	14.72	14.21	15.96
C_6～C_8 非芳烃	9.78	6.29	29.88	10.05	11.21	11.70
苯	37.75	30.93	19.11	32.73	33.33	29.78
甲苯	14.85	18.34	13.41	18.81	18.58	18.62
二甲苯及乙苯	2.92	6.57	9.15	7.30	8.20	9.04
苯乙烯	3.55	4.21	2.85	3.70	2.73	2.66
C_9～204℃的馏分	5.64	15.05	10.15	12.96	11.47	12.24
合　计	100	100	100	100	100	100

裂解燃料油

烃类裂解副产的裂解燃料油是指沸点在200℃以上的重组分。其中沸程在200～360℃的馏分称为裂解轻质燃料油，相当于柴油馏分，但大部分为杂环芳烃，其中烷基萘含量较高，可作为脱烷基制萘的原料。沸程在360℃以上的馏分称为裂解重质燃料油，相当于常压重油馏分。除作燃料外，由于裂解重质燃料油的灰分低，是生产炭黑的良好原料。

拓展学习

*10.5 工艺参数（操作条件）对裂解的影响

10.5.1 裂解温度和停留时间

10.5.1.1 裂解温度

从热力学的角度看，在一定温度内，提高裂解温度有利于提高一次反应所得乙烯和丙烯的收率。

裂解反应是强吸热反应，提高裂解温度有利于生成乙烯的反应，因而有利于提高裂解的选择性。但是随着温度的增加，生成的烯烃有着强烈的结焦和结炭的趋势，因此，裂解生成烯烃的反应必须控制在一定的裂解深度范围内。

在控制一定裂解深度条件下，可以有多种不同的裂解温度-停留时间组合形式。但是在某一停留时间下，存在一个最佳裂解温度，在此温度下，乙烯收率最高。

10.5.1.2 停留时间

管式裂解炉中物料的停留时间是指裂解原料经过辐射盘管的时间。

（1）温度-停留时间对裂解产品收率的影响　裂解深度（转化率）取决于裂解温度和停留时间。然而，在相同转化率下可以有各种不同的温度-停留时间组合。因此，相同裂解原料在相同转化率下，由于温度-停留时间不同，所得产品收率并不相同，如图10-8所示。

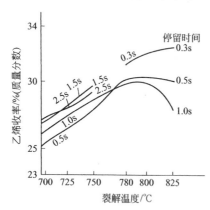

图 10-8　不同温度下乙烯收率随停留时间的变化

温度-停留时间对产品收率的影响可以概括如下。

① 高温裂解条件有利于裂解反应中一次反应的进行，而短停留时间又可抑制二次反应的进行。因此，对给定裂解原料而言，在相同裂解深度条件下，高温-短停留时间的操作条件可以获得较高的烯烃收率，并减少结焦。

② 高温-短停留时间的操作条件可以抑制芳烃生成的反应，对给定裂解原料而言，在相同裂解深度下，以高温-短停留时间操作条件所得裂解汽油的收率相对较低。

③ 对给定裂解原料，在相同裂解深度下，高温-短停留时间的操作将使裂解产品中炔烃收率明显增加，并使乙烯/丙烯比及 C_4 中的双烯烃/单烯烃的比增大。

（2）裂解温度-停留时间的限制

① 裂解深度对温度-停留时间的限定。为达到较满意的裂解产品收率，需要达到较高的

裂解深度，而过高的裂解深度又会因结焦严重而使清焦周期急剧缩短。工程中常以 C_5 和 C_5 以上液相产品氢含量不低于 8% 为裂解深度的限度，由此，根据裂解原料性质可以选定合理的裂解深度。在裂解深度确定后，选定了停留时间则可相应确定裂解温度。反之，选定了裂解温度也可相应确定所需的停留时间。

② 温度限制。对于管式炉中进行的裂解反应，为提高裂解温度就必须相应提高炉管管壁温度。炉管管壁温度受炉管材质限制。当使用 Cr25Ni20 耐热合金钢时，其极限使用温度低于 1100℃。当使用 Cr25Ni35 耐热合金钢时，其极限使用温度可提高到 1150℃。由于受炉管耐热程度的限制，管式裂解炉出口温度一般均限制在 950℃ 以下。

③ 热强度限制。热强度指是在单位时间和面积下的传热量，是衡量裂解炉发出热量大小的物理量。热强度高说明单位时间内，炉子能够供给的热量多；反之则小。显然炉管管壁温度不仅取决于裂解温度，也取决于热强度。在给定裂解温度下，随着停留时间的缩短，炉管热通量增加，热强度增大，管壁温度进一步上升。因此，在给定裂解温度下，热强度对停留时间有很大的限制。

10.5.2　烃分压与稀释剂

10.5.2.1　压力对裂解反应的影响

（1）对化学平衡的影响　烃裂解的一次反应是分子数增加的过程，对于脱氢可逆反应，降低压力对提高乙烯平衡组成有利（因断链反应是不可逆反应，压力无影响）。烃聚合缩合的二次反应是分子数减少的过程，降低压力对提高二次反应产物的平衡组成不利，可抑制结焦过程。

（2）对反应速率的影响　烃裂解的一次反应多是一级反应或可按拟一级反应处理，其反应速率方程式为：

$$r_{裂} = k_{裂}\, c$$

烃类聚合和缩合的二次反应多是高于一级的反应，其反应速率方程式为：

$$r_{聚} = k_{聚}\, c^n$$

$$r_{缩} = k_{缩}\, c_A c_B$$

压力不能改变反应速率常数 k，但降低压力能降低反应物浓度 c，所以对一次反应、二次反应都不利。但反应的级数不同影响有所下同，压力对高于一级的反应的影响比对一级反应的影响要大得多，也就是说降低压力可增大一次反应对于二次反应的相对速率，提高一次反应选择性，所以降低压力可以促进生成乙烯的一次反应，抑制发生聚合的二次反应，从而减轻结焦的程度。

10.5.2.2　稀释剂对裂解反应的影响

由于裂解是在高温下进行的，不宜于用抽真空减压的方法降低烃分压，这是因为高温密封不易，一旦空气漏入负压操作的裂解系统，与烃气体形成爆炸混合物就有爆炸的危险。而且减压操作对以后分离工序的压缩操作也不利，要增加能量消耗。所以，采取添加稀释剂以降低烃分压是一个较好的方法。这样，设备仍可在常压或正压操作，而烃分压则可降低。理论上稀释剂可用水蒸气、氢或任一种惰性气体，但目前较为成熟的裂解方法，均采用水蒸气作稀释剂，主要是因为以下几点。

① 裂解反应后通过急冷即可实现稀释剂与裂解气的分离，不会增加裂解气的分离负荷和困难。使用其他情性气体为稀释剂时反应后均与裂解气混为一体，增加了分离困难。

② 水蒸气热容量大，使系统有较大热惯性，当操作供热不平稳时，可以起到稳定温度的作用，保护炉管防止过热。

③ 抑制裂解原料所含硫对镍铬合金炉管的腐蚀，保护炉管。这是因为高温水蒸气具有氧化性，能将炉管内壁氧化成一层保护膜，这样既防止了裂解原料中硫对镍铬合金炉管的腐蚀，又防止了炉管中铁、镍对生碳的催化作用。

④ 脱除结炭，水蒸气对已生成的碳有一定的脱除作用。

$$H_2O + C \rightleftharpoons CO + H_2$$

⑤ 减少炉管内结焦。

⑥ 其他如：廉价、易得、无毒等。

本 章 小 结

1. 热裂解化学反应

目的：生产 $C_2^=$、$C_3^=$、$C_4^=$ 和芳烃等化学物质。

反应类型：断链、脱氢、异构化、叠合、歧化、聚合、生焦等。

特点：强吸热反应；高温；低烃分压；停留时间短。

反应产物路线：如图 10-9 所示。

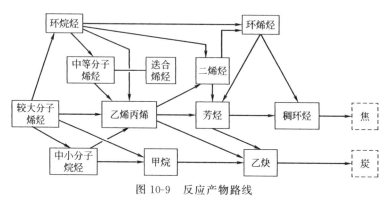

图 10-9 反应产物路线

2. 裂解过程的工艺条件

裂解温度、停留时间、烃类分压与稀释剂等对裂解有重要影响。在控制一定裂解深度条件下，可以有各种不同的裂解温度-停留时间组合。

3. 管式裂解炉的结构及工作原理

裂解炉的工作原理；SRT 型裂解炉的简单构造及工作原理；裂解炉的急冷和清焦。

4. 裂解气的预处理

裂解气的预处理主要是指裂解气的压缩、净化、酸性气体的脱除、脱水、脱除炔烃和脱 CO 等，以便于进一步的分离和精制。

5. 裂解气的分离精制

裂解气的分离精制主要采取深冷分离工艺。根据脱甲烷、脱乙烷和脱丙烷的先后次序不同，深冷分离有 3 种典型流程，即顺序分离流程（"123"流程）、前脱乙烷流程（"213"流程）和前脱丙烷流程（"321"流程）。较为典型的是顺序分离方法。

> ## 反馈学习

1. 思考·练习

(1) 什么叫烃类热裂解过程的一次反应和二次反应？

（2）烃类热裂解的二次反应都包含哪些反应？

（3）什么叫焦？什么叫炭？

（4）压力对裂解反应有什么影响？为什么要采用加入稀释剂的办法来实现减压目的？水蒸气作为稀释剂有什么优点？水蒸气是否越多越好？为什么？

（5）SRT 型裂解炉具有哪些特点？

（6）为什么要对裂解气进行急冷？急冷方式有哪些？

（7）管式炉炉管结焦现象有哪些？如何进行清焦？

（8）什么叫裂解气？

（9）深冷分离法的分离原理是什么？

（10）裂解气中的乙炔有什么危害，脱除方法是什么？

（11）什么是前加氢流程和后加氢流程？

（12）为什么裂解气要进行压缩？

（13）画出顺序流程示意图，并作简要流程叙述。

2. 报告·演讲（书面或 PPT）

参考小课题：

（1）裂解原料的评价

（2）另一种裂解工艺（除了鲁姆斯 SRT 型裂解工艺，通过资料检索，介绍一种比较成熟的裂解工艺）

（3）如何实现裂解工艺的节能

（4）停留时间与裂解温度对裂解产物分布的影响

（5）加设中间冷凝器和中间再沸器的条件

（6）前加氢工艺和后加氢工艺的比较

（7）分子筛在裂解工艺中的作用

（8）裂解炉对材质和保温的要求

（9）不同深冷分离流程的对比

（10）裂解工艺的"三废"处理

第 11 章　醋酸生产

明确学习

醋酸生产的乙醛氧化法和甲醇羰基化法分别涉及到典型的氧化单元反应、羰基化反应和一系列分离精制的单元操作。本章既是学习醋酸生产工艺，也是要通过醋酸生产工艺学习氧化单元反应、羰基化单元反应生产工艺过程以及一系列分离精制方法及工艺。

本章学习的主要内容

1. 醋酸的性质及用途。
2. 醋酸的工业生产方法。
3. 乙醛氧化生产醋酸工艺（乙醛氧化反应及分离精制）。
4. 甲醇低压羰基化生产醋酸工艺（甲醇羰基化反应及分离精制）。

活动学习

通过仿真操作或参观醋酸生产工艺流程，了解醋酸的实际生产工艺过程，增加对醋酸生产的感性认识。注意乙醛氧化法生产醋酸和甲醇羰基化法生产醋酸两种生产工艺的特点。

参考内容

1. 仿真操作：乙醛氧化制醋酸工艺（化工仿真软件）。
2. 参观：甲醇羰基化法生产醋酸化工企业生产流程。

讨论学习

我想问

实践·观察·思考

醋酸对我们而言并不陌生，家用食醋中就含有醋酸。与家用食醋不同，工业醋酸是一个非常重要的工业原料，在化工及其他行业具有广泛的用途。通过以上仿真操作或参观活动学习，你对醋酸应该有了更深的了解和认识，尤其是对醋酸的生产方法和工艺过程有了直接的感性认识。能否回答下面的问题：

1. 醋酸有哪些基本性质？有什么用途？
2. 醋酸有哪几种生产方法？这些方法各有什么特点？
3. 不同的醋酸生产工艺涉及到怎样的安全措施？
4. 有哪些工艺条件影响醋酸生产的质量和安全？
5. 怎样操作才能保证醋酸生产的质量和安全？

11.1　醋酸的性质及用途

11.1.1　醋酸的理化性质

醋酸的化学名称为乙酸，因食醋含有之而得名，英文名称 acetic acid；ethanoic acid，分子式 CH_3COOH，结构式 $H_3C-\overset{\overset{O}{\|}}{C}-OH$，分子量 60.05，CAS No. 64-19-7。

醋酸是无色透明液体，沸点 118℃，冰点 16.6℃，黏度 11.83mPa·s（20℃），相对密度（水＝1）1.0492，相对蒸汽密度（空气＝1）2.07，饱和蒸汽压 1.52kPa（20℃），燃烧热 873.7kJ/mol，闪点 39℃（开杯），自燃点 465℃。醋酸达到冰点时，可凝固成像冰一样的固体，故又称为冰醋酸。醋酸与水完全互溶，醋酸水溶液的冰点随浓度降低而降低，如图 11-1 所示。醋酸含量规格：一级不小于 99.0%；二级不小于 98.0%。

醋酸可与乙醇、乙醚、甘油、苯等有机溶剂以任意比例互溶，不溶于二硫化碳。纯醋酸或浓醋酸具有腐蚀性，危险标记 20（酸性腐蚀品）。

危险特征：醋酸蒸气易燃，其蒸气比空气重，在空气中会传播至远处，遇明火、高热能引起燃烧并可能造成回火，与空气混合可形成爆炸性混合物，爆炸极限为 4.0%～17.0%（体积分数）。与铬酸、过氧化钠、硝酸或其他氧化剂接触，有爆炸危险。

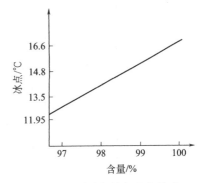

图 11-1　醋酸含量与冰点关系

健康危害：30% 以上的浓醋酸与皮肤接触，会引起化学灼伤。酸醋具有很强烈的刺激性醋味，其蒸气对鼻、喉和呼吸道有刺激性，尤其对眼睛有强烈刺激作用，会引起永久性眼睛受损甚至失明。中国 MAC 为 $20mg/m^3$。

醋酸是典型的有机酸。能进行中和、酯化、氯化、脱水等反应。

如，醋酸可与碱反应生成盐：

$$CH_3COOH + NaOH \longrightarrow CH_3COONa + H_2O$$

醋酸可发生酯化反应，生成醋酸酯：

$$CH_3COOH + C_2H_5OH \rightleftharpoons CH_3COOC_2H_5 + H_2O$$

醋酸氯化得一氯醋酸：

$$CH_3COOH + Cl_2 \longrightarrow CH_2ClCOOH + HCl$$

醋酸与乙炔加成生成醋酸乙烯酯：

$$CH_3COOH + C_2H_2 \longrightarrow CH_3COOCH=CH_2$$

11.1.2　醋酸的用途

醋酸是非常重要的有机化工原料，广泛用于有机合成和有机溶剂。在有机合成工业中，醋酸主要用途有：生产醋酸乙烯单体、醋酐、聚乙烯醇、醋酸酯、醋酸纤维素等；制造药物如阿司匹林等；生产醋酸盐，如锰、钠、铅、铝、锌、钴等金属盐，这些醋酸盐可用作催化剂、织物染色及皮革鞣制工业中的助剂。醋酸与低级醇形成的醋酸酯是优良的溶剂，如对二甲苯氧化生产对苯二甲酸即是用醋酸作溶剂。醋酸酯作溶剂广泛应用涂料工业。此外醋酸在食品加工中通常作为酸化剂、防腐剂、增香剂和香料等。以醋酸及醋酸合成的产品在合成材料、轻纺、农药、医药、染料、化妆品以及食品等行业有着广泛地应用。表 11-1 是醋酸深加工系列产品及用途路线。

表 11-1 醋酸的系列产品、用途路线

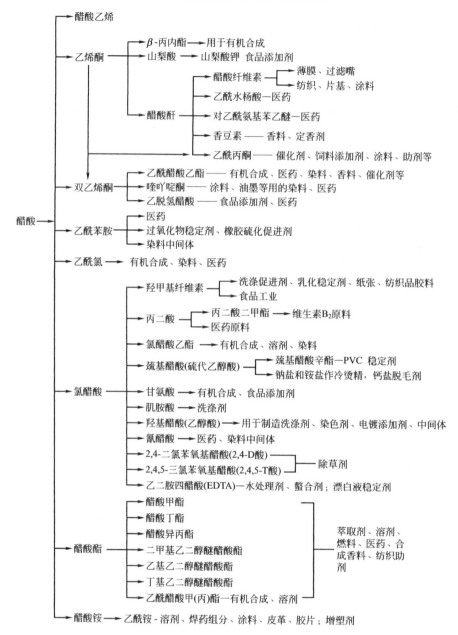

11.2 醋酸的生产方法及生产技术的发展

醋酸最初从木材干馏中得到。用含糖、淀粉的物质，在醋酸菌的作用下发酵，可获得醋酸，但浓度较低，食用醋的酿造采用的即是这种方法。醋酸作为化工产品的生产始于 1911 年在德国建成的首套乙醛氧化合成醋酸工业装置。1960 年德国 BASF 公司开发了以甲醇为原料、钴为催化剂的高压、高温甲醇羰基化合成醋酸工艺并实现工业化，1983 年美国 Eastman 公司建成醋酸-醋酐联产技术的工业装置。近年来，随着醋酸的需求量不断扩大，醋酸的生产工艺技术也得到了不断改进和发展。

目前醋酸的工业生产方法主要有甲醇羰基化法（约占 60%）、乙烯-乙醛氧化法（约占 18%）、乙醇-乙醛氧化法（约占 10%）、丁烷/石脑油氧化法（约占 8%）、其他方法（约占 4%）。醋酸生产方法路线如图 11-2 所示。

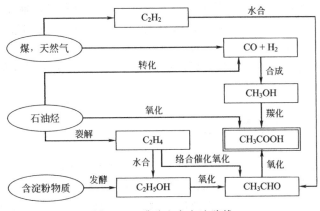

图 11-2 醋酸生产方法路线

11.2.1 乙醛氧化法

乙醛氧化法是以乙醛为原料，用氧气或空气作氧化剂，在温度为 $50\sim80$℃，压力为 $0.6\sim1.0$MPa 和醋酸锰催化剂存在下，乙醛氧化生成醋酸。根据原料乙醛的生产路线不同，乙醛氧化生产醋酸有 3 种方法。一是乙炔-乙醛氧化法，即以乙炔为基本原料，经水合生成乙醛。该方法的基础原料主要是煤和天然气，乙炔的成本相对较高。二是乙烯-乙醛氧化法，即以乙烯为基本原料，经氧化生成乙醛。该方法以石油为基础原料，乙烯的成本相对较低，技术成熟。三是乙醇-乙醛氧化法，即以乙醇为基本原料，经氧化生成乙醛。该方法的原料乙醇可以从乙烯水合或以含淀粉物质发酵获得。与乙烯直接氧化生成乙醛相比，乙烯水合生成乙醇再氧化生成醋酸的方法工艺路线长，成本相对较高，而采用发酵法生产乙醇再氧化的方法不仅路线长，而且要消耗大量的粮食。乙醛氧化法使用较多的是第二种方法，即乙烯-乙醛氧化法，目前我国的醋酸生产中约有 40% 采用的是这种方法。

随着醋酸生产技术的发展，甲醇羰基化法在技术经济等各项指标上均已超过乙醛氧化法，乙醛氧化法有逐步减少的趋势。

11.2.2 甲醇羰基化法

甲醇羰基化法是甲醇与一氧化碳在催化剂作用下，直接合成醋酸的方法。甲醇羰基化法有高压法和低压法两种工艺。高压法由德国巴斯夫（BASF）公司开发，采用钴碘催化循环的生产工艺，反应压力 70MPa、反应温度 250℃，该方法的收率以甲醇计为 90%，以一氧化碳计为 70%。低压法又称为孟山都法，由美国孟山都（Monsanto）公司开发，催化剂采用羰基铑-碘化合物体系，以水-醋酸为介质，在温度 175℃ 左右、压力低于 3.0MPa 的条件下，甲醇和一氧化碳反应生成醋酸。

甲醇低压羰基化法生产醋酸，原料价廉易得（原料主要是煤、天然气或重质油），生产条件温和，反应选择性高（可达 99%），几乎无副产物生成，醋酸产率高（以甲醇计超过 99%，以一氧化碳计超过 90%），产品质量好，工艺过程简单。与乙烯-乙醛氧化法、乙醇-乙醛氧化法相比，甲醇低压羰基化法工艺技术先进，具有显著的技术经济优势，是醋酸生产中技术经济指标最先进的方法，也是目前醋酸生产的主流方法。我国新建的醋酸生产装置大都采用这种方法。

11.2.3 丁烷（或轻油）液相氧化法

丁烷（或轻油）液相氧化法是以丁烷或 $C_5 \sim C_7$ 轻油为原料，催化剂采用 Co、Cr、V 或 Mn 的醋酸盐，反应温度 95～100℃，压力 1.0～5.47MPa，在醋酸介质中用空气氧化。产品中含有醋酸、甲酸和丙烯产品，大致比例为醋酸∶甲酸∶丙烯为 1∶0.25∶0.10。该方法虽然采用廉价的丁烷或轻油作原料，但反应的副产物多，分离过程复杂，能耗较大，而且对设备管路腐蚀性强，现已较少采用。

11.3 乙醛氧化生产醋酸工艺

乙醛氧化生产醋酸是以乙醛为原料，以氧气或空气为氧化剂，在催化剂醋酸锰的作用下反应生成醋酸。其工艺由氧化反应系统、分离精制系统和分离回收系统组成。氧化反应系统的主要设备为第一氧化塔、第二氧化塔及尾气吸收塔。分离精制系统的主要设备为脱高沸物塔、脱低沸物塔及产品蒸发器等。分离回收系统的主要设备为脱水塔、高沸物回收塔、醋酸甲酯回收塔及甲酸回收塔等。

乙醛氧化生产醋酸的过程中，中间有过氧醋酸生成及分解的过程，过氧醋酸积累容易造成安全事故。为控制乙醛氧化的速率和防止过氧醋酸的积累，乙醛氧化采用双塔串联氧化流程。乙醛和氧气首先在全返混型的反应器——第一氧化塔中反应，然后进入第二氧化塔中再加入氧气进一步反应。反应系统生成的粗醋酸进入分离精制系统和分离回收系统。

分离精制采用先脱高沸物，后脱低沸物的流程。粗醋酸在脱高沸物塔中脱除高沸物，然后在脱低沸物塔中脱除低沸物，再经过成品蒸发器脱除铁等金属离子，得到成品醋酸。

副产物醋酸甲酯及甲酸通过分离回收系统回收。

11.3.1 原料乙醛

11.3.1.1 乙醛的理化性质及用途

乙醛，别名醋醛，英文名 Acetaldehyde；Acetic aldehyde；Ethanal，分子式 C_2H_4O；CH_3CHO，分子量 44.05，结构式 $CH_3-\overset{\overset{\displaystyle O}{\|}}{C}-H$ ，CAS No.75-07-0。

乙醛的沸点较低，只有 20.8℃，其液体和气体均透明无色，具有强烈的刺激性气味，相对密度（水＝1）0.78，相对密度（空气＝1）1.52，蒸气压 98.64kPa（20℃），闪点 -39℃，熔点 -123.5℃，着火点为 43℃，自燃点 185℃。乙醛可与水、乙醇、乙醚等混溶。乙醛危险标记 7（低闪点易燃液体）。

危险特性：乙醛极易燃烧，蒸气能与空气形成爆炸性混合物，爆炸极限很宽，在空气中为 3.8%～57%（体积分数），在氧气中为 2.8%～91%（体积分数）。乙醛蒸气比空气重，容易扩散，遇明火引着回燃，遇火星、高温、氧化剂、易燃物、氨、硫化氢、卤素、磷、强碱、胺类、醇、酮、酐、酚等有燃烧爆炸的危险，在空气中久置后能生成具有爆炸性的过氧化物，受热易发生剧烈的聚合反应。

健康危害：乙醛有毒，其蒸气对人的眼鼻、呼吸器官有很强的刺激性，对中枢神经系统有麻醉作用，空气中乙醛的浓度超过 0.5mg/L，可引起呼吸困难、咳嗽、头痛、支气管炎、肺炎等症状。

乙醛的反应活性很高,能发生加成、聚合、缩合、氧化和还原等反应。乙醛能自动氧化成醋酸,久置能聚合成三聚乙醛。三聚乙醛不易氧化,性质不活泼,但通过加入稀酸对其进行蒸馏,三聚乙醛会解聚重新获得乙醛。因此有时采用这种方法来储存乙醛。

乙醛通常不作为最终产品直接使用,工业上多数用作醋酸行业的原料。

11.3.1.2 乙醛的生产方法

乙醛生产主要有乙烯氧化法、乙炔水合法以及乙醇氧化法。

(1) 乙烯直接氧化法　乙烯与氧气在以氯化钯、氯化铜的盐酸水溶液为催化剂的作用下,一步直接氧化合成粗乙醛。反应式如下:

$$CH_2=CH_2+0.5O_2 \xrightarrow[\substack{125\sim130℃ \\ 0.3\sim0.35MPa}]{PdCl_2\text{-}CuCl_2} CH_3CHO+Q$$

乙烯氧化法生产乙醛的工艺流程如图 11-3 所示。乙烯氧化后经冷凝、乙醛吸收,得到的是 10% 的乙醛水溶液,再经精馏得到 99.7% 的成品乙醛。

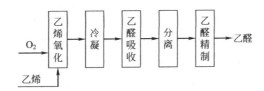

图 11-3　乙烯氧化法生产乙醛的工艺流程

这种方法的优点有:流程简单,原料乙烯来源丰富,价格低廉,处理和储运安全;反应的选择性好,副产物醋酸、草酸等生成量少;乙醛的收率高(可达 90%～95%)。缺点是盐酸的腐蚀性大,需用钛合金钢设备。乙烯直接氧化法生产乙醛是目前我国生产乙醛的主要方法。

(2) 乙炔直接水合法　乙炔液相水合法是在硫酸溶液中,以高价汞盐为催化剂,乙炔与水直接反应生成乙醛。这种方法得到的乙醛纯度高、产率高。但这种方法的原料成本高,催化剂汞盐毒性大、价格昂贵,稳定性差,同时因反应在硫酸溶液中进行,对设备的耐腐蚀性要求高。

(3) 乙醇氧化法　乙醇蒸气在 300～480℃ 下,以银、铜或银-铜合金的网格或颗粒作催化剂,由空气氧化脱氢制得乙醛。乙醇氧化法的原料乙醇大都通过粮食发酵或乙烯水合而来,与乙烯直接氧化法比较,乙醇氧化法生产路线长,且需使用价格昂贵的银、铜或银-铜合金作催化剂,该方法目前已较少采用。

此外乙醛的生产方法还有饱和烃类氧化法。饱和烃类氧化法开拓了乙醛生产的原料范围,其专用催化剂已开发成功,由于使用的原料饱和烃类价格低廉,该方法具有一定的发展潜力。

11.3.1.3 原料乙醛质量

以乙醛为原料氧化生产醋酸,对原料乙醛的质量要求较高。原料中的水分可与催化剂醋酸锰反应生成过氧化锰水合物而使催化剂失去活性。催化剂失活不仅影响反应速率和产品质量,更可能造成安全事故;原料中的三聚乙醛对乙醛氧化有阻止作用,可降低反应速率。因此,原料中的水分及三聚乙醛必须严格控制。

乙醛的基本质量要求为：乙醛含量大于 99.7%；水分小于 0.03%；三聚乙醛小于 0.01%。

11.3.2 乙醛氧化

11.3.2.1 反应原理

乙醛氧化生产醋酸的反应过程中主要发生以下反应：

主反应 $$CH_3CHO+1/2O_2 \longrightarrow CH_3COOH$$

主要副反应 $$2CH_3COOH \longrightarrow CH_3COCH_3+CO_2+H_2O$$
$$CH_3COOOH \longrightarrow CH_3OH+CO_2$$
$$CH_3COOH+CH_3OH \longrightarrow CH_3COOCH_3+H_2O$$
$$CH_3OH+1/2O_2 \longrightarrow HCHO+H_2O$$
$$HCHO+1/2O_2 \longrightarrow HCOOH$$
$$3CH_3CHO+O_2 \longrightarrow CH_3CH(OCOCH_3)_2+H_2O$$
$$2CH_3CHO+5O_2 \longrightarrow 4CO_2+4H_2O$$

乙醛氧化生成醋酸是按两步进行的。乙醛首先氧化生成过氧醋酸，在醋酸锰的催化下发生分解，同时使另一分子的乙醛氧化，生成二分子醋酸，化学反应式如下：

$$CH_3CHO+O_2 \longrightarrow CH_3COOOH$$
$$CH_3COOOH+CH_3CHO \longrightarrow 2CH_3COOH$$

反应为自由基连锁反应，即乙醛被氧化生成过氧醋酸，过氧醋酸自动分解生成自由基，自由基再引发一系列的反应生成醋酸。

催化剂对于乙醛氧化生产醋酸具有特别重要的意义。乙醛氧化过程中生成的过氧醋酸是一个极不稳定的化合物，积累到一定程度会分解而引起爆炸。工业生产采用的方法是使用催化剂将生成的过氧醋酸及时分解生成醋酸，这样既防止了过氧醋酸的积累，同时也提高了反应速率。因此，乙醛氧化生产醋酸必须是在有催化剂存在的条件下才能进行。催化剂有钴盐、锰盐、铁盐等，其中醋酸锰较为常用。

11.3.2.2 工艺条件

乙醛氧化生产醋酸，从生产控制及安全考虑，工业上多采用液相氧化法。它是将氧气或空气加入含有催化剂的乙醛-醋酸溶液中，乙醛吸收氧气反应生成醋酸。可见乙醛液相氧化法实际上是一个气-液非均相反应，反应按两个基本过程进行：一是传质过程，即氧气扩散到乙醛醋酸溶液的界面，继而被溶液吸收；二是反应过程，即乙醛与氧反应生成过氧醋酸，在催化剂的作用下，迅速分解转化为醋酸。

乙醛氧化生产醋酸的工艺条件不仅要考虑如何加快传质和加快反应的问题，还须考虑乙醛在氧化过程中存在着乙醛与空气混合形成爆炸性混合物、过氧醋酸的积累等安全问题。针对这些问题乙醛氧化生产醋酸的工艺选择采用以下的工艺条件和工艺措施。

(1) 双塔氧化工艺 第一氧化塔采用外冷式，第二氧化塔采用内冷式。

乙炔氧化采用双塔氧化工艺，主要是为了使加氧量和反应温度能得到分段控制。若采用一台氧化塔，为使乙醛反应完全，必须加入更多的氧和采用较高的反应温度，过多的氧和较高的温度不仅会导致副反应增加，而且危险性也加大。采用两台氧化塔后，不必追求乙醛在第一氧化塔中完全反应，加氧量和温度都可以适当低些，剩余未反应的乙醛可以进入第二氧化塔继续反应。由于经过第一氧化塔氧化后，乙醛浓度已大大降低，在第二台氧化塔中只需提供较少的加氧量，这时可以适当提高反应温度，这样反应的安全性和产品质量都会大大提高。

乙醛氧化反应主要在第一氧化塔中完成，因此对第一氧化塔的传质和传热性能要求较高。第一氧化塔通常采用外冷式。外冷式是将物料通过循环泵抽出氧化塔，在外置冷却器中冷却后，再送回氧化塔，如此不断循环。这种方式不仅保证了反应热有效移除，使反应温度得到有效控制，而且循环的物料还增加了物料的流动性，增强的传质过程使反应物得到更充分地接触。

第二氧化塔中的反应没有第一氧化塔激烈，但要求反应能得到更精确地控制。第二氧化塔通常采用内冷式。内冷式氧化塔可以分段控制加氧量和分段控制温度，使反应在不同的阶段均处于最佳的条件下进行，不仅增加了生产的安全性，更提高了产品的质量。

（2）反应温度　乙醛氧化反应的温度控制在 70～80℃。

升高温度乙醛氧化生成过氧醋酸和过氧醋酸分解为醋酸的速率都大大加快。从反应速率考虑，乙醛氧化应采用较高的反应温度。但随着温度的上升，氧的吸收率会降低，氧与乙醛容易逸出离开反应区，导致氧化反应器顶部乙醛和氧的浓度升高，爆炸危险性增大。同时温度过高，还会使副反应速率加快，醋酸中的甲酸、聚合物等副产物增多。当然乙醛氧化也不宜在过低的温度下进行，温度过低不仅使反应速率减慢，降低生产效率，而且因过氧醋酸得不到及时分解而导致过氧醋酸的积累增加，加大生产的不安全性。

（3）反应压力　乙醛氧化反应的压力控制在 0.1～0.2MPa（表压）

要提高乙醛氧化的反应速率，工艺上首先考虑的是如何使氧更多更快地被反应液吸收，显然增加压力有利于提高氧的吸收率，因此乙醛氧化采用的是加压操作。同时增加压力还可提高乙醛的沸点，抑制乙醛气化，减少乙醛逸出，如此，不仅减少了乙醛损失，更是降低了爆炸的危险性。但是增加压力，设备费用及操作的危险性均相应增加。综合考虑，操作压力在 0.1～0.2MPa（表压）已能较好的满足生产要求。

（4）原料配比　乙醛与氧气的配比为 1:0.6（摩尔比）。

乙醛与氧的化学反应式显示其理论比为 1:0.5（摩尔比）。由化学反应的理论可知，两种原料中提高其中任意一种原料的配比，可以提高另一种原料的转化率。显然这里提高氧的配比更为经济合理。事实上，氧的配比提高 20%，乙醛的转化率可达 98% 以上。

（5）催化剂及用量控制　催化剂为醋酸锰，用量控制在 0.08%～0.1%。

乙醛氧化必须要在催化剂的存在下才能顺利安全地进行，工业上普遍采用的催化剂是醋酸锰。使用时先将醋酸锰溶解于醋酸，制成醋酸锰溶液，再将此催化剂溶液加入反应器，这样催化剂醋酸锰在反应液中分布会更均匀。催化剂的用量同样影响重大。催化剂用量增加不仅可以加快过氧醋酸的分解，提高反应速率，降低过氧醋酸的浓度，加强生产的安全性，同时还能显著提高氧在反应液中的吸收率。催化剂含量对氧吸收率的影响如图 11-4 所示。从图中可见，在醋酸锰的低含量区，提高含量，氧的吸收率增加明显，当醋酸锰的用量超过 0.1% 时，氧的吸收率增加不再明显。此时再增加醋酸锰的用量，不仅增加了消耗，而且增大了分离回收的负荷，得不偿失。

（6）加氧速率控制　控制合适的加氧速率。

实践证明，适当提高氧的加入速率，可以增大气液接触面，使氧化液中氧含量增加，氧的吸收率提高。但通过提高氧气的加入速率来提高氧的吸收率是有一定限度的。在设备结构一定的条件下，氧的速率越大，氧气的停留时间越短，氧的速率超过

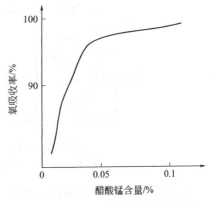

图 11-4　醋酸锰用量与氧吸收的关系

一定值时，由于氧与氧化液接触的时间过短，氧的吸收率反而下降。此外，过快的加氧速率会使氧消耗量增加、大量的反应液被带出，造成原料浪费、成本增加；同时未被吸收反应的氧气还会使尾气中氧含量上升，导致不安全因素增加。

（7）氧化液组成控制　氧化器中醋酸的浓度控制在82%～95%，水分2%～3%。

氧化液是指乙醛在氧化器中氧化形成的液体，其主要组成有醋酸、醋酸锰、乙醛、过氧醋酸、氧、原料带入的少量水分和杂质以及副产物甲酸、醋酸甲酯和二氧化碳等。

氧化液的组成对安全性和氧的吸收率有较大影响。从安全角度考虑，希望乙醛完全反应转化生成醋酸，氧化液中醋酸含量越高即乙醛含量越少，氧化器顶部气体乙醛就越少，生产越安全；但另外，醋酸的含量对氧的吸收又有较大的影响。当氧化液中醋酸的含量超过95%时，氧气的吸收率反而下降，对反应带来不利影响；氧化液中的水不仅使催化剂失活，还会稀释氧化液，同样会降低氧的吸收率。醋酸浓度（水）对氧吸收率的影响见图11-5。保持氧化液中醋酸的浓度在82%～95%，水分控制在2%～3%，氧的吸收率可达98%左右。

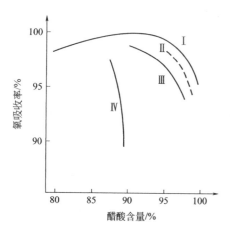

图11-5　醋酸浓度（水）对氧
吸收率的影响
Ⅰ—不含水；Ⅱ—含3%水；Ⅲ—含
5%水；Ⅳ—含7%水

此外，在氧化反应器设备结构上，通过设置气体分布板，加强氧气的分布与扩散；通过适当增加反应器的高度，延长氧气在氧化液中的停留时间，也能提高氧气的吸收率。

（8）尾气组成控制　氧气不大于5%；乙醛不大于3%

为保证氧化反应安全进行，氧化反应器的顶部须通氮气，用来稀释未反应的乙醛及氧气，以控制尾气中氧及乙醛的含量。

11.3.2.3　工艺过程

乙醛氧化反应及尾气吸收系统的工艺流程如图11-6所示。

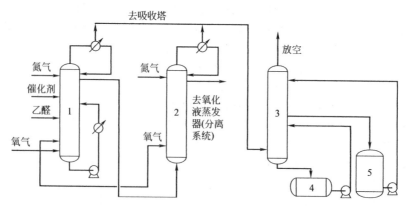

图11-6　乙醛氧化反应及尾气吸收系统的工艺流程
1—第一氧化塔；2—第二氧化塔；3—尾气吸收塔；4—稀醋酸储槽；5—碱液储槽

将99.7%乙醛和0.6MPa（表压）氧气按配比连续送入第一氧化塔。乙醛与催化剂全部进入第一氧化塔，第二氧化塔不再补充。第一氧化塔的反应热由外冷却器移除。氧化液从塔底用循环泵抽出，经冷却器冷却后返回氧化塔进行循环，循环比（循环量：出料量）约110~120。控制冷却器氧化液出口温度 60℃，反应温度 75~78℃，塔顶气相压力 0.2MPa（表压），出第一氧化塔的氧化液中醋酸浓度 92%~94%（质量分数），含醛 2%~4%（质量分数）。氧化液从塔上部溢流进入第二氧化塔。

向第二氧化塔通入过量 4% 的氧气与未反应的乙醛进一步反应，反应热由内置式冷却器移除。控制反应温度 85℃，塔顶压力 0.1MPa（表压），出第二氧化塔的氧化液中醋酸含量为 97%~98%（质量分数），含醛小于 0.3%（质量分数）。从第二氧化塔溢出的氧化液送入中间储槽，或直接送往分离系统。

两台氧化塔的尾气分别经各自塔顶冷却器冷却，凝液主要是醋酸和少量乙醛，返回塔内，未凝尾气送入尾气吸收塔，经尾气吸收塔吸收残余乙醛和醋酸后放空。尾气吸收塔下半部采用工艺水循环，洗涤液含醋酸达到一定浓度后（70%~80%），送往精馏系统回收醋酸。尾气吸收塔上半部用碱液循环中和洗涤，碱洗液定期排放至中和池。

11.3.2.4 氧化反应器

氧化反应器是乙醛氧化生产醋酸的主要设备，其结构对有效生产和安全生产至关重要。

乙醛氧化生产醋酸有以下特点：①反应为气-液非均相；②反应为放热反应；③介质有较强的腐蚀性；④反应过程存在爆炸安全隐患。因此对反应器的结构有如下要求：①气液两相能有更充分的接触；②反应热能及时有效地移出；③设备材料耐腐蚀性强；④具防爆设施以确保安全。

根据以上反应特点和对反应器的要求，乙醛氧化反应器多采用全混型鼓泡塔式反应器，简称氧化塔。按移出反应热的方式不同有外冷式和内冷式两种，如图 11-7(a) 和图 11-7(b) 所示。

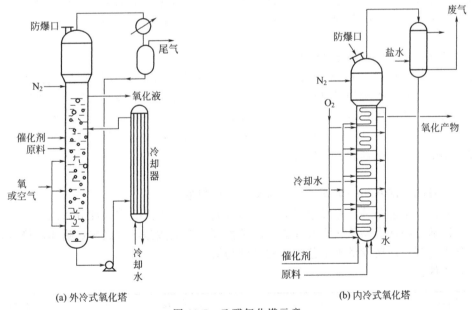

(a) 外冷式氧化塔　　　　　　　(b) 内冷式氧化塔

图 11-7　乙醛氧化塔示意

外冷式氧化塔为一空塔。塔外的冷却器为列管式热交换器。乙醛及催化剂进料口在塔的中上部，氧气的加入口在塔的下部。氧化液从塔底抽出，经塔外冷却器冷却移出热量后，再送回氧化塔。反应后的液体从接近塔顶处溢出（或由循环泵出口处分出），尾气从塔顶排出。塔顶部设有氮气通入口和防爆装置。

内冷式氧化塔一般由多节构成，冷却器安装在氧化塔的内部，反应温度由内冷却器水的流量来控制。塔的各节上部有氧气分配管，以控制氧气加入量和增强氧的分配。塔顶设置的扩大器可降低气速，减少雾沫夹带。为保证生产安全，塔顶还设有防爆膜及安全阀。

氧化塔内的物料在 70～80℃ 的反应温度下，具有强烈的腐蚀性，故塔设备采用不锈钢材料。

11.3.3　醋酸分离精制

粗醋酸分离精制回收系统流程如图 11-8 所示。

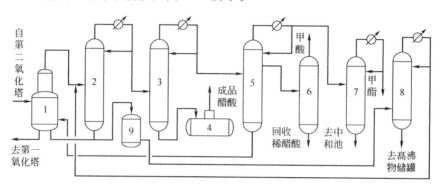

图 11-8　粗醋酸分离精制回收系统流程

1—氧化液蒸发器；2—脱高沸物塔；3—脱低沸物塔；4—成品蒸发器；5—脱水塔；
6—甲酸回收塔；7—醋酸甲酯回收塔；8—高沸物回收塔；9—高沸物储罐

11.3.3.1　氧化液蒸发——气相得到含少量高沸物的粗醋酸，液相回收催化剂溶液

（1）原理及工艺条件　第二氧化塔顶部的氧化反应液是一个除了醋酸外还有乙醛、醋酸甲酯、水、甲酸、高沸物及催化剂醋酸锰的混合液体，通过蒸发将高沸物及催化剂与其他组分分离。

工艺条件：蒸发温度为 122℃±3℃。

（2）蒸发工艺过程　从第二氧化塔来的氧化液进入氧化液蒸发器 1，控制蒸发温度 120～130℃。蒸发后得到的粗醋酸（醋酸、甲酸、水、酯类、乙醛及少量的高沸物）送去进一步分离精制，醋酸锰和多聚物等留在蒸发器，一部分去催化剂系统处理后回至第一氧化塔循环使用；另一部分去高沸物储罐 9 待分离除去高沸物。蒸发器上部用回收醋酸喷淋，以减少蒸发气体中夹带催化剂和胶状聚合物等。

11.3.3.2　脱除高沸物——塔顶得到不含高沸物的粗醋酸

（1）原理及工艺条件　蒸发过程只是初步分离，气相中总会带入部分高沸点物质。采用精馏可将这部分高沸点物质从塔底除去。塔顶得到的粗醋酸是不含高沸点物质的馏分，送去进一步分离精制。该精馏塔本工艺称为脱高沸物塔。

工艺条件：

操作压力	回流比	塔顶温度/℃	塔釜温度/℃
常压	1.0	115±3	131±3

（2）工艺过程　来自蒸发器的气相粗醋酸从脱高沸物塔 2 的中部进入，精馏后，塔釜液为含醋酸 90% 以上的高沸物混合液，排至高沸物储罐 9，再送去高沸物回收塔 8。塔顶得到的是醋酸和低沸点组分（醋酸、甲酸、水、酯类、乙醛等），一部分作回流，一部分去脱低沸物塔 3 进一步脱除低沸物。

11.3.3.3 脱除低沸物——塔釜得到纯度较高的醋酸

（1）原理及工艺条件　脱高沸物塔塔顶得到的馏分中除醋酸外还有甲酸、水、酯类、乙醛等低沸物，采用精馏可将这部分低沸物从塔顶除去。塔釜即可得到纯度较高的醋酸。该精馏塔本工艺称为脱低沸物塔。

工艺条件：

操作压力	回流比	塔顶温度/℃	塔釜温度/℃	釜液醋酸浓度/%（质量分数）
常压	15	109±2	131±2	≥99.5

（2）工艺过程　来自脱高沸物塔塔顶部的粗醋酸送入脱低沸物塔3，精馏后塔顶流出的低沸物（醋酸约70%～80%、其余为甲酸、水、酯类、乙醛等）一部分作回流，一部分去脱水塔5。塔釜得到的是纯度较高的醋酸溶液。

11.3.3.4 醋酸精制——获得达到质量要求的精制醋酸

（1）原理及工艺条件　通过精馏提纯的最终产品通常希望从气相冷凝得到，这样可以避免金属离子和其他杂质影响产品质量。采用蒸发-冷凝即可对醋酸进一步精制，使其达到规定的指标要求。

工艺条件：压力为0±0.01MPa（表压）；液位20%～60%。

（2）工艺过程　来自低沸塔3底部的醋酸送至醋酸成品蒸发器4，蒸发冷凝后，再经过冷却送至醋酸成品储槽。

11.3.4 分离回收

乙醛经过第一和第二氧化塔氧化后，氧化液中乙醛的含量已小于0.3%。但乙醛氧化除了生成醋酸外，还发生一些副反应，主要的副产物有甲酸、醋酸甲酯，此外还包括水、多聚物及少量未反应的乙醛。同时，在分离精制获取醋酸的过程中，许多醋酸未能完全分离出来，因此需要对它们进行分离回收，并除去其中的水及多聚物。

11.3.4.1 醋酸的分离回收

（1）脱高沸物塔釜液中醋酸的回收——高沸物回收塔　脱高沸物塔塔顶分离出包含低沸物的粗醋酸，塔釜得到的是含有90%以上的醋酸及高沸物混合物，将该混合物通过一精馏塔（高沸物回收塔8），精馏后塔顶得到约98%浓度的醋酸，再返回脱高沸物塔2进一步分离精制，塔釜残渣排入高沸物储罐集中处理。

高沸物回收塔工艺条件：

操作压力	回　流　比	塔顶温度/℃	塔釜温度/℃
常压	1.0	120±2	135±5

（2）脱低沸物塔塔顶产物中醋酸的回收——脱水塔　脱低沸物塔塔釜分离出醋酸，塔顶的馏出物中醋酸约含70%～80%，其余是甲酸、水、醋酸甲酯及少量的乙醛等低沸点物质，将该混合物通过一精馏塔（脱水塔5），精馏后醋酸从塔釜分离回收，并送至氧化液蒸发器。控制塔顶醋酸含量小于5%，水及其余组分从塔顶或侧线采出进一步处理。

脱水塔工艺条件：

操作压力	回流比	塔顶温度/℃	塔釜温度/℃	侧线温度/℃	塔顶醋酸含量/%
常压	20	82±2	130±2	108±2	<5

11.3.4.2 醋酸甲酯及甲酸回收

脱水塔塔釜回收醋酸，塔顶蒸出的主要是醋酸甲酯、水、甲酸、醋酸及乙醛，进入醋酸甲酯塔 7 回收醋酸甲酯，塔顶蒸出含 86.2%（质量分数）的醋酸甲酯，塔底含酸废水放入中和池，然后去污水处理厂。

醋酸甲酯回收塔工艺条件：

操作压力	回流比	塔顶温度/℃	塔釜温度/℃
常压	8.4	63±5	105±5

在脱水塔中部甲酸的富集区抽侧线，采出物中除甲酸外还有醋酸和水，送去甲酸回收塔回收甲酸及稀醋酸。

　　阅读学习　　　　　　　　**醋酸生产技术发展动向**

近年来，醋酸的生产技术发展动态主要有以下两个方面：一是催化剂改进。催化剂铑稀缺昂贵，甲醇羰基化法生产醋酸工艺中，铑络合物催化剂在溶液中还不够稳定，需要进一步研究铑催化剂的配制、合理使用与再生回收；在甲醇高压羰基化法中，通过催化剂的改进，降低反应条件。二是拓展合成醋酸的原料范围。目前较为成功的有以下几种。

1. 催化剂固载化　在甲醇羰基化制醋酸工艺中，日本千代田公司开发了固载化多相催化剂体系，并采用泡罩塔反应器，亦称为"Acetica"工艺。与传统均相甲醇羰基化工艺相比，铑络合物催化剂固载于聚乙烯基吡啶树脂上，从而克服了昂贵金属铑的流失。

2. 高压法改进　为了提高高压羰基化法的竞争力，BASF 及 Shell 公司在钴、碘催化系统中加入 Pd、Pt、Ir、Ru 以及 Cu 的盐类或络合物，使甲醇羰基化反应的条件降至温度 80～200℃，压力 7.1～30.4MPa。

3. 乙烷合成工艺　以乙烷和乙烯混合物为原料催化氧化制醋酸，也称 Ethoxene 工艺。该工艺具有较高的选择性。

Sabic 公司开发了其专有的乙烷催化氧化制醋酸技术，即乙烷与纯氧或空气在 150～500℃、0.102～5.1MPa 下反应生成醋酸，其特点是原料成本低，具有一定的技术经济优势。

4. 合成气制醋酸工艺　采用单个反应器和多组分催化剂体系使合成气转化成醋酸。

　　拓展学习

*11.4　甲醇低压羰基化生产醋酸工艺

甲醇低压羰基化生产醋酸是以甲醇及一氧化碳为原料，在以铑羰基配合物为主催化剂、碘化物为助催化剂的作用下，经催化反应生成醋酸。其特点是反应选择性高，产品纯度高，副产物少，反应条件温和，操作安全，技术经济先进。工艺过程主要包括羰基化反应、分离精制及分离回收等。工艺流程如图 11-9 所示。

11.4.1　羰基化反应

11.4.1.1　反应基本原理

在铑-碘配位催化剂作用下，甲醇羰基化合成醋酸的主要反应如下：

主反应　　　　　　　$CH_3OH + CO \longrightarrow CH_3COOH + 141.25 kJ/mol$ 　　　　　(11-1)

副反应　　　$CH_3COOH+CH_3OH \Longleftrightarrow CH_3COOCH_3+H_2O$　　　　(11-2)

$2CH_3OH \Longleftrightarrow CH_3OCH_3+H_2O$　　　　(11-3)

$CO+H_2O \longrightarrow CO_2+H_2$　　　　(11-4)

$CO+3H_2 \longrightarrow CH_4+H_2O$　　　　(11-5)

副产物中常可见甲酸及丙酸（丙酸由原料甲醇中含有的乙醇羰基化生成）

从以上反应可看出，甲醇与一氧化碳羰基化生成醋酸的反应为不可逆反应，这对醋酸的生成十分有利；副反应 [式(11-2)、式(11-3)] 为可逆反应，根据化学反应平衡原理，增加醋酸甲酯和二甲醚可以使其反应重新生成醋酸及甲醇。生产中即是将羰基产物部分返回反应器，以保持醋酸甲酯及二甲醚在反应液中一定的浓度，从而抑制新的醋酸甲酯及二甲醚生成；反应 [式(11-4)、式(11-5)] 消耗原料一氧化碳，而且为不可逆反应。但该反应所需的温度相对较高，通过控制反应温度可减少反应 [式(11-4)、式(11-5)] 的发生。

采用铑-碘配位催化剂，甲醇羰基化合成醋酸不仅转化率高，而且以甲醇为基准的选择性可达 99％以上，副产物很少。

11.4.1.2　反应工艺条件

（1）反应温度　最佳温度为 175℃。

甲醇羰基化虽然是放热反应，但反应的活化能较高，需要在较高的温度下进行。因此，提高反应温度，有利于提高反应速率。但随着温度的升高，副反应速率也会上升，主反应的选择性开始下降。尤其是副反应 [式(11-4)、式(11-5)] 为不可逆反应，过高的反应温度会导致甲烷和二氧化碳明显增加。此外，反应温度若超过 190℃，反应介质的腐蚀性趋强。实践证明，使用铑-碘配位化合物作催化剂，甲醇羰基化在 150～200℃时即可获得较好的催化反应效果。根据催化剂的使用时间及活性等因素综合考虑，反应温度一般控制为 130～180℃。

（2）反应压力　反应压力控制在 3.0MPa。

甲醇羰基化反应为气-液非均相反应过程，因此必须首先提高一氧化碳的溶解度。显然，加压有利于增加一氧化碳的溶解。同时甲醇与一氧化碳的羰基化反应是分子数减少的反应，提高压力也有利于推动反应向生成醋酸方向进行。因此甲醇羰基化反应选择在加压条件下进行。

（3）反应液组成　醋酸与甲醇摩尔比控制为 1.44；水含量为 10％～13％（质量分数）。

反应机理及动力学研究表明，甲醇羰基化反应是分步骤进行的，过程中醋酸、甲醇及水对反应有重要的影响，必须严格控制反应液的组成。

① 控制醋酸与甲醇的比例。甲醇羰基化反应过程中醋酸既是反应的产物，又作为反应的介质。实践证明，若醋酸与甲醇摩尔比小于1，则二甲醚生成量将大幅度增加；同时，醋酸的存在还增加了反应液的极性，有利于提高反应速率。因此，必须控制醋酸与甲醇的摩尔比大于1。

② 保持一定的含水量。水的存在有利于反应过程中中间产物分解生成醋酸，提高反应速率，还可抑制醋酸甲酯的生成；但水含量过高会加速一氧化碳反应生成二氧化碳，导致原料消耗增加。

（4）催化剂　使用铑络合物作主催化剂，碘化物作助催化剂。

甲醇低压羰基化合成醋酸所用的催化剂由可溶性的铑络合物与助催化剂碘化物两部分组成。铑络合物在反应液中由 Rh_2O_3 和 $RhCl_3$ 等铑化合物与 CO、碘化物（HI 或 I_2）作用得到，它是一个以铑原子为中心，以一氧化碳、碘为配位体的配位化合物。碘化合物主要是 CH_3I，生产中通常使用 HI 或 I_2。反应过程中 HI 或 I_2 首先与 CH_3OH 反应生成 CH_3I，随后参与助催化反应。

$$CH_3OH+HI \longrightarrow CH_3I+H_2O$$

甲醇羰基化合成醋酸属配位催化反应,即在助催化剂 HI(CH₃I) 的助催化作用下,铑-碘催化剂 Rh(CO)₂I₂ 分别与 CO 和 CH₃OH 以配位化合物的形式作用,经几步反应后形成新的配位化合物 CH₃COIRh(CO)₂I₂,此配位化合物分解后重新释放出催化剂 Rh(CO)₂I₂,并获得 CH₃COI,CH₃COI 与水反应生成醋酸,HI 则循环参与助催化反应。

$$CH_3COI + H_2O \longrightarrow CH_3COOH + HI$$

反应液中铑的浓度控制为 $10^{-4} \sim 10^{-2}$ mol/L,正常情况下,铑的消耗量应小于 170mg/t 醋酸产品。

铑资源稀少,价格昂贵。氧、光照或过热等均能促使铑配位化合物分解沉淀析出。因此,催化剂循环系统必须维持一定的一氧化碳分压和适宜的温度,以避免铑的损失。

原材料、设备及管路中金属离子、副反应积累的高聚物,这些均会使催化剂活性降低。因此,催化剂使用一段时间后需要再生。催化剂再生可用离子交换树脂除去其他金属离子,或使铑配合物受热分解沉淀析出而回收铑。

11.4.1.3 反应工艺过程

反应工序包括反应和闪蒸两个工艺过程,如图 11-9 所示。首先在反应釜(或鼓泡塔)

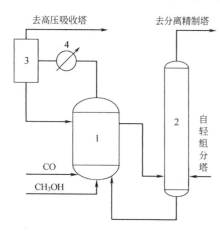

图 11-9 甲醇羰基化反应系统流程
1—反应釜;2—闪蒸塔;3—气液分离器;4—冷凝器

中加入一定量的催化剂溶液,甲醇经预热器预热到 185℃,从压缩机来的一氧化碳调至压力为 2.74MPa,然后将甲醇与一氧化碳分别由反应釜底部喷入。甲醇与一氧化碳在催化剂的作用下,在反应釜中进行羰基合成醋酸的反应。控制反应温度在 175~180℃、压力为 3.0MPa。反应后的液相物料从反应釜上部侧线引出,进入闪蒸塔,控制闪蒸塔压力 200kPa 左右,闪蒸后的气相产物主要含有醋酸、水、碘甲烷及碘化氢等,从闪蒸塔顶部排出,送至分离精制工序。催化剂母液从闪蒸塔塔底返回反应釜。反应产生的气相物料主要是一氧化碳、碘甲烷、氢气、二氧化碳、甲烷等,从反应釜顶部排出进入冷凝器冷凝,冷凝液返回反应釜,未冷凝气体送至高压吸收塔回收处理。

甲醇羰基化反应为气液相反应,反应放热。反应器应保证气液相能有充分地接触,并能及时移除反应热。反应釜和鼓泡塔均能满足这些要求。若采用反应釜,其高径比应大于1,以保证气液相物料有充分的接触时间。反应釜装有搅拌器,主要作用是破碎气泡,分散气体,增强传质和传热。反应釜带有夹套,可走蒸汽或冷却水,用来调节反应温度。

11.4.2 醋酸分离精制

醋酸的分离精制工序包括初步分离、脱水分离及醋酸精制 3 个基本工艺过程,工艺流程如图 11-10 所示。

11.4.2.1 初步分离——塔顶得轻组分,塔釜得重组分,侧线采出含水粗醋酸

闪蒸塔蒸出的是含有醋酸、水、碘化氢、碘甲烷、甲醇等气相混合物,首先用蒸馏方式对其进行初步分离。

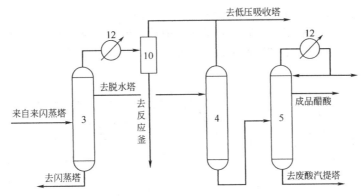

图 11-10　醋酸的分离精制系统流程

3—轻组分塔；4—脱水塔；5—重组分塔；10—气液分离器；12—冷凝器

将来自闪蒸塔的气相混合物送入轻组分塔 3，蒸馏后塔顶碘甲烷等轻组分经冷凝器冷凝、气液分离后，液相碘甲烷返回反应釜，未冷凝气体去低压吸收塔处理；釜液中主要是碘化氢、水、醋酸、铑催化剂以及高沸物等返回闪蒸塔；含水粗醋酸等从轻组分塔侧线采出，送至脱水塔 4。

11.4.2.2　脱水分离——塔顶分出水及轻组分，塔釜得到无水粗醋酸

从轻组分塔 3 侧线采出的馏分主要组成为醋酸、水及少量的碘甲烷、轻组分和重组分，采用精馏方式将水及低于水沸点的组分分离除去，得到只含少许重组分的无水粗醋酸。

将来自轻组分塔 3 侧线物料送至脱水塔 4，塔顶蒸出的水尚含有碘甲烷、轻组分和少量醋酸，送至低压吸收塔；塔釜采出的无水粗醋酸中含有重组分，需送至重组分塔进一步精制。

11.4.2.3　醋酸精制——侧线采出成品醋酸

脱水塔塔釜得到的粗醋酸中含有丙酸、重质烃等重组分，采用精馏方式，除去重组分，即得成品醋酸。

将来自脱水塔塔釜物料送至重组分塔 5，丙酸等重组分从塔釜排出，送废酸汽提塔，成品醋酸从塔上部的侧线采出，得成品醋酸，送醋酸成品储槽。

为使成品醋酸中的碘含量合格，在脱水塔 4 加入少量的甲醇，使其中的碘化氢转化为碘甲烷；在重组分塔 5 进料口加入少量的氢氧化钾，使微量碘离子以碘化钾形式从塔釜排出。

采出成品醋酸质量要求：

丙酸/(mg/m³)	水/(mg/m³)	总碘/(mg/m³)
<50	<1500	40

11.4.3　分离回收

11.4.3.1　轻组分回收

在甲醇羰基化生产醋酸的过程中有 3 个地方产生轻组分，一是反应器顶部的气体经冷凝及气液分离后的未凝组分；二是轻组分塔 3 塔顶气体经冷凝及气液分离后的未凝组分；三是脱水塔 4 塔顶的未凝组分。这些未凝气体中主要含有碘甲烷、一氧化碳、二氧化碳、氢气及少量醋酸。回收采用吸收的方法，用醋酸作吸收剂，主要回收其中的碘甲烷。

将反应器顶部的未凝气体送至高压吸收塔7，如图11-11所示。轻组分塔塔顶及脱水塔塔顶未凝气体引入低压吸收塔8，吸收剂醋酸分别从两个塔的顶部喷入，两个塔的吸收液从塔底排出，一块送解吸塔。未被吸收的废气主要含有 CO、CO_2 及 H_2，从吸收塔顶部排出，送至火炬焚烧。

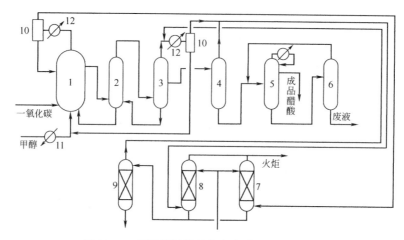

图 11-11　甲醇低压羰基化合成醋酸的工艺流程

1—反应釜；2—闪蒸塔；3—轻组分塔；4—脱水塔；5—重组分塔；6—废酸汽提塔；
7—高压吸收塔；8—低压吸收塔；9—解吸塔；10—气液分离器；11—预热器；12—冷凝器

来自高压及低压吸收塔塔釜吸收液在解吸塔9中解吸，解吸出的碘甲烷气体送轻组分塔塔顶冷凝器，冷凝液返回反应系统。解吸后的醋酸返回高压及低压吸收塔作吸收剂循环使用。

11.4.3.2　重组分回收

重组分主要来自重组分塔精馏获得成品醋酸后塔底排出的重组分液体，其中尚含有部分醋酸，重组分回收即是回收这部分醋酸。

将重组分塔5塔底排出的物料送至废酸汽提塔6，汽提塔塔顶蒸出的醋酸返回重组分塔5，塔底排出的废酸主要含丙酸及其他重组分，送出作进一步处理。

本 章 小 结

1. 醋酸的性质及用途

2. 醋酸的工业生产方法

（1）乙醛氧化法；（2）甲醇羰基化法；（3）丁烷（或轻油）液相氧化法；（4）粮食发酵法。

3. 乙醛氧化生产醋酸工艺

（1）氧化反应基本原理及氧化反应特点

（2）氧化反应工艺条件及其对氧化反应质量的影响

（3）氧化反应系统工艺

采用双塔氧化系统工艺，能更有效地控制氧化反应的进行。

（4）鼓泡氧化塔的结构特点。

（5）醋酸的分离精制

主要采用蒸发与精馏等单元操作相结合的方法，逐步实行醋酸的分离与精制。

4. 甲醇低压羰基化生产醋酸工艺

（1）甲醇羰基化基本原理。

（2）羰基化反应工艺条件及对羰基化反应质量的影响。

（3）羰基化反应系统工艺

采用反应釜与闪蒸塔相结合的工艺，及时回收催化剂，保证了反应釜中催化剂的浓度。

（4）醋酸的分离精制

主要采用精馏、吸收-解吸等单元操作相结合的方法，逐步实行醋酸的分离与精制。

反馈学习

思考·练习

（1）比较几种醋酸生产方法的优缺点。

（2）乙醛氧化生产醋酸存在哪些不安全因素？工业上采取了哪些安全措施？

（3）乙醛氧化生产醋酸工业上为什么多采用双塔工艺？

（4）写出以醋酸为起始原料生产食品添加剂（防腐剂）的合成路线。

（5）乙醛氧化生产醋酸的氧化过程中，为什么要严格控制尾气中氧气的含量？

（6）温度对乙醛氧化反应有何影响？

（7）氧化塔顶部为何要通氮气？

（8）乙醛氧化生产醋酸的氧化过程中，氧化液组成对氧化反应有何影响？

（9）乙醛氧化生产醋酸的工艺有何特点？对反应器的结构有何要求？

（10）乙醛氧化得到的粗醋酸在醋酸的分离精制工艺中为什么要首先进行蒸发？

（11）乙醛氧化法生产醋酸的分离精制工艺中，脱高沸物塔和脱低沸物塔塔顶、塔釜各得到怎样的物料组成？

（12）脱低沸物塔塔釜已经得到醋酸含量达到指标的醋酸，为什么还要经过成品蒸发器蒸发？

（13）甲醇羰基化法生产醋酸的原料是什么？写出化学反应式。

（14）甲醇羰基化法生产醋酸通常使用铑作催化剂，但生产中还需加入 HI 或 I_2，其作用是什么？

（15）甲醇羰基化反应系统中闪蒸塔的作用是什么？

（16）在脱水塔中为什么加入少量的甲醇？

（17）在重组分塔进料口通常要加入少量的氢氧化钾，为什么？

（18）成品醋酸从哪个塔得到？

（19）高压吸收塔和低压吸收塔使用什么作吸收剂？

（20）解吸塔的作用是什么？

报告·演讲（书面或 PPT）

参考小课题：

（1）醋酸的性质（MSDS）及用途

（2）醋酸的生产方法及生产技术的发展

（3）催化剂在乙醛氧化生产醋酸中的作用

（4）乙醛氧化生产醋酸工艺条件分析

（5）乙醛氧化反应系统的工艺流程

（6）乙醛氧化生产醋酸的氧化反应器

（7）乙醛氧化法醋酸的分离精制

（8）甲醇羰基化反应生产醋酸基本原理

（9）甲醇羰基化反应生产醋酸的工艺条件

（10）甲醇羰基化法醋酸的分离精制

第 12 章　丙烯酸甲酯

 明确学习

丙烯酸甲酯是以丙烯酸和甲醇为原料，经酯化反应而成。酯化反应为可逆反应，如何提高转化率和收率？如何回收未反应的原料？原料丙烯酸、产品丙烯酸甲酯在生产过程中容易聚合，如何防止聚合反应发生？如何将产物分离出来？本章节既要学习丙烯酸甲酯生产工艺，也是要通过丙烯酸甲酯生产工艺学习有关酯化反应原理、工艺条件及有关的分离精制方法及工艺。

本章学习的主要内容

1. 丙烯酸甲酯的性质及用途。
2. 丙烯酸甲酯的工业生产方法。
3. 酯化反应原理、工艺条件及工艺过程。
4. 丙烯酸甲酯生产工艺。

活动学习

通过检索资料、仿真操作、参观丙烯酸甲酯生产工艺流程，增加对丙烯酸甲酯性质的认识，感知、了解丙烯酸甲酯的实际生产工艺过程。

参考内容

1. 资料检索：丙烯酸甲酯的 MSDS、生产方法及工艺。
2. 仿真操作：丙烯酸甲酯生产工艺（化工仿真软件）。
3. 参观：丙烯酸甲酯化工企业生产流程。

讨论学习

? 我想问

? 实践·观察·思考

以上的活动学习一定增加了你对丙烯酸甲酯生产工艺的了解和感性认识。能否回答以下的问题：

1. 丙烯酸甲酯的生产经过了哪几个工序？
2. 丙烯酸与甲醇的酯化反应是如何完成的？转化率是多少？为什么要控制为这个转化率？采用了怎样的工艺条件？
3. 哪些过程或设备采用了低压操作，为什么？
4. 为防止生产过程中发生聚合，采用了哪些措施？
5. 未反应的丙烯酸及甲醇是如何回收的？
6. 丙烯酸分馏塔塔顶回流罐与一般回流罐有何不同？为什么？

12.1 丙烯酸甲酯的性质、规格及用途

12.1.1 丙烯酸甲酯理化性质及规格

丙烯酸甲酯，别名，败脂酸甲酯，英文名称，methyl acrylate，简称 MA，分子式 $C_4H_6O_2$；

$CH_2CHCOOCH_3$，结构式 $CH_2\!=\!CH\!-\!\overset{\displaystyle O}{\overset{\|}{C}}\!-\!O\!-\!CH_3$，分子量 86.09，CAS No. 96-33-3。

丙烯酸甲酯的沸点 80.3℃，凝固点 -76.5℃，闪点 -3℃（开杯），蒸汽压 9.09kPa（20℃），折射率（n_D^{20}）1.4040，比热容 2.0J/(g·℃)，相对密度（20℃/4℃）0.9535。丙烯酸甲酯为无色透明液体，有类似大蒜的气味，微溶于水，溶于乙醇、乙醚、丙酮、苯、甲苯。危险标记 7（中闪点易燃液体）。

危险特性：易燃，其蒸汽与空气可形成爆炸性混合物。遇明火、高热能引起燃烧，与氧化剂能发生强烈反应。丙烯酸甲酯容易自聚，聚合反应随着温度的上升而加剧。其蒸汽比空气重，容易扩散，遇明火会引着回燃。

健康危害：高浓度接触，引起流涎，对眼睛及呼吸道有强烈刺激，严重者口唇发白、呼吸困难、痉挛，甚至导致因肺水肿而死亡。空气中最高容许浓度 35mg/m³。

丙烯酸甲酯产品质量规格见表 12-1(a)、表 12-1(b) 所列。

表 12-1(a) 丙烯酸甲酯产品质量规格（企业）

产品名称	标准名称 指标	项　　目	企业标准[①]		分 析 方 法
			优级品	一级品	
丙烯酸甲酯	Q/OADK 003—1998	色度 （Hazen 单位）≤	10（散） 20（桶）		等效 ASTM D1209—93
		纯度/%（质量分数）≥	99.5	99.5	YSTM 4219—01(1990)
		水分/%（质量分数）≤	0.05	0.10	等效 ASTM D1364—90

① 某化工企业的丙烯酸甲酯产品标准。

表 12-1(b) 丙烯酸甲酯产品质量规格（GB 17529.2—1998）

指 标 名 称	优 级 品	一 级 品
外观	澄清无悬浮物无机械杂质的液体	澄清无悬浮物无机械杂质的液体
丙烯酸甲酯含量/%	98.0	96.0
丙烯酸含量/%	0.1	0.6
水分含量/%	0.5	0.8
甲醇含量/%	0.1	0.2
丙烯腈/%	0.5	1.0

12.1.2 丙烯酸甲酯主要用途

丙烯酸甲酯是有机合成中间体及合成高分子的单体。在引发剂的存在和一定的温度条件下，丙烯酸甲酯能自聚或与其他化合物共聚而生产不同性能的高分子聚合物。涂料工业用于制造丙烯酸甲酯-醋酸乙烯-苯乙烯三元共聚物、丙烯酸酯涂料和地板上光剂。橡胶工业用于制造耐高温、耐油性橡胶。化纤工业中与丙烯腈共聚可改善丙烯腈的可纺性、热塑性及染色性能。此外，在医药制造、皮革加工、造纸、胶黏剂制造、涂料等工业中也有广泛的用途。

12.2 丙烯酸甲酯的生产方法

丙烯酸甲酯的生产方法与丙烯酸的生产方法密切相关，主要有：乙烯酮法、雷普（Reppe）法、丙烯腈水解法和丙烯直接氧化法。

12.2.1 乙烯酮法

乙烯酮与甲醛以三氟化硼或氯化铝为催化剂进行缩合，生成 β-丙内酯，为乙烯酮法（又称 β-丙内酯法）。在硫酸的作用下直接与甲醇反应生成丙烯酸甲酯，化学反应式如下：

$$CH_2 = C = O + HCHO \longrightarrow \begin{array}{c} CH_2 - CH_2 \\ | \quad\quad | \\ O - CO \end{array}$$

$$\begin{array}{c} CH_2 - CH_2 \\ | \quad\quad | \\ O - CO \end{array} + CH_3OH \xrightarrow{H_2SO_4} CH_2 = CHCOOCH_3$$

该方法的原料乙烯酮是以醋酸或丙酮在高温下裂解而得，能耗大，生产成本高。

12.2.2 雷普法

雷普（Reppe）法于 20 世纪 40 年代被发明，是用乙炔、一氧化碳与水或醇反应，生成丙烯酸或丙烯酸酯的方法。

丙烯酸甲酯是以乙炔、甲醇和一氧化碳为原料，在催化剂的作用下反应直接生成丙烯酸甲酯。实际生产过程中有"化学计量法"和"催化法"。

"化学计量法"是将乙炔、甲醇与羰基镍（提供一氧化碳）在 40℃、0.101MPa 条件下反应生成丙烯酸甲酯，化学反应式如下：

$$4CH\equiv CH + 4CH_3OH + Ni(CO)_4 + 2HCl \longrightarrow CH_2 = CHCOOCH_3 + NiCl + H_2$$

"催化法"是将乙炔、甲醇与一氧化碳在催化剂的作用下，反应生成丙烯酸甲酯，化学反应式如下：

$$CH\equiv CH + CH_3OH + CO \xrightarrow{NiCl} CH_2 = CHCOOCH_3$$

雷普法的主要缺点是反应速率慢，若使用羰基镍，羰基镍容易部分分解造成损失，此外过程中涉及乙炔，操作比较复杂。

12.2.3 丙烯腈水解法

以丙烯腈为原料，在浓硫酸存在下进行水解得丙烯酰胺硫酸盐，丙烯酰胺硫酸盐直接与甲醇反应得到丙烯酸甲酯，化学反应式如下：

$$CH_2 = CHCN + H_2O + H_2SO_4 \longrightarrow CH_2 = CHCONH_2 \cdot H_2SO_4$$

$$CH_2 = CHCONH_2 \cdot H_2SO_4 + CH_3OH \longrightarrow CH_2 = CHCOOCH_3 + NH_4HSO_4$$

该方法的生产步骤多，硫酸的腐蚀性强，而且产生大量的废酸及硫酸氢铵。

12.2.4 丙烯直接氧化法

以丙烯为原料，在催化剂的作用下丙烯经两步氧化得丙烯酸，丙烯酸经分离精制达到酯化级质量标准后再与甲醇反应生成丙烯酸甲酯。化学反应式如下：

$$CH_3 = CHCH_3 + O_2 \longrightarrow CH_2 = CHCOOH + H_2O$$

$$CH_2 = CHCOOH + CH_3OH \longrightarrow CH_2 = CHCOOCH_3 + H_2O$$

以丙烯为原料氧化生产丙烯酸，原料丙烯价廉易得，而且氧化反应的催化剂活性和选择性都很高，是目前生产丙烯酸和丙烯酸甲酯最先进的方法。

此外在丙烯酸的发展过程中还有氰乙醇法，因毒性现在已基本不采用。

12.3 丙烯酸甲酯的生产原料

丙烯酸甲酯的生产原料：丙烯酸及甲醇。

12.3.1 丙烯酸

12.3.1.1 丙烯酸理化性质、规格及用途

(1) 丙烯酸理化性质及规格

① 丙烯酸英文名称：acrylic acid；propenoic acid，分子式 $C_3H_4O_2$；$CH_2CHCOOH$，

结构式 $CH_2=CH-\overset{\overset{O}{\|}}{C}-O-H$，分子量 72.06。CAS No.79-10-7。

丙烯酸为无色透明液体，有刺激性气味。熔点 14℃，沸点 141℃，闪点 68.3℃（开杯），自燃点 438℃，折射率 1.4185，相对密度（水＝1）1.05，相对蒸汽密度（空气＝1）2.45，饱和蒸汽压（39.9℃）1.33kPa，燃烧热 1366.9kJ/mol。与水、乙醇、乙醚等完全互溶。有较强腐蚀性，危险标记 20（酸性腐蚀品）。

丙烯酸既有羧酸的性质，又有双键的特性，可进行成盐、酯化、氨化、加成、聚合等反应。

② 危险特性。丙烯酸易燃，其蒸气与空气可形成爆炸性混合物，爆炸极限（体积分数）：2.4%～8.0%，遇明火、高温能引起燃烧爆炸，与氧化剂能发生强烈反应。遇高温，可发生聚合反应，并放出大量的热量而引起容器破裂和爆炸事故。遇热、光、水分、过氧化物及铁质易自聚而引起爆炸。未加阻聚剂的丙烯酸单体应立即使用或在 10℃ 以下保存，但储存时间不能太长。

③ 健康危害。具腐蚀性，对皮肤、眼睛和呼吸道有强烈刺激作用，可致人体灼伤。空气中最大允许浓度为 5mg/m³。

丙烯酸原料规格见表 12-2 所列。

表 12-2 酯化级丙烯酸原料规格①

产品名称	标准名称指标项目		企业标准		ASTM 标准
			优级品	一级品	
丙烯酸	纯度/%（质量分数）	≥	99.5	99.0	99.0
	色度/APHA	≤	20	20	20
	水分/%（质量分数）	≤	0.10	0.20	0.20
	阻聚剂/ppm		200±20		200±20

① 某化工企业酯化级丙烯酸规格。

(2) 丙烯酸用途

丙烯酸是一种重要的有机单体，60%以上用于合成丙烯酸酯类（主要有丙烯酸甲酯、丙烯酸乙酯、丙烯酸丁酯和丙烯酸 2-乙基己酯等）。丙烯酸酯类广泛用于塑料、合成纤维、合成橡胶、涂料、胶乳、胶黏剂、鞣革和造纸等工业部门。非酯类用途主要有如下几种。

① 高吸水性树脂。包括淀粉接枝的共聚物及丙烯酸钠、丙烯酸及少量交联剂的共聚物。高吸水性树脂可用于手巾、尿布、衬里等产品。

② 助洗剂。含磷洗涤剂易造成环境污染，而相对分子质量约为 5000 的聚丙烯酸可替代磷酸盐作助洗剂。

③ 水处理剂。聚丙烯酸可用作水处理的分散剂，丙烯酸与丙烯酰胺的共聚物可用于废水处理、选矿和造纸厂废水处理的絮凝剂，也可用于钻井泥浆中作为防井喷剂。

12.3.1.2 丙烯酸的生产方法

丙烯酸的工业技术经历了 80 多年的历史，共有五种生产方法：氰乙醇法、烯酮法、丙烯腈水解法、乙炔羰化法、丙烯直接氧化法。其中氰乙醇法于 1927 年最早实现工业化生产。但该方法由于使用剧毒的氰化物，而且产生大量的废酸、硫酸氢铵。烯酮法（参见 12.2.1）的能耗大，生产成本高。这两种方法现已不采用。

(1) 乙炔羰化法 乙炔羰化法 1939 年由德国人 W. J. Reppe 雷普发明，故又称雷普 (Reppe) 法，1954 年在美国建立工业装置。它是以乙炔、一氧化碳、水为原料，四氢呋喃作溶剂，在卤化镍催化剂、卤化铜助催化剂的作用下，于温度 $160 \sim 200\,℃$、压力 $4.0 \sim 5.5\,MPa$，通过羰基化反应得丙烯酸：

$$HC \equiv CH + H_2O + CO \longrightarrow CH_2 = CHCOOH$$

该方法以乙炔为原料，成本高，操作复杂，技术经济不如丙烯直接氧化法。

(2) 丙烯腈水解法 丙烯腈在硫酸存在下，进行二次水解再经减压蒸馏可得丙烯酸：

$$CH_2 = CHCN + H_2O + H_2SO_4 \longrightarrow CH_2 = CHCONH_2 \cdot H_2SO_4$$

$$CH_2 = CHCONH_2 \cdot H_2SO_4 + H_2O \longrightarrow CH_2 = CHCOOH + NH_4HSO_4$$

由于丙烯氨氧化制丙烯腈工艺迅速发展，为丙烯酸生产提供了廉价的丙烯腈，该方法一度得到较快的发展。但随着丙烯直接氧化法的不断发展，该方法由于使用硫酸，对设备有较强的腐蚀性，且产生大量的硫酸氢铵等不利因素日渐突出，目前较少采用。

(3) 丙烯直接氧化法 1969 年美国联合碳化物公司建成以丙烯氧化法制丙烯酸工业装置，由于其技术经济优势明显，此后各国相继采用此法生产。近年来，丙烯直接氧化法不断改进，开发出许多新的催化剂和新工艺，目前已成为丙烯酸生产的主要方法。丙烯直接氧化法分两步进行：第一步用钼-铋系或锑系催化剂，将丙烯氧化为丙烯醛；第二步用钼-钒-钨系催化剂，丙烯醛再氧化生成丙烯酸：

$$CH_2 = CHCH_3 + O_2 \longrightarrow CH_2 = CHCHO + H_2O$$

$$CH_2 = CHCHO + 1/2O_2 \longrightarrow CH_2 = CHCOOH$$

丙烯直接氧化法的生产工艺流程如图 12-1 所示。丙烯、蒸汽和预热空气混合后进入第一反应器，反应温度 $320 \sim 340\,℃$，压力 270kPa，反应气不经分离直接送入第二反应器，反应温度 $280 \sim 360\,℃$，压力 200kPa。两个反应器均用熔盐作载热体。从第二反应器出来的气体经水吸收后得 $30\% \sim 40\%$ 丙烯酸水溶液，经分离精制得纯度不小于 99.0% 丙烯酸。

12.3.2 甲醇

12.3.2.1 甲醇的理化性质、规格及用途

(1) 甲醇的理化性质及规格

① 甲醇别名甲基醇、木醇、木精。英文名称：methyl alcohol；methanol，分子式 CH_3OH，分子量 32.04。CAS No. 67-56-1。

甲醇是有类似乙醇气味的无色透明、易燃、易挥发的液体。熔点 $-97.8\,℃$，沸点 $64.5\,℃$，

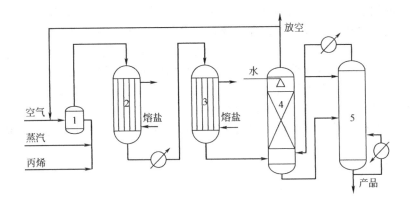

图 12-1　丙烯氧化制丙烯酸生产流程示意
1—混合器；2—第一反应器；3—第二反应器；4—吸收塔；5—精馏塔

闪点 12.22℃，自燃点 463.89℃，相对密度（20/4℃）0.792，饱和蒸汽压（21.2℃）
13.33kPa，燃烧热 727.0kJ/mol。甲醇能和水以任意比例相溶，但不形成共沸物，能和多数
常用的有机溶剂如乙醇、乙醚、丙酮、苯等混溶，且形成恒沸混合物。

② 危险特性。易燃，其蒸气与空气可形成爆炸性混合物，在空气中的爆炸极限为
6.0％～36.5％（体积分数）。

③ 健康危害。甲醇具有较强的毒性，对中枢神经系统有麻醉作用，对视神经和视网膜
有特殊选择作用，可致视力减退，饮入 5～8mL 可致双目失明，饮入 30mL 可致人中毒死
亡。空气中最大允许浓度为 50mg/m³。

甲醇是最简单的饱和脂肪醇，可进行氧化、酯化、羰基化、胺化、脱水、裂解、氯化等
反应。

甲醇原料规格见表 12-3 所列。

表 12-3　甲醇原料规格①

项　目		指　标	试验方法
外观		无色透明液体，无可见不洁物	
甲醇含量/%(质量分数)	≥	99.60	ASTM 4291—01(1990)
色度 APHA	≤	10	GB 3143—82
密度(20℃)/(g/cm³)		0.791～0.792	GB 4472—84
沸程包括(64.6℃±0.1/℃)/℃		1.0	
温度范围(0℃,101.3kPa)/℃	≤	64.0～65.5	GB 7534—87
高锰酸钾试验时/min	≥	50	GB 338—92
水溶性试验		澄清	GB 6324.1—86
水分含量/%(质量分数)	≤	0.10	ASTM D 1364
酸度(以 HCOOH 计)/%(质量分数)	≤	0.0015	GB 338—92
羰基化合物(以 HCOOH 计)/%(质量分数)	≤	0.002	GB 338—92
蒸发残留物/%(质量分数)	≤	0.001	GB 6324.2—86
乙醇含量/%(质量分数)	≤	0	ASTM 4291—01(1990)
丙烯酸甲酯/%(质量分数)	≤	3	ASTM 4291—01(1990)

① 某化工企业酯化级甲醇规格。

（2）甲醇的用途　在有机合成工业中，甲醇是仅次于乙烯、丙烯和芳烃的重要基础原料，广泛用于生产塑料、合成纤维、合成橡胶、农药、医药、染料和涂料工业等。以甲醇为原料生产的主要产品有甲醛、醋酸、乙醇、乙烯、乙二醇、甲苯、醋酸乙烯、醋酐、甲酸甲酯、甲基叔丁基醚、二甲醚、碳酸二甲酯等。甲醇也用作溶剂和萃取剂。近些年来，随着科学技术进一步发展，以甲醇为原料生产各种有机化工产品的新应用领域有了很大突破。甲醇合成蛋白质的产品已进入市场；以甲醇为原料生产烯烃已实现工业化；甲醇及其产品二甲醚作为汽车燃料具有诱人的市场前景。预期以甲醇为原料将合成出更多的化工产品。

12.3.2.2　甲醇的生产方法

甲醇的生产方法主要有以下两种：

（1）合成气合成

$$CO + 2H_2 \rightleftharpoons CH_3OH$$

（2）甲烷氧化

$$CH_4 + 1/2O_2 \rightleftharpoons CH_3OH$$

合成气（一氧化碳加氢气）合成甲醇是目前生产甲醇的主要方法，按采用的压力不同有高压法、低压法和中压法。

（1）高压法　高压法使用锌-铬氧化物催化剂，一氧化碳和氢气在高温 350～420℃ 和高压 24.5～29.84MPa 下，经催化合成甲醇。该方法技术成熟，是目前生产甲醇的主要方法。

（2）低压法　低压法使用铜基催化剂，一氧化碳和氢气在 4.9MPa 和 275℃ 左右的条件下即可合成甲醇，而且副反应少，产品纯度高。但该方法所需的设备庞大，制造和运输有一定困难。

（3）中压法　中压法采用压力为 9.8～14.7MPa，温度为 240～270℃，催化剂为铜-锌-铝氧化物。中压法满足了甲醇生产大型化的趋势，综合利用指标比较好。

12.4　丙烯酸甲酯生产工艺

丙烯酸甲酯的生产采用的是连续化生产的工艺。新鲜和回收的丙烯酸及甲醇按一定的比例连续进入酯化反应器，在固体酸催化剂及一定的温度条件下进行酯化反应。离开反应器的物料中，除了丙烯酸甲酯外，还有未反应的原料丙烯酸、甲醇以及其他副产物，随后将其送往分离回收及提纯精制系统，分离回收未反应的原料和提纯精制产品丙烯酸甲酯。根据物料的性质和分离精制要求，回收采用的是萃取和精馏的方法，提纯精制采用的是精馏的方法。

丙烯酸甲酯生产工艺主要包括 3 个基本生产工序，如图 12-2 所示。

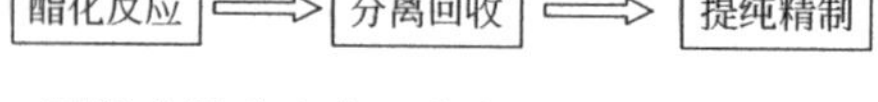

$$\boxed{\text{酯化反应}} \Longrightarrow \boxed{\text{分离回收}} \Longrightarrow \boxed{\text{提纯精制}}$$

图 12-2　丙烯酸甲酯生产工艺主要包括 3 个基本生产工序

12.4.1　酯化

12.4.1.1　反应原理

丙烯酸甲酯生产以丙烯酸和甲醇为原料，经酯化反应生成丙烯酸甲酯，催化剂采用磺酸型离子交换树脂 H^+（IER）。

酯化主反应为：

$$CH_2{=}CHCOOH + CH_3OH \xrightarrow[\text{H}^+\text{(IER)}]{} CH_2{=}CHCOOCH_3 + H_2O$$
$$\qquad\text{AA}\qquad\qquad\text{MEOH}\qquad\qquad\qquad\qquad\text{MA}$$

主要的副反应有：

$$CH_2{=}CHCOOH + 2CH_3OH \xrightarrow{\text{H}^+\text{(IER)}} (CH_3O)CH_2CH_2COOCH_3 + H_2O$$
$$\text{MPM(3-甲氧基丙酸甲酯)}$$

$$2CH_2{=}CHCOOH + CH_3OH \xrightarrow{\text{H}^+\text{(IER)}} CH_2{=}CHCOOC_2H_4COOCH_3 + H_2O$$
$$\text{D-M(3-丙烯酰氧基丙酸甲酯/二聚丙烯酸甲酯)}$$

$$CH_2{=}CHCOOH + CH_3OH \xrightarrow{\text{H}^+\text{(IER)}} HOC_2H_4COOCH_3$$
$$\text{HOPM（3-羟基丙酸甲酯）}$$

$$CH_2{=}CHCOOH + CH_3OH \xrightarrow{\text{H}^+\text{(IER)}} CH_3OC_2H_4COOH$$
$$\text{MPA（3-甲氧基丙酸）}$$

$$2CH_2{=}CHCOOH \xrightarrow{\text{H}^+\text{(IER)}} CH_2{=}CHCOOC_2H_4COOH$$
$$\text{D-AA（3-丙烯酰氧基丙酸/二聚丙烯酸）}$$

此外，原料中的杂质还会引起一些副反应，如：

$$CH_3COOH + ROH \longrightarrow CH_3COOR + H_2O$$
$$C_2H_5COOH + ROH \longrightarrow C_2H_5COOR + H_2O$$

12.4.1.2　工艺条件

（1）原料配比　酸/醇的摩尔比为 $1:0.75$。

按反应方程式，丙烯酸与甲醇酯化生成丙烯酸甲酯的反应为等摩尔反应，理论上丙烯酸与甲醇的投料摩尔比应为 $1:1$。但该反应是可逆反应，对于可逆反应，通常希望通过增加某一原料的投料量来提高转化率。丙烯酸与甲醇的酯化反应中，使何者过量对反应更为有利？从以上反应方程式可以看出，在丙烯酸与甲醇的酯化反应过程中，除了发生生成丙烯酸甲酯的酯化反应外，还会发生一系列的副反应。这些副反应中有些是甲醇与丙烯酸发生加成反应，有些是甲醇与同一个丙烯酸分子既发生酯化反应又发生加成反应，即过多的甲醇会导致加成反应与酯化反应竞争。显然，若增加甲醇不仅会增加这些副反应，而且还可能导致更多的其他副反应发生；反之，若减少甲醇，则会对这些副反应起到抑制作用。此外，甲醇与水及丙烯酸甲酯形成恒沸物，分离回收没有丙烯酸容易，故丙烯酸与甲醇的酯化反应采取了丙烯酸过量的投料方式。

（2）转化率　甲醇的转化率控制为 $60\%{\sim}70\%$。

酯化反应为可逆反应，其平衡常数 K 为：

$$\text{平衡常数 } K = \frac{[CH_2CHCOOCH_3][H_2O]}{[CH_2CHCOOH][CH_3OH]}$$

从上式可知，如果降低水的浓度，即不断将生成的水从反应中除去，则反应会不断向生成丙烯酸甲酯的方向进行，丙烯酸甲酯的浓度会提高。因此酯化反应需将反应所形成的水不断除去，以提高丙烯酸甲酯的产率。本工艺即是利用水与丙烯酸甲酯及甲醇形成恒沸物，冷凝后水与甲醇互溶而在丙烯酸甲酯中的溶解度很小这一特点，将水分离出去，甲醇与丙烯酸回收循环利用。同时，从"工艺条件（1）原料配比"的分析中可知，酯化转化率必须控制在一定的范围内。因为过高的转化率增加了甲醇与丙烯酸发生加成反应的机会，导致副产物增加。因此，酯化反应过程对甲醇的转化进行了限制。综合考虑，甲醇的转化率被限定为

60%～70%的中等程度比较合适。未反应的丙烯酸及甲醇通过分离后循环利用。

（3）催化剂　催化剂为磺酸型离子交换树脂

为降低酯化反应的活化能，加速反应的进行，酯化反应多采用强酸性催化剂。通常用作催化剂的强酸有浓硫酸、干燥氯化氢、对甲苯磺酸、磺酸型阳离子交换树脂、二环己基碳二亚胺、四氯铝醚络合物等。其中浓硫酸具有酸性强、吸水性好、性质稳定、催化效果好、价格低廉等优点而经常被采用。但缺点是容易发生醇脱水生成醚及烯烃，会导致磺化、碳化、聚合等副反应；具有氧化性，产品的色泽难控制；腐蚀性强；生产中产生的废酸量大、连续化生产困难。

本工艺的酯化反应采用的是固定床反应器，实行连续化生产，故采用了磺酸型阳离子交换树脂作催化剂。磺酸型阳离子交换树脂具有酸性强、催化效率高、副反应少、无催化剂分离、无废酸污染、产品后处理方便等优点，同时还可再生后重复使用，是新型的高效催化剂，结合固定床反应器，适于连续化生产。但磺酸型离子交换树脂容易受到金属离子的玷污、焦油性物质的覆盖，容易被氧化以及容易发生不可逆转的溶胀等，因此，使用过程中应特别注意。

（4）反应温度　原料进反应器控制温度75℃。

提高温度可以加快反应速率。但酯化反应为可逆反应，温度上升到一定的程度，逆反应速率会随之加快。同时，高温下，加成、聚合等副反应速率也会上升。因此，酯化反应的温度不宜太高。实践证明，采用磺酸型离子交换树脂催化剂，在75℃的反应温度下，丙烯酸与甲醇酯化反应能比较好地满足甲醇被限定为60%～70%的转化率的要求。

（5）反应压力　酯化反应控制压力301kPa（表压）。

酯化反应要求在液相、75℃以上条件下进行。但常压下甲醇的沸点为64.5℃，在75℃的反应温度下，液态的甲醇将被汽化为气态，气态的甲醇比液态的丙烯酸会更快地离开反应器，导致甲醇在反应器中的停留时间缩短，也就是甲醇与催化剂及丙烯酸的接触机会减少，接触时间缩短，甲醇来不及与丙烯酸反应即离开反应区，甲醇的转化率会大大降低，达不到规定的60%～70%的转化率要求。采取加压反应，提高了甲醇的沸点，使甲醇始终处于液相状态，保证甲醇与丙烯酸在反应器中具有相同的停留时间和充分地接触，使反应能充分进行。

12.4.1.3　酯化反应工艺过程

丙烯酸甲酯生产原料丙烯酸及甲醇有两个来源，一是从罐区来的新鲜的丙烯酸和甲醇，二是回收系统回收的丙烯酸和甲醇。回收的丙烯酸主要由丙烯酸分馏塔（T110，标号如图12-9所示，下同）底部回收得到，回收的甲醇由醇回收塔（T140）塔顶回收得到。新鲜及回收的丙烯酸和甲醇必须达到酯化反应质量标准方可投入生产使用。投料采用丙烯酸过量，酸/醇摩尔比为1：0.75。酯化反应系统如图12-3所示。

由丙烯酸分馏塔（T110）底部回收得到的丙烯酸，经循环过滤器（FL101）过滤后，与从罐区来的新鲜的丙烯酸和甲醇及回收的甲醇一道经过预热器（E101）预热，控制反应器入口温度为75℃，反应器压力301kPa，转化率60%～70%。酯化反应得到的是混合物液体，其主要组成为丙烯酸

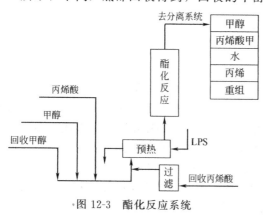

图12-3　酯化反应系统

甲酯、水、高沸物重组分以及未反应的丙烯酸和甲醇等，离开反应器后送至分离回收和提纯精制工序进行未反应原料的回收和产品的提纯精制。

12.4.2　分离回收

酯化反应过程采用的是丙烯酸过量，同时酯化反应的转化率（以甲醇为基准）控制为60%～70%，因此离开反应器的反应液中尚有部分原料没有反应。分离回收的目的即是要除去反应过程中生成的水及高沸点物质，回收未反应的丙烯酸及甲醇，使其循环使用。

12.4.2.1　丙烯酸回收

（1）原理及工艺条件　丙烯酸分离的原理是利用丙烯酸甲酯、水和甲醇形成恒沸物。先通过精馏将丙烯酸及高沸物与丙烯酸甲酯、水和甲醇分离开来，再通过薄膜蒸发器除去丙烯酸中的高沸物重组分。丙烯酸回收系统的组分变化如图 12-4 所示。

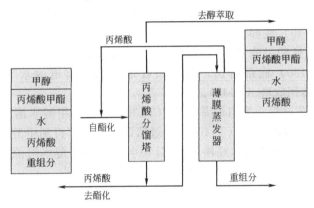

图 12-4　丙烯酸回收系统

为防止丙烯酸在高温下聚合，精馏及薄膜蒸发均采用减压操作，并且加入适量的空气和阻聚剂。

丙烯酸蒸馏塔操作工艺条件：塔顶压力 28.7kPa，塔顶温度 41℃，塔釜温度 80℃。

薄膜蒸发器操作工艺条件：压力 35.33kPa，温度 120.5℃。

（2）工艺过程　将来自反应器顶部的物料送至丙烯酸分馏塔（T110）。经过精馏，丙烯酸甲酯、水、甲醇形成均相共沸混合物从塔顶排出，经过塔顶冷凝器冷凝后进入回流罐（V111），在此罐中分为油相和水相，油相由输送泵抽出，一路作塔顶回流，另一路和分出的水相一起送至醇萃取塔（T130）。丙烯酸从塔底排出，其中一部分直接送至过滤器（FL101）过滤后重新进入反应器参与反应。另一部分送至薄膜蒸发器（E114），分离除去丙烯酸酯的二聚物、多聚物和阻聚剂等重组分，粗丙烯酸则重回丙烯酸分馏塔（T110）进一步分离回收。

12.4.2.2　甲醇回收

（1）原理及工艺条件　甲醇回收采取先萃取后精馏的方式。利用甲醇易溶于水，丙烯酸甲酯难溶于水的特性，先用水将甲醇从混合物体系中萃取出来，初步实现丙烯酸甲酯与甲醇水溶液的分离。然后采用精馏的方法从甲醇水溶液中分离回收甲醇。甲醇回收系统的组分变化如图 12-5 所示。

甲醇萃取塔操作工艺条件：温度 25℃，压力 301kPa。

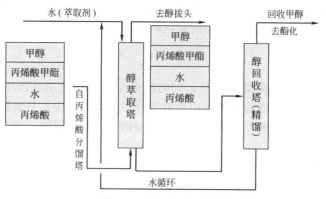

图 12-5　甲醇回收系统

　　甲醇回收塔操作工艺条件：塔顶压力 62.7kPa，塔顶温度 60℃，塔底温度 92℃。

　　(2) 甲醇萃取工艺过程　来自丙烯酸分馏塔 (T110) 塔顶物料经冷却器 (E130) 冷却后送入醇萃取塔 (T130) 底部。萃取剂 (水) 从水储罐 (V130) 抽出打入萃取塔的顶部。通过液-液萃取，粗丙烯酸甲酯从萃取塔 (T130) 顶部排出并送至醇拔头塔 (T150)；甲醇水溶液从萃取塔 (T130) 底部排出，与醇回收塔底部分离出的水 (高温) 经热交换器 (E140) 预热后进入醇回收塔 (T140)。

　　(3) 甲醇精馏工艺过程　来自醇萃取塔 (T130) 底部的甲醇水溶液与醇回收塔底部分离出的热水换热后进入醇回收塔 (T140)。经过精馏，在顶部得到甲醇，冷凝后送回反应器 (R110) 循环利用。塔底得到的水经换热器 E140 与进料 (甲醇水溶液) 换热后，再经过冷却器用 10℃ 的冷冻水冷却后，进入储槽 V130 重新用作萃取剂。

12.4.3　提纯精制系统

12.4.3.1　提纯——醇拔头

　　(1) 原理及工艺条件　经萃取后，自萃取塔 (T130) 顶部得到只是粗丙烯酸甲酯，其中还含有少量的甲醇和水。提纯——醇拔头，即是通过精馏，将粗丙烯酸甲酯中少量的甲醇和水除去。由于丙烯酸甲酯在高温下容易聚合，醇拔头塔也采用减压操作方式，并且通入空气和加入阻聚剂。提纯精制系统的组分变化如图 12-6 所示。

　　醇拔头塔操作条件为：塔顶压力 62.66kPa，塔顶温度 61℃，塔底温度 71℃。

　　(2) 醇拔头工艺过程　将来自醇萃取塔 (T130) 顶部的粗丙烯酸甲酯送至醇拔头塔 (T150)。精馏后，甲醇、水及少量的丙烯酸甲酯从塔顶排出，经塔顶冷凝器冷凝后进入分层回流罐 (V151)，油水分成两相，水相流入甲醇水溶液储罐 (V140)，油相抽出后，一路作为醇拔头塔 (T150) 塔顶回流，另一路送至醇萃取塔 (T130) 以重新回收甲醇和丙烯酸甲酯。塔底得到的丙烯酸甲酯送入酯提纯塔 (T160)。

12.4.3.2　精制——酯提纯

　　(1) 原理及工艺条件　酯化反应液经丙烯酸分馏塔 (T110) 分馏后，塔顶产物中还会带有少量的丙烯酸；分离精提纯过程中为防止聚合虽然加入过阻聚剂，但仍有聚合物生成的可能。这些少量的丙烯酸、阻聚剂和可能生成的聚合物作为重组分，经过醇萃取和醇拔头精馏操作并不能除去。同时，通过精馏的方法精制获得最终产品通常应从塔顶得到，这样可以最终除去重组分或机械杂质，保证产品的纯度。因此从醇拔头塔 (T150) 塔底得到的丙烯酸甲酯还需要通过酯提纯塔（T160）进一步精制。同样，为防止精制精馏过程中发生聚合，醇拔头塔也采用减压操作方式，并且通入空气和加入阻聚剂。精制的组分变化如图 12-6 所示。

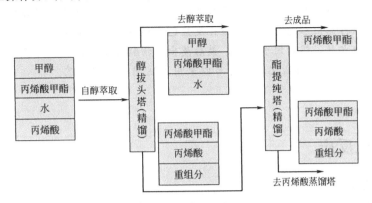

图 12-6　精制提纯系统

酯提纯塔操作工艺条件为：塔顶压力 21.30kPa，塔顶温度 38℃，塔底温度 56℃。

（2）酯提纯工艺过程　将来自醇拔头塔（T150）塔底的丙烯酸甲酯送入酯提纯塔（T160）精馏。经过精馏，少量的丙烯酸、丙烯酸甲酯及其他高沸物杂质从塔底排出，送回分馏塔（T110）循环分馏。丙烯酸甲酯成品从塔顶采出。经塔顶冷凝器冷凝后进入塔顶回流罐（V161），由泵抽出后，一路作为酯提纯塔（T160）塔顶回流，另一路作为产品送出装置至丙烯酸甲酯成品储罐。

阅读学习

反应精馏分离

化工生产中，反应和分离两种操作通常分别在两类单独的设备中进行，若能将两者结合起来，在一个设备中同时进行，将反应生成的产物或中间产物及时分离，则可以提高产品的收率，同时又可利用反应放出的热量供产品分离之需而达到节能的目的。反应精馏是在进行反应的同时用精馏方法分离出产物的过程。反应精馏的概念是 1921 年 Bacchaus 提出的。由于设备中精馏与化学反应同时进行，过程比单独的反应过程或精馏过程更为复杂，因此从 20 世纪 30 年代中期到 60 年代初，大量的研究工作都是针对某些特定体系的工艺进行探讨，而有关反应精馏的一般规律的研究则是从 20 世纪 60 年代末才开始的，到目前为止，尚未建立起完整的理论。

反应与精馏结合的过程可分为两种类型。一种是利用精馏促进反应，如酯化反应过程，醋酸与乙醇酯化反应、醋酸与丁醇酯化反应、丙烯酸与乙醇酯化反应、苯二甲酸二甲酯与乙二醇酯交换反应等，都是将反应过程中生成的水不断及时分离出反应系统，达到促进反应的目的；另一种是通过化学反应来促进精馏分离，如英国的 Holve 等利用活性金属与芳香烃异构体之间发生选择性反应这一特性，实现间位和对位二甲苯的分离，即属于这一类型。

由于反应精馏分离过程复杂，工艺设计及操作的难度都较大，对其研究还在不断进行。

间歇酯化工艺

对小批量生产来说，间歇酯化较为灵活。如醋酸丁酯的生产，其工艺流程如图 12-7 所示。

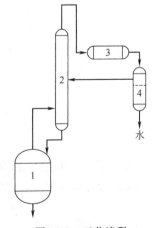

图 12-7　工艺流程
1—酯化釜；2—分馏器；
3—冷凝器；4—分离器

按投料比往反应釜中加入一定量的冰醋酸、丁醇，并加入少量硫酸作催化剂，混合均匀，反应数小时使反应趋于平衡，然后不断地蒸出生成的水以提高收率。由于醋酸丁酯的沸点较低，它将随水蒸气蒸出，并在分离层器中分为两层，下层水不断放掉，醋酸丁酯则通过分离器返回酯化釜。当不再蒸出水时，可认为酯化反应已达到终点。向釜中加入氢氧化钠溶液中和残留的酸，静置放出水层，然后用水洗涤，最后蒸出产物醋酸丁酯，纯度为 $75\% \sim 85\%$。

大部分羧酸与醇进行的酯化过程都可以采用上述间歇酯化工艺。

拓展学习

*12.5 酯化反应

12.5.1 酯化反应类型

酯化反应通常是指醇或酚与含有氧的酸类（包括有机酸或无机酸）作用生成酯和水的过程，也就是在醇或酚的羟基的氧原子上引入酰基的过程，也称为氧酰化反应，通式如下：

$$R'OH + R''COZ \Longleftrightarrow R'COOR'' + HZ$$

R'可以是脂肪烃基或芳香烃基。R''COZ 是酰化剂，其中的 Z 可以代表—OH、—X、—OR、—OCOR、—NHR 等。生成的羧酸酯分子中的 R' 和 R''可以相同，也可以不同。酯化的方法很多，主要有以下 4 类。

（1）酸和醇或酚的直接酯化　酸和醇的直接酯化是工业上生产酯最常用的方法之一，反应式如下：

$$R'OH + R''COOH \Longleftrightarrow R''COOR' + H_2O$$

（2）酸的衍生物与醇的酯化　酸的衍生物与醇的酯化主要包括醇与酰胺、醇与酸酐、醇与羧酸盐等的反应，反应式如下：

$$R'OH + (R''CO)_2 \Longleftrightarrow R''COOR' + R''COOH$$
$$R'OH + R''COCl \longrightarrow R''COOR' + HCl$$
$$R'X + R''COOM \longrightarrow R''COOR' + MX$$

（3）酯交换反应　酯交换反应主要包括酯与醇、酯与酸、酯与酯之间的交换反应，反应式如下：

$$RCOOR' + R''OH \Longleftrightarrow RCOOR'' + R'OH$$
$$RCOOR' + R''COOH \Longleftrightarrow R''COOR' + RCOOH$$
$$RCOOR' + R''COOR'' \Longleftrightarrow RCOOR'' + R''COOR'$$

（4）其他　酯化方法还包括烯酮与醇的酯化，腈的醇解、酰胺的醇解、醚与一氧化碳合成酯的反应。如：

$$ROH + CH_2 =\!\!=CO \longrightarrow CH_3COOR$$
$$R'OH + RCN + H_2O \longrightarrow RCOOR'' + NH_3$$
$$R'OH + RCONH_2 \longrightarrow RCOOR' + NH_3$$

12.5.2 酯化反应过程的除水

根据酯化反应原理，以醇或酚为原料与酸的酯化反应，反应中有等物质的量的水生成。

$$R'OH + R''COOH \Longleftrightarrow R''COOR' + H_2O$$

酯化反应为可逆反应，平衡常数 K 为：

$$K = \frac{[R''COOR'][H_2O]}{[R''COOH][R'OH]}$$

从上式可知，如果把水从反应体系中不断除去，则上式中水的浓度降低，酯的浓度就会增高，酸和醇的浓度就会相应地降低来维持 K 为常数。即降低反应体系中水的浓度，可提高原料的转化率及酯的产率。同时水的存在对产品酯也有一定的影响。如酯化反应过程中水没能及时除去或酯中水含量过高，产品的颜色往往偏深。因此酯化反应总希望把反应所形成的水及时不断除去。

工业上除去水的方法，有化学方法和物理方法。

（1）化学除水法　化学除水法，可以用无水盐类，如硫酸铜，它能同水化合形成水合晶体：

$$CuSO_4 + 5H_2O \longrightarrow CuSO_4 \cdot 5H_2O$$

但该方法的效果不太好。

硫酸和盐酸（实际为无水氯化氢）可作为酯化反应的催化剂，同时也是除水剂。其他如乙酰氯、亚硫酰氯、氯磺酸等，去水效果都较好。另外碳二酰亚胺（R—N＝C＝N—R）是极好的去水剂，可在室温下进行酯化的脱水。三氟化硼和它的乙醚络合物既是催化剂也是除水剂。

（2）物理除水法　物理除水法通常用恒沸蒸馏法，是工业上常用的一种方法，即在反应体系中加入与水不相混溶但可与之形成恒沸物的溶剂，如苯、甲苯、二甲苯、氯仿、四氯化碳等进行蒸馏。例如，有乙醇参与的酯化反应，苯、乙醇和水可形成三组分最低恒沸物，沸点为 64.8℃，（恒沸物组成，苯∶乙醇∶水＝74.1%∶18.5%∶7.4%）。冷凝后分为两层，上层为苯-乙醇相，可使其返回到反应器中，下层为水-乙醇相，可不断除去。酯化与蒸馏联用，直到蒸馏到不再有水馏出，酯化反应即结束。

有些酯化反应生成的酯能与原料醇及反应生成的水形成酯-醇-水三元恒沸物，冷凝后分成酯相和水相，这时可不加其他恒沸剂。如丙烯酸甲酯-甲醇-水能形成三元恒沸物，因此，分馏除去丙烯酸与甲醇酯化反应生成的水不需要另外加入恒沸剂。

对于易挥发的酯，如甲酸甲酯、乙酸甲酯、甲酸乙酯等酯的沸点比反应所用的醇的沸点更低，可以全部从反应混合物中蒸出，剩余的只是醇和水。

12.5.3　几种酯化反应装置

图 12-8 为几种不同类型的酯化反应装置。前三种酯化反应器采用釜式反应器。反应物料连续加入反应器，采用夹套或蛇管加热，共沸物从反应体系中蒸出。第一种只带有回流冷凝器，水可直接由冷凝器底部分出，与水不互溶的物料回流至反应器中。第二种带有蒸馏

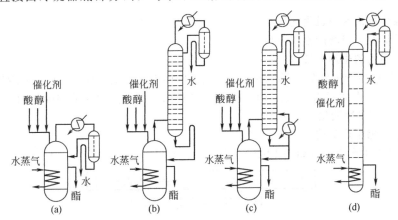

图 12-8　配有蒸出恒沸物装置的酯化装置示意
（a）带回流冷凝器的酯化装置；（b）带蒸馏柱的酯化装置；
（c）带分馏塔的酯化装置；（d）塔板式酯化装置

柱，水可以较好地由共沸混合物中分离除去。第三种将酯化釜与分馏塔连接，分馏塔本身带有再沸器，大大提高了回流比和分离效率。这三种类型的装置适用于共沸点低、中、高的不同情况。最后一种反应器为塔式反应器。每一层塔盘可看作一个反应单元，催化剂及高沸物原料（一般是羧酸），由塔顶加入，另一种原料则严格地按原料的挥发度在尽可能高的塔层加入。液体及蒸气逆向流动。这一装置特别适用于反应速率较低，以及蒸出物与塔底物料间的挥发度差别不大的物系。

丙烯酸甲酯生产工艺流程如图 12-9 所示。

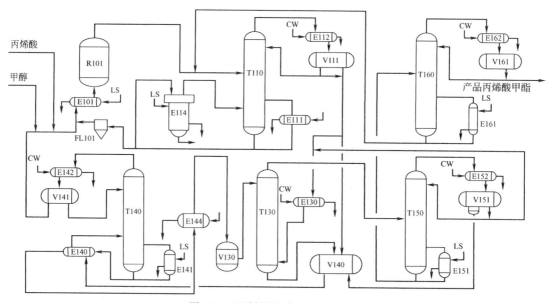

图 12-9　丙烯酸甲酯生产工艺流程

R101—酯化反应器；T110—分馏塔；T130—萃取塔；T140—醇回收塔；T150—醇拔头塔；T160—酯提纯塔；
E114—薄膜蒸发器；E101—预热器；FL101—过滤器；E140、E144—换热器；E130—冷却器；
V141—甲醇回收储槽；V111—回流罐；V130—水储罐；V140—甲醇水溶液储罐；V151—分层回流罐；
V161—回流罐；E112、E162、E142、E152—塔顶冷凝器；E111、E141、E151、E161—塔釜再沸器

本 章 小 结

1. 丙烯酸甲酯的性质及用途

2. 原料丙烯酸、甲醇的性质及用途

3. 丙烯酸甲酯的生产方法

丙烯酸甲酯的生产方法随丙烯酸的生产方法不同而不同，主要有：（1）乙烯酮法、（2）雷普（Reppe）法、（3）丙烯腈水解法、（4）丙烯直接氧化法。目前主要采用的是丙烯直接氧化法，得到丙烯酸后再与甲醇酯化。

4. 丙烯酸甲酯生产工艺

（1）3 个基本生产工序（如图 12-10）

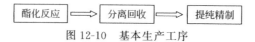

图 12-10　基本生产工序

（2）酯化反应

反应原理：酯化、可逆、副反应；

反应工艺条件及对酯化反应质量的影响；

反应系统：采用固定床连续酯化反应工艺。

（3）分离回收

丙烯酸回收系统：采用精馏与蒸发组合工艺。

甲醇回收系统：采用萃取与精馏组合工艺。

（4）丙烯酸甲酯提纯精制系统：采用二次精馏且最终产品从塔顶采出工艺。

反馈学习

1. 思考·练习

（1）将丙烯酸甲酯、丙烯酸、甲醇、水，按沸点从高到低排列。

（2）丙烯酸甲酯生产工艺中，哪些过程容易发生聚合？为什么会发生聚合？

（3）本工艺中为防止聚合采取了哪些预防措施？

（4）丙烯酸甲酯生产的酯化反应使用什么催化剂？为什么使用这种催化剂？

（5）丙烯酸与甲醇酯化生成丙烯酸甲酯按反应方程式投料摩尔比应为 $1:1$，但实际生产过程中的投料酸/醇摩尔比为 $1:0.75$，为什么？

（6）丙烯酸与甲醇酯化生成丙烯酸甲酯，通常控制甲醇的转化率为 $60\%\sim70\%$，为什么？

（7）丙烯酸分馏塔（T110）塔顶馏出物有什么特点？写出其组成。

（8）薄膜蒸发器（E114）的作用是什么？

（9）丙烯酸分馏塔（T110）塔顶回流罐（V111）的结构有何特点？为什么采用这种结构的回流罐？

（10）本工艺中甲醇的回收采用了怎样的分离方法组合？

（11）丙烯酸分馏塔（T110）为什么采用减压操作？

（12）甲醇萃取塔采用了怎样的操作条件？为什么？

（13）醇拔头塔（T150）的作用是什么？

（14）酯提纯塔（T160）的作用是什么？

（15）热交换器 E140 是加热器还是冷却器？为什么？

（16）粗丙烯酸甲酯经过醇拔头塔（T150）提纯后，为什么还要经过酯提纯塔（T160）精制？

（17）仿真操作：丙烯酸甲酯生产装置的冷态开车及故障处理。

2. 报告·演讲（书面或 PPT）

参考小课题：

（1）丙烯酸甲酯的性质、用途及生产方法

（2）甲醇的性质、用途及生产方法

（3）丙烯酸的性质、用途及生产方法

（4）丙烯酸甲酯酯化反应原理

（5）酯化反应工艺条件及对酯化反应的影响

（6）丙烯酸回收系统

（7）甲醇回收系统

（8）丙烯酸甲酯生产过程中聚合现象及预防措施

（9）丙烯酸甲酯的提纯精制系统

（10）丙烯酸甲酯生产工艺流程

（11）酯化反应催化剂

（12）丙烯酸分馏塔（T110）的物料平衡（有关数据可参考化工仿真——丙烯酸甲酯的有关资料）。

第 13 章　聚氯乙烯

明确学习

聚氯乙烯是较为典型的高分子化工产品，其产量较大，生产过程具有一定的代表性。通过聚氯乙烯生产工艺的学习，可以了解聚合反应的基本特征，了解聚合物生产的基本流程和主要设备，掌握聚合物生产中各项工艺参数对产品质量的影响及操作要点。

 本章学习的主要内容

1. 聚氯乙烯性质及用途。
2. 聚氯乙烯的生产方法。
3. 悬浮聚合工艺。
4. 聚合工艺中的辅助原料。
5. 聚氯乙烯生产基本原理及工艺因素分析。

活动学习

通过仿真操作或聚氯乙烯生产装置参观，了解聚氯乙烯生产的基本过程和基本操作控制，并注意观察聚氯乙烯生产的工艺流程，思考聚氯乙烯生产的基本原理，生产操作影响因素。

参考内容
1. 仿真操作：聚氯乙烯（化工仿真软件）。
2. 资料检索：聚氯乙烯的生产方法。
3. 参观聚氯乙烯生产装置。

讨论学习

？ 我想问

？ 实践·观察·思考

1. 仔细观察，举例说说聚氯乙烯在工业和民用方面有哪些应用？
2. 通过资料检索，你了解到聚氯乙烯有哪几种生产方法？
3. 通过仿真操作，你了解到聚氯乙烯的生产需要经过哪些基本过程？
4. 通过仿真操作，你了解到有哪些因素影响聚氯乙烯生产的质量？
5. 通过参观聚氯乙烯生产装置，你了解到聚氯乙烯生产中最重要的设备是什么？它与一般的反应釜有何不同？

聚氯乙烯广泛应用于工业和民用，如工业设备、管道、建筑材料、塑料袋、日用制品等，是应用最广的通用塑料，是产量仅次于聚乙烯的第二大类塑料，是非常重要的高分子化工材料。

13.1　聚氯乙烯性质及用途

聚氯乙烯由氯乙烯聚合制得，是仅次于聚乙烯的第二大塑料品种。1835 年首先发现氯乙烯单体后，直至 1940 年悬浮聚合法的工业化，使聚氯乙烯的工业生产开始快速发展。目前，世界聚氯乙烯生产能力不断增强，到 20 世纪末已达到每年 3000 多万吨的规模。

13.1.1　聚氯乙烯性质

（1）英文名称　Poly（Vinyl Chloride），简称 PVC。

（2）分子式　$\{CH_2-CHCl\}_n$

（3）分子量　一般在 5 万～12 万范围内。

（4）密度（25℃）　$1.35\sim1.45g/cm^3$。

（5）熔点　212℃。

（6）玻璃化温度　87℃。

（7）使用温度　-15～70℃。

（8）稳定性　PVC 对光和热的稳定性差，在 100℃以上或经长时间阳光暴晒，就会分解产生氯化氢，并进一步自动催化分解，引起变色，物理力学性能也迅速下降。

（9）溶解性　PVC 在有机溶剂中的溶解性较差，只能溶于环己酮、二氯乙烷和四氢呋喃等少数溶剂中。

13.1.2　聚氯乙烯用途

PVC 具有优良的耐酸碱、耐磨、耐燃及绝缘性能，很好的隔水性，与大多数增塑剂的混合性好，可大幅度改变材料的力学性能，加工性能优良，价格便宜，是用途最广泛的通用塑料之一，广泛用于建材、农业、轻工及日常生活等领域。

（1）化工设备　管道、储槽、反应器衬里、烟囱、鼓风机、泵及阀门。

（2）建筑　墙纸、地板、建筑板材、门窗、上下水管道以及防水卷材。

（3）电子电器　电线电缆绝缘层、电线套管、电池套管、槽线盒、开关板等。

（4）包装　中空吹塑包装瓶，物品的包装盒、瓶盖。

（5）汽车　内饰件及各种部件表皮套、汽车仪表电线绝缘层及护套、护管。

（6）日用品　凉鞋、拖鞋、盘、盆、水池、洗衣板、玩具等。

（7）薄膜用品　农用薄地膜、雨衣薄膜、民用薄膜等。

（8）小型机械零件　手轮、螺栓、阀膜、支架等。

13.2　聚氯乙烯聚合方法

聚合物的聚合方法有乳液聚合法、溶液聚合法、本体聚合法、悬浮聚合法 4 种。PVC 的生产以悬浮聚合为主，其次为乳液聚合，本体聚合和溶液聚合仅有少量的应用。

13.2.1　乳液聚合法

乳液聚合法包括微悬浮聚合，方法有间歇法、半连续法和连续法 3 种，是最早工业生产

PVC 的一种方法。在乳液聚合中，除水和氯乙烯单体外，还要加入烷基磺酸钠等表面活性剂作乳化剂，使单体分散于水相中而成乳液状，以水溶性过硫酸钾或过硫酸铵为引发剂，还可采用"氧化-还原"引发体系，也有加入聚乙烯醇作乳化稳定剂，十二烷基硫醇作调节剂，碳酸氢钠作缓冲剂。聚合产物为乳胶状，乳液粒径 0.05～2μm，可以直接应用或经喷雾干燥成粉状树脂。此法的聚合周期短，聚合温度较易控制，得到的树脂分子量高，聚合度较均匀，但工艺流程长，杂质多，后处理复杂，生产成本高，产品电性能差，适用于生产糊状聚氯乙烯、制人造革或浸渍制品。

13.2.2 溶液聚合法

溶液聚合法是先将氯乙烯单体溶于有机溶剂中，在引发剂作用下进行聚合，聚合温度约 40℃。随着聚合反应的进行，聚合产物从有机溶剂中沉淀析出，除去溶剂后即得聚氯乙烯产品。此生产方法的反应温度较易控制，但溶剂需回收，生产成本高，聚氯乙烯分子量和表观密度较低，主要用于聚氯乙烯共聚物的生产。

13.2.3 本体聚合法

本体聚合法的聚合装置比较特殊，主要由立式预聚合釜和带框式搅拌器的卧式聚合釜构成。聚合分两段进行，单体和引发剂先在预聚合釜中预聚 1h，生成种子粒子，这时转化率达 8%～10%，然后流入第二段聚合釜中，补加与预聚物等量的单体，继续聚合。待转化率达 85%～90%，排出残余单体，再经粉碎、过筛即得成品。树脂的粒径与粒型由搅拌速度控制，反应热由单体回流冷凝带出。本体聚合生产的 PVC 纯度高，热稳定性和透明性好，但是目前合成工艺比较难控制，产量较小。

13.2.4 悬浮聚合法

悬浮聚合是将单体分散成微小的液滴状态悬浮于水中进行聚合的方法。单体中溶有引发剂，一个小的液滴就相当于本体聚合的一个单元。单体液滴是由强烈的搅拌造成的，随反应的进行液滴逐渐变成黏性粒子，为了防止黏性粒子相互黏结在一起，反应体系中需加入分散剂，以便在粒子表面形成保护膜。因此悬浮聚合体系通常由单体、引发剂、水、分散剂 4 个基本组分组成。目前，PVC 生产 90%以上采用悬浮聚合法。悬浮聚合时，采用不同的分散剂可以制得颗粒结构不同的两种 PVC 树脂，一种是紧密型的，俗称"玻璃球树脂"（XJ），一种是疏松型的，俗称"棉花球树脂"（XS），疏松结构的树脂有较多的孔隙，有利于吸收增塑剂等各种助剂，其成型加工性较好，一般更受市场的欢迎。

13.3 聚合原料

13.3.1 氯乙烯

13.3.1.1 氯乙烯性质

氯乙烯单体（VCM）是无色及易液化的气体，相对分子量 62.5，相对密度 0.9121（20℃/25℃），沸点 -13.4℃，微溶于水，易溶于丙酮、乙醇和烃类溶剂，化学式为 C_2H_3Cl。

氯乙烯易燃，易与空气形成爆炸性混合物，爆炸极限为 4%～22%（体积分数）。氯乙烯会损害人体的神经系统、消化系统和皮肤组织，引起急性或慢性中毒。它通常由呼吸道进入人体，人对氯乙烯嗅觉感知的质量浓度为 2.4g/m³。

氯乙烯分子中，有一个双键和一个氯原子，化学反应大都发生在这两个部位。

13.3.1.2 氯乙烯生产方法

（1）电石乙炔法 电石乙炔法是生产 PVC 最先工业化的方法，具有工艺简单、容易掌握、副反应少、产品纯度高、设备投资低等优点，在 20 世纪 60 年代以前基本上以此法为主。

乙炔由电石与水进行水解反应生成：

$$CaC_2 + 2H_2O \longrightarrow Ca(OH)_2 + C_2H_2$$

乙炔与氯化氢反应生成氯乙烯：

$$C_2H_2 + HCl \longrightarrow CH_2 =\!\!= CHCl$$

由于以电石为原料需要耗费大量电能和焦炭，生产成本较高，从 20 世纪 50 年代起陆续以乙烯作为原料来代替电石的原料路线。

（2）联合法 电石乙烯与二氯乙烷的联合法是乙烯和电石乙炔组合并用的方法。该方法减少了一半电石的用量，另一半以石油乙烯所代替，因此在石油供应不足而又尚未全部转向石油路线时应用，仍有一定价值。

（3）烯炔法 烯炔法（也称吴羽法）是以石脑油或炼厂气为原料裂解得到乙烯、乙炔单体，不经过分离即直接氯化制取氯乙烯。此法工业投资大，工艺复杂，成本较高。

（4）氧氯化法 氧氯化法是在含铜催化作用下，乙烯经过以下反应得到氯乙烯。

乙烯直接氯化 $\qquad CH_2 =\!\!= CH_2 + Cl_2 \longrightarrow ClCH_2CH_2Cl$

乙烯氧氯化 $\quad CH_2 =\!\!= CH_2 + 2HCl + 1/2O_2 \longrightarrow ClCH_2CH_2Cl + H_2O$

二氯乙烷裂解 $\qquad 2ClCH_2CH_2Cl \longrightarrow 2CH_2 =\!\!= CHCl + HCl$

总反应式 $\qquad 2CH_2 =\!\!= CH_2 + Cl_2 + 1/2O_2 \longrightarrow 2CH_2 =\!\!= CHCl + H_2O$

该法工艺成本低，生产能力大，因此得到迅速推广，是目前氯乙烯生产的主要方法。其工艺流程示意如图 13-1 所示。

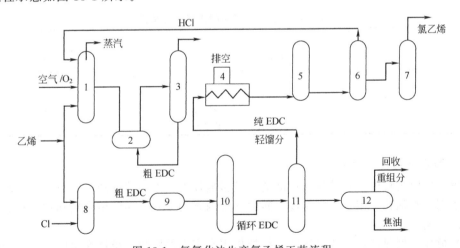

图 13-1 氧氯化法生产氯乙烯工艺流程

1—氧化反应器；2—第一回收器；3—第二回收器；4—裂解炉；5—急冷器；
6—HCl 分离器；7—氯乙烯分离塔；8—反应器；9—中和器；
10—脱轻组分塔；11—脱重组分塔；12—分离器

13.3.2 辅助原料

（1）脱盐水 在氯乙烯悬浮聚合中，水作为分散介质，既能使 VCM 液滴中的反应热传到釜壁和冷却挡板面移出，也可降低 PVC 浆料的黏度，使聚合后的产品输送变得更加容易。

（2）分散剂　分散剂能稳定由搅拌形成的单体油滴，并阻止油滴相互聚集或合并。

（3）消泡剂　消泡剂是一种非离子表面活性剂，在配制分散剂溶液时加入，可保证分散剂溶液配制过程中以及以后的加料、反应过程中，不产生泡沫，以免影响传热及造成管路堵塞。

（4）引发剂　引发剂是容易分解、产生自由基并能引发单体使之聚合的物质，在聚合过程中逐渐消耗，其残基连接在大分子的末端，不能再生出来，因此不能称作催化剂，而称作引发剂。引发剂的选择对 PVC 的生产来说是至关重要的，主要考虑的因素有：活性、水溶性、水解性、毒性、储存条件和价格等。

（5）缓冲剂　缓冲剂主要用作是中和聚合体系中的 H^+，保证聚合反应在中性体系中进行，并提供 Ca^{2+}，增加分散剂的保胶和分散能力，使 PVC 树脂具有较高的孔隙率。

（6）阻聚剂　在聚合反应达到理想的转化率，或因其他设备原因等需要立即终止聚合反应时，都可以加入阻聚剂使反应减慢或完全终止。

（7）涂壁剂　可以减轻氯乙烯单体在聚合过程中的粘釜（聚氯乙烯树脂黏结在釜内壁上）现象。

（8）链转移剂　用于调节聚氯乙烯分子量和控制聚合反应速率。

13.4　悬浮聚合法生产工艺

13.4.1　原料配方

为保证单体微滴在水中呈珠状分散状态，需要加入悬浮稳定剂，如明胶、聚乙烯醇、甲基纤维素、羟乙基纤维素等。引发剂多采用有机过氧化物或偶氮化合物，如过氧化二碳酸二异丙酯、过氧化二碳酸二环己酯、过氧化二碳酸二乙基己酯和偶氮二异庚腈、偶氮二异丁腈等。聚氯乙烯树脂生产配方举例见表 13-1 所列。

表 13-1　聚氯乙烯树脂生产配方举例

物　料	原料配比		物　料	原料配比	
	DP=1300	DP=800		DP=1300	DP=800
氯乙烯	100	100	过氧化二碳酸二乙基己酯	0.030	—
水	140	140	羟丙基甲基纤维素	0.032	0.027
偶氮二异庚腈	0.022	0.036	分散剂第三组分	0.016	0.015
聚乙烯醇	0.022	0.018	巯基乙醇		0.008

13.4.2　聚合反应工艺条件

在聚合反应过程中一些参数对产品的质量影响较大。如搅拌的强度、单体的纯度、引发剂、分散剂、水油比、聚合反应温度、转化率等因素均会对产品的聚合度和颗粒形态产生不同程度的影响。

（1）搅拌　聚氯乙烯聚合过程中，搅拌作用有多重的影响，单体在水中的液液分散、聚合反应热的传递都与搅拌的效果有关。搅拌产生的剪切力越大则液滴的分散效果越好，产品的颗粒就越细，但搅拌强度过大反而使液滴发生合并，能耗也增加。因此根据反应器体积的大小、反应体系的黏度及产品颗粒的尺寸要求，选择合适的搅拌器类型和转速是工艺设计和工艺操作中非常重要的因素。

（2）单体的纯度　单体中的杂质会与自由基结合从而消耗自由基，聚合反应初期产生的诱导期即与此有关。在诱导期内引发剂分解产生的初级自由基被杂质所消耗，所以聚合反应很难发生，同时降低了引发剂的效用。杂质的存在还会降低产品的热稳定性和介电性能，降低聚氯乙烯的聚合度和反应速率，影响树脂的颗粒形态，造成高分子的支化，直接影响到产品的质量。因此提高单体的纯度可以缩短诱导期，节省引发剂的用量，提高聚合反应的效率和产品的质量。目前用于聚合反应的氯乙烯单体其纯度一般应大于99.99%。

（3）引发剂　引发剂的选用要考虑反应温度下的活性、在单体中的溶解性、在聚合物中残留的毒性等多重因素，例如生产食品级的PVC就不宜使用偶氮类的引发剂。引发剂的用量与聚合速率和产品聚合度有关，增加引发剂的量使初级自由基的数量增加，可以缩短聚合诱导期，也可提高聚合反应的速率，但引发剂浓度的增加也使得链终止和向引发剂的链转移可能性增加，因此会使产品的聚合度下降。

（4）分散剂　选择分散剂应具有降低表面张力有利于液滴分散和具有保护能力以减弱液滴或颗粒发生合并的作用。一般单一的分散剂很难同时满足上述双重作用的要求，为了制得颗粒疏松、匀称的PVC树脂，通常可采用两种以上的分散剂复合使用，也可添加少量表面活性剂作辅助分散剂。

（5）水油比　反应体系中水的用量和单体的质量之比称为水油比，水油比主要影响聚合过程中液滴的分散和传热的效果。水油比小则聚合物的产率高，聚合物的粒径分散性增大。在氯乙烯的聚合中，如果生产疏松型树脂，因粒子多孔，吸收水分多，反应釜中悬浮液的黏度增大，导致搅拌和散热更加困难，可以适当增加水量，但过多的水量会降低聚合设备的利用率。一般聚氯乙烯树脂的水油比为：疏松型（1.5～2）∶1，紧密型（1.2～1.26）∶1。

（6）聚合反应温度　反应温度能影响反应速率、聚合物的分子量及聚合物的微观结构。随着温度的升高，引发剂分解的半衰期缩短，链引发、链增长速率增加，聚合速率增加，聚合反应时间缩短。在氯乙烯聚合反应中，聚合温度在46～60℃范围内，温度每升高10℃，聚合速率增大3～4倍。在较高温度下反应可缩短悬浮聚合的危险期，有利于减少聚合物粒子凝聚结块倾向。但随着温度的升高放热加剧，若不能控制传热速度则会有产生爆聚的危险。

同时，反应温度对聚氯乙烯的分子量的影响也比较大。在较高的温度下，氯乙烯大分子活性链向单体转移的速率大大增加，导致聚合物的分子量降低。当反应温度波动20℃时，聚氯乙烯的聚合度相差2300左右。所以应该严格控制温度的波动，氯乙烯悬浮聚合时温度波动应控制在±(0.2～0.5)℃内。表13-2反映了聚氯乙烯悬浮聚合中温度对聚合过程和聚合物分子量的影响。

表 13-2　聚氯乙烯悬浮聚合中温度对聚合过程和聚合物分子量的影响

聚合温度/℃	聚合压力/MPa	聚合时间/h	转化率/%	聚合度
30	0.44	38	73.7	5970
40	0.61	12	86.7	2390
50	0.81	6	89.9	990

（7）转化率　聚氯乙烯的悬浮聚合其转化率一般控制在85%～90%。提高转化率虽然可以提高单体的利用率，降低单体回收的成本，但高转化率阶段聚合速率降低明显，聚合时间增加，生产效率反而下降。另外高转化率下颗粒体积收缩明显，得到紧密型树脂，使聚氯乙烯树脂的加工性能变坏。

13.4.3　工艺过程

图13-2为聚氯乙烯生产过程方框图。聚氯乙烯生产过程由聚合、汽提、脱水干燥、VCM回收系统等部分组成。同时还包括主料、辅料供给系统，真空系统等。

悬浮聚合是通过机械搅拌使液态氯乙烯单体（VCM）呈微滴状悬浮分散于水相中，通

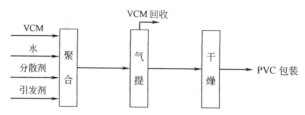

图 13-2　聚氯乙烯生产过程方框图

过加入分散剂以保持微滴的稳定。选用的油溶性引发剂溶于单体中，聚合反应在这些微滴中进行，聚合反应热及时被水吸收，并利用反应釜夹套或内置的换热装置将反应热移除以控制反应温度。

氯乙烯悬浮聚合工艺流程如图 13-3 所示。

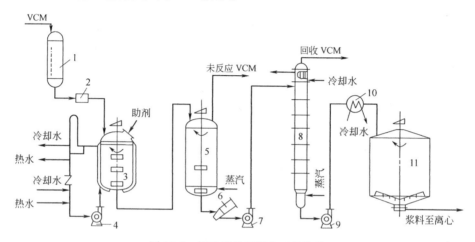

图 13-3　氯乙烯悬浮聚合工艺流程

1—计量槽；2—过滤器；3—聚合釜；4—循环水泵；5—出料槽；6—树脂过滤器；
7—浆料泵；8—汽提塔；9—浆料泵；10—浆料冷却器；11—混料槽

生产过程中，先将定量的、经过滤合格的水或去离子水，用泵打入经过清理的聚合釜中，在搅拌下相继加入分散剂水溶液和其他助剂，添加完毕后进行试压，当 20min 后压力降低不大于 0.01MPa 时，用氮置换釜中的空气，将新鲜 VCM 和聚合后回收的未反应的 VCM 按一定比例由计量罐加入釜内，开动搅拌机，用高压水加入引发剂，为了防止聚合时产生"鱼眼"（由于聚氯乙烯大分子链彼此缠结成团或有少量交联，这样的聚氯乙烯树脂在加工温度下，形成了不熔融、难以塑化加工的聚氯乙烯颗粒，使聚氯乙烯制品上呈现未能塑化的斑点或透明硬粒），可将引发剂配成溶液或乳液，使引发剂能均匀地溶解到单体液滴中。随后用水蒸气升温，在规定温度（51～65℃之间）和压力（0.69～0.83MPa）下，使单体聚合成聚氯乙烯。当聚合反应开始后，产生的聚合热会使釜温升高，这时需要改用冷却水移走热量，以保持反应温度的稳定，因为反应温度的高低不但影响到聚合反应的速率，也会影响到聚合物的分子量大小，因此控制好反应温度是保证产品质量的关键因素。当聚合反应特别剧烈而难以控制、釜内出现异常情况或者设备出现异常时可加入阻聚剂，使反应减慢或是完全终止。聚合过程在单体转化率达 85%～90% 时即可终止，因为氯乙烯完全聚合并不经济，高转化率下的聚合速率会变得很慢，树脂质量也差。聚合完毕后釜内未反应的单体经卸压后由泡沫捕集器排入气柜，经过精制后可以回收再利用。对于釜中的聚氯乙烯悬浮液，用泵输入沉析槽，并用 0.3% 的 NaOH 溶液，在 75～80℃下搅拌 1.5～2h 进行碱洗处理，以破坏其中残余的引发剂和分散剂。为了进一步脱除 PVC 中的 VCM，大多采用"塔式汽提法"，即将碱洗后的 PVC 悬浮液预热到 $80\sim100℃$，自塔顶喷入装有多层筛板的汽提塔内，向下流动时与塔底通入的水蒸气逆向接触，树脂内残留的 VCM 通过传热传质的汽提过程由蒸汽自塔顶带出，经冷凝去水后将 VCM 回收下来。脱除 VCM 后的树脂经离心机脱水，再由螺旋输送机送入干燥器，用热空气对湿树脂进行气流干燥，干燥至残余水分为 $0.3\%\sim0.5\%$ 的聚氯乙烯，最后经滚筒筛选后进行包装。

拓展学习

*13.5　反应机理

氯乙烯聚合属于自由基聚合的反应机理，主要由链引发、链增长、链终止等基元反应构成。以偶氮二异丁腈作为引发剂，氯乙烯聚合的总反应式如下：

$$n\mathrm{CH_2}\!=\!\mathrm{CHCl} \longrightarrow \mathrm{\\!-\\![CH_2\\!-\\!CHCl]\\!-_{\mathit{n}}}$$

（1）链引发　引发剂分子受热分解产生初级自由基，极活泼的初级自由基作用于氯乙烯分子后，激发其双键上的 π 电子，使之分离为两个独立的电子，并与一个电子相结合生成单体自由基。

第一步一般是引发剂分解，例如过氧化二苯甲酰的分解：

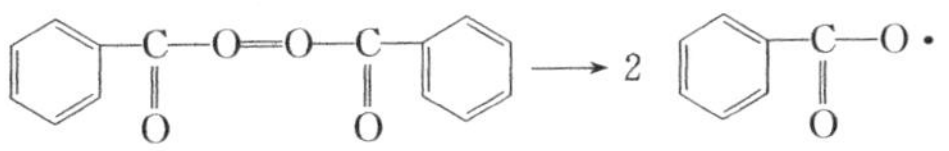

第二步是初级自由基引发单体生成单体自由基：

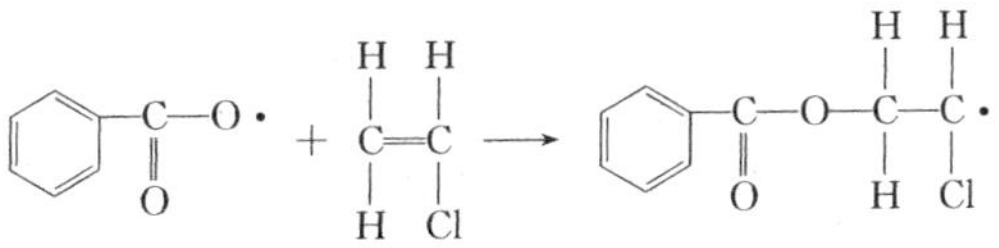

（2）链增长　单体自由基很活泼，立即与其他氯乙烯分子进行反应，在瞬时即可生成分子量极高的高分子化合物。在反应过程中，其活性不会因链增长而减弱，直至链终止。但链增长达 $4\sim25$ 个聚合度之上时，聚合物自由基或聚合物已经不溶解于氯乙烯单体中，沉淀析出，使氯乙烯聚合具有非均相和自加速性质。

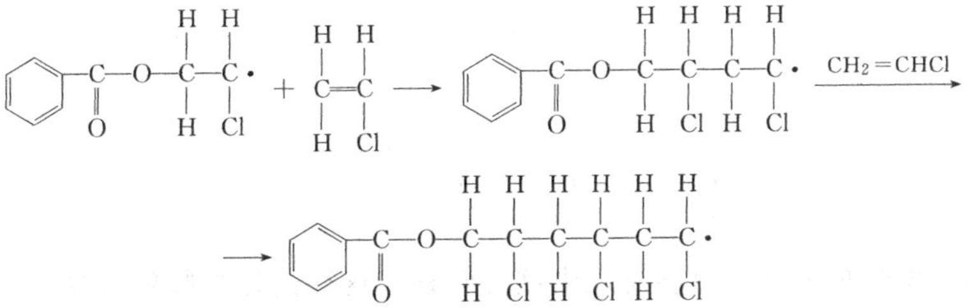

每加成一次，产生一个新的自由基，其结构与前一个自由基基本相同，只是多了一个单体单元，两者活性基本相同。

（3）链终止　链终止反应使聚合物自由基终止，形成聚合物，不产生新的自由基。正常的链终止有偶合终止和歧化终止两种形式，其比例根据反应条件的不同和分子链本身的特征而有所变化。

偶合终止是两大分子链自由基末端的独电子相互结合形成共价键，成为"尾尾相联"的饱和大分子，如：

$$\text{~~C-C· + ·C-C~~} \longrightarrow \text{~~C-C-C-C~~}$$

歧化终止是一链自由基夺取另一链自由基上的氢原子而终止。结果形成两个聚合物分子，夺取氢原子的大分子端基饱和，失去氢原子的则不饱和，如：

$$\text{~~C-C· + ·C-C~~} \longrightarrow \text{~~C-CH + C=C~~}$$

（4）链转移 链转移反应是聚合过程中的副反应，它是聚合物自由基向单体、引发剂、溶剂、聚合物分子链和杂质分子转移的过程。链转移使聚合物自由基转移，形成聚合物，同时使被转移的分子产生新的自由基。因此链转移过程会降低产品的聚合度，但不一定影响聚合反应的速率。当转化率在 $70\% \sim 80\%$ 以下时，聚合物自由基以向单体转移为主，此时被激发的单体自由基与来源于引发剂的单体自由基具有相同的活性，也可以完成链增长等过程。

① 向单体转移。活性链向单体转移，结果本身终止，单体变成自由基，活性链因转移而提早终止，使聚合度降低。一般自由基总数和活性不变，聚合速率并不降低。

$$\text{~~C-C· + C=C} \longrightarrow \text{~~CH=CH + CH}_3\text{-·C}$$

② 向溶剂转移。溶液聚合时，活性链有可能向溶剂分子 SY 转移，结果使聚合物分子量降低。新生自由基的活性可能不变，也可能降低。

$$\text{~~C-C· + SY} \longrightarrow \text{~~C-C-Y + S·}$$

③ 向大分子链转移。链自由基可能从已经终止的大分子上夺取原子而转移。这种转移一般发生在叔氢原子或氯原子上，结果在大分子上产生自由基活性中心，进一步加速单体增长，以致形成支链。

$$\text{~~C-C· + ~~C-C~~} \longrightarrow \text{~~CH}_2\text{-CH}_2\text{Cl + ~~CH}_2\text{-·C~~}$$

$$\text{~~CH}_2\text{-·C + C=C} \longrightarrow \text{~~CH}_2\text{-C~~ (支链 ·CH-Cl / CH}_2\text{)}$$

转化率高，聚合物浓度大时容易发生这种转移。这往往是某些聚合物生产中控制一定转化率的原因。

④ 向引发剂转移。活性链向引发剂转移除了使聚合度降低外，还使引发剂使用效率降低。

$$\text{~~C-C· + I}_2 \longrightarrow \text{~~C-C-I + I·}$$

本 章 小 结

1. 聚氯乙烯的特性及用途

聚氯乙烯有硬质聚氯乙烯和软质聚氯乙烯两种。具有优良的耐酸碱、耐磨、耐燃及绝缘性能，很好的隔水性，与大多数增塑剂的混合性好，广泛用于建材、农业、轻工及日常生活等领域。

2. 聚氯乙烯产品工艺过程

(1) 生产方法包括悬浮聚合法、乳液聚合法、本体聚合法和溶液聚合法，主要采用悬浮聚合法。

(2) 生产过程由聚合、汽提、脱水干燥、VCM 回收系统等部分组成。同时还包括主料、辅料供给系统，真空系统等。

3. 生产原料

主原料氯乙烯及脱盐水、分散剂等辅助原料。

4. 聚氯乙烯生产影响因素

主要工艺影响因素：搅拌的强度、单体的纯度、引发剂、分散剂、水油比、聚合反应温度、转化率等。

反馈学习

1. 思考·练习

(1) 三大合成材料是指哪些高分子聚合物？它们有哪些特点？

(2) 聚氯乙烯主要特性有哪些？

(3) 单体杂质对聚合反应有哪些影响？

(4) 聚氯乙烯的生产方法有哪些？工业上一般采用哪种方法？其优点是什么？

(5) 简述悬浮聚合工艺过程。

(6) 什么是单体？氯乙烯单体性质有哪些？

(7) 聚合反应过程中哪些参数对产品的质量影响较大？

(8) 聚合反应中搅拌的作用是什么？

(9) 聚氯乙烯生产辅助原料有哪些？介绍其中 3 种的作用。

(10) 什么是"鱼眼"？什么是粘釜现象？"鱼眼"存在有什么危害？

2. 报告·演讲（书面或 PPT）

参考小课题：

(1) 对高分子聚合物的认识

(2) 聚氯乙烯用途

(3) 聚合反应中搅拌的作用

(4) 氧氯化法生产氯乙烯工艺流程

(5) 助剂在氯乙烯悬浮聚合中的作用

(6) 悬浮聚合生产聚氯乙烯工艺过程

(7) "鱼眼"的危害

(8) 原料氯乙烯的纯度对聚合反应及产品质量的影响

(9) 氯乙烯的聚合反应机理

(10) 聚氯乙烯生产方法评述

第14章 聚 丙 烯

明确学习

聚丙烯性能优越，广泛应用于工业生产及人们日常生活。聚丙烯的生产涉及典型的高分子聚合反应以及高聚物、未反应原料的分离及回收等单元操作。本章既是学习聚丙烯生产工艺，也是通过聚丙烯生产工艺学习一些高分子聚合反应有关的基本知识及基本工艺。

本章学习的主要内容

1. 聚丙烯的性能及用途。
2. 聚丙烯的生产方法。
3. 聚丙烯生产的聚合反应工艺条件。
4. 聚丙烯生产工艺。
5. 丙烯聚合反应基本原理。
6. 聚丙烯的改性。

活动学习

通过仿真操作或参观聚丙烯生产工艺流程，增加对聚丙烯生产的感性认识，了解聚丙烯的实际生产工艺过程。

参考内容

1. 仿真操作：聚丙烯生产工艺（化工仿真软件）。
2. 参观：化工企业聚丙烯生产流程。

讨论学习

我想问

实践·观察·思考

生活中哪些制品是由聚丙烯制成的？

你能感受到聚丙烯的哪些性能？

通过以上聚丙烯生产工艺仿真操作或参观有关化工企业聚丙烯生产流程，你可能再一次感受到化学的神奇。本是气体的丙烯通过一定化工生产工艺将其变成了性能优异的固体的聚丙烯。

丙烯是如何转化成聚丙烯的？生产聚丙烯需要哪些条件？如何才能生产更多、性能更优越的聚丙烯？

聚丙烯（polypropylene，常缩写为PP）是一种无毒、无味、无臭的蜡状物，属于通用型合成树脂（或通用合成塑料），是由单体丙烯聚合而形成的高分子聚合物或称高分子树脂，平均分子量范围为 200000~600000。分子式为：

$$\left[CH_2-CH\right]_n$$
$$|$$
$$CH_3$$

按甲基在分子中的立体排布不同，可分为三种立体异构体，即等规聚丙烯（iPP）、间规聚丙烯（sPP）和无规聚丙烯（aPP）。其中等规聚丙烯中的甲基都处在聚合物骨架的同一侧，很容易形成结晶态，故其各项性能指标要优于间规物和无规物。工业生产的聚丙烯主要是等规物，因此，通常所说的聚丙烯大多指等规聚丙烯。

聚丙烯的用途十分广泛，其中生活中许多塑料用品如保鲜膜、微波炉餐具、玩具等都是由聚丙烯加工制作而成。

14.1　聚丙烯的性能、用途及市场

14.1.1　聚丙烯的性能

14.1.1.1　聚丙烯的物理性能

（1）热可塑性　聚丙烯是一种典型的热塑性塑料。它受热（达到熔点）熔化，冷却时固化成型，且这一过程可以多次重复进行。这一特性使边角料及废旧料可以回收加工重复利用。

（2）良好的耐热性能　聚丙烯的熔点高达 164~170℃，软化温度达 150℃以上，即使在沸水中也不变形，不失去其结晶性。聚丙烯连续使用温度可达 120℃，在无负荷情况下，最高使用温度可达 150℃。在通用树脂中聚丙烯耐热性能最好。

（3）密度小　聚丙烯的相对密度为 0.90~0.91，是各种树脂中最轻的一种。

（4）物理力学性能良好　聚丙烯具有较高的拉伸强度、抗挠曲性，其拉伸屈服强度一般可达 30~38MPa，这也是通用合成树脂中最高的品种之一。它表面强度大，弹性较好，耐磨性良好。

（5）其他性能　聚丙烯具有优良的电绝缘性和非常小的吸水性。

聚丙烯的缺点是耐老化性能较差，抗冲击强度较低。其中抗冲击强度低是聚丙烯的最大缺点，在低温下其抗冲击强度急剧下降。但这些缺点通过共聚或共混改性可以得到改善。

14.1.1.2　聚丙烯的化学性能

（1）优良的化学稳定性　其稳定性随着结晶度的增加而增加。聚丙烯与绝大多数化学品接触几乎不发生作用，但发烟硫酸、发烟硝酸、氯磺酸、铬酸对聚丙烯有腐蚀作用。

（2）热化学稳定性好　在 100℃下，除具有强氧化性化学物质外，大多数无机酸、碱、盐溶液，对聚丙烯几乎都无破坏作用。

（3）易在非极性有机溶剂中溶胀或溶解　聚丙烯是非极性有机化合物，因此它比较容易在非极性有机溶剂中溶胀或溶解。温度越高，溶胀或溶解越快。如在 80℃以上时芳烃和氯代烃对聚丙烯有溶解作用。但是，聚丙烯对极性有机溶剂如醇类、酚类、醛类、酮类和大多数羧酸都很稳定。

（4）易被氧化介质侵蚀　由于聚丙烯结构中存在叔碳原子，因此易被氧化介质侵蚀。与其他合成材料一样，聚丙烯在光、紫外线、热、氧存在的条件下会发生老化现象，使其变质，失去原有的性质。通过添加抗氧剂、紫外线吸收剂、防老剂等可以减缓聚丙烯的老化速

率，改善其抗老化性能。

14.1.2 聚丙烯的用途及市场

聚丙烯加工成型十分方便，可以很容易用挤塑、注塑、吹塑等方法直接加工成型。由于聚丙烯树脂具有许多优良的特性和加工性能，因此，在化工、化纤、建筑、轻工、家电、包装、农业、国防、交通运输、民用塑料制品等各个领域都有广泛的应用，在聚烯烃树脂中，是仅次于聚氯乙烯、聚乙烯的第三大塑料。具体应用如下。

（1）各种机器设备的零附件　经改性后可制造汽车上的许多内外部部件，如汽车方向盘、仪表盘、保险杠等；工业管道、农用水管、电机风扇等。

（2）建筑材料　聚丙烯用玻璃纤维、橡胶等增强改性后可制作建筑用模板，发泡后可用作装饰材料。聚丙烯喷涂材料可代替家用镀铬的水管、水龙头等金属制品。

（3）电气用品　改性聚丙烯可用于制造电视机、收录机外壳及洗衣机内胆，还可用作电线、电缆和其他电器绝缘材料。

（4）农业、渔业　可制作温室的大棚、地膜、渔具等。

（5）食品工业　可制作食品周转箱、食品袋、饮料包装瓶等。

（6）包装材料　可制成编织袋，打包带（捆扎带），各种薄膜（BOPP），全透明的玻璃纸等。

（7）纺织工业　聚丙烯树脂是重要合成纤维——丙纶的原料。丙纶可制作工业用布、工作服、地毯、蚊帐、被面、窗帘布、台布、毛巾袜、护膝、各种装饰布等。用聚丙烯制成的无纺布，是建筑、装饰、保温、过滤的优质材料。

（8）医疗卫生　由于聚丙烯具有耐高温蒸煮的优点，因此还可以制作许多医疗器具。如药品包装瓶、一次性注射器等。

（9）日常生活用品　可制作居家用品，如桌、椅、板凳、菜篮、储物箱、盆、桶、微波炉餐具、保鲜膜等，还可用于制作各种其他挤出或注塑制品。

14.2　聚丙烯的生产方法及生产技术的发展

14.2.1　聚丙烯的生产方法

聚丙烯的生产方法主要有淤浆法、液相本体法、液相本体-气相联合法和气相法。

（1）淤浆法　淤浆法也称浆液法。该方法是将丙烯溶解在反应介质中（如己烷），在催化剂的作用下，丙烯聚合，生成的聚丙烯呈浆状分散在反应介质中。该法由于使用了溶剂作为反应介质，反应热易分散、传递，聚合过程易控制。反应器多用间歇反应釜，操作简单。但是，该法催化效率（指每克催化剂能生成的聚丙烯克数）低，且产物需经催化剂脱活、脱灰（脱除聚合物中残留的金属离子等）及分离少量的无规聚丙烯等工序，生产工艺落后。目前该方法正在逐渐被其他方法取代。

（2）液相本体法　该方法使用高效催化剂，直接以液相单体丙烯聚合。与浆液法相比，液相本体法聚合具有以下特点：不使用惰性溶剂，反应系统内单体浓度高，聚合速率快，催化剂活性高，转化率高，能耗低，工艺流程简单，设备少，生产成本低，"三废"少；聚合热容易移去，散热控制简单，可以提高单位反应器的聚合量；能除去对产品性质有不良影响的低分子量无规聚合物和催化剂残渣，可以得到高质量的产品等。不足之处是未反应丙烯需要气化、冷凝后才能循环回反应器；反应器内的高压液态烃类物料容量大，有潜在的危险性。如美国 Rexall 工艺、Phillips 工艺以及日本 Sumitimo 工艺采用的都是液相本体法。该方法在我国的聚丙烯生产中约占 24%。

（3）液相本体-气相联合法 该方法是先进行丙烯液相均聚，然后再进行气相均聚或共聚。如三井油化的 Hypol 工艺，海蒙特公司的 Spheripol 工艺，采用的就是液相本体-气相组合技术。其中海蒙特公司的 Spheripol 工艺采用环管液相本体-气相组合，使用 GF-2A、FT-4S、UCD-104 等 10 种高效载体催化剂，催化剂效率达 40kgPP/gcat，产品粉末粒径大，粒度分布窄，PP 的等规度不小于 98％，省去了脱灰和脱无规聚丙烯的工序，不需进一步处理就能达到全部质量要求。该工艺采用新的催化剂和新的添加剂加入技术，开发出无造粒的 Spheripol 工艺技术，与常规生产工艺相比，设备投资降低 50％，能耗减少 85％，维修费减少 80％。

目前，我国的聚丙烯生产 60％采用的工艺主要是液相本体-气相联合法。

（4）气相法 该方法是丙烯单体以气态方式进入反应器，与悬浮在聚丙烯干粉中的催化剂直接接触进行聚合。该方法生产过程不脱灰、不脱无规物，反应速率快，生产成本低，产品分子量易于调节，产品切换时间短，工艺简单、能耗低、安全可靠，既可用于生产均聚物、无规共聚物，亦能生产高刚性和高抗冲强度的共聚物。产品质量好，PP 等规度可达 99％。联碳公司的 Unipol 工艺，巴斯夫公司的 Novolen 气相工艺，均采用的是气相法。

14.2.2 聚丙烯生产技术的发展

1954 年意大利的纳塔教授在齐格勒发明的催化剂的基础上，发展了烯烃聚合催化剂，并成功地制得了高结晶性、高立构规整性的聚丙烯。1957 年根据纳塔教授的研究成果，意大利蒙特卡蒂尼公司在斐拉拉首先建立了世界上第一套 6000t/a 间歇式聚丙烯工业生产装置。

聚丙烯实现工业化以来，在聚合工艺、催化剂及聚合设备等方面一直在不断改进，并获得了快速发展。生产方法由早期的浆液法逐步发展了液相本体法，液相本体-气相联合法以及气相法；催化剂的活性由每克催化剂生产 1kg 聚丙烯上升到 40kg 以上；聚合设备更是形式多样；单线生产规模从早期的 50kg/a 到现在的 300～400kt/a。聚丙烯生产技术的发展主要体现在以下几个方面。

（1）工艺改进 聚丙烯的快速发展得益于其生产工艺不断改进。目前，聚丙烯主要用气相和本体工艺生产，淤浆工艺正逐步被淘汰。全球 PP 生产工艺中，Basell 公司的 Spheripol 环管/气相工艺占主导地位，该工艺占全球 PP 生产约 50％；其次是 DOW 公司的 Unipol 气相工艺、BP 公司的 Innovene 气相工艺、NTH 公司的 Novolen 气相工艺、三井公司的 Hypol 釜式本体工艺、北欧化工（Borealis）公司的 Borstar 环管/气相工艺等。其中气相工艺的快速增加正挑战居世界第一位的 Spheripol 工艺。除以上主要的 PP 生产工艺外，Montell 公司于 20 世纪 90 年代又成功开发了反应器 PP 合金 Catalloy 和 Hivalloy 技术。这两项技术的开发成功为 PP 树脂高性能化、功能化以及进入高附加值应用领域创造了条件，现均已实现了工业化生产。

最近，Basell 公司新开发的一种多区反应器（MZCR）技术，被称之为 Spherizone 工艺。Spherizone 是一种气相循环技术，采用齐格勒-纳塔催化剂，可生产出既具有韧性和加工性能同时又具有高结晶度、刚性和更加均一的聚合体。Spherizone 工艺技术的投资和操作费用与 Spheripol 工艺相近，但牌号切换快、费用低。该技术生产的 PP 的利润是传统 PP 的 2 倍。

（2）催化剂改进 催化剂改进主要是围绕提高催化剂效率和提高产品的质量。茂金属催化剂是新一代丙烯聚合催化剂，其活性高，生产的聚丙烯的规整度高，世界领先的公司已进入半工业化和工业化试生产阶段；使用第四代多孔性球形高效载体催化剂，制得多孔性聚丙烯粒子，粒子本身具有活性，类似一个小反应器，聚合时加入不同单体在粒子内部进行共聚，制备聚烯烃合金；使用高温催化剂，这类催化剂是在原配位催化剂中加入甲基铝氧烷，可使聚丙烯聚合温度提高到170℃，催化剂活性可提高2～3个数量级。

（3）聚合设备改进　聚合设备改进主要是围绕提高传热、传质效率，缩短反应时间，提高产品质量和提高生产效率。聚合设备与工艺的改进是相互促进的过程，工艺的改进提出了对设备更高的要求，设备的改进促进了工艺的进步。目前PP生产工艺采用的聚合设备主要有Hypol液相本体-气相组合工艺釜式反应器，Pheripol液相本体-气相组合工艺环管式反应器，Unipol气相工艺流化床反应器，Amoco气相工艺卧式搅拌床反应器，Novolen工艺双螺带搅拌立式反应器等。例如液相本体-气相组合工艺采用环管反应器后增加了反应器的传热面积，传热能力提高了3倍。结合使用高活性催化剂，物料平均停留时间可缩短到20～30min，生产能力提高3倍；结合使用高温催化剂和超冷凝设备，生产能力可提高5倍以上。

目前，聚丙烯生产规模不断扩大，工艺、催化剂和设备的不断改进为其提供了强有力的技术支持。

14.3　原料丙烯

14.3.1　丙烯的性质及用途

丙烯，英文名称propylene；propene，分子式C_3H_6，结构式$CH_2=CH-CH_3$，相对分子质量42.08，CAS No.115-07-1。

丙烯在常温下是带有香甜味的气体，难溶于水，可溶于有机溶剂。熔点－191.2℃，沸点－47.72℃，相对密度（水=1）0.5，相对蒸汽密度（空气=1）1.48，饱和蒸汽压（0℃）602.88kPa，闪点－108℃，引燃温度455℃，燃烧热2049kJ/mol。爆炸极限2%～11.7%（体积分数）。

健康危害：丙烯浓度达40%以上时，仅需6s即致急性中毒，引起呕吐、意识丧失等。低浓度长期接触可引起头昏、乏力、全身不适、思维不集中，还可能导致胃肠功能发生紊乱。

危险特性：丙烯易燃，与空气混合能形成爆炸性混合物。遇热源或明火有燃烧爆炸的危险。与二氧化氮、四氧化二氮、氧化二氮等激烈化合，与其他氧化剂接触剧烈反应。丙烯气体比空气重，能在较低处扩散到相当远的地方，遇火源会着火回燃。

丙烯化学性质活泼，能发生许多化学反应，如加成反应、氧化反应、聚合反应等。

丙烯是基本有机化工生产中最基本的化工原料之一，在三大合成材料工业和其他化工领域有着广泛的用途。如丙烯与硫酸加成水解生产异丙醇用于医药、溶剂等；丙烯氧化生产丙烯醛或丙烯酸，丙烯醛可用于生产甘油，丙烯酸则是水质稳定剂、塑料的重要原料；丙烯氨氧化生产丙烯腈，继而合成纤维和橡胶等；在齐格勒催化剂存在下丙烯聚合生成聚丙烯，用于加工成塑料、纤维等；丙烯与乙烯共聚生产乙丙橡胶。此外以丙烯为原料还可以生产环氧丙烷、甲基丙烯酸甲酯、氯丙烯、丁醇、辛醇、丙酮、异丙苯等许多非常重要的化工原料。

14.3.2　原料丙烯的质量

原料丙烯中的杂质对丙烯聚合有较大的影响。如丙烯中的氧气、一氧化碳、二氧化碳、氢气、水和乙炔等都会影响催化剂的活性；丙二烯和丁二烯以及甲基乙炔影响聚合物的结构；烷烃虽然不参与反应，但可降低丙烯分压，从而使聚合反应速率和生产能力下降。催化效率越是高的催化剂，对原料的纯度要求越高。因此，用于生产聚丙烯的原料丙烯必须经过精制处理，除去其中的杂质，使其纯度达到聚合级标准。丙烯纯度指标见表14-1所列。

表 14-1　丙烯纯度指标

成　分		含量(体积分数)	成　分		含量(体积分数)
丙烯	>	99.5%(质量分数)	一氧化碳	<	0.343×10^{-6}
丙炔	<	5×10^{-6}	二氧化碳	<	5×10^{-6}
氧气	<	$(2 \sim 5) \times 10^{-6}$	氧硫化碳	<	$(0.03 \sim 3) \times 10^{-6}$
丙二烯	<	5×10^{-6}	总硫	<	1×10^{-6}
丁二烯	<	10×10^{-6}	水	<	5×10^{-6}
甲醇	<	5×10^{-6}	乙烷	<	500×10^{-6}
氨气	<	1×10^{-6}	丁烷	<	500×10^{-6}
丙烷	<	0.5%(质量分数)	异丁烯	<	50×10^{-6}
氮气、甲烷	<	300×10^{-6}	乙烯	<	50×10^{-6}
氢气	<	10×10^{-6}	1-丁烯	<	50×10^{-6}

14.4　聚丙烯生产的聚合反应工艺条件

14.4.1　催化剂

　　采用 $(\alpha、\gamma、\delta)$ $TiCl_3$-$Al(C_2H_5)_2Cl$ 催化剂体系,并添加给电子体以改善催化剂的活性。

　　丙烯可以进行多种方式的聚合,但只有在齐格勒-纳塔催化剂的存在下,丙烯经配位聚合得到的聚丙烯才具有良好的物理性能和化学性能。迄今为止丙烯聚合催化剂的发展已至第六代。各代催化剂的催化活性以及对产品的等规度和工艺的影响见表 14-2 所列。

表 14-2　各代催化剂的性能

	催化剂组成	活性/(kgPP/gcat) [(kgPP/gTi)]	等规度/%	形态控制	工艺要求
1	$TiCl_3 0.33AlCl_3 + DEAC$	$0.8 \sim 1.2(3 \sim 5)$	$90 \sim 94$	不能	脱灰,脱无规
2	$TiCl_3/Ether + DEAC$	$3 \sim 5(12 \sim 20)$	$94 \sim 97$	可以	脱灰
3	$TiCl_4/Ester/$ $MgCl_2 + AlR_3/Ester$	$5 \sim 10(20 \sim 30)$	$90 \sim 95$	可以	不脱灰,脱无规
4	$TiCl_4/Diester/$ $MgCl_2 + TEA/Silane$	$25 \sim 35(700 \sim 1200)$	$95 \sim 99$	可以	不脱灰,不脱无规
5	$TiCl_4/Diester/$ $MgCl_2 + TEA/Silane$	$25 \sim 35(700 \sim 1200)$	$95 \sim 99$	可以	不脱灰,不脱无规
6	茂金属 + MAO	$5 \times 10^3 \sim 9 \times 10^3$ (以锆计)	$90 \sim 99$	可能	不脱灰,不脱无规

　　注:表中 DEAC 为一氯二乙基铝;TEA 为三乙基铝;MAO 为甲基铝氧烷。

　　催化剂不仅对聚丙烯的性能起着关键性的作用,而且对丙烯聚合的反应速率有着重要的影响。不同的共引发剂 $Al(C_2H_5)X$ 对丙烯的聚合速率及等规度的影响见表 14-3 所列。

表 14-3　$Al(C_2H_5)X$ 对丙烯的聚合速率及等规度的影响

$Al(C_2H_5)_2X$	聚合相对速率	等规度	$Al(C_2H_5)_2X$	聚合相对速率	等规度
$Al(C_2H_5)_3$	100	85	$Al(C_2H_5)_2I$	9	97
$Al(C_2H_5)_2F$	30	83	$Al(C_2H_5)_2OC_6H_5$	0	—
$Al(C_2H_5)_2Cl$	33	93	$Al(C_2H_5)_2SC_6H_5$	0.25	95
$Al(C_2H_5)_2Br$	33	95			

　　在 $(\alpha、\gamma、\delta)$ $TiCl_3$-$Al(C_2H_5)_2Cl$ 催化剂体系中,通常加入含 N、P、O 的给电子体,

其作用主要是激发 $Al(C_2H_5)_2Cl$ 的活性，使其更好地与主催化剂发挥齐格勒-纳塔催化效能。

综合考虑，丙烯的阴离子配位聚合催化剂宜采用 $(\alpha、\gamma、\delta)$ $TiCl_3$ 为主引发剂，$Al(C_2H_5)_2Cl$ 为共引发剂，并添加适当的第三组分给电子体。

为适应在临界或超临界条件下操作的环管反应器淤浆聚丙烯工艺，最近新开发了可以在 $150\sim300℃$ 条件下使用的聚丙烯高温催化剂。该催化剂由两个固体组分组成，其成分是 2.5% 的 Ti 和 17.6% 的 $(CH_3)_3CSi(CH_3)(OCH_3)_2$。使用该催化剂得到的聚丙烯树脂等规度、活性、结晶度都很高，分子量分布宽，而且聚合反应时间大大缩短，反应器的生产能力得到提高。但该催化剂的适用性不够广泛，其生产应用还有待进一步观察和研究。

14.4.2 反应温度

聚合反应温度 70℃ 左右。

升高温度，反应速率加快。但目前大多数丙烯聚合催化剂的最佳反应温度为 70℃ 左右，当温度高于 70℃ 时，催化剂活性开始降低，致使反应速率反而下降，所得聚丙烯的等规度、分子量也下降。因此，要提高聚丙烯的反应速率，还有赖于适应高温、高活性催化剂的开发。

14.4.3 反应压力

聚合工艺不同，聚合反应压力有所不同。

聚丙烯的生产工艺、品种有多种，反应时采用的压力不尽相同，但通常都是在加压条件下进行。如淤浆法工艺采用的压力为 $0.7\sim1.0MPa$，液相本体法工艺采用的压力为 $3.5MPa$，液相本体-气相联合法工艺采用的压力为 $4.0MPa$，气相法卧式搅拌床反应器工艺采用的压力为 $2.07\sim2.34MPa$，若生产的是丙烯嵌段共聚物，则采用的压力为 $2.074MPa$ 等。这是因为丙烯聚合是压力降低的反应，提高压力既有利提高丙烯聚合速率，也有利于提高聚丙烯的收率。

14.4.4 聚合反应装置

不同的工艺有不同的反应装置。

聚合反应装置、催化剂和聚合工艺是相互推动发展的。聚合反应装置是聚丙烯生产的中心设备，必须能最大限度地实现催化剂的效能和聚合工艺。由于聚合反应是在加压下进行，物料状态多样，进料有液相或气相，产物是固体颗粒，而且容易粘壁。因此，要求聚合反应器耐压，传质、传热性能优良，物料能有良好的流动性，不易粘壁。根据聚合反应工艺的不同，聚合反应装置有不同的类型。

液相法聚合通常采用釜式反应器和环管式反应器装置，如图 14-1 和图 14-2 所示；气相法聚合通常采用卧式反应器和流化床反应器装置，如图 14-3 和图 14-4 所示。

釜式反应器利用夹套换热、外冷却循环移除反应热；环管式反应器带有夹套并安装有轴流泵，起到换热和增强物料流动的作用。

卧式反应器内部装有挡板及混合叶片，挡板将反应器分成若干区域，每个区域装有叶轮搅拌器。这种结构使物料处于接近活塞流状态，传质效果佳，产品质量好，反应热由丙烯汽化带走。流化床反应器由于催化剂及颗粒物料处于"沸腾"状态，传质效果佳，反应热由丙烯汽化带走。

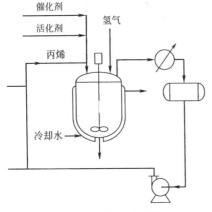

图 14-1 釜式反应器

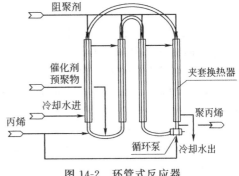

图 14-2 环管式反应器

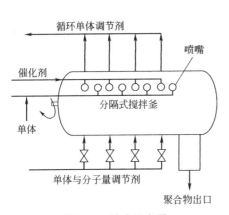

图 14-3 卧式反应器

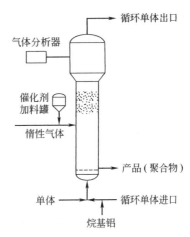

图 14-4 流化床反应器

14.4.5 聚合产物中残留催化剂

催化剂效率低的产物需进行脱灰处理。

使用高效催化剂，产品聚丙烯中不含残留催化剂。但当催化剂效率低于 20kgPP/gcat 时，产品灰分的含量较高，聚丙烯的电性能、耐老化性能和染色性能等要受到较大影响，需要进行脱灰处理。脱灰处理是用醇类处理脱除单体后的颗粒产物，使催化剂转化为能溶于醇溶剂的化合物（如钛甲醇盐和铝甲醇盐）而除去。脱灰处理常采用甲醇作溶剂，脱灰后的甲醇可用精馏的方法回收。

14.5 聚丙烯生产工艺

14.5.1 本体聚合工艺

本体法生产工艺按操作方式，可以分为间歇式聚合工艺和连续式聚合工艺两种。间歇式聚合工艺通常使用釜式反应器。连续式聚合工艺使用的反应器有釜式反应器和环管反应器两种。

间歇本体法聚丙烯聚合技术具有生产工艺技术可靠，对原料丙烯质量要求不是很高；所需催化剂国内有保证；流程简单，投资省、收效快；操作简单；产品牌号转换灵活、"三废"

少。不足之处是生产规模小，难以产生规模效益；装置手工操作较多，间歇生产，自动化控制水平低，产品质量不稳定；原料的消耗定额较高；产品的品种牌号少，档次不高，用途较窄。目前规模以上企业本体聚合多采用连续工艺。

以下是连续本体法工艺。

按使用的反应器不同，连续本体法工艺有立式搅拌反应器工艺和环管式反应器工艺。

美国 Rexall 公司和日本 Sumitimo 化学公司采用是立式搅拌反应器工艺。Rexall 本体法工艺是以高纯度的液相丙烯为原料，采用 HY-HS 高效催化剂，无脱灰和脱无规物工序。采用连续搅拌反应器，聚合热用反应器夹套和顶部冷凝器移除，浆液经闪蒸分离后，单体循环回反应釜。Sumitimo 本体法工艺使用 SCC 络合催化剂（以一氯二乙基铝还原四氯化钛，并经过正丁醚处理），液相丙烯在 50～80℃、3.0MPa 下进行聚合，反应速率高，聚合物等规度也较高，还采用高效萃取器脱灰，产品等规度可达 96%～97%。产品为球状颗粒，刚性高，热稳定性好，耐油及电气性能优越。

环管式反应器工艺由美国 Phillips 石油公司开发，其工艺特点是采用独特的环管式反应器，这种结构简单的环管反应器具有单位体积传热面积大、总传热系数高、单程转化率高、流速快、混合好、不会在聚合区形成塑化块、产品切换牌号的时间短等优点。该工艺可以生产宽范围熔体流动速率的等规聚合物和无规聚合物。以下是连续本体法环管式反应器生产工艺。

连续本体法环管反应器工艺流程如图 14-5 所示。

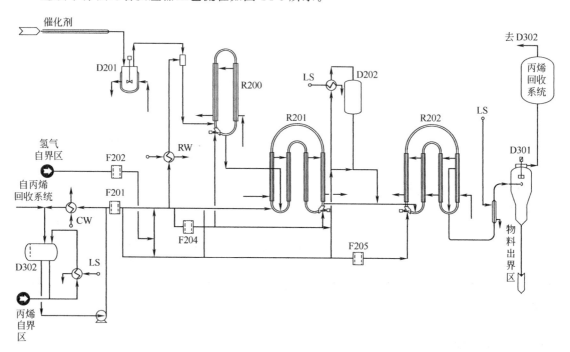

图 14-5　连续本体法环管反应器工艺流程

F201—丙烯安全过滤器；F202—氢气安全过滤器；F204—冲洗丙烯过滤器；F205—冲洗丙烯过滤器；D201—催化剂预接触罐；D202—反应器缓冲罐；D301—闪蒸罐；D302—丙烯储槽；R200—预聚反应器；R201—第一反应器；R202—第二反应器

（1）原料系统　原料系统由丙烯储槽（D302）、加热器、冷却器、过滤器及输送泵等组成。丙烯经精制处理达到反应所需的质量要求后与经丙烯回收单元回收的丙烯一道打入丙烯储槽 D302。混合后的丙烯经进料泵送进反应器系统。

原料系统必须提供给反应系统稳定的流量及压力，因此丙烯储槽的压力必须保持稳定。为此设置了加热器和冷却器进行自动调节，以维持原料系统压力的稳定。

（2）预聚系统　预聚系统由催化剂预接触罐（D201）、混合器及预聚反应器（R200）等组成。从催化剂预接触罐溢流出来的活性催化剂混合物与冷的丙烯混合后进入预聚反应器，与补充的新鲜丙烯在短时间内进行预聚合。控制压力 3.45MPa，温度 20℃。

（3）聚合系统　聚合系统主要由两台环管式反应器（R201、R202）及缓冲罐（D202）组成。聚合反应在两个串联的液相环管反应器中进行。

来自预聚合系统的浆液与新鲜丙烯进入第一反应器（R201）。部分丙烯聚合，部分液态丙烯作为固体聚合物的悬浮剂。

从第一反应器出来的聚合物浆液直接进入第二反应器，进一步聚合。从第二环管反应器排出的聚合物浆液进入闪蒸罐（D301），丙烯单体与聚合物在此分离，单体经丙烯回收系统回收后返回到原料罐 D302。两个反应器的体积相同，反应条件相同。

第一反应器和第二反应器分别设置有循环泵，目的是使环管反应器中的物料不断循环，加强传热和传质，使反应物料的温度和密度始终维持均匀状态。

环管反应器还设置了一个催化剂失活的系统，当反应必须立即停止时，将含 2%一氧化碳的氮气加入环管反应器中，使催化剂失去活性，终止反应。

聚合系统是环管反应器工艺流程的核心。为保证聚合质量，除环管反应器外，聚合系统中各工艺参数必须得到严格控制。

① 温度控制。两个反应器反应温度均为 70℃。反应器的温度是通过控制夹套内的循环水来实现的。反应器冷却系统由反应器夹套、板式换热器和循环泵组成。

② 压力控制。两个反应器的压力均为 3.4MPa。反应器的压力是通过控制缓冲罐（D202）的压力来实现的。缓冲罐与聚合反应器相连通，通过加热使丙烯蒸发即可调节控制反应系统的压力。

③ 浓度控制。浆液浓度通过丙烯进料量控制为 50%左右，未反应的液态丙烯用作输送流体。聚合物浆液连续不断地送到聚合物闪蒸罐，将未反应的丙烯单体蒸发分离出来送至丙烯回收单元。

④ 氢气控制。加入 H_2 是为了控制聚丙烯的分子量。H_2 的加入量需根据聚丙烯的密度、丙烯流量、聚丙烯产率等进行调节。若 H_2 中断，应终止反应。

⑤ 催化剂。催化剂的供给对反应速率和生成的聚丙烯量有非常重要的影响，催化剂的中断会使反应终止，因此生产过程中催化剂必须严格控制，平稳供给。

（4）闪蒸系统　闪蒸系统主要由加热管及闪蒸罐（D301）组成。为了确保丙烯过热完全汽化，来自第二反应器的聚合物浆液先经过一个加热管再喷进闪蒸罐，压力由 3.4MPa 降到 1.8MPa，丙烯汽化送至丙烯回收系统。聚合物落到闪蒸罐底部，控制一定的料位，将聚合物送至成品化处理。在闪蒸罐顶部还设置有一个特殊的动力分离器，它能将气相丙烯中夹带的聚合物粉末进一步分离回到闪蒸罐。

14.5.2　液相本体-气相联合法聚合工艺

按反应器不同，液相本体-气相联合法有釜式液相本体-气相联合聚合工艺和环管液相本体-气相联合聚合工艺。前者以三井油化的 Hypol 工艺为代表。该工艺生产的聚丙烯产品品种多、牌号全、白度高、光学性能好、挥发性和灰分含量低、产品质量优异，不需进一步处理就能达到全部质量要求。我国扬子石化、盘锦乙烯、洛阳石化、广州石化都有该工艺装置。后者以 Basell 公司的 Spheripol 工艺为代表。该工艺能生产很宽范围的聚丙烯产品，包括均聚物、无规共聚物、三元共聚物、多相抗冲击共聚物和乙烯含量大于 25%的有高抗冲击性的共聚物。由于使用的催化剂粒径大而圆且均匀，所以生成的聚合物颗粒大，呈粒形，粒度分布窄。我国齐鲁石化、上海石化、抚顺乙烯、茂名石化、天津联化、中原、独山子、大连、华北油田、大庆炼化等单位聚丙烯生产采用的是该工艺。

以下是环管液相本体-气相联合法聚丙烯生产工艺流程。工艺流程图如图 14-6 所示。

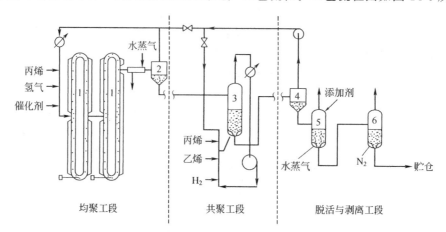

图 14-6 液相本体-气相联合法聚丙烯生产工艺流程
1—环管反应器；2—第一闪蒸器；3—流化床共聚反应器；
4—第二闪蒸器；5—脱活器；6—剥离器

对比连续本体法环管式工艺流程可以看出，环管液相本体-气相联合法聚合工艺流程多出了"共聚工段"。因此，环管液相本体-气相联合法聚合工艺流程既可生产均聚物，也可生产共聚物。

若生产均聚物，由第二反应器出来的聚丙烯浆液经加热器加热，进入第一闪蒸器 2，除去大部分的丙烯后，不进入"共聚段"而直接进入第二闪蒸器 4 闪蒸，以进一步除去其中的丙烯。闪蒸后的丙烯经冷却、压缩后返回聚合系统。聚丙烯进入脱活器 5，用蒸汽或其他添加剂脱活，然后进入剥离器 6。用热氮气脱除残余的湿气和易挥发物，干燥后得聚丙烯粉末。若需造粒，则送去造粒处理。

若需生产聚丙烯共聚物，物料经过从第一闪蒸器 2 闪蒸后，进入流化床共聚反应器 3，带有活性的聚丙烯与乙烯、丙烯及氢气在反应器中进行嵌段共聚，产物经第二闪蒸器 4 闪蒸脱除未反应的原料。进一步的后处理与生产均聚物相同。

14.5.3 气相法聚合工艺

气相法聚丙烯生产工艺主要有卧式搅拌床反应器气相法聚合工艺、气相流化床聚合工艺以及双螺带搅拌立式反应器工艺等。

14.5.3.1 卧式搅拌床反应器气相法聚合工艺

（1）工艺流程 卧式搅拌床反应器气相法聚合工艺亦即 Innovene 工艺，又称 BP-Amoco 工艺，由美国 Amoco 公司开发。工艺流程如图 14-7 所示。

液态丙烯和回收的循环丙烯经分离器 1 分离后，液体丙烯进入第一反应器 5，维持反应温度 70～90℃、压力 2.07～2.34MPa，丙烯在反应釜中聚合生成聚丙烯。未反应的液态丙烯受热汽化，至外部冷凝器 4 冷却，除去反应热后送至分离器 1 循环使用。分离器 1 顶部的气体丙烯经压缩后与氢气返回反应器。聚合物粉粒由反应器另一端进入脱气塔 11，除去残余的单体与氢气，经催化剂脱活等处理得产品聚丙烯。若生产嵌段共聚物，由第一反应器得

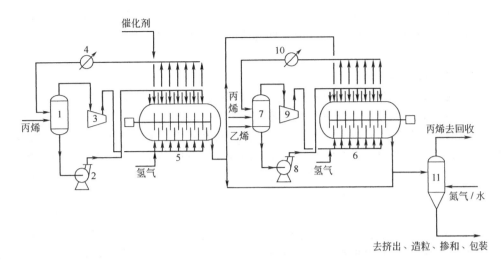

图 14-7　气相法（卧式搅拌床反应器）聚丙烯生产工艺流程
1,7—分离器；2,8—泵；3,9—压缩机；4,10—冷凝器；
5,6—反应器；11—脱气塔

到的聚合物不进入脱气塔 11，而进入第二反应器 6，与加入的乙烯、丙烯和氢气，在 65℃、2.07MPa 压力下共聚，经脱气、脱活等处理得聚丙烯的乙烯共聚物产品。

（2）工艺特点

① 采用独特的卧式搅拌床反应器。这种反应器的物流接近活塞流，避免了催化剂及物料返混或短路，使得催化剂及物料颗粒的停留时间分布范围很窄，因而可以生产刚性和抗冲击性非常好的共聚物产品。可以采用一台反应器同时生产均聚物和无规共聚物，而且产品过渡时间很短，理论上要比连续搅拌反应器或流化床反应器短 2/3，因而产品切换容易，过渡产品很少。

② 采用丙烯闪蒸的方式散热。液体丙烯从各个进料点喷入反应器内，液体丙烯汽化，将反应热带走。

③ 采用气锁系统。当物料从第一反应器输送到第二反应器时，气锁系统可避免两反应器互相串流。尤其是生产共聚物时，两反应器的气相组成不同，第一反应器中含有大量氢气，第二反应器中含有乙烯和少量氢气。如果第一反应器中的氢气进入第二反应器或第二反应器中的乙烯进入第一反应器，都将严重影响产品质量。

④ 采用特殊的 CD 催化剂。CD 催化剂具有很好的形态控制能力，活性高，可达 25～55kgPP/gcat（与原料纯度和反应器的数量有关），选择性强，能控制无规聚丙烯的生成，产品的等规度最高可以达到 99％。聚合产品粒度分布窄，粉料流动性好，灰分含量低，色泽好。同时 CD 催化剂不需要预处理或预聚合，可以直接加入反应器，并且该催化剂可以生产所有聚丙烯产品，更换品种不需要切换催化剂，使工艺流程得到简化。

⑤ 开停车方便。可以通过停止催化剂注入而快速平稳地停车（约 15～20min），并可以在几小时后重新开车，不会影响反应器内部条件及聚合物的质量。在遇到停电等事故时，反应器可以在事故停车或慢停车状态下，通过释放反应器压力，在 3min 内停车，并可在重新加压及注入催化剂后再次开车。

⑥ 能耗低。该工艺的聚合压力比较低，也没有大型的转动设备，电能消耗在各种 PP 工艺中处于最低之列。由于是气相聚合系统，不必像液相法那样用蒸汽加热来脱除聚合物中的液体丙烯，因而蒸汽消耗量很少，生产均聚产品的能耗在各种工艺中最低。

⑦ 安全环保。聚合系统内没有大量的液态烃，操作压力在各工艺技术中最低，同时也没有废水排放，因而相对比较安全，是一种清洁的生产工艺。

14.5.3.2 气相流化床聚合工艺

气相流化床聚合工艺亦即 Unipol 工艺，由联碳公司和壳牌公司联合开发。

该工艺具有简单、灵活、经济和安全等特点。生产流程只需要用一台流化床反应器及少量的其他设备就可生产均聚物和无规共聚物产品，可在较大范围内调节操作条件而使产品性能保持均一；由于设备数量较少，维修工作量减少，装置的可靠性相应提高；可以配合使用超冷凝态操作，即所谓的超冷凝态气相流化床工艺（SCM）。由于超冷凝操作能够最有效地移走反应热，使反应器在体积不增加的情况下大大提高的生产能力，如通过将反应器内液相的比例提高到 45%，可使现有的生产能力提高 200%；该工艺采用 SHAC 系列高效催化剂体系，无需预处理或预聚合，而且使用同一种催化剂可以生产任何种类的 PP 产品；该工艺操作压力低，流化床系统中物料的储量减小，使得该工艺操作更安全，不存在因事故失控设备超压的危险；生产过程没有液体废料排出，排放到大气的烃类也很少，因此对环境的影响非常小。

14.5.3.3 双螺带搅拌立式反应器气相法聚合工艺

双螺带搅拌立式反应器气相法聚合工艺亦即 Novolen 工艺，由 BASF 公司开发。Novolen 气相工艺采用带双螺带搅拌立式反应器，该反应器能够使催化剂在气相聚合的单体中分布均匀，使每个聚合物颗粒与催化剂尽可能保持一定的钛/铝/给电子体的比例，解决了气相聚合中气固两相之间不易均匀分布的问题。聚合反应器的散热是通过丙烯的汽化吸收聚合反应热，未反应的气态丙烯用水冷凝液化后，再用泵打回反应器。Novolen 工艺可生产范围广泛的各种聚丙烯产品，产品的等规度可达 90%～99%。但由于该工艺采用搅拌混合形式，物料在聚合釜中的停留时间难以控制均匀，使产品分子量变宽，产品中 Ti、Cl 离子和灰分增高，催化剂活性较低，用量相对较大，聚合物中残留的挥发性成分严重影响产品质量，因而得到的 PP 产品可能需要经过脱臭处理。

14.5.3.4 气相法聚合其他工艺

（1）Chisso 工艺　Chisso 工艺是在 Innovene 气相法工艺技术基础上发展起来的，两者有很多相似之处，尤其是反应器的设计基本相同。与 Innovene 气相法工艺技术相比，Chisso 气相法聚丙烯工艺更适合生产高乙烯含量的抗冲共聚产品。Chisso 工艺的第一反应器布置在第二个反应器的顶上，第一反应器的出料靠重力流入一个简单的气锁装置，然后用丙烯气压送入第二反应器。两者相比，Chisso 工艺的设计要更简单，能耗更小。Chisso 气相法聚丙烯工艺采用由 Toho Titanium 公司研制的 THC-C 催化剂，该催化剂有很高的活性和选择性，能够控制无规聚合物的生成，同时保证生成很高收率的等规聚合物。采用该催化剂所生产的聚丙烯形态好，细粉少，粒度分布窄，流动性好，易于输送到第二个反应器。THC-C 催化剂活性较高，可达 25～40kgPP/gcat，但需要预处理。通常用己烷配成浆液，加入少量丙烯处理几个小时，否则产品中细粉增多，流动性降低，难以操作。

（2）Sumitomo 工艺　Sumitomo 工艺由日本住友化学公司开发。该工艺采用串联气相流化床反应器（两台或三台串联反应器），使用自身开发的高选择性催化剂 DX-V。产品结晶度高，能够生产很宽范围的聚丙烯产品。

目前聚丙烯生产工艺主要采用的是本体法（包括液相本体-气相联合法）和气相法。但在聚丙烯生产工艺的发展过程中，气相法工艺的优势正逐步显现出来，气相法工艺有逐步加快发展的趋势。

| 阅读学习 | **聚丙烯的市场** |

近年来，全球 PP 的生产能力增长迅速，2000 年中期全世界聚丙烯的产量已达到 33900kt/a，规模以上生产厂家多达 150 家。目前世界上主要的 PP 生产商见表 14-4 所列。

表 14-4　全球主要的 PP 生产商及其生产能力

公　　司	生产能力/(kt/a)	公　　司	生产能力/(kt/a)
Basell(Elenac、Shell、Targor)	5100	Borealis	1400
BP(BP Amoco-Arco)	2200	Exxonmobil	1010
Atofina(Total Fina-Elf Ato)	2100.5	Reliance Industries(印度)	1000
中国石化集团公司	2080		

PP 的消耗亚太地区占全球总需求的 37%，北美占 24%，西欧占 28%，这三个地区占了全球总需求的 88%。世界各地区需求增长速度最快的是亚太地区，高达 14.7%；其次是北美，为 12.4%。

| 拓展学习 |

*14.6　聚丙烯生产的聚合反应基本原理

14.6.1　聚丙烯的 3 种立体异构体

聚丙烯是以丙烯为原料，在催化剂（引发剂）作用下经聚合反应而得，反应式如下：

$$n\mathrm{CH_2}{=}\mathrm{CH} \longrightarrow {+}\mathrm{CH_2}{-}\mathrm{CH}{\overset{}{\underset{}{\rightbracket_n}}}$$
$$\quad\ \ |\qquad\qquad\qquad\ |$$
$$\quad\ \ \mathrm{CH_3}\qquad\qquad\quad\ \mathrm{CH_3}$$

丙烯聚合使用的催化剂不同，生成的聚丙烯的立体构型不同，其物理性能及化学性能有很大的差异。按甲基不同的空间排布，丙烯聚合有 3 种立体异构体，如图 14-8 所示。

（1）等规立构聚丙烯　图 14-8 中 Ⅰ 构型的甲基全在主链平面的一侧（上方或下方），即具有—RRRRR—或具有—SSSSS—构型的称为等规立构聚丙烯。

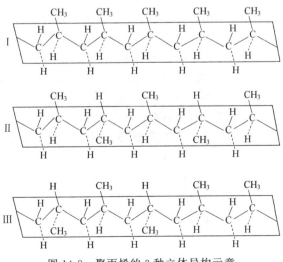

图 14-8　聚丙烯的 3 种立体异构示意

（2）间规立构聚丙烯 图 14-8 中 Ⅱ 构型的甲基交替出现在主链平面的上方和下方，即具有—RSRSRS—构型的称为间规立构聚丙烯。

（3）无规立构聚丙烯 图 14-8 中 Ⅲ 构型的甲基无规则分布在主链平面的一侧或两侧，如 Ⅲ 具有—SRSRR—构型的称为无规立构聚丙烯。

上述等规立构与间规立构高聚物称为有规立构高聚物。由一长段全 R 与一长段全 S 构型组成的，如—RRRRR—SSSSS—RRRRR—构型的立构嵌段高聚物，也是有规立构高聚物。有规立构体占所有立构体的比例称为有规立构规整度，其中等规立构体占所有立构体的比例称为等规度。

有规立构高聚物由于高分子链规整而很容易结晶，无规立构高聚物都不能结晶。有规立构高聚物与无规立构高聚物由于结晶能力不同，性能有很大差别。例如无规聚丙烯是分子量不高的黏稠态液体，即使分子量较高的无规聚丙烯也是强度很差的无定形态物质。而等规和间规立构聚丙烯则是高度结晶的材料。特别是等规立构聚丙烯，由于容易结晶，具有高强度、高耐溶剂性，高耐化学腐蚀性、熔点较高（175℃）、强度-质量比大，表面光泽好，高频介电性能优越等，因而在塑料和合成纤维中获得广泛应用。总之，有规立构规整度高的聚丙烯物理力学性能优于无规立构聚丙烯。

14.6.2 丙烯的有规立构聚合

14.6.2.1 催化剂

使用齐格勒-纳塔催化剂，丙烯聚合得到的主要是有规立构聚丙烯。齐格勒-纳塔催化剂由 3 部分构成，即主引发剂——过渡金属化合物，如 $TiCl_3$、VCl_4 等；共引发剂——烷基金属化合物，如 $Al(C_2H_5)_3$、$Be(C_2H_5)_3$ 等；给电子体——含 N、P、O 的化合物，如 $N(C_4H_9)_3$、$[(CH_3)_2]N_3P{=}O$ 等，给电子体的作用主要是激发共催化剂的活性。催化剂的组成不同，得到的有规立构聚丙烯中的等规立构与间规立构比例也不相同。如使用 α-$TiCl_3$-$Al(C_2H_5)_3$ 催化剂，在 $30\sim70℃$ 丙烯聚合得到的主要是等规立构聚丙烯；使用 VCl_4-$Al(C_2H_5)_3$ 催化剂，在 78℃ 丙烯聚合得到的主要是间规立构聚丙烯。催化剂不仅决定着等规立构与间规立构的比例，而且对总的有规立构规整度、转化率及反应速率产生直接影响。

14.6.2.2 配位聚合反应

在齐格勒-纳塔催化剂作用下，丙烯的碳碳双键受到极化并与催化剂形成单体阴离子配位活性种，该单体阴离子配位活性种继续与丙烯进行配位聚合反应，生成有规立构高聚物聚丙烯。

（1）单金属活性种 齐格勒-纳塔催化剂体系如 $(\alpha、\gamma、\delta)TiCl_3$-$AlR_3$（式中 R 为烷基如—$C_2H_5$），由于 R 及 Cl 与 Ti 相互作用，使得 Ti 元素带有部分正电荷，即具有活性配位空穴，图中 □ 所示，烷基带有部分负电荷。烷基与 Ti 元素以配位键形式相结合（即配位络合），形成所谓单金属活性种。谓之具有活性是因为它的配位空穴对像丙烯这样带有双键（π 电子）的化合物具有吸附作用，并与带有部分负电荷的烷基配合作用后，能引发一系列的化学反应。

单金属活性种

（2）链引发　受到单金属活性种配位空穴的吸引，丙烯被吸附在 $TiCl_3$ 表面，丙烯双键被极化，并在活性种空穴处配位络合，随后丙烯定向插入 Ti—C 键，形成新的配位络合物，并腾出空穴，如下所示：

$$
\begin{array}{ccc}
\overset{\delta^+}{[\,Ti\,]}\text{---}\overset{\delta^-}{R} & \overset{\delta^+}{[\,Ti\,]}\text{---}\overset{\delta^-}{R} & \overset{\delta^+}{[\,Ti\,]}\text{---}\overset{\delta^-}{CH_2}\text{---}CH\text{---}R \\
\underset{\overset{|}{CH_3}}{CH_2\!=\!CH} & \underset{\overset{|}{CH_3}}{CH_2\!=\!CH} & \overset{|}{CH_3} \\
\text{（定向吸附）} & \text{（配位络合）} & \text{（单体阴离子配位活性种）}
\end{array}
$$

络合物中烷基 R 变大了，多出了一个单元结构 —CH₂—CH— ，并继续带有负电荷，空
$$|$$
$$CH_3$$
穴可继续吸附丙烯。由于这种新生成的络合物中含有单体形成的单元结构，且集中了烷基上的部分负电荷，又能继续引发以上的反应过程，故称之为单体阴离子配位活性种。

（3）链增长　单体阴离子配位活性种中的空穴继续吸附丙烯，这样新的一轮丙烯吸附-配位-插入重新进行，形成阴离子配位活性链。烷基中的 —CH₂—CH— 转变成二聚体、三聚
$$|$$
$$CH_3$$
体……，如此反复进行下去，得到聚丙烯大分子链，如下图。

$$
\begin{array}{cccc}
\overset{\delta^+}{[\,Ti\,]}\text{---}\overset{\delta^-}{CH_2}\text{---}CH\text{---}R & \overset{\delta^+}{[\,Ti\,]}\text{---}\overset{\delta^-}{CH_2}\text{---}CH\text{---}R & \overset{\delta^+}{[\,Ti\,]}\text{---}\overset{\delta^-}{CH_2}\text{---}CH\text{---}CH_2\text{---}CH\text{---}R \\
\underset{\overset{|}{CH_3}}{CH_2\!=\!CH}\quad \overset{|}{CH_3} & \underset{\overset{|}{CH_3}}{CH_2\!=\!CH}\quad \overset{|}{CH_3} & \overset{|}{CH_3}\quad\quad\overset{|}{CH_3} \\
\text{（定向吸附）} & \text{（络合配位）} & \text{（定向插入）}
\end{array}
$$

$$
n CH_2\!=\!CH \longrightarrow \overset{\delta^+}{[\,Ti\,]}\text{---}\overset{\delta^-}{CH_2}\text{---}CH\text{---}R
$$
$$
\underset{CH_3}{} \quad\quad \underset{CH_3}{}
$$
$$
\text{（阴离子配位活性链）}
$$

（4）链终止　丙烯聚合物的活性链可以向单体或烷基铝或其他杂质转移而终止，但由于单体阴离子配位活性种和阴离子配位活性链的活性较高，这种方式的链终止比较困难。工业上通常采取外加氢的方式来终止反应。

$$
\overset{\delta^+}{[\,Ti\,]}\text{---}\overset{\delta^-}{CH_2}\text{---}CH\text{\textasciitilde}R \longrightarrow \overset{\delta^+}{[\,Ti\,]}\text{---}\overset{\delta^-}{H} + CH_3\text{---}CH\text{\textasciitilde}R
$$
$$
\underset{H\text{---}H}{}\quad \overset{|}{CH_3} \quad\quad\quad\quad\quad\quad \overset{|}{CH_3}
$$
$$
\text{（稳定的高分子链）}
$$

利用聚丙烯的这一特性，聚丙烯生产过程中常通过加入 H_2 来调节聚丙烯的分子量；在聚合过程中交替加入不同单体，还可得到丙烯的立构嵌段共聚物。

14.7　聚丙烯的改性

聚丙烯有许多优点，但作为结构材料和工程塑料应用，其耐低温冲击、抗老化、成型收缩率、阻燃、染色等性能尚不能满足要求。通过有针对性地改性，这些性能可得到改善和提高，从而拓展其应用范围。聚丙烯的改性主要通过两种途径：物理改性——通过机械加工混入其他物质；化学改性——通过化学反应引入新的成分或交联。

14.7.1　物理改性

物理改性是在聚丙烯基料中加入其他材料，如无机材料、有机材料、其他塑料品种、橡

胶品种、热塑性弹性体或一些具有特殊功能的添加剂，经过混炼而制得具有优异性能的聚丙烯复合材料。

(1) 填充改性　聚丙烯填充改性的材料有无机材料和有机材料。用无机材料填充改性后，聚丙烯的刚性、硬度、强度、密度等性能有所提高；用有机材料填充改性后，聚丙烯的韧性和耐复合畸变度等性能有显著提高。无机材料主要有云母粉、碳酸钙、滑石粉、石膏等；有机材料常用的有木粉、花生壳粉等。

目前，填充改性用的填充材料呈超细化发展趋势，如超细碳酸钙、超细滑石粉。超细化的填充剂可使聚丙烯的表面性能发生很大的变化，如耐磨性能、抗菌性能等。

(2) 增强改性　增强改性的材料有玻璃纤维、石棉纤维、碳纤维、单晶纤维（如硼、碳化硅等），经过处理的云母、滑石粉等填料也可作为增强材料。经过增强改性的聚丙烯各项性能优越，可代替工程塑料使用。

(3) 共混改性　共混改性是将其他塑料、橡胶或热塑性弹体与聚丙烯共混，目的主要是改善聚丙烯的韧性和低温脆性。共混改性使用的材料大多为玻璃化温度较低的塑料，如高压聚乙烯、低压聚乙烯等。

14.7.2　化学改性

化学改性是指通过接枝、嵌段等方法，在聚丙烯分子链中引入其他化学成分，如使用交联剂进行交联，使用成核剂、发泡剂进行改进，使聚丙烯树脂的耐冲击性、化学稳定性、透明度、耐热性和抗老化性等性能得到提高。

(1) 共聚改性　共聚是指有其他单体参与一起聚合。在丙烯聚合过程中，用乙烯或苯乙烯单体与之交替共聚，形成嵌段共聚或无规共聚物，聚丙烯的性能可得到提高。如在聚丙烯主链上，嵌段共聚 2%～3% 的乙烯单体，可制得乙丙嵌段共聚物，其兼有聚乙烯和聚丙烯两者的优点，耐低温冲击可达 $-30℃$。

(2) 交联改性　聚合物交联是指线型高分子链通过链间化学键的生成而变为体型结构的大分子反应。聚合物交联后具有更优异的性能，如强度、弹性、变形性、耐磨性、耐热性、耐溶剂性、化学稳定性等都将大大提高。聚丙烯交联的方法，可采用有机过氧化物交联、氮化物交联、辐射交联、热交联、硅烷交联等技术。

(3) 接枝改性　聚合物的接枝是指聚合物侧链官能团与端基聚合物之间反应形成树枝型结构共聚物的反应。聚丙烯树脂经接枝反应引入接枝单体（如不饱和羧酸）后，聚丙烯的结晶速度可加快，球晶尺寸减小，低温冲击强度显著提高。

14.7.3　其他改性

(1) 阻燃　聚丙烯可燃，提高阻燃性可扩大其应用范围。目前聚丙烯的阻燃改性主要是通过添加具有阻燃作用的无机填料和阻燃剂实现。常用的阻燃无机材料如氢氧化铝、氢氧化镁等，其添加量一般都较大（70%～80%）；常用的阻燃剂如含磷、含卤、含锑的化合物等，其添加量约为 10% 左右，但阻燃持久性不够。新型的阻燃剂尚待进一步开发，如将聚磷酸铵和三聚氰胺以 3:1 的比例添加至聚丙烯中，阻燃性能比前两种有显著提高。

(2) 抗静电　聚丙烯制品容易产生静电，但通过添加导电填料如炭黑等，可使聚丙烯制品表面电阻降至 $10^6\,\Omega$ 以下，聚丙烯的抗静电性能可得到有效改善。

此外，为增强聚丙烯耐热、耐光老化性能，通常还在聚丙烯中添加抗氧剂、抗紫外线剂等。

本 章 小 结

1. 聚丙烯的性能及用途

聚丙烯有均聚和共聚物。聚丙烯具有无毒、耐热、耐溶剂、透明、高强度等优越性能，在日常生活、工农业等许多领域具有广泛的用途。

2. 聚丙烯的生产方法

淤浆法、液相本体法、液相本体-气相联合法、气相法。

3. 聚丙烯生产技术的发展

工艺改进、催化剂改进、聚合设备改进。

4. 聚丙烯生产的聚合反应工艺条件及对聚合反应质量的影响

催化剂、反应压力、反应温度、聚合反应装置、聚合产物中残留催化剂等。

5. 丙烯聚合基本工艺过程（图 14-9）

图 14-9　基本工艺过程

6. 聚丙烯生产工艺及反应器

（1）本体聚合工艺

间歇本体法工艺——间歇釜；

连续本体法工艺——环管反应器。

（2）液相本体-气相联合法聚合工艺

釜式液相本体-气相联合聚合工艺——间歇釜；

环管液相本体-气相联合聚合工艺——环管反应器。

（3）气相法聚合工艺

卧式搅拌床反应器气相法聚合工艺——卧式搅拌床；

气相流化床聚合工艺——流化床；

双螺带搅拌立式反应器气相法聚合工艺——双螺带搅拌立式反应器。

7. 丙烯聚合反应基本原理

（1）聚丙烯的 3 种立体异构体：等规立构聚丙烯、间规立构聚丙烯、无规立构聚丙烯。等规立构和间规立构统称为有规立构，有规立构聚丙烯比无规立构聚丙烯具有更优越的性能。

（2）丙烯的有规立构聚合

催化剂——使用齐格勒-纳塔催化剂；

聚合反应机理——配位聚合反应。

8. 聚丙烯的改性

（1）化学改性——在聚丙烯分子链中引入其他化学成分，使聚丙烯树脂的耐冲击性、化学稳定性、透明度、耐热性和抗老化性等性能得到提高。

化学改性方法：共聚改性、交联改性、接枝改性等。

（2）物理改性——在聚丙烯基料中加入其他材料，经过混炼制得具有优异性能的聚丙烯复合材料。

物理改性方法：填充改性、增强改性、共混改性等。

反馈学习

1. 思考·练习

（1）常见的聚丙烯制品有哪些？其性能如何？

(2) 聚丙烯有哪 3 种立体异构体？通常所说的聚丙烯是哪种？

(3) 聚丙烯有哪些突出的优点？

(4) 聚丙烯需要改性是因为哪些性能还不够优越？

(5) 生活中常用的塑料杯和保鲜膜等通常用聚丙烯制成，为什么？

(6) 聚丙烯有哪几种生产方法？各有什么特点？

(7) 为什么称聚丙烯为 PP？

(8) 丙烯对环境和人体有什么危害？

(9) 丙烯聚合生产聚丙烯通常使用什么类型的催化剂？为什么使用这种催化剂？

(10) 为什么说催化剂在丙烯聚合过程起着非常重要的作用？

(11) 提高温度可以加快丙烯聚合反应，聚丙烯生产的聚合反应为什么不采用更高的反应温度？

(12) 聚丙烯生产为什么多采用加压聚合反应？

(13) 聚丙烯生产的聚合反应器目前通常使用的有哪几种？

(14) 聚丙烯中的残留催化剂对聚丙烯性能有何影响？

(15) 丙烯聚合生产聚丙烯的过程中为何要加入氢气？

(16) 聚丙烯间歇本体法工艺中闪蒸釜的作用是什么？

(17) 聚丙烯连续本体法工艺中预聚系统、聚合系统、闪蒸系统分别由哪些设备组成？

(18) 聚丙烯连续本体法工艺使用什么类型的反应器？有何特点？

(19) 聚丙烯连续本体法工艺中聚丙烯的浆液浓度控制为多少？为什么要控制浆液浓度？

(20) 聚丙烯生产的液相本体-气相联合法聚合工艺有何特点？

(21) 气相法聚合工艺按使用的反应器不同有几种工艺流程？各有什么特点？

(22) 聚丙烯的 3 种立体异构体在结构上有何不同？性能上有何区别？

(23) 聚丙烯的规整度与其物理力学性能有何关系？

(24) 聚丙烯改性有哪些措施？

(25) 聚丙烯的化学改性和物理改性有何不同？

2. 报告·演讲（书面或 PPT）

参考小课题：

(1) 聚丙烯的技术发展过程

(2) 聚丙烯的性能及应用

(3) 丙烯的性质及质量

(4) 聚丙烯的生产方法

(5) 聚丙烯生产的聚合反应工艺条件及对聚合反应的影响

(6) 聚丙烯生产的聚合反应装置

(7) 聚丙烯生产的聚合反应催化剂

(8) 聚丙烯生产工艺——连续本体法工艺

(9) 丙烯有规立构聚合的配位聚合反应机理

(10) 聚丙烯的改性及应用

参 考 文 献

[1] 曾繁芯. 化学工艺学概论. 北京：化学工业出版社，2007.

[2] 朱宝轩，霍琦. 化工工艺基础. 北京：化学工业出版社，2007.

[3] 田铁牛. 化学工艺. 北京：化学工业出版社，2007.

[4] 王一奇. 化工生产基础. 北京：化学工业出版社，2006.

[5] 李健秀，王文涛，文福姬. 化工概论. 北京：化学工业出版社，2005.

[6] 梁凤凯，舒均杰. 有机化工生产技术. 北京：化学工业出版社，2003.

[7] 唐波. 化学工业（化工卷）. 济南：山东科学技术出版社，2007.

[8] 陈炳和. 毕业综合实践. 北京：化学工业出版社，2002.

[9] 唐有祺. 化学与社会. 北京：高等教育出版社，1997.

[10] 韩哲文，杨全兴. 高分子化学. 上海：华东理工大学出版社，1994.

[11] 孙济庆，杨永厚. 化学化工信息检索. 上海：华东理工大学出版社，2004.

[12] 吴指南. 基本有机化工工艺学. 北京：化学工业出版社，1994.

[13] 窦锦民. 有机化工工艺. 北京：化学工业出版社，2006.

[14] 浙江大学，华东理工大学，黄仲九，房鼎业. 化学工艺学. 北京：高等教育出版社，2003.

[15] 李贵贤，卞进发. 化工工艺概论. 北京：化学工业出版社，2006.

[16] 陈性永，刘健. 基本有机化工生产工艺. 北京：化学工业出版社，2008.

[17] 韩冬冰等. 化学工艺学. 北京：中国石化出版社，2003.

[18] 林玉波. 合成氨生产工艺. 北京：化学工业出版社，2006.

[19] 米镇涛. 化学工艺学. 北京：化学工业出版社，2006.

[20] 杜克生，张庆海，黄涛. 化工生产综合实习. 北京：化学工业出版社，2007.

[21] 李淑芬. 现代化工导论. 北京：化学工业出版社，2006.

[22] [德国] W. 凯姆等. 工业化学基础·产品和过程. 金子林等译. 北京：中国石化出版社，1992.

[23] 韩冬冰. 化工工艺学. 北京：中国石化出版社，2003.

[24] 黄仲九，房鼎业. 化工工艺学. 北京：高等教育出版社，2001.

[25] [德国] V. 霍普. 化工工艺学基础. 丁廷桢等译. 北京：化学工业出版社，1987.

[26] 谭弘. 基本有机化工工艺学. 北京：化学工业出版社，1997.

[27] 吴志泉，涂晋林. 工业化学. 第2版. 上海：华东理工大学出版社，2003.

[28] 朱裕贞，顾达. 现代基础化学. 北京：化学工业出版社，1998.

[29] 张濂，许志美，袁向前. 化学反应工程原理. 上海：华东理工大学出版社，2000.

[30] 金杏妹. 工业应用催化剂. 上海，华东理工大学出版社，2004.

[31] 王尚弟. 催化剂工程导论. 北京，化学工业出版社，2001.

[32] 杨兴楷. 石油化工中试装置实训. 北京，中国石化出版社，2008.

[33] 刘承先，文艺. 化学反应器操作实训. 北京，化学工业出版社，2006.

[34] [美] 肖佩著. 化工计算手册. 朱开宏译. 北京，中国石化出版社，2005.

[35] 化工工人技术理论培训教材. 物料衡算与热量衡算. 北京：化学工业出版社，1997.